W0260035

E. Truckenbrodt

Lehrbuch der angewandten Fluidmechanik

Zweite, überarbeitete und erweiterte Auflage

Mit 121 Abbildungen und 16 Tabellen

Springer-Verlag
Berlin Heidelberg New York
London Paris Tokyo 1988

Dr.-Ing. Dr.-Ing. E. h. Erich Truckenbrodt

o. Professor em., Lehrstuhl für Strömungsmechanik
der Technischen Universität München

ISBN-13: 978-3-540-17676-3 e-ISBN-13: 978-3-642-83067-9

DOI: 10.1007/978-3-642-83067-9

CIP-Kurztitelaufnahme der Deutschen Bibliothek

Truckenbrodt, Erich:
Lehrbuch der angewandten Fluidmechanik
Zweite, überarbeitete und erweiterte Auflage
Berlin, Heidelberg, New York, London, Paris, Tokyo: Springer

Softcover reprint of the hardcover 2nd edition 1988

2362/3020 5 4 3 2 1 0

Vorwort zur zweiten Auflage

Vorgelegt wird die zweite überarbeitete und erweiterte Auflage des „Lehrbuchs der angewandten Fluidmechanik", welche den Inhalt meiner für Studierende des Maschinenwesens an der Technischen Universität München gehaltenen „Vorlesung Strömungsmechanik" wiedergibt. Der Aufbau und der stoffliche Inhalt der ersten Auflage sind unverändert geblieben. Weitgehend finden die Vorschläge der zum Lehrbuch erschienenen Buchbesprechungen Berücksichtigung.

Die Überarbeitung bezieht sich neben der Beseitigung von Druckfehlern und kleineren Unstimmigkeiten auf das Einfügen weiterer Querhinweise, die für das Verständnis und den Zusammenhang der einzelnen Kapitel und Gleichungen untereinander von Nutzen sein dürften.

Die stoffliche Erweiterung besteht neben einigen Ergänzungen in den Gleichungen in der Aufnahme eines Hinweises zur Anwendung der Einsteinschen Summationskonvention in diesem Buch, einer kurzen Bemerkung zur Schmiermittelströmung in Kap. 2.5.3.3 sowie eines neuen Kapitels 6.4 zur „Grenzschichtströmung ohne feste Begrenzung", in dem über Freistrahl- und Nachlaufströmungen berichtet wird. In einer Bibliographie am Schluß des Buches sind deutschsprachige Lehrbücher zusammengestellt, die der Ergänzung und Vertiefung des dargebotenen Lehrstoffs dienen können.

Bei der Ausarbeitung der zweiten Auflage war mir Herr Dipl.-Ing. J. Ferstl behilflich. Ihm sowie den Mitarbeitern des Springer-Verlags gilt mein besonderer Dank.

München, im September 1987 E. Truckenbrodt

Aus dem Vorwort zur ersten Auflage

Mit dem vorliegenden „Lehrbuch der angewandten Fluidmechanik" komme ich einem wiederholt an mich herangetragenen Wunsch nach, meine einführende Vorlesung „Strömungsmechanik", die ich für Studierende des Maschinenwesens (Maschinenbau, Verfahrenstechnik, Luft- und Raumfahrt) an der Technischen Universität München halte, als Lehrbuch herauszugeben. Es handelt sich um eine zweisemestrige, durch Übungen ergänzte Pflichtvorlesung nach der Diplom-Vorprüfung, wobei für die Vorlesungen und Übungen jeweils zwei Semesterwochenstunden zur Verfügung stehen.

Das von mir vor kurzem verfaßte zweibändige Buch „Fluidmechanik" stellt in Ziel, Aufgabenstellung und Anlage den Ausgangspunkt für die genannte Lehrveranstaltung dar. Das im Anschluß abgedruckte Vorwort beschreibt Stoffauswahl, Stoffumfang und Stoffolge.

Das „Lehrbuch der angewandten Fluidmechanik" besitzt ein Drittel des Umfangs der „Fluidmechanik". Dies wurde zunächst durch Fortlassen von Wissensgebieten erzielt, die nicht unmittelbar zur Ausbildung von Maschineningenieuren gehören. Da es sich bei meiner Vorlesung „Strömungsmechanik" um eine Einführung in die Fluidmechanik handelt, konnten sodann wesentliche Kürzungen bei denjenigen Wissensgebieten vorgenommen werden, die ich in besonderen Vorlesungen unter dem Oberbegriff „Höhere Strömungsmechanik", z. B. zu den Themenkreisen „Kompressible Strömung", „Grenzschichtströmung", „Rohrströmung" und „Thermo-Fluidmechanik", ausführlicher behandle. Die verbleibenden Darstellungen der fluidmechanischen Grundlagen und der technischen Anwendungen verhalten sich vom Umfang her gesehen wie zwei zu eins. Sie sind im Text durch Normal- bzw. Kleindruck besonders gekennzeichnet.

Das Hauptanliegen des „Lehrbuchs" besteht darin, das tiefere Eindringen in die physikalischen und theoretischen Gesetzmäßigkeiten der Fluidmechanik durch grundlegende Anwendungsbeispiele zu erleichtern und die jeweiligen Zusammenhänge zu verdeutlichen. Die verwendeten Gleichungen werden sowohl in integraler als auch in differentieller Form angegeben, wobei der ersteren Darstellung, insbesondere beim Impulssatz, besondere Aufmerksamkeit gewidmet ist. Alle Formeln verstehen sich als Größengleichungen, gelten also unabhängig vom jeweiligen Maßsystem. Die Lösungswege sind ausführlich aufgezeigt, was den Leser befähigt, auch verwandte Problemstellungen zu verstehen.

Durch die weitgehende Übereinstimmung der Kapiteleinteilung beider Bücher ist in besonderer Weise die Möglichkeit gegeben, den Stoff des „Lehrbuchs der angewandten Fluidmechanik" durch ein begleitendes Studium der „Fluidmechanik" einschließlich der dort angegebenen Literaturhinweise zu vertiefen.

Das Buch wendet sich vornehmlich an Studierende der Technischen Universitäten, Hochschulen und Fachhochschulen, die über elementare Grundkenntnisse in den Fächern Mechanik, Thermodynamik und Mathematik verfügen.

München, im Februar 1983 E. Truckenbrodt

Aus dem Vorwort zur „Fluidmechanik"*

Das unter dem Titel „Strömungsmechanik" im Jahr 1968 erschienene Werk wurde für die zweite Auflage von Grund auf neu bearbeitet und unter den neuen Titel „Fluidmechanik" gestellt. Mit diesem verbindet sich — besser noch als mit dem Begriff Strömungsmechanik — die Vorstellung von der Mechanik einer ganz bestimmten Gruppe von Stoffen, nämlich der Fluide als Sammelbegriff für Flüssigkeit, Dampf und Gas. Ziel und Aufgabenstellung der neuen Auflage sind gegenüber der ersten unverändert geblieben. Der gestiegene Umfang hat aber dazu geführt, das Werk nun in zwei Bänden erscheinen zu lassen.

Das bisher in acht Kapiteln dargebotene umfangreiche Fachwissen wird jetzt in nur sechs Kapitel aufgegliedert. Eine solche Straffung, verbunden mit einer auf wenige Grundprinzipien (Massenerhaltungssatz, Impulssatz, Energiesatz, Entropiesatz) beschränkten Darstellung, erscheint mir sowohl aus sachlichen als auch vor allem aus didaktischen Gründen dringend erforderlich. Bei strömenden Fluiden spielen neben dem mechanischen Verhalten häufig auch thermodynamische Einflüsse eine wesentliche Rolle. Dies wird bei der Herleitung und Anwendung der Energiegleichung der Fluidmechanik (Arbeitssatz der Mechanik) und der Energiegleichung der Thermo-Fluidmechanik (erster Hauptsatz der Thermodynamik) besonders deutlich. Fluid- und Thermo-Fluidmechanik übernehmen häufig die Rolle eines Bindeglieds zwischen Mechanik und Thermodynamik.

Das Kapitel 1 enthält die physikalischen Stoffgrößen und Eigenschaften der Fluide, wobei mechanische und thermische (kalorische) Einflüsse gleichrangig behandelt sind. Ändert sich die Dichte eines Fluids sowohl mit dem Druck als auch mit der Temperatur, so liegt ein dichteveränderliches Fluid vor. Dieser Begriff präzisiert den bisher häufig hierfür gebrauchten Begriff eines kompressiblen (zusammendrückbaren) Fluids. Entsprechend ist von einem dichtebeständigen und nicht vom inkompressiblen Fluid die Rede. Kapitel 2 beschreibt ausführlich die Grundgesetze der Fluid- und Thermo-Fluidmechanik bei ruhenden und strömenden Fluiden. Die Kapitel 3 und 4 befassen sich mit elementaren Strömungsvorgängen dichtebeständiger bzw. dichteveränderlicher Fluide, wobei die Fluidstatik als Sonderfall auftritt.

Gegenüber der 1. Auflage haben die Ausführungen über die instationäre Fadenströmung und über die Rohrströmung bei dichteveränderlichem Fluid eine wesentliche Erweiterung erfahren. In Kapitel 5 werden die drehungsfreien und drehungs-

---

* E. Truckenbrodt: Fluidmechanik, 2 Bde. Berlin, Heidelberg, New York: Springer 1980

behafteten Potentialströmungen einer gemeinsamen Darstellung unterzogen. Dadurch gelingt es, das Verhalten der mehrdimensionalen reibungslosen Strömung in geschlossener Weise wiederzugeben. Ein Unterkapitel beschreibt einige verwandte Probleme der Potentialtheorie, wie die Strömung mit freier Stromlinie und die Sickerströmung durch ein poröses Medium. Die Grenzschichtströmungen in Kapitel 6 betreffen die Strömungs- und Temperaturgrenzschicht bei laminarer und turbulenter Strömung an einer festen Wand. Dabei kommt die differentielle und integrale Behandlung zur Anwendung. Ein Unterkapitel berichtet über Grenzschichtströmungen ohne feste Begrenzung, wie sie beim Freistrahl und bei der Nachlaufströmung auftreten.

Neben den Literaturverzeichnissen im Anschluß an jedes Kapitel befindet sich am Schluß des Buches eine aus etwa 1500 Büchern zur Fluidmechanik ausgewählte und nach Sachgebieten geordnete Bibliographie.

Inhaltsverzeichnis

Bezeichnungen, Dimensionen, Einheiten

Formelzeichen

$\boldsymbol{a}$, a_i	Beschleunigung in m/s²
b	Breite, Flügelspannweite in m
c, c_0	Ausbreitungsgeschwindigkeit einer schwachen Druckstörung (Schallgeschwindigkeit) Tab. 1.1; bzw. einer Grundwelle in m/s,
c_p, c_v	spezifische Wärmekapazität in J/K kg, Tab. 1.1
c_A, c_W	Kraftbeiwert für Auftrieb, Widerstand [—]
c_L	Laval-Geschwindigkeit in m/s
$\boldsymbol{e}$	Einheitsvektor [—]
$\boldsymbol{f}$	massebezogene Kraft (mit Index) in N/kg
$\boldsymbol{g}$,g	Fallbeschleunigung in m/s², Normfallbeschleunigung $g_n = 9{,}807$ m/s²
h	Höhe; Spalthöhe in m
$i = \sqrt{-1}$	imaginäre Einheit [—]
i	spezifisches Druckkraftpotential in J/kg
k	Rauheitshöhe in m
l	Länge, Bezugslänge, Flügel-, Plattentiefe in m; $d\boldsymbol{l}$ Linienelement in m
m	Masse in kg
$\dot{m}$, $\dot{m}_A$	Massenstrom in kg/s
n	Polytropenexponent [—]
n, t	natürliche Koordinaten (normal, tangential) in m
p	Druck in bar, Druckspannung in N/m² = Pa
p_e	fluidmechanischer Energieverlust (mit Index) in N/m² = J/m³
$q = (\varrho/2)\, v^2$	Geschwindigkeitsdruck in N/m² = Pa
$\boldsymbol{r}$	Ortsvektor in m
r, φ, z	zylindrische Koordinaten; r, φ polar; r, z drehsymmetrisch
r_k	Krümmungsradius in m
r_0	radiale Kugelkoordinate in m
s	spezifische Entropie in J/K kg
s, $d\boldsymbol{s}$	Stromlinienkoordinate in m
s', $d\boldsymbol{s}'$	Wirbellinienkoordinate in m
t	Zeit in s
$u = v_x$, $v = v_y$	Geschwindigkeitskomponenten bei ebener Strömung in m/s
u_∞, v_∞, w_∞	Anströmgeschwindigkeit in m/s
u_B	spezifisches Massenkraftpotential in J/kg
$u_G = gz$	spezifisches Schwerkraftpotential in J/kg
$v = 1/\varrho$	spezifisches Volumen in m³/kg
$\boldsymbol{v}$, v_i	Geschwindigkeit in m/s
$\boldsymbol{v}_\infty$	Anströmgeschwindigkeit in m/s
$v_m = \dot{V}/A$	mittlere Geschwindigkeit in m/s
$v_\tau = \sqrt{\tau_w/\varrho}$	Schubspannungsgeschwindigkeit in m/s
w, w_*	komplexe, konjugiert komplexe Geschwindigkeit in m/s
x, y, z; x_i	kartesische (rechtwinklige) Koordinaten
$z = x + iy$	komplexe Zahlenebene

Verzeichnis der Tabellen

α	Energiebeiwert [—]
β	Impulsbeiwert [—]
$\gamma = \varrho g$	Schwerkraftdichte (Wichte) in N/m^3
γ'	Wirbel- (Zirkulations-) dichte (eben) in m/s
δ	Grenzschichtdicke in m
δ_1, δ_2	Verdrängungsdicke, Impulsverlustdicke
ζ	Verlustbeiwert der Rohrströmung (mit Index) [—]
η	dynamische Viskosität, Scherviskosität in Pa s, Tab. 1.1
$\eta' = A_\tau$	scheinbare (turbulente) Viskosität in Pa s
ϑ	Winkel [—]
$\varkappa = c_p/c_v$	Verhältnis der Wärmekapazitäten (= Isentropenexponent $\varkappa_s$ bei idealem Gas) [—], Tab. 1.1
$\varkappa_s$	Isentropenexponent [—], Tab. 1.1
λ	Rohrreibungszahl [—]
μ	Mach-Winkel [—]
μ	Kontraktionsziffer [—]
$\nu = \eta/\varrho$, ν'	kinematische Viskosität in m^2/s, Tab. 1.1; Wirbelviskosität
ϱ	Massendichte (Dichte) in kg/m^3, Tab. 1.1; dichteveränderlich $\varrho(p, T)$, kompressibel, barotrop $\varrho(p)$, dichtebeständig ϱ = const
$\boldsymbol{\sigma}, \sigma_{ij}$	gesamte (druck- und reibungsbedingte) Spannung in N/m^2 = Pa, ($i = j$ Normal-, $i \neq j$ Tangentialspannung)
$\boldsymbol{\tau}, \tau$	Schubspannung in N/m^2 = Pa
τ_w	Wandschubspannung in N/m^2 = Pa
$\boldsymbol{\omega} = (1/2)$ rot $\boldsymbol{v}$	Drehung (Rotation) des Fluidelements in 1/s
A	Fläche, Bezugsfläche, Flächenvektor $\boldsymbol{A}$ (positiv nach außen), Querschnitts-, Mantelfläche in m^2
A	Auftriebskraft (normal zur Anströmrichtung) in N
A_τ	(turbulente) Impulsaustauschgröße in Pa s
$D = 2R$	Durchmesser (Rohr, Kreiszylinder, Kugel) in m
E	Ergiebigkeit (Quelle, Sinke) in m^2/s (eben), in m^3/s (räumlich)
$\boldsymbol{F}$	Kraft (mit Index) in N
$Fr = v/\sqrt{gl}$	Froude-Zahl [—]
G	Schwerkraft (Gewicht) in N
$\boldsymbol{I}$	Impuls (Bewegungsgröße) in kg m/s
L	Rohrlänge in m
$\boldsymbol{L}$	Impulsmoment (Drall) in kg m^2/s
$La = v/c_L$	Laval-Zahl [—]
$\boldsymbol{M}$	Kraftmoment in N m
$M = El$	Dipolmoment (eben, räumlich; $E \to \infty$, $l \to 0$)
$Ma = v/c$	Mach-Zahl [—]
P	Leistung (mit Index) in J/s = W
$R = D/2$	Halbmesser (Radius) in m
R	spezifische (spezielle) Gaskonstante in J/K kg, Tab. 1.1
$Re = vl/\nu$	Reynolds-Zahl [—], $l = D$ bei Rohr
S	Oberfläche, Flügelgrundrißfläche in m^2, Flächenvektor $d\boldsymbol{S}$ (positiv nach außen)
T	absolute Temperatur in K
$U = u_a$	Geschwindigkeit am äußeren Rand der Grenzschicht ($y = \delta$) in m/s
V	Volumen in m^3
$\dot{V}$, $\dot{V}_A$	Volumenstrom in m^3/s
W	Widerstandskraft (in Anströmrichtung) in N
W_i	wirbelinduzierter Widerstand in N
Γ	Zirkulation in m^2/s
Θ	dimensionslose Massenstromdichte [—]
$\Lambda = b^2/S$	Flügelstreckung (Flügelseitenverhältnis) [—]
Φ	skalares Geschwindigkeitspotential (Potentialfunktion) in m^2/s
$\boldsymbol{\Psi}$, Ψ	vektorielles Geschwindigkeitspotential, ebene Stromfunktion in m^2/s

$\varPhi$	komplexes Geschwindigkeitspotential (Potentialfunktion) in m^2/s
$(O) = (A) + (S)$	geschlossene raumfeste Kontrollfläche
(A), (S)	freier, körpergebundener Teil der Kontrollfläche
(V)	raumfestes Kontrollvolumen (Kontrollraum)

Fußzeiger

a	außen (Grenzschicht $y = \delta$)
b	binormal, Bezugszustand
$i, j = 1, 2, 3$	kartesische Zeiger
m	mittlerer Wert
n	normal, Normzustand
o	Ruhezustand (Kessel, Staupunkt), Oberfläche (Flüssigkeit)
r, φ, z	zylindrische Komponenten
t	tangential, total
u	laminar-turbulenter Umschlag
x, y, z	kartesische Komponenten
∞	ungestörter Zustand
A	freier Teil der Kontrollfläche (A), Ersatzkraft
B	Massenkraft (Volumenkraft)
K	fester Körper, Kreiszylinder, Kugel
N	Rohrleitungsteil, Tab. 3.2
P	Druckkraft, Pumpe
R	Reibungskraft
S	körpergebundener Teil der Kontrollfläche (S), Stützkraft
T	Turbulenzkraft, Turbine
Z	Zähigkeitskraft
1, 2	Punkte im Strömungsfeld, längs einer Linie (Strom-, Bahnlinie; Zustandsänderung)
$1 \to 2$	Weg im Strömungsfeld; Prozeßablauf

Kopfzeiger

$\sim$	transformierte Größe
$*$	Laval-Zustand (kritischer Zustand)
$'$	turbulente Schwankungsbewegung

Sonstige Symbole

d	substantielles (vollständiges) Differential
∂	partielles Differential
Δ	Kennzeichnung der Größen eines Fluidelements
Δ	Laplace-Operator, $\Delta f = \operatorname{div}(\operatorname{grad} f)$, angewendet auf skalare Größe f (Geschwindigkeitspotential, Stromfunktion)
div $\boldsymbol{v}$	Divergenz des Geschwindigkeitsfelds
div $\boldsymbol{\omega}$	Divergenz des Wirbelfelds
grad Φ	Gradient des skalaren Geschwindigkeitspotentials
rot $\boldsymbol{v}$	Rotation des Geschwindigkeitsfelds
rot $\boldsymbol{\Psi}$	Rotation des vektoriellen Geschwindigkeitspotentials

Begriffe

spezifische Größe: Zustandsgröße/Masse
(masse-) bezogene Größe: Prozeßgröße/Masse
Größendichte: Größe/Volumen
Größenstrom: Größe/Zeit
Größenstromdichte: Größe/Zeit · Fläche

Dimensionen und Einheiten[1]

Basisgrößen, Basisdimensionen, Basiseinheiten:
Länge L in m (Meter);
Masse M in kg (Kilogramm);
Zeit T in s (Sekunde).
Abgeleitete Größen, Dimensionen, Einheiten:
Kraft $\mathsf{F} = \mathsf{ML/T^2}$ in N (Newton) = kg m/s²;
Spannung, Druck $\mathsf{F/L^2}$ in Pa (Pascal) = N/m² oder in bar;
Arbeit, Energie, Wärmemenge FL in J (Joule) = N m;
Leistung $\mathsf{FL/T}$ in W (Watt) = J/s;
Temperatur (Celsius-Skala) °C, absoluter Nullpunkt 0 K = −273,16 °C.
Umrechnungsformeln in Tabelle A.

Summationskonvention

Beim Rechnen mit Größen in Zeigerschreibweise x_i, x_j, f_i, f_j, f_{ij} oder $\partial f_i/\partial x_j$ mit $i, j = 1, 2, 3$, d. h. für kartesische Koordinaten

$$x_1 = x,\ x_2 = y,\ x_3 = z; \qquad f_1 = f_x,\ f_2 = f_y,\ f_3 = f_z$$

benutzt man häufig die Einsteinsche Summationskonvention. Diese sei in diesem Buch in folgenderweise angewendet:

Über alle in einem Ausdruck doppelt vorkommenden Indizes j (nicht i) soll von 1 bis 3 summiert werden, ohne daß dies durch ein Summationszeichen ausgedrückt wird.

Erstes Beispiel: $a_j b_j = a_1 b_1 + a_2 b_2 + a_3 b_3 = c, \qquad a_j^2 = a_1^2 + a_2^2 + a_3^2 = c$

Zweites Beispiel: $a_{jj} = a_{11} + a_{22} + a_{33} = c$

Drittes Beispiel: $$a_j b_{ij} = \begin{pmatrix} a_1 b_{11} + a_2 b_{12} + a_3 b_{13} = c_1 & (i = 1) \\ a_1 b_{21} + a_2 b_{22} + a_3 b_{23} = c_2 & (i = 2) \\ a_1 b_{31} + a_2 b_{32} + a_3 b_{33} = c_3 & (i = 3) \end{pmatrix}$$

Zur weiteren Erläuterung vergleiche man die Gleichungen (2.12), (2.18a), (2.25b).

1 Internationales Einheitensystem: SI = Système International d'Unités.

Tabelle A. Basis- und abgeleitete Größen mit den Einheiten verschiedener Einheitensysteme (eingerahmte Einheiten: Gesetz über Einheiten im Meßwesen, 1969)

	Größenart	Dimension	Einheit	Umrechnung
Basisgröße	Länge	L	[Meter, m]	$1\ \mathrm{m} = 10^2\ \mathrm{cm} = 10^3\ \mathrm{mm}$
			inch, in	$1\ \mathrm{in} = 2{,}5400\ \mathrm{cm}$
			foot, ft	$1\ \mathrm{ft} = 0{,}3048\ \mathrm{m}$
	Masse	M	[Kilogramm, kg]	$1\ \mathrm{t} = 10^3\ \mathrm{kg} = 1\ \mathrm{Mg}$
			pound-mass, lbm	$1\ \mathrm{lbm} = 0{,}4536\ \mathrm{kg}$
			slug, sl	$1\ \mathrm{sl} = 14{,}5939\ \mathrm{kg}$
	Zeit	T	[Sekunde, s]	$1\ \mathrm{min} = 60\ \mathrm{s}$, $1\ \mathrm{h} = 3600\ \mathrm{s}$
	Temperatur	Θ	[Kelvin, K]	
			[Celsius, °C]	$t_C = t_K - 273{,}16$[a]
			Fahrenheit, °F	$t_C = \frac{5}{9}(t_F - 32)$
			Rankine, °R	$t_R = \frac{9}{5} t_K$
Abgeleitete Größe	Kraft	$F = \frac{ML}{T^2}$	[Newton, N]	$1\ \mathrm{N} = 1\ \mathrm{kg\ m/s^2} = 10^5\ \mathrm{dyn}$
			Kilopond, kp	$1\ \mathrm{kp} = 9{,}80665\ \mathrm{N}$
			pound-force, lbf	$1\ \mathrm{lbf} = 4{,}4482\ \mathrm{N}$
	Spannung Druck	$\frac{F}{L^2}$	[Pascal, Pa]	$1\ \mathrm{Pa} = 1\ \mathrm{N/m^2} = 1\ \mathrm{kg/m\ s^2}$
			[Bar, bar]	$1\ \mathrm{bar} = 10^5\ \mathrm{Pa} = 10\ \mathrm{N/cm^2}$
			techn. Atmosphäre	$1\ \mathrm{at} = 1\ \mathrm{kp/cm^2} = 0{,}980665\ \mathrm{bar}$
			phys. Atmosphäre	$1\ \mathrm{atm} = 1{,}01325\ \mathrm{bar}$
			Torr	$1\ \mathrm{Torr} = 1/760\ \mathrm{atm}$
	Arbeit Energie Wärme	FL	[Joule, J = Ws]	$1\ \mathrm{J} = 1\ \mathrm{Nm} = 1\ \mathrm{kg\ m^2/s^2} = 10^7\ \mathrm{erg}$
			Kalorie, cal	$1\ \mathrm{cal} = 4{,}1868\ \mathrm{J}$
			Brit. thermal unit	$1\ \mathrm{Btu} = 1{,}0551\ \mathrm{kJ}$
	Leistung	$\frac{FL}{T}$	[Watt, W]	$1\ \mathrm{W} = 1\ \mathrm{J/s} = 1\ \mathrm{kg\ m^2/s^3}$
			Pferdestärke, PS	$1\ \mathrm{PS} = 75\ \mathrm{kp\ m/s} = 0{,}7355\ \mathrm{kW}$
			horse-power, hp	$1\ \mathrm{hp} = 0{,}7457\ \mathrm{kW}$

[a] t_C, t_F, t_R, t_K sind Zahlenwerte der Temperatur in °C, °F, °R bzw. K

1 Einführung in die Fluidmechanik

1.1 Überblick

Bei strömenden Medien, allgemein Fluide genannt, kann es sich um Flüssigkeiten, Dämpfe oder Gase handeln. Fluidmechanische Aufgaben kommen in den verschiedensten Bereichen von Naturwissenschaft und Technik vor.

Im Bauwesen bestehen die Hauptanwendungen in der Ermittlung von Wasserkräften auf Unterwasserbauwerke sowie von Windkräften auf Gebäude, in der Erfassung von Strömungsabläufen in Rohrleitungen und in offenen Gerinnen sowie in der Beschreibung von Grundwasserströmungen. Im Maschinenwesen stellen die Rohrströmung und die Energieumsetzung bei Strömungsmaschinen die Hauptanwendungen dar. Im Verkehrswesen sind Fragen der Umströmung bei Land-, Wasser- und insbesondere Luftfahrzeugen von großer Bedeutung. In der Verfahrenstechnik (Chemie-Ingenieurwesen) sind die strömungstechnischen Probleme besonders verwickelt, da es sich hierbei im allgemeinen um das Zusammenwirken mehrerer Aggregatzustände (fest, flüssig, dampf- und gasförmig) handelt. Am häufigsten treten bei technischen Aufgaben Wasser- und Luftströmungen auf. Sie gehören in das Gebiet der Hydro- bzw. Aeromechanik.

Die vollständigen Bewegungsgleichungen strömender Fluide wurden gegen Mitte des neunzehnten Jahrhunderts von Navier (1823) und Stokes (1845) angegeben. Wegen der großen mathematischen Schwierigkeiten bei der Lösung dieser Gleichungen wurden jedoch zunächst weitgehend nur Fälle unter Vernachlässigung der inneren Reibung des Fluids behandelt: Bernoulli (1738), Euler (1755). Die hieraus entstandene theoretische Fluidmechanik, auch klassische Hydromechanik genannt, wich in vielerlei Hinsicht so stark von der Wirklichkeit ab, daß die praktisch arbeitenden Ingenieure insbesondere bei Rohrströmungen eine eigene, den Reibungseinfluß erfassende, stark empirisch ausgerichtete Fluidmechanik als technische Hydraulik schufen. Bis zum Ende des neunzehnten Jahrhunderts haben sich so zwei kaum noch miteinander in Berührung stehende Zweige der Fluidmechanik entwickelt. Durch die Anfang des zwanzigsten Jahrhunderts von Prandtl (1904) für wandnahe Strömungen mit Reibung aufgestellte Grenzschicht-Theorie konnte die Verbindung beider Zweige hergestellt werden.

Fluidmechanische Aufgaben lassen sich in hohem Maß auf theoretischem Weg lösen. Wo dies noch nicht der Fall ist, können sinnvoll ausgeführte experimentelle Untersuchungen die anstehenden Fragen beantworten. Es ist daher verständlich, daß sich zur Bewältigung der meßtechnischen Aufgaben ein sehr ausgedehntes und fortschrittliches strömungstechnisches Versuchswesen entwickelt hat.

1.2 Physikalische Eigenschaften und Stoffgrößen der Fluide

1.2.1 Einführung

Fluide kann man entsprechend ihrem Aggregatzustand in Flüssigkeiten, Dämpfe und Gase unterteilen. Während man unter Flüssigkeiten tropfbare Fluide versteht, handelt es sich bei Dämpfen um Gase in der Nähe ihrer Verflüssigung. Gase stellen stark überhitzte Dämpfe dar. Während ein bestimmtes Flüssigkeitsvolumen einen Behälter von größerem und beliebigem Volumen nicht voll ausfüllt, ist dies bei einem Gas durch Ausfüllen des gesamten Behälters immer der Fall. Eine Flüssigkeit wird durch intermolekulare Kräfte eng zusammengehalten, so daß sie zwar ein bestimmtes Volumen, aber keine feste Form besitzt. Bei einem Gas sind die Moleküle in dauernder Bewegung, stoßen dabei miteinander zusammen und verteilen sich so überall in einem vorgegebenen Behälter. Ein Gas besitzt also im allgemeinen weder ein bestimmtes Volumen noch eine feste Form. Flüssigkeiten bilden im Gegensatz zu Gasen freie Oberflächen (z. B. Grenzflächen zwischen Wasser und Luft).

Ein Fluid ist durch leichte Verschieblichkeit seiner Elemente gekennzeichnet. Um die ursprüngliche Anordnung der Elemente grundlegend zu verändern, genügen im Gegensatz zum festen Körper sehr kleine Kräfte und Arbeiten, wenn die Formänderung nur hinreichend langsam erfolgt. Das Verschieben der Fluidelemente gegeneinander hängt von den angreifenden Normal- und Tangentialkräften ab. Die ersteren sind im wesentlichen Druckkräfte und die letzteren durch Reibung bedingte Schubkräfte. Flüssigkeiten unterliegen weit mehr als Gase dem Einfluß der Schwere. Umgekehrt sind Temperatureinflüsse bei Gasen von weit größerer Bedeutung als bei Flüssigkeiten.

1.2.2 Dichteänderung

1.2.2.1 Grundsätzliches

Eine Flüssigkeit erfährt in einem Gefäß selbst unter sehr hohem Druck nur eine sehr kleine Volumenänderung, so daß man bei den meisten Strömungsvorgängen von Flüssigkeiten, hier insbesondere bei Wasser (Hydromechanik), das Fluid als raum- oder dichtebeständig ansehen kann (Dichte = Masse/Volumen). So beträgt z. B. die Raumverminderung des Wassers bei normaler Temperatur durch eine Druckerhöhung von 1 bar nur etwa 0,05‰ des ursprünglichen Volumens. Ein solches Fluid besitzt also praktisch ein unveränderliches Volumen, d. h. eine nahezu konstante Dichte.

Im Gegensatz zu der beschriebenen Eigenschaft der Flüssigkeit sucht ein Gas, hier insbesondere die Luft (Aeromechanik), jeden ihm zur Verfügung stehenden Raum unter Änderung seiner Dichte gleichförmig zu erfüllen. Es bleibt nur durch Wirkung äußerer Druckkräfte auf einen bestimmten Raum beschränkt. Außerdem ist seine Dichte neben dem Druck auch noch von der Temperatur abhängig. Ein Gas ist also im allgemeinen als dichteveränderliches Fluid aufzufassen. Indessen hat die Erfahrung gelehrt, daß die Dichteänderung, welche bei der Strömung eines Gases relativ zu einem ruhenden Körper oder bei der Bewegung eines Körpers in einem ruhenden Gas auftritt, nur gering ist, solange die Geschwindigkeit wesentlich kleiner als die Schallgeschwindigkeit für das betreffende Gas ist. So ergibt sich z. B. für Luft im Normzustand bei einer Geschwindigkeit von 55 m/s $\approx$ 200 km/h gegenüber dem Ruhezustand eine Dichteänderung von etwa 1,5%. Vernachlässigt man derartige Schwankungen der Dichte, so kann auch das Gas in gleicher Weise wie die Flüssigkeit als dichtebeständig angesehen werden, und die Bewegungsgesetze der Hydromechanik gelten dann unverändert auch für Strömungsvorgänge von Gasen.

Bei fluidmechanischen Problemen können sowohl Druck- als auch Temperatureinflüsse eine Rolle spielen. Man bezeichnet häufig die von beiden hervorgerufene Dichteänderung sachlich unvollständig mit Kompressibilität (Zusammendrückbarkeit), da im allgemeinen die Druckeinflüsse gegenüber den Temperatureinflüssen von größerer Bedeutung sind. Eine Strömung, bei der sich das Fluid dichtebeständig verhält, wird daher auch inkompressible Strömung und eine solche mit einem dichteveränderlichen Fluid kompressible Strömung genannt.

1.2.2.2 Dichte von Fluiden

Definition. Unter der Dichte, genauer als Massendichte bezeichnet, versteht man die auf das Volumen ΔV bezogene Masse Δm eines kontinuierlich verteilten Fluids

$$\varrho = \frac{\text{Masse}}{\text{Volumen}} = \lim_{\Delta V \to 0} \frac{\Delta m}{\Delta V} = \frac{dm}{dV}, \qquad \varrho = \frac{1}{v} \quad \text{(Definition)}. \qquad (1.1\,\text{a, b})$$

Es ist ϱ eine Stoffgröße des Fluids, welche die Dimension $\mathsf{M/L^3} = \mathsf{FT^2/L^4}$ mit der Einheit $\text{kg/m}^3 = \text{Ns}^2/\text{m}^4$ besitzt. Den Kehrwert der Dichte nennt man das spezifische Volumen $v = dV/dm = 1/\varrho$. Im allgemeinen sind die genannten Stoffgrößen vom Druck p in $\text{N/m}^2 = \text{Pa}$ und von der Temperatur T in K abhängig, $v = v(p, T)$ oder $\varrho = \varrho(p, T)$.

Barotropes Fluid. Hängt die Dichte nur vom Druck ab, d. h. ist $\varrho = \varrho(p)$, dann spricht man von einem barotropen Fluid. Eine entsprechende Zustandsänderung läßt sich z. B. durch die polytrope Zustandsgleichung

$$pv^n = \text{const}, \qquad \frac{p}{\varrho^n} = \text{const}, \qquad \frac{\varrho}{\varrho_b} = \left(\frac{p}{p_b}\right)^{1/n} \quad \text{(polytrop)} \qquad (1.2\text{a, b, c})$$

mit n als Polytropenexponenten beschreiben. Eine isobare Zustandsänderung $p/p_b = 1{,}0$ liegt für $n = 0$ vor, während mit $n = \infty$ die isochore Zustandsänderung, d. h. ein Vorgang bei dichtebeständigem Fluid $\varrho/\varrho_b = 1{,}0$, erfaßt wird.

In der Fluidmechanik ist die adiabate Zustandsänderung von besonderer Bedeutung. Man versteht darunter einen Vorgang, bei dem eine bestimmte Fluidmasse von ihrer Umgebung wärmedicht abgeschlossen ist oder, anders gesagt, bei welchem ein Wärmeaustausch mit der Umgebung nicht stattfinden kann. Erfolgt darüber hinaus der Strömungsablauf reversibel, z. B. bei Vernachlässigung von innerer Reibung, so bleibt dabei die Entropie unverändert (spezifische Entropie $s = \text{const}$). Die zugehörige Zustandsänderung nennt man isentrop

(= adiabat-reversibel). Für $n = \varkappa_s$ erhält man aus (**1.2**c)

$$\frac{\varrho}{\varrho_b} = \left(\frac{p}{p_b}\right)^{1/\varkappa_s} \quad \text{(isentrop)} \tag{1.3}$$

mit $\varkappa_s = \text{const}$ als Isentropenexponenten. Für ein dichtebeständiges Fluid mit $\varrho = \text{const}$ ist $1/\varkappa_s = 0$ oder $\varkappa_s = \infty$.

Flüssigkeiten. Bei den im Wasserbau im allgemeinen auftretenden Drücken und Temperaturen können die fluidmechanischen Berechnungen genügend genau mit der Dichte von $\varrho \approx 1\ \text{g/cm}^3 = 1000\ \text{kg/m}^3 \approx \text{const}$ durchgeführt werden. Diese Annahme wird auch durch (**1.3**) bestätigt, wenn man beachtet, daß nach Tab. **1.1** bei $p = 1$ bar der Isentropenexponent $\varkappa_s \approx 20000$ beträgt. Für das Dichteverhältnis von Flüssigkeiten kann man

$$\frac{\varrho}{\varrho_b} \approx 1{,}0 \quad \text{(Flüssigkeit)} \tag{1.4}$$

setzen, d. h. das Fluid als dichtebeständig ansehen.

Gase. Bei Strömungsvorgängen von Gasen, die mit größerer Dichteänderung verbunden sind, ist die Veränderlichkeit der Dichte in Abhängigkeit von Druck und Temperatur $\varrho = \varrho(p, T)$ in Betracht zu ziehen. Der Zusammenhang zwischen den Zustandsgrößen spezifisches Volumen $v = 1/\varrho$, Dichte $\varrho = 1/v$, Druck p und

Tabelle **1.1**. Stoffgrößen von Flüssigkeit (Wasser) und Gas (Luft) (Bezugszustand $p_b = 1$ bar, $t_b = 0\,°\text{C}$) sowie von Wasserdampf (Bezugszustand $p_b = 1$ bar, $t_b = 100\,°\text{C}$). Auf eine Kennzeichnung des Bezugszustands in der Tabelle selbst durch den Index „b" wird verzichtet.

Stoffgröße ↓		Fluid →	Flüssigkeit: Wasser	Dampf: Wasserdampf	Gas: Luft
Dichte	ϱ	kg/m³	999,8	0,589	1,275
	$\varkappa_s$	—	19945	1,320	1,397
Schallgeschwindigkeit	c	m/s	1412	473	331
spezifische Gaskonstante	R	J/kg K	—	461,5	287,2
Viskosität	$\eta \cdot 10^5$	Pa s	179,3	1,229	1,710
	$\nu \cdot 10^6$	m²/s	1,794	20,85	13,41
spezifische Wärmekapazität	$c_p \cdot 10^{-3}$	J/kg K	4,217	2,032	1,006
	$\varkappa = c_p/c_v$	—	1,001	1,341	1,402
Siedetemperatur	t_S	°C	99,63	99,63	—

Temperatur T wird durch die thermische Zustandsgleichung

$$pv = RT\,, \qquad p = \varrho RT\,; \qquad \frac{\varrho}{\varrho_b} = \frac{p}{p_b}\,\frac{T_b}{T} \quad \text{(Gas)} \qquad \text{(1.5a, b; c)}$$

beschrieben. Hierin stellt $R = c_p - c_v = \text{const}$ mit c_p und c_v als spezifischen Wärmekapazitäten bei konstantem Druck bzw. konstantem Volumen die spezifische (spezielle) Gaskonstante für das betreffende Gas in J/kg K dar. Für Luft ist $R \approx 287$ J/kg K $= 287$ m²/s² K. Gase, welche die thermische Zustandsgleichung (1.5) erfüllen, nennt man thermisch ideal.

Eine isentrope Zustandsänderung wird durch (1.3) beschrieben. Dabei ist für vollkommen ideale Gase ($c_p = \text{const}$, $c_v = \text{const}$) der Isentropenexponent gleich dem Verhältnis der spezifischen Wärmekapazitäten, d. h. $\varkappa_s = \varkappa = c_p/c_v = \text{const}$. Für Luft ist $\varkappa \approx 1{,}4$. Eine isentrope Zustandsänderung liegt bei stetig verlaufender Strömung eines reibungslosen Fluids vor.

Dämpfe. Ähnlich wie für sehr viele Vorgänge strömender Gase stellt das thermisch ideale Gas auch für stark überhitzte Dämpfe eine brauchbare Idealisierung dar. Bei leicht überhitzten Dämpfen (Gase in der Nähe ihrer Verflüssigung) treten Abweichungen auf, die von der van der Waalsschen Zustandsgleichung als einer Erweiterung der thermischen Zustandsgleichung des idealen Gases erfaßt werden können.

In Tab. 1.1 sind Zahlenwerte der bisher besprochenen Stoffgrößen für Wasser, Wasserdampf und Luft zusammengestellt.

1.2.2.3 Schallgeschwindigkeit von Fluiden

Definition. Ist ein Fluid dichteveränderlich, so kann sich eine im Inneren des Fluids erzeugte kleine Druckstörung als schwache Druckwelle (Longitudinalwelle) allseitig wie der Schall ausbreiten. Jede örtliche Druckänderung bringt auch eine örtliche Dichteänderung mit sich, die sich im Strömungsraum auszubreiten sucht (Dichtewelle). Die Ausbreitungsgeschwindigkeit einer Druckstörung, auch Schallgeschwindigkeit c genannt, erhält man aus der Formel für die Schallgeschwindigkeit

$$c^2 = \frac{\text{Druckänderung}}{\text{Dichteänderung}} = \frac{dp}{d\varrho} = \left(\frac{\partial p}{\partial \varrho}\right)_{s=\text{const}} = \varkappa_s\,\frac{p}{\varrho}\,. \qquad \text{(1.6a, b, c)}$$

Sie besitzt die Dimension L/T mit der Einheit m/s. Da es sich um schwache Druckänderungen handelt, verläuft der Ausbreitungsvorgang bei konstanter Entropie s, was durch (1.6b) beschrieben wird. Mittels (1.3) folgt (1.6c).

Verhält sich das Fluid dichtebeständig, $\varrho = \text{const}$, d. h. wie ein starrer Körper, dann ist nach (1.6a) wegen $d\varrho = 0$ die Schallgeschwindigkeit $c = \infty$. Dies bedeutet, daß sich eine Druckstörung in einem solchen Fluid ohne jeden Zeitverlust sofort überall im Strömungsgebiet bemerkbar macht.

Flüssigkeiten. Für Flüssigkeiten kann man $dp \approx E_F(d\varrho/\varrho)$ mit E_F als Elastizitätsmodul des Fluids setzen und findet

$$c \approx \sqrt{\frac{1}{\varrho} E_F}, \qquad \frac{c}{c_b} \approx 1{,}0, \qquad (1.7\,\text{a, b})$$

wobei für Wasser mit $E_F \approx 2 \cdot 10^9$ Pa und $\varrho \approx 10^3$ kg/m³ der Wert $c_b \approx 1412$ m/s gilt.

Gase. Für die Schallgeschwindigkeit von vollkommen idealen Gasen gilt nach (1.6c) in Verbindung mit (1.5b) sowie mit $\varkappa_s = \varkappa$

$$c = \sqrt{\varkappa \frac{p}{\varrho}} = \sqrt{\varkappa R T}\,; \qquad \frac{c}{c_b} = \sqrt{\frac{T}{T_b}} \quad \text{(Laplace)}. \qquad (1.8\,\text{a, b; c})$$

Die Schallgeschwindigkeit von Gasen ist außer von den Größen $\varkappa$ und R nur noch von der absoluten Temperatur T abhängig. Beim Verhältnis der Schallgeschwindigkeiten stellen c_b und T_b Bezugsgrößen dar. Bei $T_b = 273$ K erhält man mit $\varkappa = 1{,}4$ und $R = 287$ J/kg K für Luft $c_b = 331$ m/s.

Vergleicht man die angegebenen Zahlenwerte für die Schallgeschwindigkeiten von Wasser und Luft, so ergibt sich $c_{\text{Wasser}} \approx 4\,c_{\text{Luft}}$, vgl. Tab. 1.1.

1.2.3 Reibungseinfluß

1.2.3.1 Grundsätzliches

Aus der Erfahrung ist bekannt, daß zur Bewegung eines Körpers relativ zum Fluid oder umgekehrt eines Fluids relativ zum Körper eine Kraft aufgewendet werden muß, um den dabei auftretenden Widerstand (Reibungskraft) zu überwinden.

Beim Verschieben der Fluidelemente gegeneinander erfahren sie Formänderungen (Verzerrungen). Dies Verhalten der Fluide sagt aus, daß zwischen den einzelnen in Bewegung befindlichen Elementen verhältnismäßig kleine Reibungsspannungen wirken. Hierbei handelt es sich im wesentlichen um Tangentialspannungen. Der Verlust an fluidmechanischer Energie bzw. der Energiebedarf zur Aufrechterhaltung einer reibungsbehafteten Strömung löst ein physikalisches Verhalten aus, welches man Zähigkeit nennt. Dies ist bedingt durch die dem Fluid eigene Viskosität, welche eine Stoffgröße der inneren Reibung ist. Man spricht je nach der Art des Reibungsverhaltens von einem normalviskosen Fluid (newtonsches Fluid) oder von einem anomalviskosen Fluid (nicht-newtonsches Fluid).

Bei den zähigkeitsbehafteten Strömungen bewegen sich die Fluidelemente bei kleinen und mäßigen Geschwindigkeiten als laminare Strömungen wohlgeordnet in Schichten. Unter bestimmten Voraussetzungen können jedoch zeitlich und räumlich ungeordnete Bewegungen der Fluidelemente als turbulente Strömungen auftreten, die zusätzliche Reibungswirkungen hervorrufen. Das Reibungsverhalten in Strömungen kann also außer von der Viskosität des Fluids noch von der Turbulenz der Strömung mitbestimmt werden.

1.2.3.2 Normalviskose Fluide (newtonsche Fluide)

Bereits auf Newton geht die Vorstellung zurück, daß im Gegensatz zur trockenen Reibung zwischen festen Körpern die innere, molekulare Reibung zwischen zwei aneinander grenzenden Fluidelementen nahezu unabhängig von der dort herrschenden Normalkraft und proportional der Geschwindigkeitsänderung beim Übergang vom einen zum anderen Element ist. Betrachtet wird nach Abb. 1.1a die Strömung zwischen zwei sehr langen parallelen ebenen Platten, die den Abstand h voneinander haben. Während die untere Platte in Ruhe ist, wird die obere Platte mit der konstanten Geschwindigkeit u_0 in ihrer eigenen Ebene bewegt. Im ganzen mit einem Fluid gefüllten Zwischenraum sei der Druck konstant. Aus dem Versuch erhält man die Aussage, daß das strömende Fluid an beiden Platten haftet (Geschwindigkeit des Fluids an der unteren Platte $u = 0$, an der oberen Platte $u = u_0$) und ferner zwischen den Platten eine lineare Geschwindigkeitsverteilung $u = (u_0/h)\, y$ herrscht. Um diesen Bewegungszustand

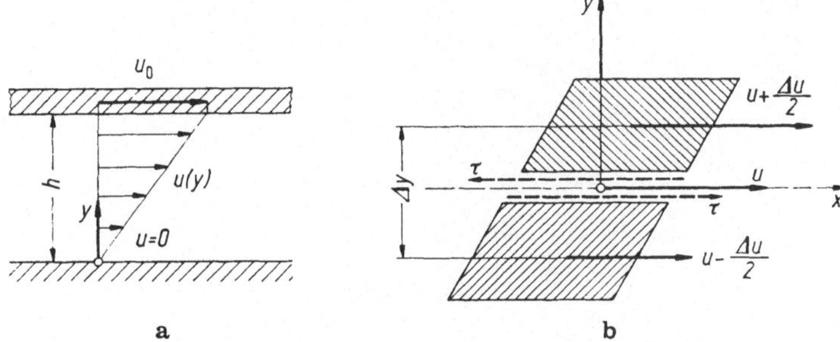

Abb. 1.1. Zur Definition der Schubspannung τ bei der einfachen laminaren Scherströmung. **a** Strömung zwischen zwei ebenen Platten, **b** Bewegung zweier benachbarter Fluidelemente

aufrechtzuerhalten, muß an der oberen Platte eine Tangentialkraft in der Bewegungsrichtung angreifen, welche den Reibungskräften des Fluids das Gleichgewicht hält. Nach den Versuchsergebnissen ist diese auf die Plattenfläche bezogene Kraft, d. h. die Schubspannung τ, proportional der Geschwindigkeit u_0 und umgekehrt proportional dem Plattenabstand h. Der Proportionalitätsfaktor wird mit η bezeichnet. Er hängt von der Art des verwendeten Fluids ab. Mithin ist die Schubspannung der hier betrachteten Scherströmung (Schichtenströmung) $\tau = \eta\,(u_0/h)$ in $N/m^2 = Pa$.

Die gemachten Darlegungen gelten verallgemeinert auch für den Einfluß der Reibung im Inneren eines Strömungsgebiets. Nach Abb. 1.1b besitzen zwei normal zur Strömungsrichtung benachbarte in x-Richtung sich bewegende Fluidelemente die Geschwindigkeiten $u - \Delta u/2$ bzw. $u + \Delta u/2$. Von den beiden benachbarten Elementen zweier Fluidschichten wird also dasjenige, welches die größere Geschwindigkeit besitzt, durch die innere Viskosität unter gleichzeitiger Formänderung verzögert, das andere dagegen beschleunigt. Mithin läßt sich die Schubspannung durch

$$\tau = \frac{\text{Schubkraft}}{\text{Berührungsfläche}} = \eta \lim_{\Delta y \to 0} \frac{\Delta u}{\Delta y} = \eta \frac{\partial u}{\partial y} \text{ (Newton)} \tag{1.9}$$

beschreiben. Der empirisch gegebene Proportionalitätsfaktor η wird als dynamische Viskosität, Schicht- oder auch Scherviskosität bezeichnet. Er besitzt die Dimension $\mathsf{FT/L^2} = \mathsf{M/TL}$ mit der Einheit N s/m² = Pa s = kg/s m. Die Viskosität ist eine Stoffgröße, die für die einzelnen Fluide verschieden groß ist. Sie hängt stark von der Temperatur und schwach vom Druck ab, d. h. $\eta = \eta(p, T) \approx \eta(T)$. Es ist $\partial u/\partial y$ die Geschwindigkeitsänderung normal zur Berührungsfläche. Gl. (1.9) bezeichnet man als Newtonsches Elementargesetz der Zähigkeitsreibung laminar strömender normalviskoser Fluide (newtonsche Fluide). Seine Verallgemeinerung auf den dreidimensionalen Fall wird durch das Stokessche Gesetz der Zähigkeitsreibung beschrieben.

Wie aus Abb. 1.2 hervorgeht, nimmt die dynamische Viskosität von Flüssigkeiten mit wachsender Temperatur ab, während die dynamische Viskosität von Gasen im Gegensatz zu derjenigen von Flüssigkeiten mit wachsender Temperatur zunimmt.

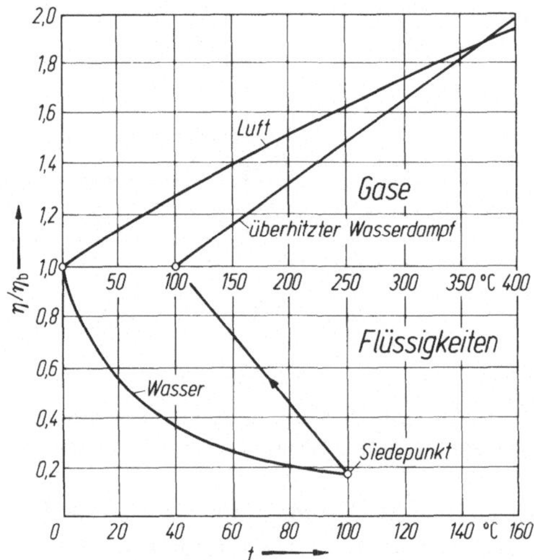

Abb. 1.2. Temperaturabhängigkeit der dynamischen Viskosität von Flüssigkeiten und Gasen bei einem Druck von 1 bar. Bezugswerte η_b aus Tab. 1.1

Oft empfiehlt es sich, die dynamische Viskosität des Fluids auf seine Dichte ϱ zu beziehen, und man definiert

$$\nu = \frac{\text{dynamische Viskosität}}{\text{Dichte}} = \frac{\eta}{\varrho} \quad \text{(abgeleitete Stoffgröße)} \qquad (1.10)$$

als kinematische Viskosität. Ihre Dimension $\mathsf{L^2/T}$ mit der Einheit m²/s ist unabhängig vom Masse- und Kraftbegriff, d. h. ν ist eine kinematische Größe.

In Tab. 1.1 sind Werte für die dynamische und kinematische Viskosität angegeben.

1.2.3.3 Anomalviskose Fluide (nicht-newtonsche Fluide)

Definition. Die bisherigen Betrachtungen über die Wirkungen der Zähigkeit betreffen die normalviskosen oder newtonschen Fluide. Das sind Medien, die sich durch leichte Verschieblichkeit ihrer Elemente auszeichnen, d. h. einer Formänderung nur geringen Widerstand entgegensetzen. Bei ihnen ist nach (1.9) die Schubspannung dem Geschwindigkeitsgradienten normal zur Strömungsrichtung $\partial u/\partial y$ proportional. Dies Gesetz gilt für viele praktisch interessierende Fluide, wie Wasser und Luft. Daneben gibt es eine ganze Reihe von Fluiden, die dem angegebenen Schubspannungsgesetz nicht gehorchen; man nennt sie anomalviskose oder nicht-newtonsche Fluide. Zu ihnen gehören z. B. Öl, Teer und Asphalt, die einer Formänderung einen mehr oder weniger großen Widerstand entgegensetzen. Sollen bei solchen Medien die zur Formänderung notwendigen Kräfte klein bleiben, so muß diesen Fluiden im weiteren Sinn genügend Zeit für ihre Formänderung zur Verfügung stehen. Das Studium nicht-newtonscher Fluide gehört in das Gebiet der Rheologie. Anomalviskose Fluide werden nach ihrem Reibungsgesetz, welches die Abhängigkeit der Formänderung eines Fluidelements von der Belastungsstärke, Belastungsänderung und Belastungsdauer angibt, behandelt.

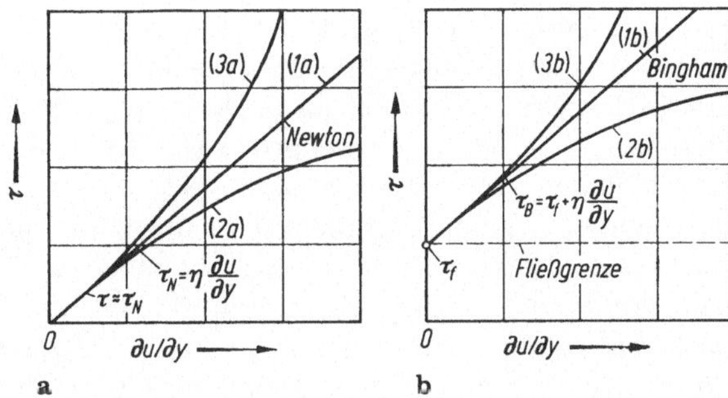

Abb. 1.3. Übersicht über das zeitunabhängige Reibungsverhalten anomalviskoser Fluide (nicht-newtonsche Fluide). **a** Ohne Fließfestigkeit. **b** Mit Fließfestigkeit. (*1a*) Newton-Fluid, (*1b*) Bingham-Fluid, (*2a, b*) strukturviskoses Fluid, (*3a, b*) dilatantes Fluid

Viskounelastische Fluide. Solche Medien verhalten sich zeitunabhängig, und man kann in Erweiterung von (1.9)

$$\tau = f\left(\frac{\partial u}{\partial y}\right) = \eta(\tau)\,\frac{\partial u}{\partial y}, \qquad \tau_0 = \eta_0\frac{\partial u}{\partial y} \quad (\tau \to 0) \tag{1.11}$$

schreiben. Die in Anlehnung an das Newtonsche Elementargesetz der Zähigkeitsreibung (1.9) eingeführte Viskosität $\eta(\tau)$ stellt keine eigentliche Stoffgröße dar, da sie neben dem möglichen Einfluß von Druck und Temperatur noch von der Schubspannung τ abhängen kann. Für kleine Schubspannungswerte ($\tau \to 0$) zeigen die nicht-newtonschen Fluide newtonsches Verhalten, was durch die zweite Beziehung ausgedrückt wird. Hierin ist η_0 die Viskosität des gleichwertigen newtonschen Fluids.

In Abb. 1.3 werden verschiedene Schubspannungsgesetze $\tau = f(\partial u/\partial y)$ schematisch dargestellt. Dabei hat man zu unterscheiden in die Fälle ohne Fließfestigkeit nach Abb. 1.3a und mit Fließfestigkeit nach Abb. 1.3b. Das lineare Newtonsche Schubspannungsgesetz (newtonsches Fluid) nach (1.9) stellt die Gerade (*1a*) dar. Bei Bingham-Fluiden setzt der Fließvorgang erst ein, wenn die Schubspannung gemäß der Geraden (*1b*) einen für das Medium charakteristischen Wert (Fließfestigkeit τ_f) erreicht hat. Abweichungen gegenüber dem linearen Schubspannungsgesetz treten bei strukturviskosen (shear thinning) Fluiden gemäß den Kurven (*2a, b*) sowie bei dilatanten (shear thickening) Fluiden gemäß den Kurven (*3a, b*) auf. Bei wachsender Scherung $\partial u/\partial y$ macht sich im ersten Fall eine Verkleinerung und im zweiten Fall eine Vergrößerung der effektiven Viskosität bemerkbar.

1.2.3.4 Wirbelviskosität (Turbulenz)

Bei der in Kap. 1.2.3.1 erwähnten turbulenten Strömung kann man die durch molekularen und turbulenten Transportvorgang hervorgerufene gemittelte Schubspannung bei einer einfachen turbulenten Scherströmung eines normalviskosen Fluids nach Boussinesq folgendermaßen anschreiben:

$$\tau = \bar{\tau} + \tau' \quad \text{mit} \quad \bar{\tau} = \eta \frac{\partial u}{\partial y}, \quad \tau' = \eta' \frac{\partial u}{\partial y} = A_\tau \frac{\partial u}{\partial y}. \tag{1.12a, b, c}$$

Bei u handelt es sich um die gemittelte Geschwindigkeit der Hauptbewegung. Für die von der turbulenten Schwankungsbewegung zusätzlich hervorgerufene Schubspannung τ' wird ein zu (1.9) analoger formaler Ansatz gemacht, wobei man η' als scheinbare Viskosität der turbulenten Mischbewegung bezeichnet. Den entsprechenden Ausdruck für die kinematische Viskosität $\nu' = \eta'/\varrho$ nennt man die Wirbelviskosität. Es ist η' im eigentlichen Sinn keine physikalische Stoffgröße, sondern eine Impulsaustauschgröße $\eta' = A_\tau$, die vom Geschwindigkeitsverhalten der Strömung selbst noch abhängig ist. Gl. (1.12c) nennt man daher den Austauschansatz für die turbulente Schubspannung. Eine Angabe von allgemein gültigen Zahlenwerten für A_τ ist nicht möglich. In den meisten Fällen ist $\tau' \gg \bar{\tau}$ und damit auch $\eta' \gg \eta$. An festen Wänden verschwindet die turbulente Austauschbewegung, so daß dort $A_\tau = 0$ zu setzen ist. Es sei erwähnt, daß auch turbulente Strömungen von anomalviskosen Fluiden (nicht-newtonsche Fluide) vorkommen können.

1.2.4 Schwereinfluß

1.2.4.1 Grundsätzliches

Bei Flüssigkeiten spielt im Gegensatz zu Gasen die Schwere (Gravitation) eine wesentlich größere Rolle. Dies bedeutet, daß in der Hydromechanik alle die Fallbeschleunigung (Schwer-, Gravitationsbeschleunigung) g enthaltenden Größen im allgemeinen nicht vernachlässigt werden dürfen.

1.2.4.2 Fallbeschleunigung

Die Fallbeschleunigung g hat die Dimension $\mathsf{L/T^2}$ mit der Einheit $\mathrm{m/s^2}$ und besitzt an der Erdoberfläche den Wert $g = 9{,}807\ \mathrm{m/s^2}$. Um die Richtung der Fallbeschleunigung zu kennzeichnen, führt man den nach unten gerichteten Vektor $\boldsymbol{g}$ ein. Zeigt in einem kartesischen Koordinatensystem x, y, z die z-Achse positiv nach oben, dann wird

$$g_x = 0 = g_y, \qquad g_z = -|\boldsymbol{g}| = -g. \tag{1.13}$$

Bei einem massebehafteten jedoch nahezu schwerlosen Fluid (Gas) ist $g \to 0$ zu setzen.

1.2.4.3 Wichte von Fluiden

Für ein Massenelement Δm beträgt nach dem Newtonschen Grundgesetz der Mechanik die Schwerkraft (Gravitationskraft) $\Delta \boldsymbol{F}_G = \Delta m \boldsymbol{g}$. Ihr Betrag ist gleich dem Gewicht ΔG des betrachteten Fluidelements in N.

Unter der Wichte, genauer als Schwerkraftdichte bezeichnet, versteht man die auf das Volumen ΔV bezogene Schwerkraft (Gewicht) ΔG

$$\gamma = \frac{\text{Gewicht}}{\text{Volumen}} = \lim_{\Delta V \to 0} \frac{\Delta G}{\Delta V} = \frac{dG}{dV} = \varrho g \quad \text{(abgeleitete Stoffgröße).} \qquad (1.14\text{a, b, c})$$

Wegen $\Delta G = \Delta m g$ und $\Delta m = \varrho \Delta V$ nach (1.1a) folgt der Zusammenhang von Wichte γ und Dichte ϱ in (1.14c). Die Wichte hat die Dimension $\mathsf{F/L^3}$ mit der Einheit $\mathrm{N/m^3}$. Für Wasser, bei dem die Wichte am häufigsten benutzt wird, ist bei einer Temperatur von 4 °C der Zahlenwert $\gamma = 9806\ \mathrm{N/m^3} = 1000\ \mathrm{kp/m^3}$. Die Wichte ist keine eigentliche Stoffgröße des Fluids. Bei $g = \text{const}$ besteht ein fester Zusammenhang von Wichte und Dichte, und es gilt für die Wichte das bereits in Kap. 1.2.2.2 bei der Dichte über die Druck- und Temperaturabhängigkeit Gesagte unverändert.

1.3 Physikalisches Verhalten von Strömungsvorgängen

1.3.1 Einführung

Der Ablauf von Strömungsvorgängen wird von den physikalischen Stoffgrößen des betrachteten Fluids (Dichte, Viskosität), von dem kinematischen Verhalten (Zeit, Geschwindigkeit, Beschleunigung) sowie von den dynamischen Einwirkungen (Druck, Kraft, Arbeit, Energie) bestimmt. Ohne bereits über die Grundgesetze der Fluidmechanik zu verfügen, lassen sich schon jetzt wesentliche Aussagen über das physikalische Verhalten von Strömungsvorgängen machen. Hierbei ist die Ähnlichkeitsmechanik, nach der aufgrund bestimmter Ähnlichkeitsbetrachtungen charakteristische Kennzahlen der Fluidmechanik hergeleitet werden können, von außerordentlicher Bedeutung.

1.3.2 Darstellungsmethoden strömender Fluide

1.3.2.1 Beschreibung von Strömungsvorgängen

Zur kinematischen Beschreibung der Bewegung eines strömenden Fluids ist die Angabe der Geschwindigkeit und der Beschleunigung zu jeder Zeit und an jeder Stelle des Strömungsgebiets erforderlich, während zur dynamischen Beschreibung der Bewegung außerdem noch die Angabe der auf das Fluid wirkenden Kräfte, wie Trägheits-, Volumen- und Oberflächenkraft, notwendig ist. Zur Lösung dieser Aufgaben kann man von zwei verschiedenen Vorstellungen aus vorgehen.

Die von Lagrange begründete Betrachtungsweise entspricht dem Sinn nach der in der allgemeinen Mechanik der Systeme üblichen Methode. Sie faßt das bewegte Fluid als einen Punkthaufen auf, dessen einzelne Massenpunkte (Fluidelemente) gewissen, durch den Zusammenhang des Fluids bedingten Bewegungsbeschränkungen unterworfen sind, und fragt nach dem zeitlichen Ablauf der Bewegung jedes einzelnen Fluidelements (Substantielle Betrachtungsweise).

Wesentlich vorteilhafter für die Fluidmechanik ist die von Euler begründete Betrachtungsweise. Diese verzichtet darauf, den zeitlichen Verlauf der Bewegung jedes Fluidelements in allen Einzelheiten kennenzulernen, sondern fragt nur danach, welche physikalischen Größen zu einer gegebenen Zeit t an jedem Aufpunkt (raum- oder körperfeste Koordinaten) $\boldsymbol{r}$ des Strömungsgebiets herrschen. Bei dieser lokalen Betrachtungsweise erscheinen die physikalischen Größen E als

Funktionen der Zeit t und des Orts $\boldsymbol{r}$:

$$E = E(t, \boldsymbol{r}) \qquad \text{(Euler).} \tag{1.15}$$

Ein Strömungsgebiet nennt man auch ein Strömungsfeld und die zugehörigen physikalischen Größen entsprechend Feldgrößen. Bei einem zeitlich unveränderlichen Strömungsfeld liegt stationäre und bei einem zeitlich veränderlichen Strömungsfeld instationäre Strömung vor. Diese Begriffe beziehen sich nicht auf den Bewegungszustand des einzelnen Fluidelements, sondern immer auf den Bewegungszustand des ganzen Fluidsystems.

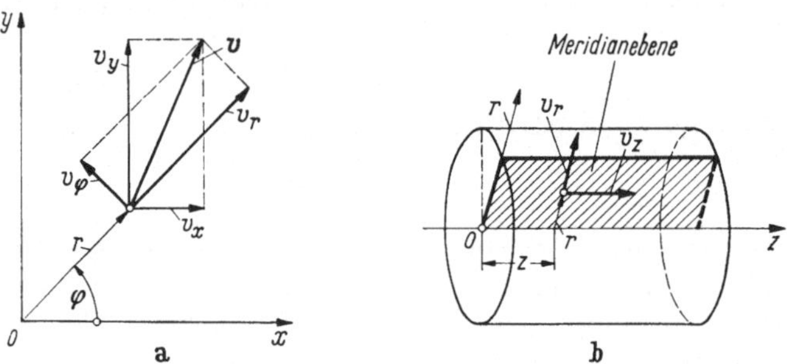

Abb. 1.4. Zweidimensionale Strömungen. **a** Kartesische Koordinaten x, y. Polarkoordinaten r, φ. **b** Drehsymmetrische Koordinaten r, z. (Miteingetragen sind die zugehörigen Geschwindigkeitskomponenten.)

Je nach der Art des räumlich veränderlichen Strömungsfelds kann man drei-, zwei- und eindimensionale Strömungen unterscheiden. Die dreidimensionale Strömung stellt den allgemeinsten Fall eines räumlichen Strömungsfelds dar. Wesentlich einfacher als diese ist die zweidimensionale Strömung zu behandeln. Zu ihr gehört vornehmlich die ebene Strömung, bei der sich zu jeder Zeit sämtliche Fluidelemente nach Abb. 1.4a in Ebenen x, y bzw. r, φ bewegen, derart, daß in jeder Parallelebene das gleiche Strömungsfeld herrscht. Auch die drehsymmetrische Strömung ist eine zweidimensionale Strömung. Sie ist der ebenen Strömung nahe verwandt. Bei ihr geht die Strömungsbewegung nach Abb. 1.4b in Ebenen r, z vor sich, welche sich sämtlich in einer festen Achse schneiden, wobei das Strömungsfeld in all diesen Ebenen (Meridianebene) das gleiche ist. Die drehsymmetrische Strömung stellt einen Sonderfall einer in Zylinderkoordinaten r, φ, z dargestellten räumlichen Strömung dar. Noch einfacher zu beschreiben ist die eindimensionale Strömung. Zu ihr kann auch die Strömung in Rohren oder Gerinnen gezählt werden. Bei diesen verläuft die Bewegung hauptsächlich in Richtung der Rohr- bzw. Gerinneachse. Die über die Rohr- bzw. Gerinnequerschnitte veränderlichen Geschwindigkeitsverteilungen kann man in erster Näherung außer Betracht lassen und das Strömungsfeld als quasi-eindimensionale Strömung auffassen.

Entsprechend der räumlichen Einteilung der Strömungsfelder kann man Strömungsvorgänge für ein endlich ausgedehntes Volumen, für einen Faden oder für ein Volumenelement beschreiben. Dabei können sich diese in der Strömung mitbewegen, d. h. zeitabhängig sein, oder in der Strömung raumfest gehalten werden, z. B. raumfestes Kontrollvolumen (Kontrollraum).

Für die mathematische Beschreibung von Strömungsvorgängen kann die vektorielle und tensorielle Darstellung, welche kurz und im allgemeinen auch recht anschaulich ist, benutzt werden. Für die Anwendungen ist die Komponentendarstellung zu wählen. Hierbei legt man je nach Aufgabenstellung das zweckmäßigste Bezugs- (Koordinaten-) system (kartesisch, zylindrisch) zugrunde. Wichtig für das Auffinden strömungstechnischer Lösungen ist die Erfüllung der örtlichen Randbedingung (z. B. feste Wand) sowie bei instationärer Strömung auch der zeitlichen Anfangsbedingung.

1.3.2.2 Kennzahlen der Fluidmechanik

Um dimensionslose Kenngrößen als Kriterien für die physikalische Ähnlichkeit zu bestimmen, kann man drei Wege beschreiten.

a) Methode der gleichartigen Größen. Bei Verwendung von Wirkungsgrößen jeweils gleicher Dimension, wie z. B. von Kraftkomponenten (Trägheits-, Schwer-, Druck-, Zähigkeitskraft u. a.), von Arbeiten (hervorgerufen durch Druck- und Zähigkeitskräfte u. a.) oder von Energien (kinetische, potentielle Energie u. a.), setzt man diese zueinander ins Verhältnis. Das Verfahren eines Kraftvergleichs, bei dem man die verschiedenen Kräfte im allgemeinen jeweils auf die Trägheitskraft bezieht, stellt eine anschauliche Ähnlichkeitsbetrachtung dar, die sehr häufig für die Ableitung der dimensionslosen Kennzahlen benutzt wird. Verschwindet die Trägheitskraft, wie z. B. bei der vollausgebildeten laminaren Strömung durch ein Rohr mit konstantem Querschnitt, dann ist eine Deutung der Kennzahlen als Kräfteverhältnis nicht möglich. In solchen Fällen kann die Betrachtung z. B. über einen Vergleich von Impulsstromdichte und maßgebender Spannung erfolgen.

b) Methode der Differentialgleichungen. Die physikalischen Größen werden nicht im einzelnen betrachtet, sondern die Kennzahlen werden anhand bekannter, den Strömungsvorgang beschreibender Differentialgleichungen (Bewegungsgleichung, Energiegleichung) abgeleitet. Dies Verfahren verbindet formale Strenge mit physikalischer Anschaulichkeit.

Herleitung der Kennzahlen aus der Bewegungsgleichung. Die Impulsgleichung (Kraftgleichung) der zähigkeitsbehafteten laminaren Strömung wurde von Navier und Stokes aufgestellt. Sie beschreibt das Gleichgewicht der an einem Fluidelement angreifenden Kräfte und lautet bei stationärer ebener Strömung in der x,y-Ebene mit y als vertikal nach oben zeigender Achse, vgl. (2.70b, c),

$$u\frac{\partial u}{\partial x} + v\frac{\partial u}{\partial y} = -\frac{1}{\varrho}\frac{\partial p}{\partial x} + \nu\left(\frac{\partial^2 u}{\partial x^2} + \frac{\partial^2 u}{\partial y^2}\right), \tag{1.16a}$$

$$u\frac{\partial v}{\partial x} + v\frac{\partial v}{\partial y} = -g - \frac{1}{\varrho}\frac{\partial p}{\partial y} + \nu\left(\frac{\partial^2 v}{\partial x^2} + \frac{\partial^2 v}{\partial y^2}\right). \tag{1.16b}$$

Es sind u und v die Geschwindigkeitskomponenten in x- bzw. y-Richtung. Weiterhin stellen die einzelnen Glieder auf die Masse bezogene Kräfte in N/kg dar. Während die linke Seite gleich der negativen Trägheitskraft ist, beschreibt die rechte Seite die Kräfte infolge der Einwirkung der Schwere (Fallbeschleunigung g), des Druckeinflusses p sowie des von der Viskosität ν hervorgerufenen Reibungseinflusses.

Die in den angegebenen Gleichungen auftretenden Längen x, y seien durch die Bezugslänge L, die Geschwindigkeiten u, v durch die Bezugsgeschwindigkeit U und der Druck p durch den Bezugsdruck ϱU^2 dimensionslos gemacht. Mit den Abkürzungen

$$\tilde{x} = \frac{x}{L}, \quad \tilde{y} = \frac{y}{L}, \quad \tilde{u} = \frac{u}{U}, \quad \tilde{v} = \frac{v}{U}, \quad \tilde{p} = \frac{p}{\varrho U^2}$$

wird nach Einsetzen in (1.16a, b) für das Gleichungssystem der dimensionslosen Größen

$$\tilde{u}\,\frac{\partial \tilde{u}}{\partial \tilde{x}} + \tilde{v}\,\frac{\partial \tilde{u}}{\partial \tilde{y}} = -\frac{\partial \tilde{p}}{\partial \tilde{x}} + \frac{1}{Re}\left(\frac{\partial^2 \tilde{u}}{\partial \tilde{x}^2} + \frac{\partial^2 \tilde{u}}{\partial \tilde{y}^2}\right), \tag{1.17a}$$

$$\tilde{u}\,\frac{\partial \tilde{v}}{\partial \tilde{x}} + \tilde{v}\,\frac{\partial \tilde{v}}{\partial \tilde{y}} = -\frac{1}{Fr} - \frac{\partial \tilde{p}}{\partial \tilde{y}} + \frac{1}{Re}\left(\frac{\partial^2 \tilde{v}}{\partial \tilde{x}^2} + \frac{\partial^2 \tilde{v}}{\partial \tilde{y}^2}\right). \tag{1.17b}$$

Bei dieser Darstellung treten die dimensionslosen Größen $Re = UL/\nu$ und $Fr = U^2/gL$ auf. Sie stellen Kennzahlen der Fluidmechanik dar. Man nennt sie die Reynolds- und die Froude-Zahl, wobei die erste den Reibungseinfluß (Viskosität) und die zweite den Schwerkrafteinfluß (Fallbeschleunigung) beschreibt. Gl. (1.17) besagt, daß zähigkeitsbehaftete laminare Strömungen um geometrisch ähnliche Körper dynamisch ähnlich sind, wenn die genannten Kennzahlen für die Vergleichskörper jeweils unverändert sind. Man spricht von dynamischer Ähnlichkeit, weil es sich bei der betrachteten Impulsgleichung um das Gleichgewicht von Kräften handelt. Bei Vernachlässigung des Schwerkrafteinflusses ($Fr \gg 1$) wird die Impulsgleichung der zähigkeitsbehafteten laminaren Strömung allein von der Reynolds-Zahl Re bestimmt. Diese Kennzahl spielt daher bei reibungsbehafteten Strömungen, hier der laminaren Strömung eines viskosen Fluids, die entscheidende Rolle.

c) Methode der Dimensionsanalyse. Es ist lediglich die Kenntnis der verschiedenen Größenarten erforderlich, die bei dem zu untersuchenden Strömungsvorgang von wesentlicher Bedeutung sind. Aus diesen Größen, die durchweg verschiedenartige Dimensionen haben, bildet man durch entsprechende Kombination dimensionsfreie Produkte. Diese Methode stammt von Buckingham.

Herleitung der Kennzahlen aus der Dimensionsanalyse. Jede physikalische Größe läßt sich als Potenzprodukt der Grunddimensionen (Länge L in m, Zeit T in s, Masse M in kg, Temperatur Θ in K) oder gegebenenfalls mit der abgeleiteten Grunddimension (Kraft F in N = kg m/s² anstelle der Masse M) angeben. Hieraus folgt, daß alle Ähnlichkeitskenngrößen als dimensionslose Potenzprodukte auftreten müssen und rein formal aus Dimensionsbetrachtungen gewonnen werden können. Die Kennzahl folgt als Verknüpfung von dimensionsbehafteten Größen zu einem dimensionslosen Ausdruck. Man geht also davon aus, daß sich alle physikalischen Größen in einer Form darstellen lassen müssen, die nicht von dem gewählten Maßsystem abhängig ist.

Im folgenden seien die wichtigsten fluidmechanischen Kennzahlen hergeleitet. Im einzelnen handelt es sich bei den geometrischen Größen um die Bezugslänge l mit L in m, bei den mechanischen Größen um die Zeit t mit T in s, die Geschwindigkeit v mit $\mathsf{L/T}$ in m/s, die Beschleunigung, insbesondere die Fallbeschleunigung g mit $\mathsf{L/T^2}$ in m/s² und den Druck p mit $\mathsf{F/L^2} = \mathsf{M/T^2L}$ in N/m² = kg/s²m, sowie bei den Stoffgrößen um die Dichte ϱ mit $\mathsf{M/L^3}$ in kg/m³, die Schallgeschwindigkeit c mit $\mathsf{L/T}$ in m/s und die kinematische Viskosität ν mit $\mathsf{L^2/T}$ in m²/s.

Zum Bilden einer Kennzahl können bei Berücksichtigung der geometrischen und mechanischen Größen wegen L, M, T bzw. L, F, T vier unabhängige Größen miteinander verknüpft werden. Drei von den vier unabhängigen Größen, die eine Kennzahl bilden, seien durch die Länge l, die Geschwindigkeit v und die Dichte ϱ festgelegt. Die noch fehlende vierte Größe sei jeweils eine der oben noch genannten Größen und werde als Platzhalter mit E bezeichnet, vgl. Tab. 1.2. Es möge E die Dimension $\mathsf{L}^\alpha \mathsf{T}^\beta \mathsf{M}^\gamma$ mit bekannten Exponenten α, β, γ haben.

Tabelle 1.2. Zur Bestimmung der fluidmechanischen Kennzahlen

		Dimension			Physikalische Größen				Kennzahl Kz
		L	T	M	v	l	ϱ	E	
	E	α	β	γ	a	b	c	d	
1	p	-1	-2	1	1	0	$\frac{1}{2}$	$-\frac{1}{2}$	$v\varrho^{1/2}p^{-1/2}$
2	ν	2	-1	0	1	1	0	-1	$vl\nu^{-1}$
3	g	1	-2	0	1	$-\frac{1}{2}$	0	$-\frac{1}{2}$	$vl^{-1/2}g^{-1/2}$
4	c	1	-1	0	1	0	0	-1	vc^{-1}

Die Kennzahlen der fluidmechanischen Ähnlichkeit lassen sich somit in der Form

$$Kz = v^a \cdot l^b \cdot \varrho^c \cdot \mathsf{E}^d \, [-] \quad \text{(Kennzahl)} \tag{1.18}$$

darstellen. Dabei sind die Exponenten a bis d aus der Dimensionsanalyse so zu bestimmen, daß die Kennzahlen dimensionslos werden. Ohne Beschränkung der Allgemeinheit kann man einen der Exponenten gleich eins wählen, da jede beliebige Potenz der dimensionslosen Größe auch wieder eine dimensionslose Zahl ist. Es sei $a = 1$ gesetzt. Führt man in (1.18) die Dimension für v, l, ϱ, E ein, dann gilt für die Herleitung der Kennzahlen

$$\frac{\mathsf{L}}{\mathsf{T}} \mathsf{L}^b \left(\frac{\mathsf{M}}{\mathsf{L}^3}\right)^c (\mathsf{L}^\alpha \mathsf{T}^\beta \mathsf{M}^\gamma)^d = \mathsf{L}^0\mathsf{T}^0\mathsf{M}^0 \quad \text{(dimensionslos).} \tag{1.19}$$

Die rechte Seite folgt aus der Forderung, daß die Kennzahlen dimensionslos sein sollen. Durch Gleichsetzen der Exponenten von L, T, M in (1.19) links und rechts erhält man die drei Gleichungen

$$\mathsf{L}:\ 1 + b - 3c + \alpha d = 0, \qquad \mathsf{T}:\ -1 + \beta d = 0, \qquad \mathsf{M}:\ c + \gamma d = 0. \tag{1.20a}$$

Die bereits getroffene Vereinbarung für a und die Auflösung des Gleichungssystems liefert die Exponenten in (1.18) zu

$$a = 1, \quad b = -\frac{\alpha + \beta + 3\gamma}{\beta}, \qquad c = -\frac{\gamma}{\beta}, \qquad d = \frac{1}{\beta}. \tag{1.20b}$$

Betrachtet man jetzt der Reihe nach die verschiedenen Eigenschaften E, und zwar den Druck p, die kinematische Viskosität ν, die Fallbeschleunigung g und die Schallgeschwindigkeit c, dann ergibt sich unter Beachtung der jeweiligen oben angegebenen Dimension Tab. 1.2. Die in der letzten Spalte wiedergegebenen Kennzahlen Kz werden im folgenden z. T. noch etwas umgeschrieben und hinsichtlich ihrer Bedeutung besprochen.

Die gefundenen Kennzahlen werden mit Namen hervorragender Forscher bezeichnet, die sich zuerst oder besonders eingehend mit dem Problem, welches durch die Kennzahl charakterisiert werden kann, beschäftigt haben. Im einzelnen gilt unter Beachtung der letzten Spalte in Tab. 1.2

1. $Eu = \frac{p}{\varrho v^2}$ (Euler-Zahl), 2. $Re = \frac{vl}{\nu}$ (Reynolds-Zahl). (1.21a, b)

3. $Fr = \frac{v}{\sqrt{gl}}$ (Froude-Zahl),[1] 4. $Ma = \frac{v}{c}$ (Mach-Zahl). (1.21c, d)

Einfluß der Kennzahlen. Aufgrund der sieben als wesentlich für den Strömungsvorgang angesehenen Größen $v, l, \varrho, p, \nu, g, c,$ haben sich nach (1.21) die vier Kennzahlen Eu, Re, Fr, Ma ergeben. Das Verhalten einer physikalischen Größe läßt sich also durch die Funktion $F(Eu, Re, Fr, Ma) = 0$ beschreiben. Jede willkürlich herausgegriffene Kennzahl stellt eine abhängige Größe dar. Wählt man hierfür die Euler-Zahl, so ist $Eu = f(Re, Fr, Ma)$. Nach (1.21) tritt der Druck p nur bei der Euler-Zahl $Eu = p/\varrho v^2$ auf. Diese Kennzahl ist somit ein Maß für den dimensionslosen Druckbeiwert. Mit p_b als Bezugsdruck kann man also schreiben

$$c_p = \frac{p - p_b}{(\varrho/2)\, v^2} = 2 \cdot f(Re, Fr, Ma) \quad \text{(Druckbeiwert).} \quad (1.22)$$

Werden alle in der Funktion f angegebenen Kennzahlen als Ähnlichkeitskriterien erfüllt, so stellt sich der Zahlenwert für Eu von selbst ein.

1.3.2.3. Ähnlichkeitsgesetze der Fluidmechanik

Grundlagen der Ähnlichkeitstheorie. Zwei Strömungen werden als ähnlich bezeichnet, wenn die geometrischen und die charakteristischen physikalischen Größen für beliebige, einander entsprechende Punkte der beiden Strömungsfelder zu entsprechenden Zeiten jeweils ein festes Verhältnis miteinander bilden. Bei geometrischer Ähnlichkeit bezieht sich diese Aussage auf die Längen-, Flächen- und Raumabmessungen, während sich die physikalische Ähnlichkeit auch auf die Stoffgrößen und die den Strömungsverlauf bestimmenden fluidmechanischen Größen erstreckt. Vollkommene physikalische Ähnlichkeit zweier Strömungsvorgänge, die bei geometrischer Ähnlichkeit der um- oder durchströmten Körper beide unter der Wirkung gleichartiger mechanischer (kinematischer und dynamischer) Einflüsse stehen, ist kaum zu erzielen. Es ist vielmehr nur möglich, die wesentlichen physikalischen Größen miteinander zu vergleichen. Hierzu bedient man sich bestimmter dimensionsloser, voneinander unabhängiger Ähnlichkeitsparameter, die in Kap. 1.3.2.2 als Kennzahlen oder Kenngrößen abgeleitet wurden. Man kann so die Strömung in übersichtlicher Weise kennzeichnen, was für die Einordnung theoretisch ermittelter oder experimentell gefundener Ergebnisse von großem Nutzen sein kann.

Eine besondere Bedeutung hat die Ähnlichkeitstheorie für das Versuchswesen erlangt. Der zu untersuchende Strömungsvorgang wird zunächst an einem kleineren Modell dargestellt, welches der Großausführung in bezug auf dessen Rand-

---

1 Es sei erwähnt, daß die Froude-Zahl häufig auch in der Form $Fr = v^2/gl$ angegeben wird, vgl. die Ausführung zu (1.17b).

bedingungen geometrisch ähnlich ist und bezüglich der Strömung ganz bestimmte Ähnlichkeitsbedingungen erfüllen muß. Unter Beachtung der Ähnlichkeitsgesetze (Modellgesetze) werden die gefundenen Meßergebnisse sodann auf die Großausführung übertragen.

Reibungseinfluß. Die Reynolds-Zahl *Re* wird im allgemeinen als Verhältnis von Trägheits- und Zähigkeitskraft gedeutet.[2] Bei Strömungen mit sehr großen Reynolds-Zahlen beschränkt sich der Reibungseinfluß auf dünne Reibungsschichten, die sog. Strömungsgrenzschichten.

Sollen zwei Strömungen hinsichtlich des Reibungseinflusses ähnlich verlaufen, so muß die Reynolds-Zahl für beide Vorgänge den gleichen Zahlenwert *Re* haben. Innerhalb dieser Forderung können sich v, l und ν beliebig ändern, und man kann bei Versuchen, soweit man nicht durch andere Vorschriften eingeschränkt ist, die Modellgröße, die Geschwindigkeit und das Fluid frei wählen, wenn nur dafür gesorgt wird, daß *Re* konstant bleibt. Werden mit (1) die Größen der Großausführung und mit (2) diejenigen des Modells gekennzeichnet, so lautet das Reynoldssche Ähnlichkeitsgesetz $v_1 l_1/\nu_1 = v_2 l_2/\nu_2$. Da die Modelle meist verkleinerte Ausführungen des Originals sind, ergeben sich aus der Ähnlichkeitsforderung meist hohe Geschwindigkeiten bei den Modellversuchen. Bei Gasströmungen können diese in vielen Fällen die Schallgeschwindigkeit übersteigen, was den Strömungsablauf grundsätzlich verändert (Machsches Ähnlichkeitsgesetz). Bei Flüssigkeitsströmungen kann man in den Bereich der Kavitation (Hohlraumbildung) kommen. Man ist daher bei der Änderung der Geschwindigkeit ziemlich stark eingeschränkt.

Schwereinfluß. Die Froude-Zahl *Fr* ist das Kriterium für die Ähnlichkeit von Strömungen, die im wesentlichen unter dem Einfluß der Schwerkraft stehen. Sie kann als das Verhältnis von kinetischer und potentieller Energie beschrieben werden. Sie spielt bei Flüssigkeitsströmungen mit freier Oberfläche, d. h. bei der Bildung von Schwerwellen, eine wichtige Rolle, vgl. Kap. 1.3.3.3. Bei Modellversuchen, z. B. zur Ermittlung des Widerstands von Schiffen, der sowohl von der Flüssigkeitsreibung als auch von der Wellenbildung abhängt, müßten gleichzeitig das Reynoldssche und das Froudesche Ähnlichkeitsgesetz erfüllt werden. Wird das gleiche Fluid auch für den Modellversuch verwendet, dann ist sowohl für die Großausführung (1) als auch für das Modell (2) die kinematische Viskosität $\nu_1 = \nu_2$. Weiterhin gilt für die Fallbeschleunigung $g_1 = g_2$. Demnach stellen die beiden Ähnlichkeitsgesetze die Bedingungen $v_1 l_1 = v_2 l_2$ und $v_1^2/l_1 = v_2^2/l_2$. Diese Forderung läßt sich für $l_1/l_2 \neq 1$ nicht erfüllen. Man kann also nur eine angenäherte Ähnlichkeit erzielen, indem man dasjenige Ähnlichkeitsgesetz bevorzugt erfüllt, von dem der Strömungsvorgang maßgeblich bestimmt wird.

Dichteeinfluß. Die Mach-Zahl *Ma* stellt das Verhältnis der Strömungs- zur Schallgeschwindigkeit dar. Sie ist eine wichtige Kennzahl für die Beschreibung von Gasströmungen mit Dichteänderungen des strömenden Fluids, vgl. Kap. 1.3.3.4. Angaben zur Schallgeschwindigkeit wurden in Kap. 1.2.2.3 gemacht. Für Strö-

---

2 Auf das Versagen eines Kraftvergleichs bei verschwindender Trägheitskraft wurde in Kap. 1.3.2.2 Abschn. a hingewiesen.

mungen mit $Ma < 0{,}3$ kann man das Gas als dichtebeständig ansehen. Das Machsche Ähnlichkeitsgesetz spielt eine besondere Rolle für die Aerodynamik des Flugzeugs.

1.3.3 Erscheinungsformen strömender Fluide

1.3.3.1 Allgemeines

Die in Kap. 1.2 besprochenen Eigenschaften und Stoffgrößen der Fluide sowie die in Kap. 1.3.2 angegebenen dimensionslosen Kennzahlen lassen erwarten, daß die Strömungen entsprechend dem Überwiegen der einen oder anderen physikalischen Größe besondere kennzeichnende Erscheinungsformen zeigen. Auf die wichtigsten, nämlich die durch Reibung, Schwere und Dichteänderung bedingten Einflüsse, sei nachfolgend kurz eingegangen. Die Darlegungen betreffen Strömungsbewegungen von Flüssigkeiten und Gasen bei umströmten und durchströmten Körpern.

1.3.3.2 Laminare und turbulente Strömung (Reibungseinfluß)

Laminare Bewegung. Bei der Schichtenströmung bewegen sich die Fluidelemente nebeneinander auf voneinander getrennten Bahnen, ohne daß es zu einer Vermischung zwischen den parallel zueinander gleitenden Schichten kommt. Auf dieser Vorstellung beruht die Bezeichnung Laminarströmung. Die Geschwindigkeit ist dabei in allen Schichten tangential zur Hauptströmungsbewegung. Für diese Art der Strömungen gelten die in Kap. 1.2.3 angegebenen Schubspannungsgesetze normal- bzw. anomalviskoser Fluide. Beachtet man, daß die Fluidelemente, welche eine feste Wand berühren, wegen der Randbedingung (Haftbedingung) dort zur Ruhe kommen, so ergeben sich bei durchströmten Körpern (Rohr) die in Abb. 1.5a und bei umströmten Körpern (Platte) die in Abb. 1.5b gezeigten Geschwindigkeitsverteilungen $v(r)$ bzw. $v(n)$. Bei der bisher besprochenen laminaren Bewegung verteilen sich die Geschwindigkeiten entsprechend den ausgezogenen Kurven.

Turbulente Bewegung. Im Gegensatz zur laminaren Bewegung kann auch eine durch die gestrichelten Kurven in Abb. 1.5a und b gekennzeichnete Verteilung der gemittelten Geschwindigkeit einer turbulenten Bewegung auftreten. Das

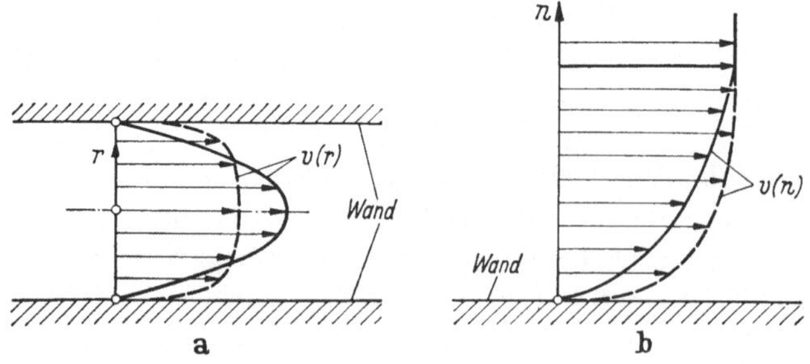

Abb. 1.5. Geschwindigkeitsverteilung infolge Reibungseinfluß. **a** Rohrströmung. **b** Plattenströmung. Ausgezogene Kurve: laminar; gestrichelte Kurve: turbulent

strömende Fluid bewegt sich dabei nicht mehr in geordneten Schichten wie bei laminarer Strömung, sondern der Hauptströmungsbewegung sind jetzt zeitlich und räumlich ungeordnete Schwankungsbewegungen (Längs- und Querbewegungen) überlagert. Diese sorgen für eine mehr oder weniger starke Durchmischung des strömenden Fluids sowie für einen Austausch von Masse, Impuls und Energie vor allem quer zur Hauptströmungsrichtung. Die Mischbewegung ist die Ursache für die gleichmäßigere Verteilung der gemittelten Geschwindigkeit. Bei turbulenten Strömungsvorgängen handelt es sich um völlig anders geartete Erscheinungen als bei laminaren Bewegungen. Die turbulenten Vorgänge sind außerordentlich verwickelt und sowohl physikalisch als auch mathematisch noch unvollkommen erfaßbar. In unmittelbarer Wandnähe kommen die Schwankungsbewegungen zur Ruhe, so daß dort nur der Einfluß der Viskosität eine Rolle spielt. Diese dünne wandnahe Strömungsschicht nennt man die viskose Unterschicht. Von den technischen Anwendungen her gesehen kommt den turbulenten Strömungen gegenüber den laminaren Strömungen die weit größere Bedeutung zu.

Bestimmende Kennzahl. Ausgehend von der Ähnlichkeitsbetrachtung in Kap. 1.3.2.3 kann man zeigen, daß sich der Reibungseinfluß durch Viskosität und Turbulenz bei Einführen der Reynolds-Zahl $Re = vl/\nu$ nach (1.21b) erfassen läßt. Hierin ist v eine charakteristische Geschwindigkeit (mittlere Durchströmgeschwindigkeit, äußere Anströmgeschwindigkeit), l eine charakteristische Länge (Rohrdurchmesser, Körperlänge) und ν die kinematische Viskosität.

Laminar-turbulenter Umschlag. Die Frage, wann eine Strömung laminar oder turbulent verläuft, hat bereits Reynolds beschäftigt. Er führte eine Reihe von systematischen Versuchen durch und zeigte, daß der Übergang von der laminaren zur turbulenten Strömung immer dann eintritt, wenn der Parameter, den man heute Reynolds-Zahl nennt, einen bestimmten Zahlenwert überschreitet. Je nach Form und Oberflächenbeschaffenheit des durch- oder umströmten Körpers gibt es eine bestimmte kritische Reynolds-Zahl oder genauer gesagt Reynolds-Zahl des Umschlagpunkts Re_u, die den Wechsel von laminarer in turbulente Strömung bestimmt, und zwar gilt

$$Re < Re_u\text{: laminare Strömung,} \qquad Re > Re_u\text{: turbulente Strömung.} \qquad (1.23)$$

Bei durchströmten Körpern, d. h. bei Rohrströmungen, beträgt die mit der mittleren Durchströmgeschwindigkeit v_m und dem Rohrdurchmesser D gebildete Reynolds-Zahl des laminar -turbulenten Umschlags $Re_u = v_m D/\nu \approx 2300$.
Für umströmte Körper, d. h. im einfachsten Fall für die längsangeströmte ebene Platte, beträgt die mit der Anströmgeschwindigkeit v_∞ und dem Abstand von dem Plattenanfang bis zum Umschlagpunkt x_u gebildete Reynolds-Zahl $Re_u = v_\infty x_u/\nu \approx 10^6$. Die Bedeutung der Reynolds-Zahl des Umschlagpunkts sei am Widerstand W von zylindrischen Körpern mit elliptischem Querschnitt und verschiedenem Dickenverhältnis d/l sowie der Breite b gezeigt. In Abb. 1.6 sind die dimensionslosen Widerstandsbeiwerte $c_W = W/q_\infty bl$ mit $q_\infty = (\varrho/2)\, v_\infty^2$ als Geschwindigkeitsdruck der Anströmung in Abhängigkeit von der Reynolds-Zahl $Re_\infty = v_\infty l/\nu$ bei Anströmung mit der Geschwindigkeit v_∞ in Richtung der großen Achse aufgetragen. Es ist $d/l = 0$ die längsangeströmte ebene Platte und

$d/l = 1$ der Kreiszylinder. Der gestrichelte Bereich um $Re_\infty \approx 10^6$ stellt den Übergang von der laminaren zur turbulenten Strömung dar.

Die gemachten Feststellungen über den Einfluß der Reynolds-Zahl bei laminarer und turbulenter Strömung sind in Tab. 1.3 zusammengestellt und werden dort mit anderen typischen Erscheinungsformen strömender Fluide verglichen.

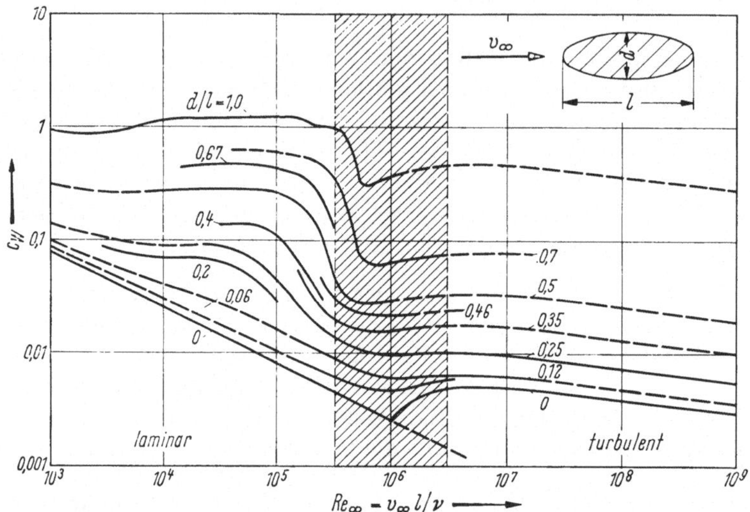

Abb. 1.6. Widerstandsbeiwerte $c_W = W/q_\infty bl$ von elliptischen Zylindern mit verschiedenem Dickenverhältnis d/l bei Anströmung in Richtung der großen Achse; $q_\infty = (\varrho/2)\,v_\infty^2$ = Geschwindigkeitsdruck der Anströmung, b = Breite des Körpers

Tabelle 1.3. Besonders kennzeichnende Erscheinungsformen strömender Fluide

Einfluß	Strömungszustand		
Reibung	laminare Strömung $Re < Re_u$	Umschlagpunkt $\leftarrow Re = Re_u \rightarrow$	turbulente Strömung $Re > Re_u$
Schwere	strömende Bewegung $Fr < 1$	Wassersprung $\leftarrow Fr = 1 \rightarrow$	schießende Bewegung $Fr > 1$
Dichte-änderung	Unterschallströmung $Ma < 1$	Verdichtungsstoß $\leftarrow Ma = 1 \rightarrow$	Überschallströmung $Ma > 1$

1.3.3.3 Strömende und schießende Flüssigkeitsbewegung (Schwereinfluß)

Offene Gerinne. Bei Abflußvorgängen in offenen Gerinnen oder teilweise gefüllten Rohrleitungen treten Flüssigkeitsströmungen (Wasserströmungen) mit freien Oberflächen auf. Bei diesen spielt der Einfluß der Schwere eine besondere Rolle.

In einem vorgegebenen Gerinnequerschnitt kann die Strömungsbewegung unabhängig vom laminaren oder turbulenten Strömungszustand auf zweierlei Art erfolgen. Nach Abb. 1.7 erzielt man in einem rechteckigen Querschnitt den gleichen Volumenstrom (Volumen/Zeit) entweder bei kleiner Strömungsgeschwindigkeit v_1 und großer Flüssigkeitstiefe h_1 oder bei großer Strömungsgeschwindigkeit v_2 und kleiner Flüssigkeitstiefe h_2. Für diese unterschiedlichen Abflußarten der Freispiegelströmungen hat sich im ersten Fall des ruhigeren Vorgangs die Bezeichnung strömender Abfluß, kurz Strömen, und im zweiten Fall des heftigeren Vorgangs die Bezeichnung schießender Abfluß, kurz Schießen, eingeführt.

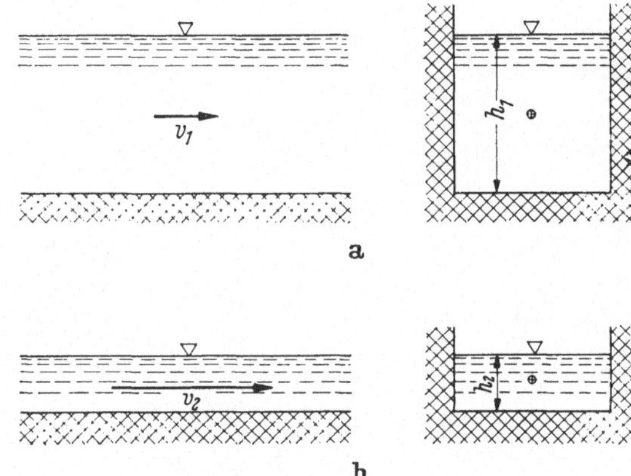

Abb. 1.7. Abfluß von Flüssigkeitsströmungen mit freier Oberfläche. **a** Strömender Abfluß: $v < c_0$, $Fr < 1$. **b** Schießender Abfluß: $v > c_0$, $Fr > 1$

Bestimmende Kennzahl. Die Frage, welche Abflußart sich einstellt, hängt vom Verhältnis der Fließgeschwindigkeit v zur Ausbreitungsgeschwindigkeit der Grundwelle c_0 ab. Bei kleinen Flüssigkeitstiefen beträgt die Ausbreitungsgeschwindigkeit der Flachwasserwelle, auch Grundwellengeschwindigkeit genannt, $c_0 = \sqrt{gh}$. Nach (1.21c) ist mit $l = h$ dann die Froude-Zahl $Fr = v/c_0$. Es gilt

$$Fr < 1: \text{ strömende Bewegung,} \qquad Fr > 1: \text{ schießende Bewegung.} \qquad (1.24)$$

Wellenbewegung. Die Eigenart der verschiedenen Gerinneabflüsse wird besonders deutlich, wenn man beachtet, daß sich bei freien Oberflächen Druckstörungen stets in Wellenbewegungen äußern. Hat die Gerinneströmung eine Fließgeschwindigkeit von $v < c_0$ (Strömen), dann kann sich die von einer Druckstörung verursachte Wellenbewegung sowohl stromabwärts als auch stromaufwärts ausbreiten. Ist dagegen $v > c_0$ (Schießen), so kann sich die Druckstörung nicht stromaufwärts auswirken. Während sich der Übergang vom Strömen zum Schießen im Gerinne stetig vollzieht, geht der Übergang vom Schießen zum Strömen dagegen unstetig mit einem Wechselsprung (Wassersprung) vor sich. Auf Tab. 1.3 und den Vergleich mit anderen typischen Erscheinungsformen strömender Fluide wird wieder hingewiesen.

1.3.3.4 Gasströmung mit Unter- und Überschallgeschwindigkeit (Dichteeinfluß)

Bestimmende Kennzahl. Die in Gasströmungen starke Abhängigkeit der Dichte vom Druck führt bei Unter- und Überschallgeschwindigkeit sowohl bei durchströmten als auch bei umströmten Körpern z. T. zu grundsätzlich verschiedenen

Erkenntnissen. Bezeichnet v die Strömungsgeschwindigkeit und c die Schallgeschwindigkeit, dann ist die Mach-Zahl nach (1.21d) $Ma = v/c$. Es gilt also

$$Ma < 1: \text{ Unterschallströmung,} \qquad Ma > 1: \text{ Überschallströmung} \qquad (1.25)$$

Bewegte Störquelle. Es sei nach Abb. 1.8 eine Störquelle (A) betrachtet, die sich mit der Geschwindigkeit v von links nach rechts durch das ruhende Gas bewegt. Relativ zu diesem Störzentrum erfolgt dann die Ausbreitung der Druckwellen mit der Schallgeschwindigkeit c. Abb. 1.8a zeigt den Fall der ruhenden

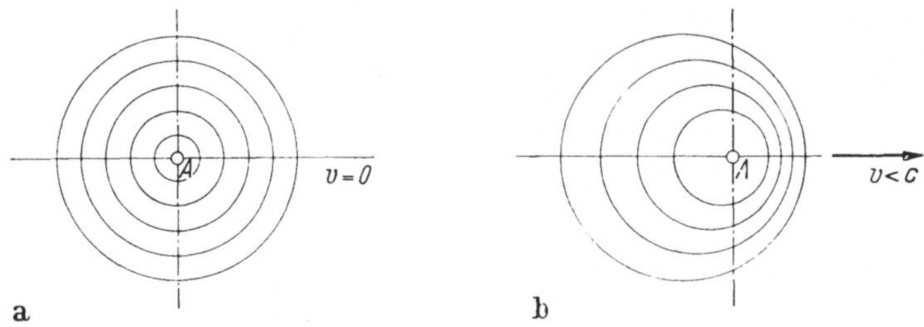

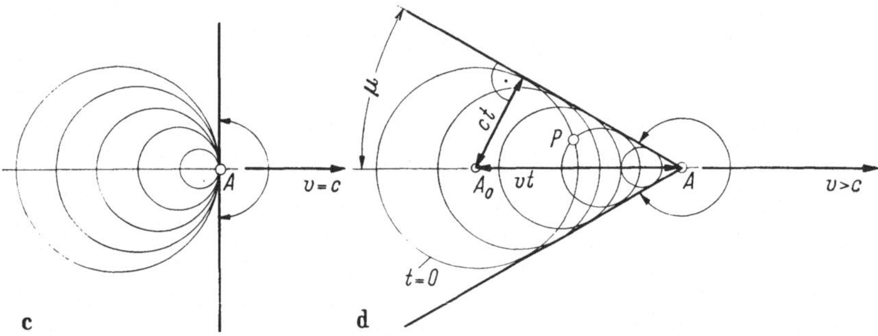

Abb. 1.8. Ausbreiten von Druckwellen einer mit der Geschwindigkeit v durch ein ruhendes Fluid (Gas) bewegten Störquelle (A). **a** Störquelle befindet sich in Ruhe; $v = 0$, $Ma = 0$. **b** Störquelle bewegt sich mit Unterschallgeschwindigkeit; $v < c$, $Ma < 1$. **c** Störquelle bewegt sich mit Schallgeschwindigkeit; $v = c$, $Ma = 1$. **d** Störquelle bewegt sich mit Überschallgeschwindigkeit; $v > c$, $Ma > 1$ (μ = Mach-Winkel)

Störquelle, $v = 0$, wobei die Ausbreitung der Druckwellen (Schallwellen) auf konzentrischen Kugelflächen erfolgt. Abb. 1.8b bis d geben die Lagen der in zeitgleichen Abständen ausgesandten Druckwellen für die Fälle an, bei denen sich die Störquelle mit Unterschallgeschwindigkeit $v < c$, mit Schallgeschwindigkeit $v = c$ bzw. mit Überschallgeschwindigkeit $v > c$ bewegt. Folgendes Ergebnis wird festgestellt: Für Fortbewegungsgeschwindigkeiten der Störquelle, die kleiner als die Schallgeschwindigkeit sind ($Ma < 1$), breiten sich Druckstörungen nach Abb. 1.8b allseitig im Raum aus. Sind dagegen die Fortbewegungsgeschwindigkeiten größer als die Schallgeschwindigkeit ($Ma > 1$), so können sich Druckstörungen nach Abb. 1.8d nur in einem hinter der Quelle gelegenen Kegel bemerkbar machen. Die Wirkung der Störquelle beschränkt sich auf das Innere dieses sog. Mach-Kegels, dessen halber Öffnungswinkel sich aus der Beziehung

$$\sin\mu = \frac{ct}{vt} = \frac{c}{v} = \frac{1}{Ma} \quad (Ma > 1) \tag{1.26}$$

berechnet, wobei ct und vt die jeweils in der Zeit t bei der Ausbreitung der Störung bzw. bei der Fortbewegung der Störquelle zurückgelegten Wege bedeuten. Die Begrenzungslinien des Mach-Kegels heißen Mach-Linien (Wellenfront). Der Mach-Winkel μ ist nur für $Ma > 1$ definiert. Aus Abb. 1.8d ersieht man auch, daß im Gegensatz zur Unterschallströmung (subsonische Strömung) bei der Überschallströmung (supersonische Strömung) jeder Raumpunkt P innerhalb des Mach-Kegels von zwei zu verschiedenen Zeiten ausgesandten Druckwellen getroffen wird. Für $Ma = 1$ wird $\mu = \pi/2$, was in Abb. 1.8c dargestellt ist. Die Störquelle bewegt mit sich eine zur Bewegungsrichtung normal stehende Wellenfront (Schallmauer).

Stoßfront. Ein Körper werde mit Überschallgeschwindigkeit $Ma_\infty > 1$ angeströmt. Dann stellt jeder Punkt der Körperoberfläche eine Störquelle dar. In Abb. 1.9a, b ist die Ausbildung der Wellenfront (Kopfwelle) um einen vorn spitzen und einen vorn stumpfen Körper dargestellt. In Abb. 1.9b sind die örtlich

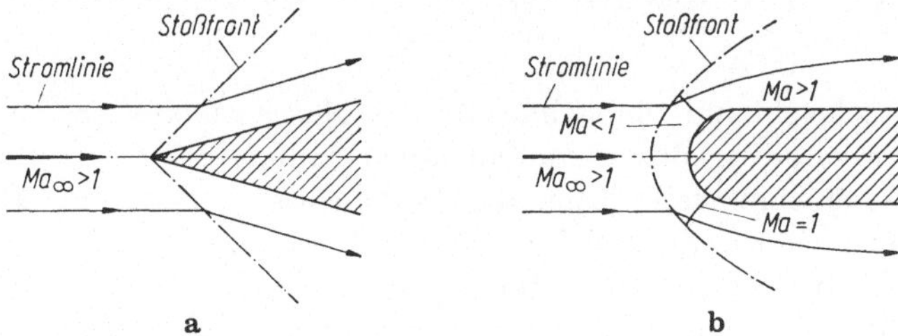

Abb. 1.9. Ausbilden der Wellen- und Stoßfronten bei mit Überschallgeschwindigkeit angeströmten Körpern, $v > c$. **a** Vorn spitzer Körper: Wellenfront, Verdichtungsstoß anliegend, schief und gerade. **b** Vorn stumpfer Körper: Wellenfront, Stoßfront abgehoben und gekrümmt

auftretenden Mach-Zahl-Bereiche $Ma \lesseqgtr 1$ eingetragen. Die Kopfwelle bezeichnet man auch als Stoßfront (Verdichtungsstoß), da in ihr größere Druckänderungen auftreten. Bei schwachen Störungen (schlanke Körper) gehen die Stoßlinien in Mach-Linien (Wellenfront) über. Eine Überschallströmung kann unstetig durch einen nahezu normal zur Strömungsrichtung stehenden Verdichtungsstoß in eine Unterschallströmung übergehen. Umgekehrt geht der Übergang von Unter- zu Überschallströmung im allgemeinen stetig vor sich. Auf die Zusammenstellung in Tab. 1.3 und den Vergleich mit anderen typischen Erscheinungsformen strömender Fluide sei auch hier hingewiesen.

Stromfadenquerschnitt. Als Beispiel eines durchströmten Körpers sei der Massenstrom durch einen Stromfaden mit veränderlichem Stromfadenquerschnitt nach Abb. 1.10 betrachtet. Bei Durchströmgeschwindigkeiten unterhalb der Schallgeschwindigkeit ($Ma < 1$) wird mit zunehmender Geschwindigkeit $dv > 0$ der Stromfadenquerschnitt kleiner, $dA < 0$, während bei Durchströmgeschwindigkeiten oberhalb der Schallgeschwindigkeit ($Ma > 1$) mit zunehmender Geschwindigkeit $dv > 0$ der Stromfadenquerschnitt größer wird, $dA > 0$. Diese Unterschiede beruhen darauf, daß im vorliegenden Fall wegen $dp \sim -dv$ die mit der Drucksenkung $dp < 0$ längs des Stromfadens bei $Ma > 1$ verbundene große Dichteabnahme $d\varrho < 0$ den Volumenstrom so stark vergrößert, daß mit

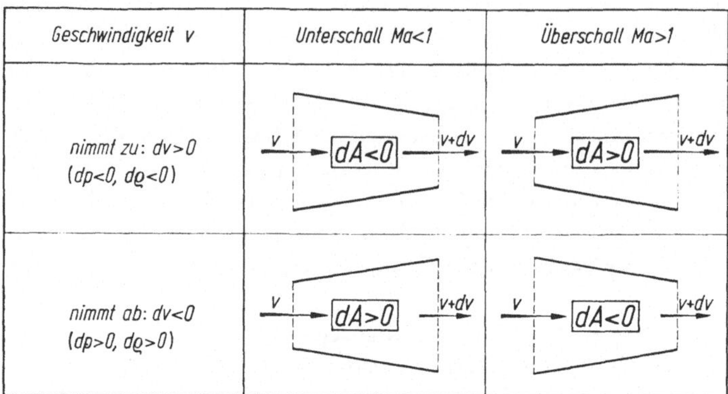

Abb. 1.10. Massenstrom durch einen Stromfaden, der mit Unter- oder Überschallgeschwindigkeit durchströmt wird, Änderung des Stromfadenquerschnitts (schematisch)

Rücksicht auf die Erhaltung des Massenstroms im Gegensatz zu $Ma < 1$ eine Erweiterung des Stromfadenquerschnitts erforderlich wird. Bei abnehmender Geschwindigkeit liegen die Verhältnisse umgekehrt. Der kleinste Stromfadenquerschnitt ergibt sich bei $Ma = 1$, vgl. Kap. 4.3.3.1.

Die in diesem Kapitel beschriebenen, durch Dichteänderung, Reibungseinfluß und Schwereinfluß bedingten Eigenschaften und Erscheinungsformen strömender Fluide dienten dem übergreifenden Einstieg in die Problematik der Fluidmechanik. Die dargestellten Begriffe und Vorgänge finden in den folgenden Kapiteln eine inhaltliche Vertiefung, wobei sich Kap. 2 mit den Grundgesetzen der Fluidmechanik, d. h. der Kontinuitäts-, Impuls- und Energiegleichung (Druckgleichung), in integraler und differentieller Form beschäftigt.

Allen Ausführungen in den Kap. 3, 5 und 6 liegt die Annahme eines dichtebeständigen Fluids zugrunde, während Kap. 4 den Einfluß eines dichteveränderlichen Fluids (Gas) untersucht. Bei der Fadenströmung in Kap. 3.3 und 4.3 sowie bei den Potential- und Potentialwirbelströmungen in Kap. 5 tritt die Reibung nicht auf. Reibungsbehaftete Strömungen liegen vor bei der Rohrströmung in Kap. 3.4 sowie bei den Grenzschichtströmungen in Kap. 6. Auf die Erfassung des Schwereinflusses wird nur bei der Faden- und Rohrströmung in Kap. 3.3 bzw. 3.4 eingegangen.

Vergleichbare Problemstellungen sind durch Querverweise bei den Gleichungen und Abbildungen sowie unter Heranziehung des hinweisbezogenen Sachverzeichnisses aufzufinden. Bei den Schrifttumsangaben ist eine Zuordnung zu den einzelnen Kapiteln vermerkt.

2 Grundgesetze der Fluidmechanik

2.1 Überblick

Für ein ruhendes und gleichförmig bewegtes Fluid wird zunächst in Kap. 2.2 der Satz vom Gleichgewicht der Kräfte (Statik) besprochen. Kommt das Fluid in eine ungleichförmige Bewegung (stationär, instationär), so stellt sich ein Bewegungszustand (Kinematik) ein, der in Kap. 2.3 beschrieben wird. Kap. 2.4 enthält den für die Fluidmechanik wichtigen Massenerhaltungssatz (Kontinuität). Die beim Strömungsvorgang beteiligten Kräfte (Dynamik) werden beim Impulssatz (Kinetik) in Kap. 2.5 behandelt. Neben der Impuls- und Impulsmomentgleichung für einen raumfesten Kontrollraum gehören hierzu auch die Bewegungsgleichungen der Fluidmechanik (Kontinuitäts- und Impulsgleichung). Die jeweils maßgebenden Gleichungen können skalaren oder vektoriellen Charakter haben und in differentieller oder integraler Form auftreten.

2.2 Ruhende und gleichförmig bewegte Fluide (Statik)

2.2.1 Einführung

Bei ruhenden oder auch mit gleichförmiger Geschwindigkeit bewegten Fluiden spielt das kinematische Verhalten der Fluidelemente keine Rolle. Bei der Beschreibung solcher Zustände kommt dem dynamischen Verhalten der Fluidelemente die entscheidende Bedeutung zu. Die jeweils auftretenden Kräfte bilden ein mechanisches Gleichgewichtssystem (Statik). Von den in Kap. 1.2 besprochenen physikalischen Eigenschaften und Stoffgrößen der Fluide bestimmen insbesondere der Druck und die Fallbeschleunigung das statische Gleichgewicht. Entsprechend den vorliegenden Fluiden, wie Flüssigkeiten (z. B. Wasser) und Gasen (z. B. Luft) beziehen sich die folgenden Ausführungen auf die Hydro- bzw. Aerostatik.

2.2.2 Kräfte im Ruhezustand

2.2.2.1 Druckkraft (Oberflächenkraft)

Druckspannung. Denkt man sich aus dem Innern des Fluids ein kleines Volumen herausgeschnitten, so werden auf dessen Oberfläche vom umgebenden Fluid Kräfte ausgeübt, die in Verbindung mit den am Element außerdem wirksamen Massenkräften dessen Bewegungs- oder Ruhezustand bedingen. Die Oberflächenkräfte bestehen im allgemeinen aus Normal- und Tangentialkräften. Bei ruhendem Fluid sowie auch in einer reibungslosen Strömung können offenbar nur Normalkräfte in Form von Druckkräften auftreten. Zugkräfte können im Inneren eines Gases oder einer Flüssigkeit normalerweise nicht übertragen werden.

Bezeichnet ΔA nach Abb. 2.1 ein durch einen beliebigen Punkt der Oberfläche des Fluidvolumens gehendes Flächenelement und ΔF_P die auf ΔA wirkende Druckkraft, so heißt der Quotient

$$p = \frac{\text{Druckkraft}}{\text{Fläche}} = \lim_{\Delta A \to 0} \frac{\Delta F_P}{\Delta A} = \frac{dF_P}{dA} > 0 \quad \text{(Definition)} \tag{2.1}$$

die Druckspannung oder kurz der Druck an der betrachteten Stelle. Er besitzt die Dimension $\mathsf{F/L^2} = \mathsf{M/LT^2}$ mit der Einheit $\mathrm{Pa} = \mathrm{N/m^2} = \mathrm{kg/s^2\,m}$. Da keine Zugspannungen (negative Druckspannungen) auftreten, ist stets $p > 0$. In einem Fluid ist der Druck eine richtungsunabhängige (skalare) Größe.

Druckkraft auf eine Fläche. Die vorstehenden Überlegungen über die Druckspannung gelten sowohl für Teile, die aus dem Innern eines stetig zusammenhängenden Fluids herausgeschnitten sind, als auch für den Fall, daß das Fluid mit einem festen Körper, etwa einer Gefäßwand, in unmittelbarer Berührung steht. Die durch die Druckspannung p hervorgerufene Druckkraft $d\boldsymbol{F}_P$, welche auf ein Flächenelement $d\boldsymbol{A}$ ausgeübt wird, steht normal zu diesem und besitzt nach (2.1) die Größe $p\,dA$. Nach Abb. 2.2 ergibt sich unter Berücksichtigung der Angriffsrichtung in vektorieller Schreibweise

$$d\boldsymbol{F}_P = -p\,d\boldsymbol{A}, \qquad \boldsymbol{F}_P = -\int_{(A)} p\,d\boldsymbol{A}. \tag{2.2a, b}$$

Dabei ist $d\boldsymbol{A} = \boldsymbol{e}_n\,dA$ der nach außen positiv gezählte Normalvektor des Flächenelements und A eine beliebig geformte Fläche, für welche die resultierende Druckkraft gesucht wird.

Druckkraft am Fluidelement. In einem ruhenden Fluid sei nach Abb. 2.3 ein kleines Raumelement in Form eines Quaders betrachtet. Das Element habe das Volumen ΔV und die Masse $\Delta m = \varrho \Delta V$ mit ϱ als Dichte nach (1.1a). An den Oberflächen ΔA_x links und rechts wird von dem umgebenden Fluid in x-Richtung

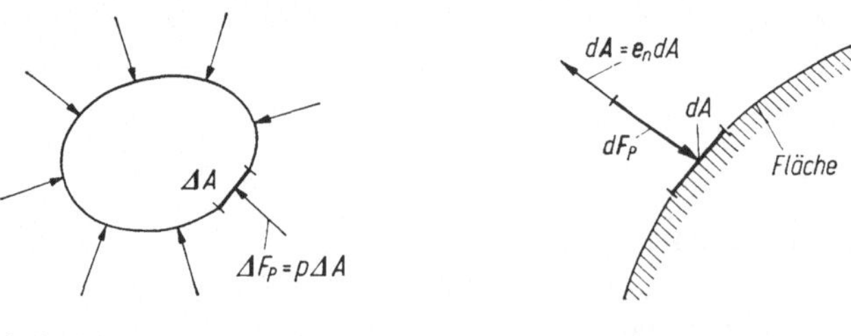

Abb. 2.1. Abb. 2.2

Abb. 2.1. Zur Definition des Drucks p in einem Fluid nach (2.1)
Abb. 2.2. Von einem Fluid auf das Flächenelement dA eines festen Körpers ausgeübte Druckkraft $d\boldsymbol{F}_P = -p\,d\boldsymbol{A}$

die Druckkraft

$$\Delta F_{P_x} = \left(p - \frac{\partial p}{\partial x}\frac{\Delta x}{2}\right)\Delta A_x - \left(p + \frac{\partial p}{\partial x}\frac{\Delta x}{2}\right)\Delta A_x = -\frac{\partial p}{\partial x}\Delta x \Delta A_x = -\frac{\partial p}{\partial x}\Delta V$$

ausgeübt. Für die Komponenten der Druckkraft in y- und z-Richtung gelten die entsprechenden Ausdrücke. Die auf die Masse $\Delta m = \varrho\,\Delta V$ bezogene Druckkraft beträgt in Zeiger- und Vektorschreibweise[3]

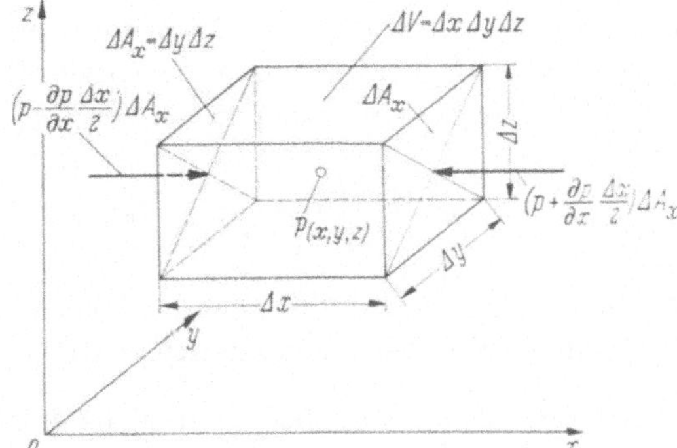

Abb. 2.3. Druckkraft an einem Fluidelement von einfacher geometrischer Form: Quader, kartesische Koordinaten x, y, z

$$f_{Pi} = \lim_{\Delta m \to 0} \frac{\Delta F_{Pi}}{\Delta m} = -\frac{1}{\varrho}\frac{\partial p}{\partial x_i} \quad (i = 1, 2, 3), \qquad \boldsymbol{f}_P = -\frac{1}{\varrho}\,\mathrm{grad}\, p. \qquad (2.3\,\mathrm{a, b})$$

Die vektorielle Darstellung in (2.3 b) ist unabhängig von der Wahl des Koordinatensystems. Gl. (2.3) besitzt die Dimension F/M = L/T² mit der Einheit N/kg = m/s². Hängt die Dichte des Fluids nur vom Druck ab, d. h. handelt es sich um ein barotropes Fluid mit $\varrho = \varrho(p)$ entsprechend Kap. 1.2.2.2, so kann man für (2.3 b) auch

$$\boldsymbol{f}_P = -\mathrm{grad}\, i \quad \text{mit} \quad i = i(p) = \int \frac{dp}{\varrho(p)}, \qquad i = \frac{p}{\varrho} \quad (\varrho = \mathrm{const}) \quad (2.4\,\mathrm{a, b, c})$$

schreiben. Diese Beziehung besagt, daß man die bezogene Druckkraft $\boldsymbol{f}_P$ aus dem spezifischen Druckkraftpotential $i = i(p)$ ableiten kann. Die Größe i hat die Dimension FL/M mit der Einheit N m/kg = J/kg.

2.2.2.2 Massenkraft (Volumenkraft)

Massenkraft am Fluidelement. Neben der besprochenen Oberflächenkraft (Druckkraft) wirkt an dem mit Masse belegten Raumelement noch die Massenkraft als äußere Kraft (eingeprägte Volumenkraft). Sie sei mit $\Delta \boldsymbol{F}_B = \boldsymbol{f}_B \Delta m$ bezeichnet. Dabei bedeutet $\boldsymbol{f}_B$ analog zu (2.3 b) die auf die Masse des Fluidelements $\Delta m = \varrho \Delta V$

3 In kartesischen Koordinaten ist $x_1 = x$, $x_2 = y$, $x_3 = z$.

bezogene Massenkraft. Sie besitzt die Dimension $\mathsf{F/M} = \mathsf{L/T^2}$ mit der Einheit $\mathrm{N/kg} = \mathrm{m/s^2}$.

Massenkraftpotential. Ein Gleichgewichtszustand stellt sich nach Euler am ruhenden Fluidelement $\Delta m = \varrho \Delta V$ ein, wenn die Summe aus Massenkraft $\Delta \boldsymbol{F}_B$ und Druckkraft $\Delta \boldsymbol{F}_P$ verschwindet. Mit den Beziehungen aus Kap. 2.2.2.1 bzw. 2.2.2.2 gilt also bezogen auf die Masse Δm die statische Grundgleichung

$$\boldsymbol{f}_B + \boldsymbol{f}_P = 0 \qquad \text{(ruhendes Fluid).} \tag{2.5}$$

Setzt man nach (2.4a) für die Druckkraft eines barotropen Fluids $\boldsymbol{f}_P = -\operatorname{grad} i$ ein, so muß sich die Massenkraft ebenfalls als Gradient einer skalaren Funktion darstellen. Die bezogene Massenkraft beträgt dann

$$\boldsymbol{f}_B = -\operatorname{grad} u_B, \qquad f_{Bi} = -\frac{\partial u_B}{\partial x_i} \qquad (i = 1, 2, 3). \tag{2.6a, b}$$

Man bezeichnet die auf die Masse bezogene Größe u_B in N m/kg = J/kg analog zu (2.4b) als spezifisches Massenkraftpotential.

Schwerkraft. Am häufigsten tritt die Massenkraft in Form der Gravitationskraft (Schwerkraft) auf. Mit $\boldsymbol{g}$ als Vektor der Fallbeschleunigung (Schwerbeschleunigung), vgl. Kap. 1.2.4.2, ist $\Delta \boldsymbol{F}_B = \Delta \boldsymbol{F}_G = \Delta m \boldsymbol{g}$ und damit die bezogene Massenkraft

$$\boldsymbol{f}_B = \boldsymbol{f}_G = \boldsymbol{g}; \qquad f_{Bx} = 0 = f_{By}, \qquad f_{Bz} = f_{Gz} = -g < 0, \tag{2.7a; b, c}$$

wobei die negative z-Achse mit der Lotrechten zusammenfällt.

Das spezifische Schwerkraftpotential, auch Gravitationspotential genannt, lautet

$$u_B(z) = u_G(z) = gz \qquad \text{(Schwerkraftpotential).} \tag{2.8}$$

Durch partielle Differentiation nach z erhält man unter Beachtung des negativen Vorzeichens von (2.6b) die Kraft nach (2.7c).

2.2.2.3 Mechanik ruhender und gleichförmig bewegter Fluide

Statische Energiegleichung. Das Gleichgewicht der Massen- und Druckkraft an einem ruhenden oder gleichförmig bewegten Fluidelement wird durch (2.5) beschrieben. Hieraus folgt, daß die Summe der bezogenen Massen- und Druckkraftpotentiale im ganzen, von einem barotropen Fluid angefüllten Raum unverändert ist. Setzt man i nach (2.4b) ein und berücksichtigt bei u_B nur das Schwerkraftpotential nach (2.8), dann wird

$$u_B + i = \text{const}, \quad \int \frac{dp}{\varrho(p)} + gz = \text{const}, \qquad dp + \varrho g\, dz = 0. \tag{2.9a, b, c}$$

Es bedeutet $\varrho g = \gamma$ nach (1.14c) die Wichte des Fluids. Da (2.9a, b) die Dimension $\mathsf{FL/M}$ mit der Einheit J/kg und (2.9c) die Dimension $\mathsf{F/L^2}$ mit der Einheit $\mathrm{J/m^3}$

besitzen, stellt (2.9) die Energiegleichung der Fluidmechanik für die bei ruhenden und gleichförmig bewegten Fluiden auftretende Lage- und Druckenergie (potentielle Energien) bezogen auf die Masse bzw. auf das Volumen dar.

Hydrostatische Grundgleichung (Euler). Für ein dichtebeständiges Fluid, d. h. näherungsweise für eine Flüssigkeit, folgt nach (2.9b) mit $\varrho = \text{const}$ der Zusammenhang

$$p + \varrho g z = \text{const}; \quad p = p_0 + \varrho g(z_0 - z) = p_0 + \varrho g h \quad (\varrho = \text{const}). \qquad (2.10\text{a; b, c})$$

In (2.10b) soll z_0 nach Abb. 2.4 die Lage der freien Oberfläche einer Flüssigkeit bezeichnen, an welcher nach der dynamischen Randbedingung (Druckbedingung) der Atmosphärendruck $p = p_0$ herrscht. Es sind p und $\varrho g z$ zugeordnete Werte an

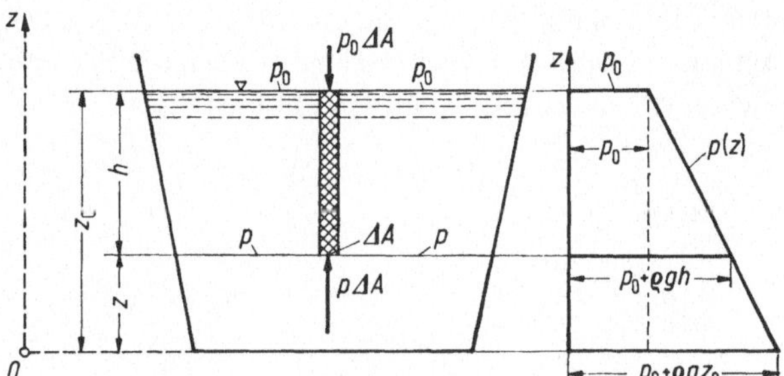

Abb. 2.4. Kräftegleichgewicht an einer ruhenden Flüssigkeitssäule (hydrostatische Grundgleichung)

der Stelle x, y, z. Die Tiefe der betrachteten Stelle wird mit $h = z_0 - z > 0$ angegeben, und man bezeichnet $p - p_0$ als Schwerdruck, auch Ruhedruck oder Gleichgewichtsdruck genannt. Es ist (2.10) die hydrostatische Grundgleichung (Druckgleichung), die besagt, daß der Druck infolge des Schwereinflusses linear mit der Tiefe zunimmt. Alle Punkte, die sich in gleicher Tiefe unter der freien Oberfläche befinden, besitzen denselben Druck p. Wird an irgendeiner Stelle im Inneren der Flüssigkeit oder an einer begrenzenden Wand ein Druck auf die Flüssigkeit ausgeübt, so pflanzt sich dieser durch die Flüssigkeitsmasse gleichmäßig fort und addiert sich an jeder Stelle in gleicher Größe zu dem vorhandenen Schwerdruck.

Gleichung (2.10b, c) kann man auch aus dem Gleichgewicht der Schwerkraft einer Flüssigkeitssäule von der Höhe $h = z_0 - z$ und der Querschnittsfläche ΔA, d. h. dem Volumen $\Delta V = h\Delta A$, mit den vertikal angreifenden Druckkräften erhalten. Es muß $\varrho g \Delta V + (p_0 - p)\,\Delta A = 0$ sein. Somit wird für den Überdruck gegenüber dem Atmosphärendruck $p - p_0 = \varrho g h$. Ist der Überdruck $p - p_0$ gerade eine technische Atmosphäre 1 at = 0,9807 bar, dann ergibt sich bei Wasser mit $\varrho = 10^3$ kg/m³ bei einer Temperatur von 4 °C die Höhe der Wassersäule zu $h = 10$ m. Man merke also: 1 at $\triangleq$ 10 m H_2O; d. h. auf 10 m Tiefe nimmt der Druck um 1 at $\approx$ 1 bar zu.

2.3 Bewegungszustand (Kinematik)

2.3.1 Einführung

Bei der ungleichförmigen Bewegung eines Fluids treten zeitlich und räumlich veränderliche Strömungsfelder auf. Die vorkommenden Größen der Bewegung werden besprochen, wobei unterteilt wird in die Darstellung des Geschwindigkeitsfelds, die Erklärung der kinematischen Begriffe zur Beschreibung des Strömungsverlaufs sowie die Ableitung des Beschleunigungsfelds. Letzteres dient der Aufstellung der Kraftgleichung (Impulsgleichung) der Fluidmechanik.

2.3.2 Größen der Bewegung

2.3.2.1 Geschwindigkeitsfeld

Bewegungszustand. Zu einer bestimmten Zeit t besitzt jedes Fluidelement an einem bestimmten Ort $\boldsymbol{r}$ eine an die Masse gebundene Geschwindigkeit $\boldsymbol{v} = \boldsymbol{v}(t, \boldsymbol{r})$. Ist $\boldsymbol{v} = \text{const}$, d. h. ist der Geschwindigkeitsvektor nach Größe und Richtung ungeändert, so handelt es sich um eine gleichförmig verlaufende Translationsströmung. Bleibt die Geschwindigkeit an jedem Ort $\boldsymbol{r}$ unabhängig von der Zeit t stets die gleiche $\boldsymbol{v} = \boldsymbol{v}(\boldsymbol{r})$, so nennt man die Strömung stationär; im anderen Fall eines zeitabhängigen Geschwindigkeitsfelds $\boldsymbol{v} = \boldsymbol{v}(t, \boldsymbol{r})$ ist die Strömung instationär.

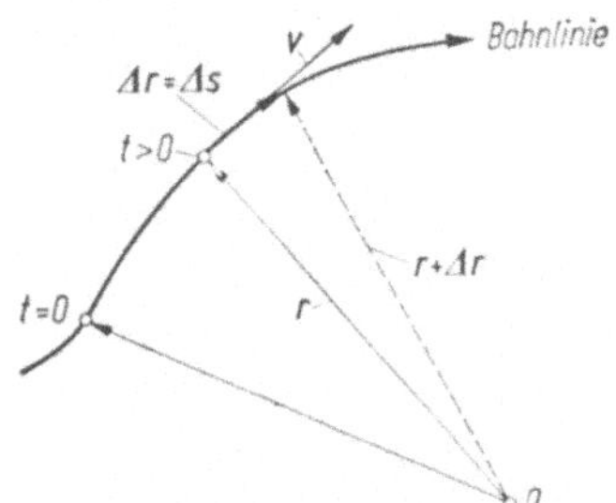

Abb. 2.5. Zur Erläuterung der Geschwindigkeit $\boldsymbol{v}(t, \boldsymbol{r})$

Geschwindigkeit. Bewegt sich das Fluidelement nach Abb. 2.5 in der Zeit Δt auf seiner Bahn um das Wegelement $\Delta \boldsymbol{r} = \Delta \boldsymbol{s}$ weiter, dann ist seine Geschwindigkeit

$$\boldsymbol{v} = \lim_{\Delta t \to 0} \frac{\Delta \boldsymbol{s}}{\Delta t} = \frac{d\boldsymbol{s}}{dt}, \qquad v_i = \frac{dx_i}{dt} \qquad (i = 1, 2, 3) \qquad \text{(Definition)}. \qquad (2.11\,\text{a, b})$$

Sie besitzt die Dimension L/T mit der Einheit m/s. Werden bei räumlicher Strömung in einem kartesischen Koordinatensystem x, y, z die Geschwindigkeitskomponenten mit v_x, v_y, v_z bezeichnet, dann gilt für den Geschwindigkeitsvektor $\boldsymbol{v} = \boldsymbol{e}_x v_x + \boldsymbol{e}_y v_y + \boldsymbol{e}_z v_z$ oder in Zeigerschreibweise $v_i = v_i(t, x_j)$ mit $i, j = 1, 2, 3$.[4] Bei ebener Strömung, z. B. in der x,y-Ebene nach Abb. 1.4a, ist $\partial/\partial z \equiv 0$ und $v_z \equiv 0$, und man kann mit $v_x = u$ und $v_y = v$ schreiben

$$u = \frac{dx}{dt}, \qquad v = \frac{dy}{dt} \qquad \text{(eben)}. \qquad (2.11\,\text{c})$$

Der Betrag der Bahngeschwindigkeit wird

$$v = |\boldsymbol{v}| = \sqrt{v_x^2 + v_y^2 + v_z^2} = \sqrt{v_j^2}. \qquad (2.12\,\text{a, b})$$

4 In kartesischen Koordinaten ist $x_1 = x$, $x_2 = y$, $x_3 = z$ und $v_1 = v_x$, $v_2 = v_y$, $v_3 = v_z$.

2.3.2.2 Kinematische Begriffe zur Beschreibung des Strömungsverlaufs

Bahnlinie. Die von einem Fluidelement in der Zeit dt nach Abb. 2.5 zurückgelegte Wegänderung $d\boldsymbol{s}$ bzw. ihre Komponenten dx, dy, dz oder dx_i betragen gemäß (2.11)

$$d\boldsymbol{s} = \boldsymbol{v}\,dt, \qquad dx_i = v_i\,dt \qquad (i = 1, 2, 3). \qquad (2.13\text{a, b})$$

Durch Integration über die Zeit t erhält man hieraus die Bahnlinie, auch Strombahn genannt. Sie stellt den geometrischen Ort aller Raumpunkte dar, welche dasselbe Fluidelement m_0 während seiner Bewegung ($t \neq$ const) nacheinander durchläuft. Das Verfolgen eines Fluidelements längs seiner Bahn entspricht nach Kap. 1.3.2.1 der Lagrangeschen Betrachtungsweise. Bahnlinien können mittels einer ortsfesten Kamera durch Zeitaufnahmen sichtbar gemacht werden, wenn man dem strömenden Fluid suspendierte Teilchen (Schwebeteilchen oder Farbzusätze) beigibt.

Stromlinie. Bei der Eulerschen Betrachtungsweise kommt es nach Kap. 1.3.2.1 bei festgehaltener Zeit t auf die Kenntnis der Strömungsgeschwindigkeit $\boldsymbol{v}$ an jedem Ort $\boldsymbol{r}$ des Strömungsfelds an. Das Gesamtbild des Geschwindigkeitsfelds wird besonders anschaulich durch Einführen der Stromlinien beschrieben. Unter einer Stromlinie versteht man diejenige Kurve in einem Strömungsfeld, welche zu einer bestimmten Zeit an jeder Stelle mit der dort vorhandenen Richtung des Geschwindigkeitsvektors übereinstimmt. Die Geschwindigkeitsvektoren der zu einer Stromlinie gehörenden verschiedenen Fluidelemente stellen also nach Abb. 2.6 die Tangenten der Stromlinie dar. Stromlinien können durch Momentaufnahmen zugesetzter suspendierter Teilchen sichtbar gemacht werden. Jedes Teilchen beschreibt dabei kurze Striche, die zusammengefügt das Richtungsfeld der Stromlinien bestimmen. In Abb. 2.6 wird der Verlauf einer Stromlinie mit demjenigen einer Bahnlinie verglichen. Zur Zeit $t = t_0$ befinde sich im Punkt P ein Fluidelement der Masse $m = m_0$ sowohl auf der Bahn- als auch auf der Stromlinie. In diesem Punkt berühren sich beide Kurven. Das Fluidelement m_0 besitze dort die Geschwindigkeit $\boldsymbol{v} = \boldsymbol{v}_0$ und würde in der Zeit dt den Weg $d\boldsymbol{s} = \boldsymbol{v}\,dt$

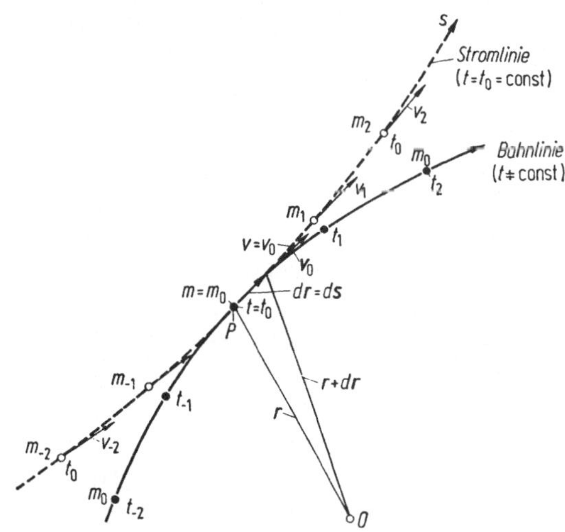

Abb. 2.6. Zur Erläuterung der Bahn- und Stromlinie

zurücklegen. Die Bahnlinie ist die Verbindungslinie aller Orte, an denen sich das Fluidelement m_0 zu verschiedenen Zeiten $t = t_{-2}, t_{-1}, t_0, t_1, t_2$ aufhält. Die Stromlinie ist dagegen die Verbindungslinie von Orten, an denen sich zur gleichen Zeit $t = t_0$ verschiedene Massen $m = m_{-2}, m_{-1}, m_0, m_1, m_2$ mit den Geschwindigkeiten $\boldsymbol{v} = \boldsymbol{v}_{-2}, \boldsymbol{v}_{-1}, \boldsymbol{v}_0, \boldsymbol{v}_1, \boldsymbol{v}_2$ befinden.

Bei instationärer Strömung ändern die Stromlinien entsprechend der zeitlichen Änderung der Geschwindigkeit an einem bestimmten Ort des Strömungsfelds im allgemeinen dauernd ihre Gestalt. Sie weichen daher von den Bahnlinien ab. Eine Ausnahme bilden jedoch Strömungsvorgänge, bei denen sich die Geschwindigkeiten mit der Zeit nur hinsichtlich ihrer Beträge, jedoch nicht ihrer Richtungen ändern. In einem solchen Fall, der z. B. bei pulsierender Strömung in einer Rohrleitung auftreten kann, fallen die Strom- und Bahnlinien zusammen. Diese Aussage gilt immer für die stationäre Strömung. Stromlinien können keinen Knick haben und können sich auch niemals schneiden, da anderenfalls an der betreffenden Stelle gleichzeitig zwei verschiedene Geschwindigkeiten herrschen müßten, was bei endlicher Geschwindigkeit nicht möglich ist. Eine Ausnahme liegt im Staupunkt eines umströmten Körpers vor, in welchem die Geschwindigkeit den Wert null annimmt.

Die Tatsache, daß bei einer Stromlinie der Geschwindigkeitsvektor $\boldsymbol{v}$ parallel zu $d\boldsymbol{s}$ ist, kann durch das vektorielle Produkt aus Geschwindigkeit und Stromlinienelement $\boldsymbol{v} \times d\boldsymbol{s} = 0$ beschrieben werden. Hieraus folgt bei festgehaltener Zeit t z. B. die Stromliniengleichung für die ebene Strömung

$$\frac{dy}{dx} = \frac{v_y}{v_x}, \qquad \frac{1}{r}\frac{dr}{d\varphi} = \frac{v_r}{v_\varphi} \qquad \text{(Stromlinienbedingung)}. \qquad (2.14\text{a, b})$$

Dies sind bei gegebenen Komponenten der Geschwindigkeit die Differentialgleichungen für die Stromlinien der ebenen Strömung $y(x)$ bzw. $r(\varphi)$ nach Abb. 2.7.

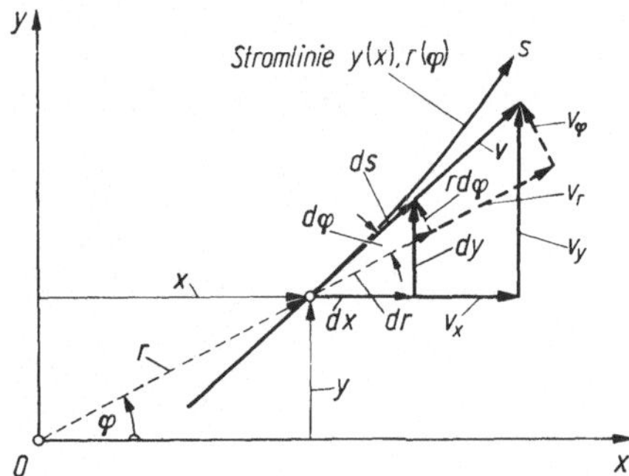

Abb. 2.7. Analytische Beschreibung der Stromlinie für eine ebene Strömung, $y(x)$ bzw. $r(\varphi)$

Stromfaden, Stromröhre. Die Gesamtheit aller Stromlinien, die nach Abb. 2.8 durch eine Fläche A (gegebenenfalls ein Flächenelement dA) hindurchtreten, kann man zu einem gedachten Stromfaden zusammenfassen. Er besteht aus der Eintritts- und Austrittsfläche A_1 bzw. A_2 sowie der Stromröhre (Mantelfläche) $A_{1\to 2}$, welche die Summe der Randstromlinien darstellt. Im allgemeinen werden die verschiedenen physikalischen Größen, wie z. B. Dichte, Druck und Geschwindigkeit, gleichmäßig über die Stromfadenquerschnitte verteilt angenommen, was einen eindimensionalen Strömungsvorgang darstellt. Da durch die Stromröhre, in welcher die Geschwindigkeitsvektoren tangential verlaufen, kein Massenstrom möglich ist, kann ein solcher nur durch die Ein- und Austrittsfläche erfolgen.

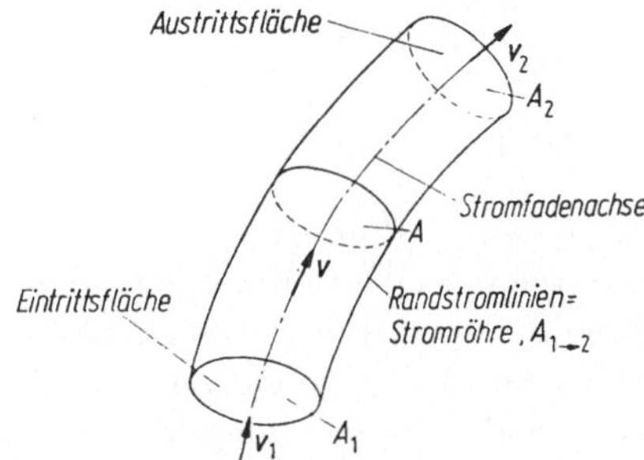

Abb. 2.8. Zum Begriff des Stromfadens und der Stromröhre

Stromfläche. In Abb. 2.9a ist das Verhalten der Geschwindigkeitskomponenten für einen umströmten Körper wiedergegeben. Dabei gibt es eine Stromlinie, die vorn auf den Körper auftrifft, sich dort teilt, der Kontur des Körpers folgt und sich hinten am Körper wieder vereinigt. Die Teilungspunkte, insbesondere den vorderen, nennt man Staupunkt. Dort herrscht nach Abb. 2.9a die Geschwindigkeit $v = v_0 = 0$. Der Körper selbst wird von Stromlinien gebildet, deren Gesamtheit Stromfläche genannt wird.

Entsprechend der Definition der Stromlinie dürfen die Geschwindigkeiten keine Komponenten normal zu den Stromflächen haben. An der Körperkontur muß nach Abb. 2.9a also $v_n = 0$ sein, was man als kinematische Strömungsbedingung (Wandbedingung) bezeichnet.

Solange man eine reibungslose Strömung annimmt und den festen Körper als eine herausgegriffene Stromfläche betrachtet, ist die Geschwindigkeitskomponente tangential zur Körperkontur $v_t \neq 0$. Dies bedeutet, daß die mit dem Körper in Berührung kommenden Fluidelemente an diesem entlanggleiten. Ist die Strömung dagegen reibungsbehaftet, so kommt sie relativ zur Wand zur Ruhe, d. h. es muß dort die tangentiale Geschwindigkeitskomponente v_t mit derjenigen des gegebenenfalls bewegten Körpers (bewegte Wand) übereinstimmen, was man als Haftbedingung bezeichnet. Ruht der feste Körper, so verschwindet an der Berührungsstelle die tangentiale Geschwindigkeitskomponente $v_t = 0$. Es gilt also

$$v_n = 0 \neq v_t \quad \text{(reibungslos)}, \qquad v_n = 0 = v_t \quad \text{(reibungsbehaftet)}. \qquad (2.15\text{a, b})$$

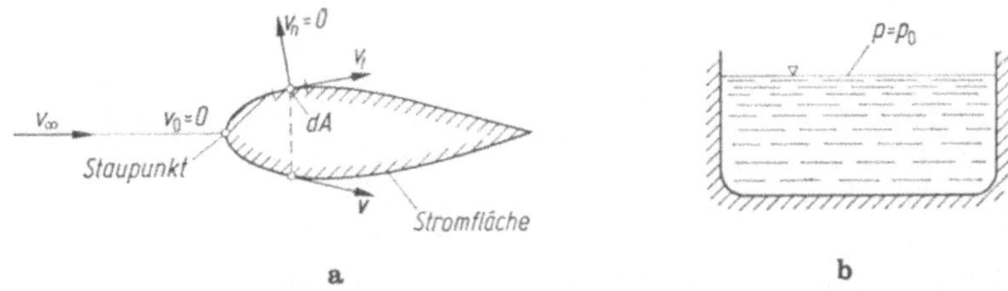

Abb. 2.9. Randbedingungen der Fluidmechanik. **a** Geschwindigkeitsverteilung an einem umströmten Körper (kinematische Randbedingung). Staupunkt: $v_0 = 0$, kinematische Wandbedingung: $v_n = 0$, Haftbedingung: $v_t = 0$, reibungslose Strömung: $v_n = 0$, $v_t \neq 0$, reibungsbehaftete Strömung: $v_n = 0$, $v_t = 0$. **b** Flüssigkeitsoberfläche (dynamische Randbedingung)

Ist die Begrenzung des Strömungsfelds nach Abb. 2.9b eine freie Oberfläche (Wasseroberfläche), so muß dort überall der gleiche Druck (Atmosphärendruck) $p = p_0$ herrschen. Es ist dies im Gegensatz zu den kinematischen Randbedingungen eine dynamische Randbedingung (Druckbedingung).

2.3.2.3 Beschleunigungsfeld

Allgemeines. Eine weitere kinematische Größe, die besonders bei der Aufstellung der dynamischen Grundgleichung eine wichtige Rolle spielt, ist die Beschleunigung $\boldsymbol{a}$. Sie wird in der Mechanik als die Änderung der Geschwindigkeit $\boldsymbol{v}$ mit der Zeit t definiert und hat die Dimension L/T² mit der Einheit m/s². Das Beschleunigungsfeld wird also durch $\boldsymbol{a} = \boldsymbol{a}(t, \boldsymbol{r})$ beschrieben. Hierin ist

$$\boldsymbol{a} = \lim_{\Delta t \to 0} \frac{\Delta \boldsymbol{v}}{\Delta t} = \frac{d\boldsymbol{v}}{dt}, \qquad a_i = \frac{dv_i}{dt} \qquad (i = 1, 2, 3) \quad \text{(Definition)}. \qquad (2.16\text{a, b})$$

Diese totale Ableitung stellt die materielle oder substantielle Beschleunigung dar, die ein bestimmtes Fluidelement zur Zeit t am Aufpunkt $\boldsymbol{r}$ bei seiner Bewegung längs des nach Abb. 2.6 zusammenfallenden Bahn- oder Stromlinienelements ds erfährt. Sie hat wie die Geschwindigkeit vektoriellen Charakter. Der Beschleunigungsvektor hat die Richtung der Geschwindigkeitsänderung $d\boldsymbol{v}$, die jedoch nicht mit der Richtung der Geschwindigkeit $\boldsymbol{v}$ übereinstimmen muß.

Bewegung in der Schmiegebene. Untersucht wird die eindimensionale Strömung eines Fluidelements in der Schmiegebene längs einer gekrümmten Bahnlinie nach Abb. 2.10. Ein Element dieser Ebene wird aus dem Bahnlinienelement (Stromlinienelement) ds und dem vom Bahnkrümmungsmittelpunkt 0 gemessenen Krümmungsradius r_k gebildet. Es ist r_k ein Maß für die Abweichung der Bahnlinie

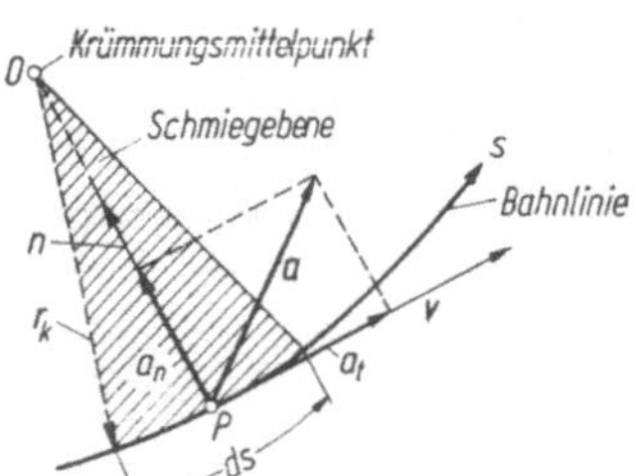

Abb. 2.10. Strömungsbewegung in der Schmiegebene. Lage des Beschleunigungsvektors $\boldsymbol{a}$; a_t Tangential-, Bahnbeschleunigung, a_n Normal-, Zentripetalbeschleunigung (negative Zentrifugalbeschleunigung)

von einer Geraden, $r_k \to \infty$. Einem im Punkt P befindlichen Fluidelement sei ein begleitendes Bezugssystem (Dreibein) mit den natürlichen Koordinaten (Bahnlinienkoordinaten) in Strömungsrichtung (tangential), in Richtung auf den Krümmungsmittelpunkt (normal) und in Richtung normal auf der Schmiegebene (binormal) zugeordnet. Der Beschleunigungsvektor $\boldsymbol{a}$ fällt, wie aus der allgemeinen Mechanik bekannt ist, stets in die Schmiegebene. Seine zwei Komponenten heißen die Bahnbeschleunigung (Tangentialbeschleunigung) a_t und die Zentripetalbeschleunigung (Normalbeschleunigung) a_n. Eine Komponente in binormaler Richtung, d. h. normal zur Schmiegebene, tritt nicht auf, $a_b \equiv 0$.

Sind $\boldsymbol{e}_t$ der Einheitsvektor in Richtung der Geschwindigkeit, $\boldsymbol{e}_n$ der Einheitsvektor in Richtung zum Krümmungsmittelpunkt der Bahnlinie und $\boldsymbol{e}_b$ der Einheitsvektor der Binormale, so gilt für den Beschleunigungsvektor

$$\boldsymbol{a} = \boldsymbol{e}_t a_t + \boldsymbol{e}_n a_n + \boldsymbol{e}_b a_b = \frac{d\boldsymbol{v}}{dt} = \boldsymbol{e}_t \frac{dv}{dt} + \boldsymbol{e}_n \frac{v^2}{r_k} \tag{2.17a}$$

mit $v = |\boldsymbol{v}|$ als Betrag der Geschwindigkeit. Hieraus erhält man die Beschleunigungskomponenten bei instationärer Strömung zu

$$a_t = \frac{dv}{dt} = \frac{\partial v}{\partial t} + v \frac{\partial v}{\partial s}, \qquad a_n = \frac{v^2}{r_k}, \qquad a_b = 0 \quad \text{(Schmiegebene)}. \tag{2.17b, c, d}$$

Die Änderung der Geschwindigkeit $v = v(t, s)$ in Bahnrichtung beträgt $dv = (\partial v/\partial t)\, dt + (\partial v/\partial s)\, ds$. Dies führt mit $v = ds/dt$ zu dem angegebenen Ergebnis. Die substantielle Beschleunigung dv/dt setzt sich aus der lokalen Beschleunigung $\partial v/\partial t$ und der konvektiven Beschleunigung $v(\partial v/\partial s)$ zusammen. Die lokale Beschleunigung beschreibt die zeitliche Geschwindigkeitsänderung bei festgehaltenem Ort; sie tritt bei stationärer Strömung nicht auf. Die konvektive Beschleunigung folgt aus der Geschwindigkeitsänderung bei Ortsveränderung des Fluidelements; sie verschwindet bei stationärer Strömung im allgemeinen nicht.

Während für die Bahnbeschleunigung $a_t \lesseqgtr 0$ ist, gilt für die Zentripetalbeschleunigung immer $a_n > 0$ (positiv zum Krümmungsmittelpunkt hin).

Bewegung im dreidimensionalen Raum. Bei einem räumlichen Strömungsfeld mit den Geschwindigkeitskomponenten v_x, v_y, v_z in einem kartesischen Koordinatensystem x, y, z sind die Beschleunigungskomponenten nach (2.16b) durch $a_x = dv_x/dt$, $a_y = dv_y/dt$ und $a_z = dv_z/dt$ gegeben. Hierbei handelt es sich um substantielle Beschleunigungen, die ein Fluidelement, welches sich zur Zeit t augenblicklich am Ort x, y, z befindet, bei seiner Bewegung in Richtung der jeweiligen Koordinatenachse erfährt. Der Beschleunigungsvektor lautet $\boldsymbol{a} = \boldsymbol{e}_x a_x + \boldsymbol{e}_y a_y + \boldsymbol{e}_z a_z$ oder in Zeigerschreibweise $a_i = a_i(t, x_j)$ mit $i, j = 1, 2, 3$. Das totale Differential von $v_i(t, x_j)$ beträgt $dv_i = (\partial v_i/\partial t)\, dt + (\partial v_i/\partial x_j)\, dx_j$. Hierin ist $dx_j = v_j\, dt$ der im Zeitintervall dt in Richtung der durch j angegebenen Achse zurückgelegte Weg. Nach Division durch dt erhält man die Komponenten der Beschleunigung in Zeigerschreibweise

$$a_i = \frac{dv_i}{dt} = \frac{\partial v_i}{\partial t} + v_j \frac{\partial v_i}{\partial x_j} \qquad (i = 1, 2, 3). \tag{2.18a}$$

Das Glied $\partial v_i/\partial t$ stellt die lokale und die Summe der restlichen drei Glieder die konvektive Beschleunigung dar. Bei ebener Strömung, vgl. (2.11c), kann man schreiben

$$a_x = \frac{\partial u}{\partial t} + u \frac{\partial u}{\partial x} + v \frac{\partial u}{\partial y}, \qquad a_y = \frac{\partial v}{\partial t} + u \frac{\partial v}{\partial x} + v \frac{\partial v}{\partial y} \quad \text{(eben)}. \tag{2.18b}$$

Als Verallgemeinerung von (2.18a) erhält man unabhängig von der Wahl des Koordinatensystems das Beschleunigungsfeld zu

$$\boldsymbol{a} = \frac{d\boldsymbol{v}}{dt} = \frac{\partial \boldsymbol{v}}{\partial t} + \text{grad}\left(\frac{\boldsymbol{v}^2}{2}\right) - (\boldsymbol{v} \times \text{rot}\,\boldsymbol{v}) \qquad \text{(räumlich).} \qquad (2.18\text{c})$$

Die Größe rot $\boldsymbol{v}$ ist ein Maß für die Drehung eines Fluidelements und spielt in der Fluidmechanik eine beachtliche Rolle bei den drehungsfreien und bei den drehungsbehafteten Strömungen in Kap. 5.

2.4 Massenerhaltungssatz (Kontinuität)

2.4.1 Einführung

Im Sinn der Mechanik der Kontinua wird eine zu einer bestimmten Zeit t in einem abgegrenzten Systemvolumen $V(t)$ befindliche Fluidmasse m als ein System von kontinuierlich verteilten Massenelementen $\Delta m = \varrho\, \Delta V$ mit ϱ als Massendichte in kg/m³ und ΔV als Volumenelement in m³ gebildet. Von dem Volumen $V(t)$ wird angenommen, daß es stets vollkommen ausgefüllt ist und keinerlei Hohlräume besitzt. Man nennt dies die Kontinuitätsbedingung der Fluidmechanik. Der Massenerhaltungssatz, oder auch als Kontinuitätsgleichung der Fluidmechanik bezeichnet, besagt nun, daß in einem abgegrenzten Fluidvolumen im allgemeinen Masse weder verlorengehen noch entstehen kann. Die mathematische Formulierung dieser Bilanzgleichung lautet $dm/dt = 0$ mit m als Gesamtmasse in kg.

2.4.2 Kontinuitätsgleichungen

2.4.2.1 Kontinuitätsgleichung für den Kontrollraum

Für die praktische Handhabung des Massenerhaltungssatzes empfiehlt es sich, anstelle des mitbewegten Volumens $V(t)$ zeitlich gleichbleibende raumfeste Begrenzungen, und zwar den Kontrollraum (V) mit der zugehörigen Kontrollfläche (O), zu wählen. Letztere setzt sich nach Abb. 2.11 aus einem im Strömungsfeld

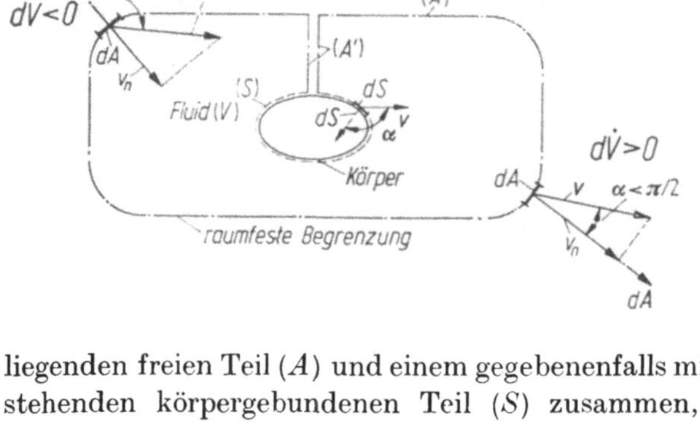

Abb. 2.11. Zur Anwendung des Massenerhaltungssatzes (Kontinuitätsgleichung) auf den Kontrollraum (V) mit der Kontrollfläche $(O) = (A) + (S)$; freier Teil der Kontrollfläche (A), körpergebundener Teil der Kontrollfläche (S)

liegenden freien Teil (A) und einem gegebenenfalls mit einem Körper in Berührung stehenden körpergebundenen Teil (S) zusammen, d. h. $(O) = (A) + (S)$. Bei stationärer Strömung folgt für die Massenströme (Masse/Zeit) $\varrho\, d\dot{V}$ in kg/s durch die Kontrollflächen (A) und (S)

$$\frac{dm}{dt} = \int_{(A)} \varrho\, d\dot{V} + \int_{(S)} \varrho\, d\dot{V} = 0 \qquad \text{(stationär)}. \tag{2.19}$$

Dies ist die integrale Form der Kontinuitätsgleichung. Die Größe $d\dot{V}$ in m^3/s stellt den Volumenstrom durch ein Element der Kontrollfläche (O) dar. Ihr Betrag hängt von der Geschwindigkeit normal zum Flächenelement v_n und von der Größe des Flächenelements dA bzw. dS ab. Dies leuchtet ohne weiteres ein, da nur die Normalkomponente der Geschwindigkeit Fluidmasse durch die Fläche transportieren kann, während die Tangentialkomponente der Geschwindigkeit v_t nur ein Verschieben des Fluids innerhalb der Flächenelemente bewirken kann. Es ist nach Abb. 2.11

$$d\dot{V} = \boldsymbol{v} \cdot d\boldsymbol{A} \lesseqgtr 0, \qquad d\dot{V} = \boldsymbol{v} \cdot d\boldsymbol{S} \lesseqgtr 0 \qquad \text{(Teilvolumenstrom)}. \tag{2.20a, b}$$

Hierbei sind jeweils die skalaren Produkte aus den Vektoren der Geschwindigkeiten $\boldsymbol{v}$ und den Vektoren der Flächenelemente $d\boldsymbol{A}$ bzw. $d\boldsymbol{S}$ (nach außen positiv) zu bilden. Die Vorzeichenregelung bedeutet, daß $d\boldsymbol{S}$ jeweils in das Körperinnere gerichtet ist. Eintretende Volumenströme mit $|\alpha| > \pi/2$ werden negativ $d\dot{V} < 0$ und austretende Volumenströme mit $|\alpha| < \pi/2$ positiv $d\dot{V} > 0$ gerechnet.

Nach Einsetzen in (2.19) folgt auch

$$\int_{(A)} \varrho \boldsymbol{v} \cdot d\boldsymbol{A} + \int_{(S)} \varrho \boldsymbol{v} \cdot d\boldsymbol{S} = 0 \qquad \text{(Kontrollraum)}. \tag{2.21}$$

Die Größe $\varrho \boldsymbol{v}$ wird Massenstromdichte in kg/s m² genannt. Das Integral über den körpergebundenen Teil der Kontrollfläche (S) tritt auf, wenn sich im Körper Quellen oder Sinken befinden, was beim Ausblasen oder Absaugen (ein- bzw. austretendes Fluid) durch eine poröse Wand mit $v_n \neq 0$ der Fall sein kann.

Durch die zusammenfallenden Teile (A') des freien Teils der Kontrollfläche tritt, sofern sich dort nicht gerade eine Unstetigkeit in der Strömung in Form von Quellen und Sinken befindet, genauso viel ein wie aus. Man kann also diesen Teil der Kontrollfläche bei der Auswertung des Integrals über (A) im allgemeinen fortlassen.

2.4.2.2 Kontinuitätsgleichung für den Kontrollfaden

Wie in Kap. 2.3.2.2 gezeigt wurde, erhält man ein anschauliches Bild des Strömungsfelds durch Einführen der Stromlinien, die zusammengefaßt nach Abb. 2.8 einen Stromfaden bilden. In Anlehnung an die Darstellung für den Kontrollraum in Kap. 2.4.2.1 soll vom mitbewegten Fluidfaden zum raumfesten Kontrollfaden übergegangen werden. Dieser sei nach Abb. 2.12a durch eine zwischen den Stellen *(1)* und *(2)* raumfest angenommene Achse (Richtung der Geschwindigkeitsvektoren) der Länge $l = s_2 - s_1 = \text{const}$ gekennzeichnet. Das Volumen des Kontrollfadens wird von der Ein- und Austrittsfläche A_1 bzw. A_2 sowie der verbindenden Mantelfläche $A_{1\to 2}$ begrenzt. Längs der Kontrollfadenachse seien die

Querschnittsflächen im allgemeinen Fall veränderlich, $A = A(s)$. Die Größen und Richtungen der Querschnitte am Ein- und Austritt A_1 bzw. A_2 werden durch die Flächennormalen $\boldsymbol{A}_1$ bzw. $\boldsymbol{A}_2$ (positiv jeweils nach außen) beschrieben. Es sei angenommen, daß sich die Dichten ϱ und die Geschwindigkeiten $\boldsymbol{v}$ gleichmäßig (konstant) über die Querschnitte $A(s)$ sowie A_1 und A_2 verteilen.

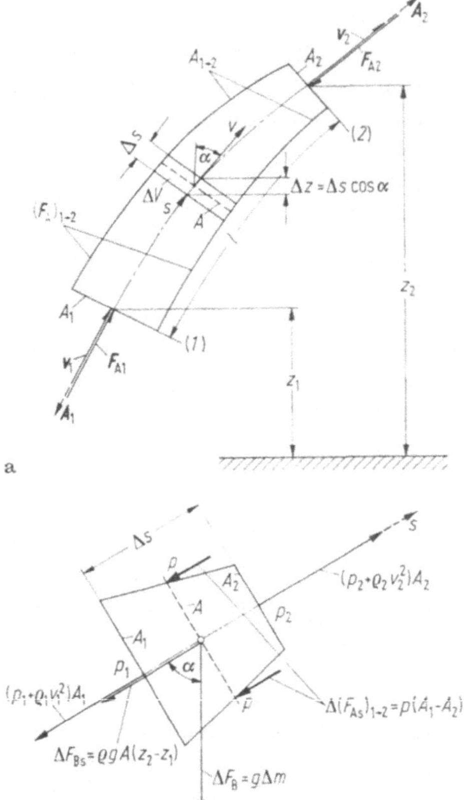

Abb. 2.12. Zur Erläuterung der Kontinuitäts- und Impulsgleichung. **a** für den Kontrollfaden, **b** für das Kontrollfadenelement

Bei stationärer Strömung besteht zwischen einem Stromfaden und einem Kontrollfaden kein Unterschied.

Da über die Mantelfläche $A_{1\to 2}$ kein Massenstrom erfolgen kann, liefert der Massenerhaltungssatz bei Annahme stationärer Strömung in Anwendung von (2.21) mit $\boldsymbol{v}_1 \cdot \boldsymbol{A}_1 = -v_1 A_1$ und $\boldsymbol{v}_2 \cdot \boldsymbol{A}_2 = +v_2 A_2$ bei normal durchströmten Querschnitten die Kontinuitätsgleichung für den Kontrollfaden bei dichteveränderlichem Fluid

$$\varrho_1 \boldsymbol{v}_1 \cdot \boldsymbol{A}_1 + \varrho_2 \boldsymbol{v}_2 \cdot \boldsymbol{A}_2 = 0, \qquad \varrho_1 v_1 A_1 = \varrho_2 v_2 A_2 \qquad \text{(Kontrollfaden).} \qquad (2.22\text{a, b})$$

Da A_1 und A_2 zwei längs des Kontrollfadens beliebig gewählte Querschnitte sein können, gilt (2.22b) für jeden Querschnitt $A(s)$. Damit wird der Massenstrom (Masse/Zeit) in kg/s durch normal zur Kontrollfadenachse liegende Querschnitte

$$\dot{m}_A = \varrho(s)\, v(s)\, A(s) = \text{const} \qquad \text{(Massenstrom).} \qquad (2.23)$$

Den auf die Querschnittsfläche bezogenen Massenstrom bezeichnet man als Massenstromdichte ϱv in kg/s m².

Handelt es sich um ein dichtebeständiges Fluid ($\varrho = \text{const}$), so beschreiben (2.22) und (2.23) auch den Fall instationärer Strömung:

$$v_1(t)\,A_1 = v_2(t)\,A_2, \qquad \dot{V}_A(t) = v(t, s)\,A(s) = C(t) \qquad \text{(Volumenstrom).} \qquad (2.24\text{a, b})$$

Es ist $\dot{V}_A$ der zeitlich veränderliche Volumenstrom (Volumen/Zeit) in m³/s durch normal zur Kontrollfadenachse liegende Querschnitte.

2.4.2.3 Kontinuitätsgleichung für das Kontrollelement (Fluidelement)

Zur Ableitung der Kontinuitätsgleichung für ein kleines Kontrollelement sei der in Abb. 2.3 dargestellte Quader zugrunde gelegt. Bei sinngemäßer Anwendung des ersten Integrals in (2.21) beträgt der Überschuß der mit den Geschwindigkeiten v_x und $v_x + (\partial v_x/\partial x)\,\Delta x$ durch die Flächen ΔA_x ein- bzw. austretenden Massenströme

$$-\varrho v_x \Delta A_x + \left[\varrho v_x + \frac{\partial(\varrho v_x)}{\partial x}\,\Delta x\right] \Delta A_x = \frac{\partial(\varrho v_x)}{\partial x}\,\Delta V.$$

Dabei wurde beachtet, daß $\Delta V = \Delta A_x \Delta x = \Delta x \Delta y \Delta z$ das Volumen des Quaders ist. In y- und z-Richtung ergeben sich entsprechende Ausdrücke. Die Bilanz der Massenströme durch alle Flächen des Quaders führt dann bei stationärer Strömung in einem quellfreien Strömungsfeld zu

$$\frac{\partial(\varrho v_x)}{\partial x} + \frac{\partial(\varrho v_y)}{\partial y} + \frac{\partial(\varrho v_z)}{\partial z} = 0, \qquad \frac{\partial(\varrho v_j)}{\partial x_j} = 0 \qquad \text{(stationär).} \qquad (2.25\text{a, b})$$

In vektorieller Darstellung kann man hierfür auch schreiben

$$\operatorname{div}(\varrho \boldsymbol{v}) = 0 \quad (\varrho \neq \text{const}), \qquad \operatorname{div} \boldsymbol{v} = 0 \quad (\varrho = \text{const}), \qquad (2.26\text{a, b})$$

wobei die zweite Beziehung für das dichtebeständige Fluid auch bei instationärer Strömung gilt. Letztere lautet bei ebener Strömung

$$\frac{\partial u}{\partial x} + \frac{\partial v}{\partial y} = 0 \quad \text{(ebene Strömung).} \qquad (2.27)$$

Es wurde $v_x = u$ und $v_y = v$ gesetzt.

2.5 Impulssatz (Kinetik)

2.5.1 Einführung

Allgemeines. Das Gleichgewicht der Kräfte und der von ihnen hervorgerufenen Momente erfassen die Impuls- bzw. Impulsmomentgleichung. Zur vollständigen Beschreibung von Strömungsvorgängen ist im allgemeinen die Kontinuitätsgleichung nach Kap. 2.4 mit heranzuziehen. Unter einer Bewegungsgleichung soll daher das aus der Impuls- und gegebenenfalls auch aus der Impulsmomentgleichung sowie der Kontinuitätsgleichung bestehende Gleichungssystem verstanden werden.

Impulsgleichung. Das Newtonsche Grundgesetz der Mechanik (Impulssatz) gilt bei sinngemäßer Anwendung auch für Strömungsvorgänge von Fluiden. Es ist die zeitliche Änderung des Impulses (Bewegungsgröße) $\boldsymbol{I}$ einer Masse m, die sich in einem abgegrenzten Systemvolumen $V(t)$ befindet, gleich der auf das System wirkenden resultierenden Kraft $\boldsymbol{F}$. Mithin lautet die Impulsgleichung der Fluidmechanik (Bilanzgleichung für das Kräftegleichgewicht) bei einem mitbewegten Fluidvolumen $d\boldsymbol{I}/dt = \boldsymbol{F}$ mit $\boldsymbol{I}(t)$ als Gesamtimpuls in kg m/s. Die im und am Volumen $V(t)$ angreifende Gesamtkraft $\boldsymbol{F}$ besteht nur aus der Summe der äußeren Kräfte, da sich die inneren Spannungskräfte gegenseitig aufheben.

Impulsmomentgleichung. Eine der Impulsgleichung analoge Aussage gilt für den Zusammenhang von Impulsmoment (Drehimpuls, Drall) und Kraftmoment. Es ist die zeitliche Änderung des Impulsmoments $\boldsymbol{L}$ einer Masse m, die sich in einem abgegrenzten Systemvolumen $V(t)$ befindet, in bezug auf einen Bezugspunkt 0 gleich dem resultierenden Moment $\boldsymbol{M}$ aller auf den gleichen Punkt 0 bezogenen auf das System wirkenden Kräfte. Mithin lautet die Impulsmomentgleichung der Fluidmechanik (Bilanzgleichung für das Momentengleichgewicht) $d\boldsymbol{L}/dt = \boldsymbol{M}$.

Feststellung. Die Impuls- und Impulsmomentgleichung sind frei von Einschränkungen und gelten daher sowohl für Strömungen mit Verlusten an fluidmechanischer Energie (Reibungsverluste) als auch für Strömungen mit Unstetigkeiten (Trennungsschichten, Verdichtungsstöße). Ein Wärmeaustausch über die Systemgrenze hat keinen Einfluß. Die Impuls- und Impulsmomentgleichung sind Vektorgleichungen. Sie können jeweils durch drei Komponentengleichungen ersetzt werden. In vielen Fällen genügt bereits eine Komponentengleichung zur Lösung der gestellten Aufgabe. Die Impulsgleichungen sind fast immer in Verbindung mit der Kontinuitätsgleichung nach Kap. 2.4 anzuwenden.

2.5.2 Impulsgleichungen

2.5.2.1 Impulsgleichung für den Kontrollraum

Ausgangsgleichung. Bei vielen technischen Strömungsvorgängen kommt es weniger auf die Kenntnis der Bewegung jedes einzelnen Fluidelements an, sondern vielmehr auf die Vorgänge an den Oberflächen eines in bestimmter Weise abgegrenzten Fluidvolumens. Für solche Fälle ist die Impulsgleichung und entsprechend auch die Impulsmomentgleichung von besonderer Bedeutung. Wie bei der Kontinuitätsgleichung in Kap. 2.4.2.1 kann man anstelle des mitbewegten Volumens $V(t)$ die weiteren Überlegungen für einen zeitlich gleichbleibenden Kontrollraum (V) mit der zugehörigen Kontrollfläche $(O) = (A) + (S)$ durchführen. Dabei wird wie in Abb. 2.11 der freie Teil der Kontrollfläche mit (A) und der körpergebundene Teil mit (S) bezeichnet.

Impulsbeitrag. Bei stationärer Strömung folgt für die Impulsströme (Impuls/Zeit) in kg m/s² durch die Kontrollflächen (A) und (S) in Analogie zu (2.19)

$$\frac{d\boldsymbol{I}}{dt} = \int_{(A)} \varrho \boldsymbol{v} \, d\dot{V} + \int_{(S)} \varrho \boldsymbol{v} \, d\dot{V} \quad \text{(stationär).} \tag{2.28}$$

Die Größe $\varrho \boldsymbol{v}$ wird Impulsdichte (Massenstromdichte) in kg/s m² bezeichnet. Weiterhin ist $d\dot{V} \lessgtr 0$ nach (2.20) der Volumenstrom in m³/s, welcher durch ein Flächenelement der Kontrollfläche (*O*), d. h. durch dA bzw. dS ein- oder austritt. Der Impulsstrom $d\boldsymbol{I}/dt$ besitzt die Dimension einer Kraft mit der Einheit kgm/s² = N. Für die zusammenfallenden Teile (A') des freien Teils der Kontrollfläche heben sich die Impulsströme gegenseitig auf, sofern sich dort nicht gerade eine Unstetigkeit in der Strömung befindet. Man braucht also bei der Auswertung des Integrals über (*A*) diesen Teil der Kontrollfläche im allgemeinen nicht besonders zu berücksichtigen. Das Integral über den körpergebundenen Teil der Kontrollfläche (*S*) liefert nur dann einen Beitrag, wenn am Körper durch eine poröse Wand abgesaugt oder ausgeblasen wird, d. h. dort $d\dot{V} \neq 0$ ist. Über die zweckmäßige Wahl der Kontrollfläche wird unten noch berichtet werden.

Kraftbeiträge. Die Kraft besteht im Kontrollraum (*V*) aus der Massenkraft $\boldsymbol{F}_B$, am freien Teil der Kontrollfläche (*A*) aus der Spannungskraft $\boldsymbol{F}_A$ und am körpergebundenen Teil der Kontrollfläche (*S*) aus der Spannungskraft $\boldsymbol{F}_S$. Mithin ist

$$\boldsymbol{F} = \boldsymbol{F}_B + \boldsymbol{F}_A + \boldsymbol{F}_S \qquad \text{(Gesamtkraft)}. \tag{2.29}$$

Die Massenkraft (Volumenkraft) im Kontrollraum beträgt nach Kap. 2.2.2.2 wegen $d\boldsymbol{F}_B = \boldsymbol{f}_B\, dm = \varrho \boldsymbol{f}_B\, dV$

$$\boldsymbol{F}_B = \int\limits_{(V)} \varrho \boldsymbol{f}_B\, dV, \qquad \boldsymbol{F}_B = \boldsymbol{F}_G = m\boldsymbol{g} \qquad \text{(Schwerkraft)}, \tag{2.30a, b}$$

wobei die zweite Beziehung für den Fall gilt, daß nur der Einfluß der Schwere als Gravitationskraft $\boldsymbol{F}_G$ mit $\boldsymbol{f}_B = \boldsymbol{f}_G = \boldsymbol{g}$ gemäß (2.7a) wirksam ist. Fällt die negative z-Achse mit der Lotrechten zusammen, dann ist $F_{Bx} = 0 = F_{By}$ und $F_{Bz} = F_{Gz} = -mg$, vgl. (2.7b, c).

Die Spannungskraft (Oberflächenkraft) setzt sich aus den Kräften zusammen, die von den Normal- und Tangentialspannungen an der Kontrollfläche (*O*) = (*A*) + (*S*) herrühren. Mit $\boldsymbol{\sigma}$ als Vektor der resultierenden Spannung an einem Flächenelement des freien oder körpergebundenen Teils der Kontrollfläche (*A*) bzw. (*S*) ergeben sich die jeweils von außen her angreifenden Oberflächenkräfte nach Abb. 2.13a zu $d\boldsymbol{F}_A = \boldsymbol{\sigma}\, dA$ bzw. $d\boldsymbol{F}_S = \boldsymbol{\sigma}\, dS$. Sie haben jeweils die Richtung von $\boldsymbol{\sigma}$. Die gesamte Kraft an der Kontrollfläche beträgt also

$$\boldsymbol{F}_O = \boldsymbol{F}_A + \boldsymbol{F}_S = \int\limits_{(A)} \boldsymbol{\sigma}\, dA + \int\limits_{(S)} \boldsymbol{\sigma}\, dS \quad \text{mit} \quad \boldsymbol{\sigma} = -\boldsymbol{e}_n p + \boldsymbol{\tau}\,. \tag{2.31a, b}$$

Der Spannungsvektor $\boldsymbol{\sigma}$ setzt sich aus dem druckbedingten Anteil $-\boldsymbol{e}_n p$ mit $\boldsymbol{e}_n$ als Einheitsvektor der Flächennormale und p als normal auf das jeweilige Flächenelement wirkendem (skalarem) Druck sowie dem reibungsbedingten Anteil $\boldsymbol{\tau}$ zusammen.

In der freien Strömung, d. h. am freien Teil der Kontrollfläche (*A*) sind die durch die Viskosität und Turbulenz reibungsbedingten Spannungen nur gering und können im allgemeinen gegenüber der druckbedingten Spannung vernachlässigt werden. Am körpergebundenen Teil der Kontrollfläche (*S*) können dagegen sowohl druck- als auch reibungsbedingte Spannungen auftreten. Man kann also setzen

$$(A)\colon \sigma \approx -\boldsymbol{e}_n p, \quad \tau \approx 0; \quad (S)\colon \sigma = -\boldsymbol{e}_n p + \boldsymbol{\tau}. \qquad (2.32\text{a, b; c})$$

Nach Einführen der positiv nach außen gerichteten Vektoren der Flächenelemente $d\boldsymbol{A} = \boldsymbol{e}_n\, dA$ und $d\boldsymbol{S} = \boldsymbol{e}_n\, dS$ erhält man aus (2.31)

$$\boldsymbol{F}_A \approx \boldsymbol{F}_P = -\int_{(A)} p\, d\boldsymbol{A}; \qquad \boldsymbol{F}_S = -\int_{(S)} p\, d\boldsymbol{S} + \int_{(S)} \boldsymbol{\tau}\, dS = -\boldsymbol{F}_K. \qquad (2.33\text{a; b, c})$$

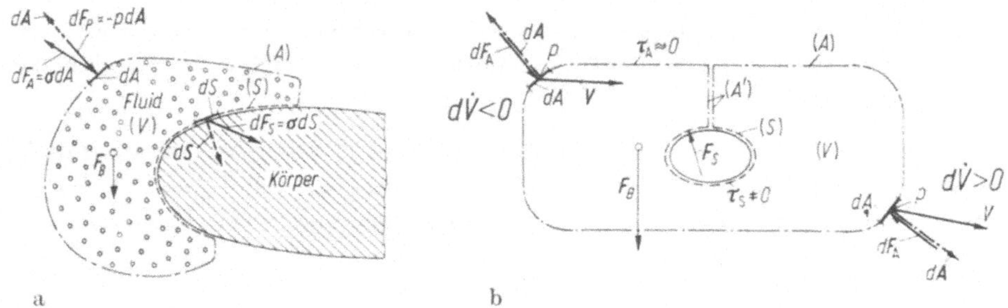

Abb. 2.13 a, b. Zur Anwendung der Impulsgleichung auf den Kontrollraum (V) mit der Kontrollfläche $(O) = (A) + (S)$, vgl. Abb. 2.11. Auf (V) und (O) wirkende Kräfte

$\boldsymbol{F}_A$ ist näherungsweise gleich der Druckkraft $\boldsymbol{F}_P$ auf den freien Teil der Kontrollfläche, vgl. Abb. 2.13b. Man kann sie als Ersatzkraft auffassen, welche den freien Teil der Kontrollfläche raumfest in der Strömung hält. Bei $\boldsymbol{F}_S$ handelt es sich um die Kraft, die vom festen Körper auf das strömende Fluid wirkt. Sie ist die Kraft, welche den körpergebundenen Teil der Kontrollfläche festhält. Wegen der ausgeübten Stützwirkung nennt man sie Stützkraft. Nach dem Wechselwirkungsgesetz ist die Reaktionskraft, welche vom Fluid auf den körpergebundenen Teil der Kontrollfläche, und damit auf den Körper selbst, übertragen wird $\boldsymbol{F}_K = -\boldsymbol{F}_S$. Häufig ist diese Körperkraft die gesuchte Größe der Aufgabe, so daß sich in diesem Fall eine Auswertung von (2.33b) erübrigt.

Kraftgleichung. Nach Zusammenfügen der Ausdrücke für den Impulsbeitrag und für die Kraftbeiträge erhält man die Impulsgleichung für den Kontrollraum bei stationärer Strömung

$$\int_{(A)} \varrho \boldsymbol{v}\, d\dot{V} + \int_{(S)} \varrho \boldsymbol{v}\, d\dot{V} = \boldsymbol{F}_B + \boldsymbol{F}_A + \boldsymbol{F}_S \qquad \text{(Kontrollraum)}. \qquad (2.34)$$

Hierin werden die Teilvolumenströme $d\dot{V}$ durch (2.20a, b) beschrieben. Liegt eine nichtporöse Körperoberfläche (S) vor, dann verschwindet das zweite Integral auf der linken Seite von (2.34).

Die zunächst für den Kontrollraum nach Abb. 2.13a durchgeführte Untersuchung gilt sinngemäß auch für den in Anlehnung an Abb. 2.11 in Abb. 2.13b gewählten Kontrollraum.

Die Anwendung der Impulsgleichung in Verbindung mit der Kontinuitätsgleichung (2.21) erfordert nicht die Kenntnis der Strömungsvorgänge im Inneren des betreffenden raumfesten Strömungsbereichs, sondern nur die Strömungsgrößen an seinen äußeren Begrenzungsflächen[5]. Aus diesem Grund bildet die Impulsgleichung ein wertvolles Hilfsmittel zur Lösung einer großen Anzahl technisch wichtiger Strömungsaufgaben.

Wahl des Kontrollraums. Im folgenden seien noch einige Angaben über die Wahl des Kontrollraums (V) gemacht. Die den Kontrollraum abgrenzende geschlossene Kontrollfläche $(O) = (A) + (S)$ muß in sich einfach zusammenhängend sein. Man muß sie in einem Zug zeichnen können. Will man die Wirkung eines Körpers oder eines Teils von ihm auf das strömende Fluid oder umgekehrt die Wirkung des strömenden Fluids auf den gesamten Körper nach Abb. 2.13b oder einen Teil von ihm nach Abb. 2.13a bestimmen, so muß der körpergebundene Teil der Kontrollfläche (S) mit der betrachteten Körperkontur zusammenfallen. Der andere Teil der Kontrollfläche, nämlich der freie Teil (A), ist möglichst weit entfernt vom Körper zu wählen, damit die Voraussetzung $\tau \approx 0$ als erfüllt angesehen werden kann. Es ist (A) so im Strömungsfeld festzulegen, daß die dort herrschenden Drücke und Geschwindigkeiten möglichst einfach zu beschreiben sind. In Abb. 2.14 sind drei typische Fälle für die Wahl des freien Teils der Kontrollfläche (A) dargestellt:

a) Nach Abb. 2.14a wird der freie Teil der Kontrollfläche (A) weitgehend nach geometrischen Gesichtspunkten gewählt. Dies hat im allgemeinen Vorteile bei der Berechnung der Volumen- und Oberflächenkraft nach (2.30a) bzw. (2.33a), während die Bestimmung des Impulsstroms über (A) nach (2.28) nicht so einfach wird. Die Vorteile bestehen darin, daß man einerseits den freien Teil der Kontrollfläche aus ebenen Flächen aufbauen und andererseits diese Flächen soweit entfernt vom Körper annehmen kann, daß dort überall der gleiche Druck $p \approx$ const herrscht, was die Integration nach (2.33a) erheblich erleichtert. Die Erschwerung hat ihre Ursache darin, daß bei der Auswertung der linken Seite von (2.34) der Volumenstrom über (A) überall von null verschieden sein kann, $d\dot{V} \neq 0$. Es kommen sowohl eintretende $(d\dot{V} < 0)$ als auch austretende Volumenströme $(d\dot{V} > 0)$ vor. Auch wenn die seitlichen Begrenzungen der freien Kontrollfläche sehr weit vom Körper entfernt sind, wo man annehmen kann, daß die Geschwindigkeitsvektoren $\boldsymbol{v}$ bereits in die Ebenen dieser Flächen fallen, können von dort Beiträge zum Impulsstromintegral geliefert werden. Dies hängt mit der Erfüllung der Kontinuitätsgleichung, d. h. des Beitrags des Integrals über (A) nach (2.21) zusammen, vgl. Beispiel c auf S. 50.

b) Nach Abb. 2.14b wird der freie Teil der Kontrollfläche (A) weitgehend nach fluidmechanischen Gesichtspunkten gewählt, indem man diesen möglichst mit Stromflächen (Stromlinien) zusammenfallen läßt. Dies bedeutet für die Berechnung der Volumen- und Oberflächenkraft im allgemeinen größere Schwierigkeiten als bei der Wahl des freien Teils der Kontrollfläche nach Abb. 2.14a, da die Drücke längs der Stromlinien verschieden groß sind. Bezüglich der örtlichen Volumenströme $d\dot{V}$ treten dagegen erhebliche Vorteile dadurch auf, daß durch die Stromfläche kein Massenstrom möglich ist, d. h. dort immer $d\dot{V} \equiv 0$ ist. Man braucht also bei der Bestimmung des Impulsstroms über (A) in (2.34) nur über

5 Die Integration über das Volumen (V) nach (2.30a) enthält keine vom Strömungsvorgang abhängigen Größen, sofern für die Dichte ϱ ein mittlerer Wert eingesetzt wird.

denjenigen Teil der freien Kontrollfläche zu integrieren, der nicht Stromfläche ist. Dieser besteht aus der Eintrittsfläche mit $d\dot{V} < 0$ und der Austrittsfläche mit $d\dot{V} > 0$. Bei dieser Betrachtungsweise erübrigt sich häufig die Nachprüfung der Kontinuitätsgleichung.

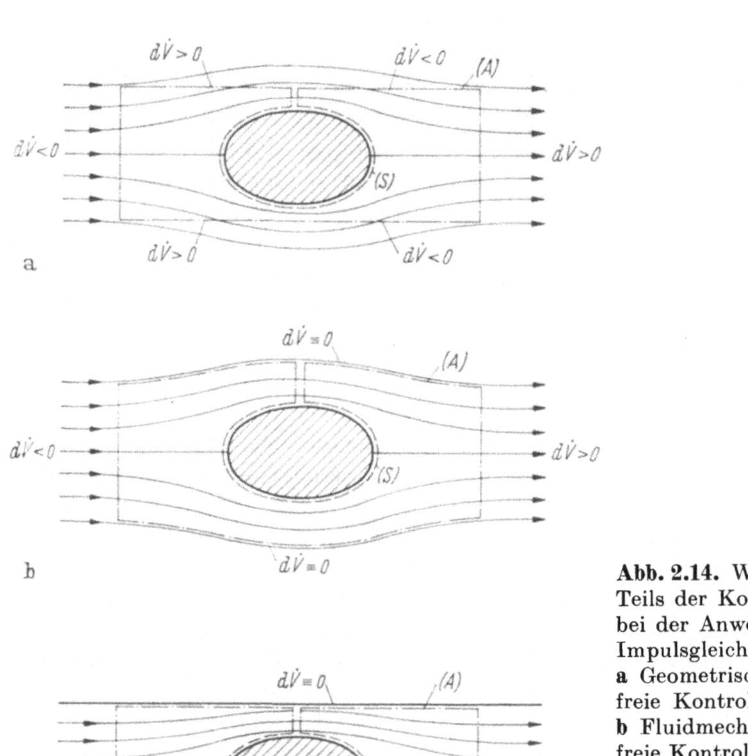

Abb. 2.14. Wahl des freien Teils der Kontrollfläche (A) bei der Anwendung der Impulsgleichung.
a Geometrisch orientierte freie Kontrollfläche.
b Fluidmechanisch orientierte freie Kontrollfläche.
c Erzwungene freie Kontrollfläche
(Die Stromlinienbilder sind schematische Darstellungen)

c) Nach Abb. 2.14c handelt es sich bei dem freien Teil der Kontrollfläche (A) um eine erzwungene freie Kontrollfläche im Sinn von Fall a. Man denke sich den Körper z. B. von einem Rohr mit konstantem Durchmesser D so umgeben, daß die reibungslos angenommene Strömung an der Mantelfläche geführt wird. Dort ist dann überall $d\dot{V} \equiv 0$. Sucht man die Druckkraft in Richtung der Rohrachse, so liefert die Mantelfläche keinen Beitrag, da dort die Druckkräfte normal zur Rohrachse wirksam sind. Hat man die Rechnung für den endlichen Durchmesser D durchgeführt, dann gewinnt man das Ergebnis für die ungestörte Umströmung des Körpers durch den Grenzübergang $D \to \infty$.

Wie man die Kontrollfläche zweckmäßig festlegt, hängt von der Aufgabenstellung, d. h. von den gegebenen und gesuchten Größen ab.

2.5.2.2 Impulsgleichung für den Kontrollfaden

Für den in Kap. 2.4.2.2 definierten und in Abb. 2.12a dargestellten Kontrollfaden (Stromfaden) geht man zur Ermittlung des Impulsbeitrags analog wie bei der Kontinuitätsgleichung in Kap. 2.4.2.2 vor. Bei gleichmäßiger Geschwindigkeits- und Dichteverteilung über die Kontrollfadenquerschnitte folgt analog zu (2.22a) und in Verbindung mit (2.34) die Kraftgleichung bei stationärer Strömung

$$\varrho_1 \boldsymbol{v}_1(\boldsymbol{v}_1 \cdot \boldsymbol{A}_1) + \varrho_2 \boldsymbol{v}_2(\boldsymbol{v}_2 \cdot \boldsymbol{A}_2) = \boldsymbol{F}_B + \boldsymbol{F}_A + \boldsymbol{F}_S \quad \text{(Kontrollfaden)}. \quad (2.35)$$

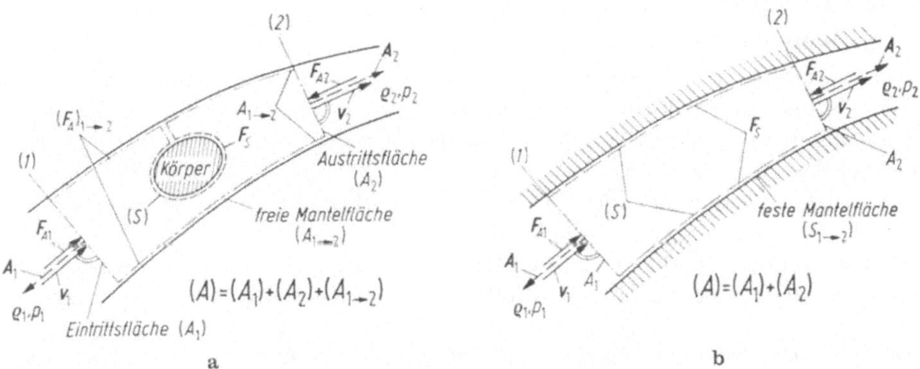

Abb. 2.15. Zur Anwendung der Impulsgleichung auf den Kontrollfaden, vgl. Abb. 2.12a. **a** Im Kontrollfaden befindet sich ein fester Körper, Mantelfläche (Stromfläche) gehört zum freien Teil der Kontrollfläche ($A_{1\to2}$), **b** Mantelfläche besteht aus fester Rohrwand und gehört zum körpergebundenen Teil der Kontrollfläche ($S_{1\to2}$)

Die Massenkraft $\boldsymbol{F}_B$ ermittelt man nach (2.30). In den meisten Fällen ist nur die Schwerkraft wirksam. Die Oberflächenkraft bestimmt man nach (2.31). Für den freien Teil der Kontrollfläche (A) besteht diese, sofern man entsprechend den Ausführungen in Kap. 2.5.2.1 am Ort der Kontrollfläche (A) von Reibungseinflüssen absieht, nach (2.33a) nur aus einer Druckkraft. Die Ersatzkraft $\boldsymbol{F}_A \approx \boldsymbol{F}_P$ setzt sich nach Abb. 2.12a zusammen aus den Komponenten an der Eintritts- und Austrittsfläche $\boldsymbol{F}_{A1} = -p_1\boldsymbol{A}_1$ bzw. $\boldsymbol{F}_{A2} = -p_2\boldsymbol{A}_2$, wobei die Drücke p_1 und p_2 jeweils über die Querschnittsfläche A_1 bzw. A_2 gleichmäßig verteilt angenommen werden sowie aus der Komponente auf die Mantelfläche $A_{1\to2}$, d. h. $\boldsymbol{F}_A = \boldsymbol{F}_{A1} + \boldsymbol{F}_{A2} + (\boldsymbol{F}_A)_{1\to2}$. Werden die Querschnitte A_1 und A_2 gemäß Abb. 2.15 normal durchströmt, so ist $\boldsymbol{v}_1(\boldsymbol{v}_1 \cdot \boldsymbol{A}_1) = v_1^2\boldsymbol{A}_1$ und $\boldsymbol{v}_2(\boldsymbol{v}_2 \cdot \boldsymbol{A}_2) - v_2^2\boldsymbol{A}_2$, und man erhält die Impulsgleichung für den Kontrollfaden

$$(p_1 + \varrho_1 v_1^2)\,\boldsymbol{A}_1 + (p_2 + \varrho_2 v_2^2)\,\boldsymbol{A}_2 = \boldsymbol{F}_B + (\boldsymbol{F}_A)_{1\to2} + \boldsymbol{F}_S. \quad (2.36)$$

Die Druckanteile auf die Querschnittsflächen und die Impulsbeiträge haben jeweils die gleiche Richtung, nämlich diejenige von $\boldsymbol{A}_1$ bzw. $\boldsymbol{A}_2$. Die Größen $\varrho_1 v_1^2$ bzw. $\varrho_2 v_2^2$ werden Impulsstromdichten in kg/s² m = N/m² und die mit $\boldsymbol{A}_1$ bzw. $\boldsymbol{A}_2$ multiplizierten Summenausdrücke totale Impulsströme in kg m/s² = N genannt.

Die Stützkraft $\boldsymbol{F}_S$ auf den körpergebundenen Teil der Kontrollfläche (S) kommt vor, wenn sich wie in Abb. 2.15a im Kontrollfaden ein fester Körper befindet. Besteht nach Abb. 2.15b die Mantelfläche aus einer festen Wand (Rohr), so wäre diese mit $S_{1\to2}$ statt mit $A_{1\to2}$ zu bezeichnen, und es würde dann $(\boldsymbol{F}_A)_{1\to2} = 0$ sein. Bei der jetzt auftretenden Kraft $(\boldsymbol{F}_S)_{1\to2} = \boldsymbol{F}_S$ handelt es sich um die Kraft von der festen Mantelfläche auf das strömende Fluid. Nach dem Wechselwirkungsgesetz (2.33c) ist $\boldsymbol{F}_K = -\boldsymbol{F}_S$ die Reaktionskraft, welche vom Fluid auf den körpergebundenen Teil der Kontrollfläche als Körperkraft ausgeübt wird. Häufig ist sie die gesuchte Größe der Aufgabe.

Jedes Glied in (2.36) stellt einen Kraftvektor dar, so daß diese Gleichung, ähnlich wie in der Statik fester Körper, durch vektorielle Addition der einzelnen Größen gelöst werden kann.

Kontrollfadenelement. Für stationäre reibungslose Strömung sei aus (2.36) die Impulsgleichung in Richtung der Kontrollfadenachse s für ein nicht mit einem festen Körper in Berührung stehendes Kontrollfadenelement mit dem mittleren Kontrollfadenquerschnitt A und der Länge Δs gemäß Abb. 2.12a, b hergeleitet. Bei der Annäherung der Querschnitte (*1*) und (*2*) erhält man zunächst die geometrischen Zusammenhänge $\Delta z = z_2 - z_1 = \Delta s \cos\alpha$, $\Delta V = A\Delta s$. Die eingeschlossene Masse beträgt $\Delta m = \varrho \Delta V = \varrho A \Delta s = \varrho A \Delta z/\cos\alpha$.

Während die Stützkraft nicht auftritt, d. h. $\Delta \boldsymbol{F}_S = 0$ ist, besitzen die Schwerkraft und die Druckkraft auf die Mantelfläche in s-Richtung die Komponenten

$$\Delta F_{Bs} = -g\Delta m \cos\alpha = -\varrho g A(z_2 - z_1), \; \Delta(F_{As})_{1\to2} = -p(A_1 - A_2) = p(A_2 - A_1).$$

Mithin folgt aus (2.36)

$$-(p_1 + \varrho_1 v_1^2)\, A_1 + (p_2 + \varrho_2 v_2^2)\, A_2 = -\varrho g A(z_2 - z_1) + p(A_2 - A_1).$$

In differentieller Darstellung ergibt sich hieraus mit $df \triangleq f_2 - f_1$

$$d[(p + \varrho v^2)\, A] - p\, dA + \varrho g A\, dz = 0, \text{ wobei } \dot{m}_A = \varrho v A = \text{const ist.}$$

Bernoullische Druckgleichung. Nach Ausführen der Differentiation des ersten Terms und Division des Ergebnisses durch die Größe ϱA erhält man für das Kontrollfadenelement bei stationärer reibungsloser Strömung[6]

$$v\, dv + g\, dz + \frac{dp}{\varrho} = 0 \qquad \text{(Kontrollfadenelement)}. \tag{2.37}$$

Bemerkenswert ist, daß die Querschnittsfläche A eliminiert wird.

Für ein dichtebeständiges Fluid mit $\varrho = \text{const}$ liefert die Integration zwischen den Stellen (*1*) und (*2*) die Bernoullische Druckgleichung

$$p_1 + \varrho g z_1 + \frac{\varrho}{2} v_1^2 = p_2 + \varrho g z_2 + \frac{\varrho}{2} v_2^2 \qquad (\varrho = \text{const}). \tag{2.38}$$

---

6 Laut Vereinbarung werden Reibungskräfte am freien Teil der Kontrollfläche $(A_1) + (A_2) + (A_{1\to2})$ vernachlässigt.

Die Glieder besitzen die Dimension eines Drucks in $N/m^2 = J/m^3$. Es handelt sich also jeweils um Energiedichten, und man nennt daher (2.38) auch Energiegleichung der Fluidmechanik. Dividiert man (2.38) durch ϱg, so gelangt man zur sog. Höhenform der Energiegleichung.

Für die instationäre reibungslose Strömung wird die Bernoullische Druckgleichung in (2.57) angegeben.

2.5.2.3 Grundlegende Erkenntnisse aus der Anwendung des Impulssatzes

Unter der Annahme eines dichtebeständigen Fluids lassen sich aus den angegebenen Impulsgleichungen einige grundlegende Erkenntnisse der Fluidmechanik über die Kräfte und gegebenenfalls Momente stationär angeströmter Körper gewinnen.

a) Kräfte auf einen Körper in der reibungslosen Strömung eines dichtebeständigen Fluids. Ein beliebig geformter Körper vom Volumen V_K befindet sich nach Abb. 2.16 in einer unbegrenzten stationären Parallelströmung, die weit vor dem Körper die horizontale Geschwindigkeit v_∞ besitzt. Verläuft die Strömung ohne Einfluß der Reibung, dann schließen sich die Stromlinien hinter dem Körper in ähnlicher Weise, wie sie sich vor dem Körper geteilt haben. In einiger Entfernung hinter dem Körper, theoretisch bei unendlich großem Abstand, herrscht dann überall wieder Parallelströmung mit der Geschwindigkeit v_∞. Zur Berechnung der bei der Anströmung auf den Körper ausgeübten Kräfte soll die Impulsgleichung benutzt werden. Die Kontrollfläche möge gemäß Abb. 2.14a nach geometrischen Gesichtspunkten festgelegt werden. Der freie Teil der Kontrollfläche (A) bestehe aus einem Quader mit den Flächen A_1 bis A_6, während der körpergebundene Teil durch die den Körper umgebende Fläche (S) gebildet werde. Befinden sich die Flächen A_1 bis A_6 weit genug vom Körper entfernt, so herrscht dort überall die ungestörte konstante Geschwindigkeit v_∞.

Soll der Körper keine Quellen oder Sinken enthalten, so ist die Kontinuitätsgleichung für die Kontrollfläche $(O) = (A) + (S)$ in einfacher Weise erfüllt. Weiterhin ist im vorliegenden Fall sofort einzusehen, daß die Summe der ein- und austretenden Impulsströme

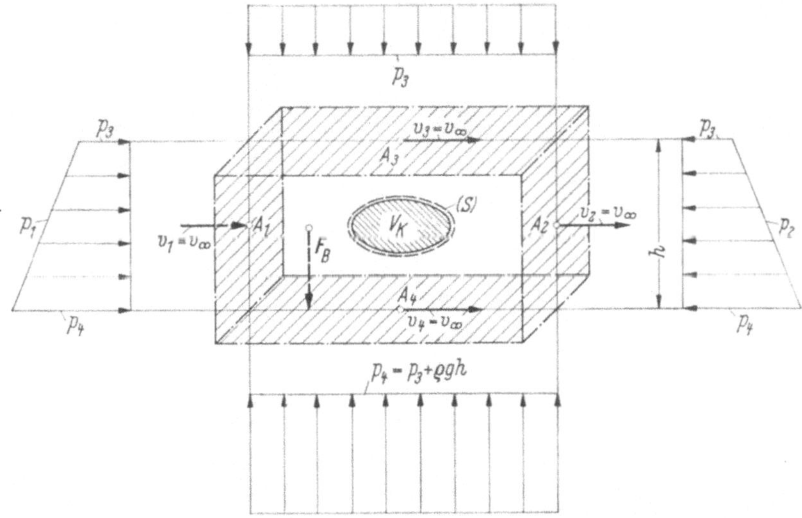

Abb. 2.16. Zur Anwendung der Impulsgleichung bei der Berechnung der Kräfte auf einen beliebigen Körper in der reibungslosen Strömung eines dichtebeständigen Fluids

für alle Richtungen verschwindet. Von der Impulsgleichung (2.34) bleibt für die Lösung der Aufgabe also nur $0 = \boldsymbol{F}_B + \boldsymbol{F}_A + \boldsymbol{F}_S$ übrig. Besteht die Massenkraft $\boldsymbol{F}_B$ nur aus der Schwerkraft, dann ist $\boldsymbol{F}_B = \varrho \boldsymbol{g}(V_Q - V_K)$ nach (2.30b) mit $V = V_Q - V_K$ als Kontrollvolumen (V_Q = Volumen des abgegrenzten Quaders, V_K = Körpervolumen). Der Vektor der Fallbeschleunigung $\boldsymbol{g}$ ist nach unten gerichtet. In Abb. 2.16 sind die auf die Flächen A_1 bis A_4 wirkenden Drücke dargestellt. Diese sind über die Flächen $A_3 = A_4$ jeweils konstant verteilt und hängen mit h als Höhenunterschied der beiden Flächen nach (2.10c) durch $p_4 = p_3 + \varrho g h$ miteinander zusammen. Über die Flächen $A_1 = A_2$ und $A_5 = A_6$ verteilen sich die Drücke entsprechend (2.10b) linear vom Wert p_3 auf den Wert p_4. In vertikaler Richtung (positiv nach oben, Index v) hat die vertikale Komponente der Massenkraft den Wert $F_{Bv} = -\varrho g(V_Q - V_K)$. Die vertikale Komponente der Druckkraft beträgt $F_{Av} = F_{Pv} = (p_4 - p_3) A_3 = \varrho g h A_3 = \varrho g V_Q$ mit $V_Q = h A_3$ als Volumen des abgegrenzten Quaders. Somit erhält man nach dem Wechselwirkungsgesetz (2.33c) für die vertikal nach oben gemessene Auftriebskraft $A = -F_{Sv} = F_{Bv} + F_{Av} = \varrho g V_K$. In horizontaler Richtung (Index h) ist $F_{Bh} = 0$. Da auch $F_{Ah} = 0$ ist, folgt sofort $F_{Sh} = 0$ und somit für die in Anströmrichtung gemessene Widerstandskraft $W = -F_{Sh} = 0$. Beide Ergebnisse zusammengefaßt lauten

$$A = \varrho g V_K \quad \text{(Archimedes)}, \qquad W = 0 \quad \text{(d'Alembert)}. \tag{2.39a, b}$$

Die Auftriebsformel (2.39a) liefert den statischen Auftrieb und ist als Archimedessches Prinzip bekannt. Die Anströmgeschwindigkeit spielt keine Rolle. Es sei bemerkt, daß (2.39a) nicht mehr gilt, wenn um den Körper eine zirkulatorische Strömung herrscht, vgl. Beispiel b. Nach der Widerstandsformel (2.39b) tritt bei der stationären reibungslosen Strömung eines dichtebeständigen Fluids um einen festen Körper keine Widerstandskraft auf. Diese Feststellung ist als d'Alembertsches Paradoxon bekannt. Befindet sich der Körper in einer reibungsbehafteten Strömung mit auftretender Nachlaufdelle in der Geschwindigkeitsverteilung hinter dem Körper, oder liegen Störungen in Form von Trennungsschichten (Wirbelschichten) vor, welche die Begrenzungen des freien Teils der Kontrollfläche durchschreiten, so gilt die obige Aussage für den Widerstand nicht, vgl. Beispiel c.

b) Auftriebskraft auf einen Körper in zirkulationsbehafteter Strömung. Ein ebener (prismatischer) Körper mit beliebiger Querschnittsform von der Breite b wird nach Abb. 2.17 mit der Geschwindigkeit u_∞ in x-Richtung reibungslos angeströmt. Damit der Körper eine zur x-Richtung normal wirkende Querkraft F_{Ky} erfahren kann, muß, wie hier gezeigt

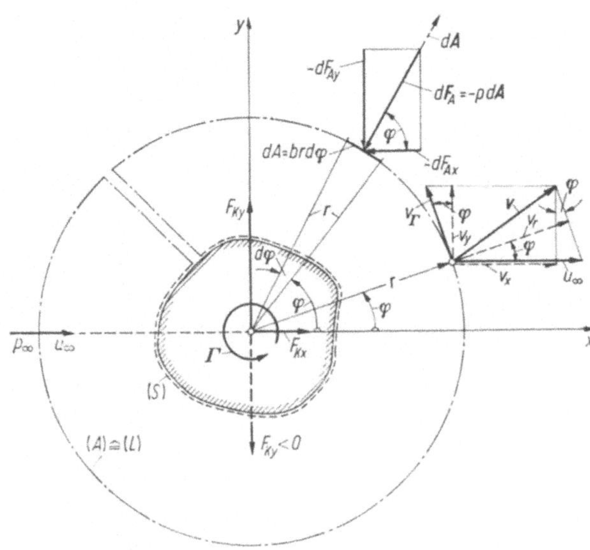

Abb. 2.17. Zur Berechnung der Strömungskraft (Querkraft) an einem angeströmten prismatischen Körper von beliebigem Querschnitt bei zirkulatorischer Umströmung mittels der Impulsgleichung

werden soll, um den Körper eine zirkulatorische Strömung mit der Zirkulation Γ herrschen. Diese Strömung ist der Parallelströmung u_∞ zu überlagern.

Unter der Zirkulation Γ versteht man das Linienintegral der Geschwindigkeit über eine geschlossene Kurve (L), d. h. bei Umlauf links herum

$$\Gamma = \oint_{(L)} \boldsymbol{v} \cdot d\boldsymbol{l} = \oint_{(L)} v_l \, dl \quad \text{(Zirkulation).} \tag{2.40a, b}$$

Es ist $\boldsymbol{v} \cdot d\boldsymbol{l}$ das skalare Produkt aus dem vektoriellen Wegelement $d\boldsymbol{l}$ als Teil der geschlossenen Kurve (L) und dem zugehörigen Geschwindigkeitsvektor $\boldsymbol{v}$. Mit v_l wird die Komponente der Geschwindigkeit in Richtung des Linienelements dl bezeichnet.

Der in der Zeichenebene liegende Kreis mit dem Radius r sei die geschlossene Kurve (L), längs der die Zirkulation als Linienintegral der Geschwindigkeit gemäß (2.40) berechnet werden soll. Ist r sehr groß, d. h. befinden sich die Punkte auf der Kurve (L) sehr weit vom Körper entfernt, so besitzt die zirkulatorische Strömung die konstante Umfangsgeschwindigkeit $v_\Gamma = \text{const}$. Die linksdrehende positive Zirkulation beträgt dann $\Gamma = 2\pi r v_\Gamma$, wobei $2\pi r$ der Umfang des Kreises ist.

Zur Ermittlung der auf den Körper von der resultierenden Strömung ausgeübten Kraft mittels der Impulsgleichung wird um den Körper nach Abb. 2.17 eine freie zylindrische Kontrollfläche (A) mit dem Radius r gelegt. Aus der Impulsgleichung (2.34) ergeben sich die Komponentengleichungen in x- und y-Richtung zu

$$\oint_{(O)} \varrho v_x \, d\dot{V} = F_{Bx} + F_{Ax} + F_{Sx}, \qquad \oint_{(O)} \varrho v_y \, d\dot{V} = F_{By} + F_{Ay} + F_{Sy}, \tag{2.41a, b}$$

wobei jeweils über die Kontrollfläche $(O) = (A) + (S)$ zu integrieren ist. Der Volumenstrom durch ein Flächenelement des Kreiszylinders $dA = br\,d\varphi$ beträgt $d\dot{V}(\varphi) = v_r\,dA$. Es bedeuten F_{Bx}, F_{By}, F_{Ax}, F_{Ay} und F_{Sx}, F_{Sy} die Komponenten der Massenkraft (Volumenkraft), der Ersatzkraft auf den freien Teil der Kontrollfläche (A) bzw. der Stützkraft auf den körpergebundenen Teil der Kontrollfläche (S).

Zur Auswertung der Impulsgleichung (2.41) werden die Geschwindigkeitskomponenten in x-, y- und r-Richtung benötigt. Dabei sind u_∞ und $v_\Gamma = \Gamma/2\pi r$ bekannt. Nach Abb. 2.17 ist

$$v_x(\varphi) = u_\infty - \frac{\Gamma}{2\pi r}\sin\varphi, \qquad v_y(\varphi) = \frac{\Gamma}{2\pi r}\cos\varphi, \qquad v_r(\varphi) = u_\infty \cos\varphi. \tag{2.42a}$$

Mithin gilt für den Volumenstrom

$$d\dot{V}(\varphi) = brv_r\,d\varphi = bru_\infty \cos\varphi\,d\varphi \tag{2.42b}$$

mit $d\dot{V} > 0$ für austretende Volumenströme im Bereich $-\pi/2 < \varphi < \pi/2$ und $d\dot{V} < 0$ für eintretende Volumenströme im Bereich $\pi/2 < \varphi < 3\pi/2$. Aus den Geschwindigkeiten erhält man die Druckverteilung auf dem Zylinder nach (2.38) bei Vernachlässigung des Schwereinflusses ($g = 0$) zu, vgl. den Hinweis bei (2.56b),

$$p(\varphi) = p_\infty + \frac{\varrho}{2}\left[u_\infty^2 - (v_x^2 + v_y^2)\right] = p_c + \frac{\varrho u_\infty \Gamma}{2\pi r}\sin\varphi \tag{2.43}$$

mit $p_c = p_\infty - (\varrho/2)(\Gamma/2\pi r)^2 = \text{const}$ für $r = \text{const}$.

Auf den freien Teil der Kontrollfläche (A) wirken am Flächenelement $dA = br\,d\varphi$ die Druckkräfte $dF_{Ax} = -p\,dA\cos\varphi = -brp\cos\varphi\,d\varphi$ und $dF_{Ay} = -p\,dA\sin\varphi = -brp\sin\varphi\,d\varphi$. Mit den gefundenen Beziehungen erhält man aus der Impulsgleichung mit $F_{Bx} = 0 = F_{By}$

sowie $F_{Kx} = -F_{Sx}$ und $F_{Ky} = -F_{Sy}$

$$F_{Kx} = -br \int_0^{2\pi} (p \cos\varphi + \varrho u_\infty v_x \cos\varphi)\, d\varphi = 0, \tag{2.44a}$$

$$F_{Ky} = -br \int_0^{2\pi} (p \sin\varphi + \varrho u_\infty v_y \cos\varphi)\, d\varphi = -\varrho b u_\infty \Gamma < 0. \tag{2.44b}$$

Die Körperkraft F_{Kx} ist gleichbedeutend mit der in Anströmrichtung wirkenden Widerstandskraft W. Sie tritt bei reibungsloser Strömung, wie bereits in (2.39b) gezeigt wurde, nicht auf. Die Kraft F_{Ky} ist also die resultierende Strömungskraft. Sie steht normal zur Anströmrichtung und ist gleichbedeutend mit der Auftriebskraft A. Bei der angenommenen linksdrehenden Zirkulation wirkt sie entgegen der y-Richtung. Soll am Körper eine in y-Richtung zeigende Auftriebskraft erzeugt werden, so muß eine rechtsdrehende Zirkulationsströmung vorhanden sein. Gl. (2.44b) kann man somit in der Form

$$A = \varrho b \Gamma u_\infty, \qquad A \perp u_\infty \qquad \text{(Kutta, Joukowsky)} \tag{2.45a, b}$$

schreiben. Dies ist der Kutta-Joukowskysche Auftriebssatz, der aussagt, daß die Größe des Auftriebs A neben der Dichte ϱ des strömenden Fluids und der Breite b des ebenen Körpers nur abhängt von einer rechtsdrehenden Zirkulation Γ um den Körper und der Anströmgeschwindigkeit u_∞. Er spielt eine große Rolle in der Tragflügeltheorie nach Kap. 5.4.3.

c) Theoretische Ermittlung des Reibungswiderstands eines Körpers aus dem Impulsverlust hinter dem Körper (Nachlauf). In einer reibungsbehafteten Strömung werden an der rückwärtigen Körperseite eines umströmten Körpers die der reibungslosen Strömung entsprechenden Drücke nicht mehr erreicht. Die dadurch in Anströmrichtung bedingte Kraft, d. h. die vektorielle Summe aller Druckspannungskräfte, wird als Druckwiderstand infolge Reibung bezeichnet. Er bildet zusammen mit dem von den Wandschubspannungen hervorgerufenen Schubspannungswiderstand den Reibungswiderstand des Körpers, auch Profilwiderstand genannt. Bei profilierten Körpern, wie z. B. bei angeströmten Tragflügelprofilen, hat man es weitgehend mit einer am Körper anliegenden Strömung zu tun, während bei stumpfen Körpern, wie z. B. bei einer normal angeströmten Platte, bei einem querangeströmten Kreiszylinder oder bei einer angeströmten Kugel, die wandnahe Strömung auf der rückwärtigen Körperfläche unter Bildung von Wirbeln ablöst. Als Folge der reibungsbehafteten Strömung entsteht eine Verminderung der fluidmechanischen Energie hinter dem Körper. In Abb. 2.18 ist eine Nachlaufströmung hinter einem angeströmten Körper in Form der Geschwindigkeitsverteilungen über die Strömungsquerschnitte normal zur Anströmrichtung dargestellt. Während vor dem Körper überall die gleiche Geschwindigkeit herrscht, weist das Geschwindigkeitsprofil als Folge der anliegenden oder gegebenenfalls auch abgelösten körpernahen Reibungsschicht hinter dem Körper eine Nachlaufdelle auf,

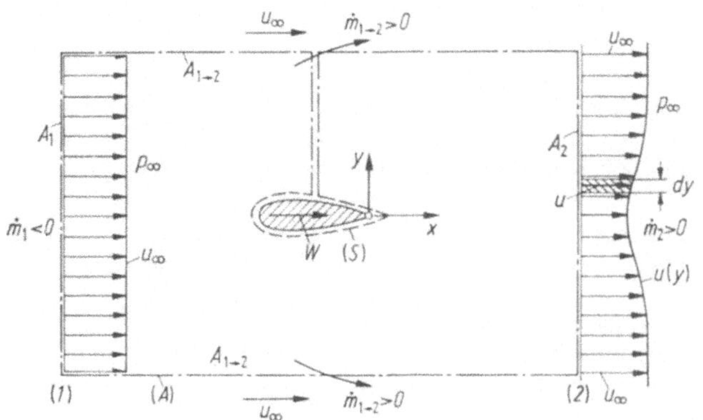

Abb. 2.18 Zur theoretischen Ermittlung des Reibungswiderstands eines Körpers aus dem Impulsverlust hinter dem Körper (Nachlauf), vgl. Tab. 2.1

die in sehr weitem Abstand hinter dem Körper allmählich wieder ausgeglichen wird. Zwischen der Größe dieser Delle und dem Reibungswiderstand besteht ein ursächlicher Zusammenhang.

Der Einfachheit halber soll nur der ebene Fall in der x,y-Ebene näher behandelt werden. Betrachtet wird ein in der Strömung festgehaltener prismatischer Körper. Die ungestörte Anströmung sei stationär und habe die Geschwindigkeit u_∞, während die Geschwindigkeit im Nachlauf mit $u(x, y)$ bezeichnet werde. Bekannt ist, daß stromabwärts vom Körper die ungestörten Werte vor dem Körper wesentlich schneller vom Druck als von der Geschwindigkeit erreicht werden. Nach Abb. 2.18 übt das strömende Fluid in der x-Richtung auf den ruhenden Körper die Widerstandskraft, kurz der Widerstand W genannt, aus.

Fällt die Anströmrichtung mit der x-Achse zusammen, so dient die Anwendung der Impulsgleichung (2.41a) der Berechnung des Widerstands. Die Kontrollfläche $(O) = (A) + (S)$ ist in Abb. 2.18 nach geometrischen Gesichtspunkten im Sinn von Abb. 2.14a so gewählt, daß die Stelle (2) sich so weit hinter dem Körper befindet, wo der (statische) Druck bereits den ungestörten Wert $p = p_\infty$ wieder erreicht hat. Dies ist theoretisch für $x \to \infty$ der Fall. Bei Vernachlässigung des Schwereeinflusses und wegen der konstanten Drücke auf dem freien Teil der Kontrollfläche (A) sind $F_{Bx} = 0$ und $F_{Ax} = 0$. Die Kraft von dem körpergebundenen Teil der Kontrollfläche (S) auf das Fluid, d. h. die Stützkraft, ist entgegengesetzt gleich der gesuchten Widerstandskraft, d. h. $W = -F_{Sx}$. Mithin verbleibt von (2.41a) mit $v_x = u$

$$W = -\varrho \oint_{(O)} u \, d\dot{V}, \qquad \varrho \oint_{(O)} d\dot{V} = 0 \qquad (\varrho = \text{const}), \tag{2.46a, b}$$

wobei die Auswertung des Impulsstromintegrals (2.46a) unter Beachtung der Kontinuitätsgleichung (2.46b) zu erfolgen hat.

Tabelle 2.1. Zur theoretischen Ermittlung des Reibungswiderstands aus dem Impulsverlust hinter einem Körper (Nachlaufdelle), vgl. Abb. 2.18

Kontrollfläche		Zustand			Massenstrom	Impulsstrom (in x-Richtung)
		ϱ	p	v_x		
(A)	A_1	ϱ	p_∞	u_∞	$-\varrho b \int u_\infty \, dy$	$-\varrho b \int u_\infty^2 \, dy$
	A_2	ϱ	p_∞	$u(y)$	$+\varrho b \int u \, dy$	$+\varrho b \int u^2 \, dy$
	$A_{1\to 2}$	ϱ	p_∞	u_∞	$+\varrho b \int (u_\infty - u) \, dy$	$+\varrho b \int u_\infty (u_\infty - u) \, dy$
(O)		Ergebnis			0	$-\varrho b \int (u_\infty - u) \, u \, dy$

In Tab. 2.1 sind für die verschiedenen den Kontrollraum abgrenzenden freien Teile der Kontrollfläche (A) die Zustandsgrößen, die ein- und austretenden Massenströme sowie die Impulsströme in x-Richtung wiedergegeben. Dabei bedeutet b die Breite des prismatischen Körpers normal zur Strömungsebene. Während die Ermittlung der Massenströme durch die Flächen A_1 und A_2 sofort einleuchtet, bedarf es bei der Bestimmung des Massenstroms über die Fläche $A_{1\to 2}$ einer besonderen Überlegung. Diese betrifft die Erfüllung der Kontinuitätsgleichung (2.46b). Im Schnitt (2) tritt weniger Masse aus, als im Schnitt (1) eintritt. Der Massenüberschuß des Schnitts (1) muß also über die Fläche $A_{1\to 2}$ austreten.

Den Widerstand erhält man aus dem Impulsverlust hinter dem Körper zu

$$W = \varrho b \int_{-\infty}^{\infty} (u_\infty - u) \, u \, dy \qquad (\text{Theorie für } x \to \infty). \tag{2.47}$$

Die Integration ist über die gesamte Nachlaufdelle $-\infty \leqq y \leqq +\infty$ zu erstrecken.

Über die reibungsbehaftete Nachlaufströmung wird in Kap. 6.4.2.3 berichtet.

d) Hauptgleichung der Strömungsmaschinentheorie (Euler). Eine seit langem bekannte Anwendung der Impulsmomentgleichung stellt die stationäre Strömung eines dichtebeständigen Fluids durch ein Laufrad (kreisförmiges Flügelgitter) nach Abb. 2.19 dar. Dies soll sich in gleichförmiger Drehbewegung um die feste, vertikale Laufradachse *0* befinden. Die Ein- und Austrittsgeschwindigkeiten der Relativbewegung seien $\boldsymbol{v}_1$ bzw. $\boldsymbol{v}_2$ und die entsprechenden Umfangsgeschwindigkeiten der Führungsbewegung $\boldsymbol{u}_1$ bzw. $\boldsymbol{u}_2$. Dann gilt für die absoluten Geschwindigkeiten $\boldsymbol{c}_1 = \boldsymbol{v}_1 + \boldsymbol{u}_1$ bzw. $\boldsymbol{c}_2 = \boldsymbol{v}_2 + \boldsymbol{u}_2$. Diese sind als maßgebliche über die Strömungsquerschnitte gleichmäßig verteilte Geschwindigkeiten in die Impulsmomentgleichung einzusetzen. Die Kontrollfläche (*O*) falle mit einer Kanalbegrenzung zusammen, wie sie in Abb. 2.19 strichpunktiert als freier Teil (*A*) und gestrichelt als körpergebundener Teil (*S*) dargestellt ist. Die Momentbezugsachse sei gleich der Laufradachse durch den Punkt *0*. Im Fall stationärer Strömung ist das Moment des bei (*2*) aus dem Kanal austretenden Impulsstroms, vermindert um das Moment des bei (*1*) eintretenden Impulsstroms, gleich dem Moment der äußeren Kräfte, welche auf die augenblicklich im Kanal vorhandene Fluidmasse wirken. Es stellen $-\dot{m}_A c_{1\varphi}$ und $+\dot{m}_A c_{2\varphi}$ die Komponenten des eintretenden bzw. austretenden Impulsstroms in Umfangsrichtung (Umfangsimpuls $\boldsymbol{I}_\varphi$) an den Stellen (*1*) bzw. (*2*) dar, wenn $\dot{m}_A$ der Massenstrom durch sämtliche Gitterkanäle ist. Die Komponenten des Impulsstroms in radialer Richtung (Radialimpuls $\boldsymbol{I}_r$) können keinen Beitrag zum Impulsmoment liefern, da ihre Richtungen jeweils durch den Bezugspunkt *0* gehen. Sowohl die Massenkraft (parallel zur Momentachse gerichtete Schwerkraft) als auch die Kräfte auf den freien Teil der Kontrollfläche (Kraftangriffslinien der Druckkräfte an den Abschlußflächen des Kanals innen und außen gehen durch den Punkt *0*) liefern keine Beiträge zum Kraftmoment, $M_B = 0 = M_A$. Ein Moment entsteht nur von den sowohl druck- als auch reibungsbedingten Stützkräften auf den körpergebundenen Teil der Kontrollfläche (Kanalwände), $M_S \neq 0$. Ein entgegengesetzt gleich großes Moment übt die Strömung als Reaktionsmoment $M_K = -M_S$ auf die Kanalwandung aus. Für das von allen Gitterkanälen an die Laufradachse abgegebene Drehmoment gilt also die Momentgleichung

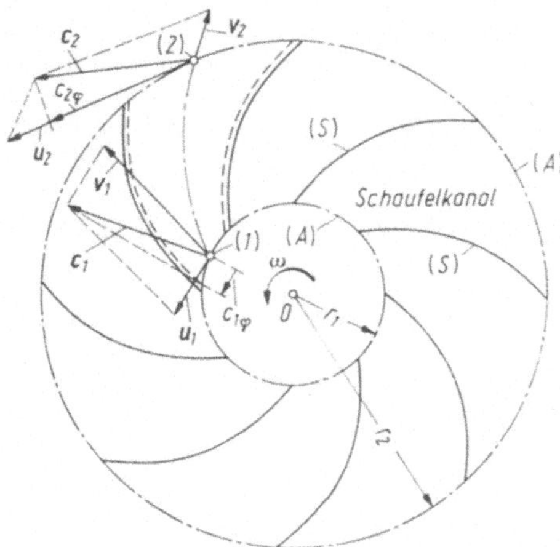

Abb. 2.19 Zur Anwendung der Impulsmomentgleichung: Strömung durch ein kreisförmiges Flügelgitter; (Eulersche Turbinengleichung)

$$M_K = -\dot{m}_A(r_2 c_{2\varphi} - r_1 c_{1\varphi}) \quad \text{(Drehmoment).} \tag{2.48}$$

Dreht sich das Gitter mit der gleichförmigen Winkelgeschwindigkeit ω um die Achse, so beträgt die Leistung $P_K = \omega M_K$. Beachtet man noch, daß die Umfangsgeschwindigkeiten $u_1 = \omega r_1$ und $u_2 = \omega r_2$ sind, dann erhält man aus (2.48) die Leistungsgleichung

$$P_K = \dot{m}_A(u_1 c_{1\varphi} - u_2 c_{2\varphi}), \qquad P_{K\,\max} = \dot{m}_A u_1 c_{1\varphi} \quad \text{(Leistung).} \tag{2.49a, b}$$

Die maximale Leistung ergibt sich aus (2.49a) für $c_{2\varphi} = 0$, d. h. bei radialem Austritt. Gl. (2.49) ist als Hauptgleichung der Strömungsmaschinentheorie (Eulersche Turbinengleichung) bekannt.

Die Herleitung von (2.48) bzw. (2.49) stützt sich auf die Geschwindigkeitsdreiecke am Ein- und Austritt des Flügelgitters, wobei es sich bei den Geschwindigkeiten jeweils um Mittelwerte über die freien Teile der Kontrollfläche handelt. Hinsichtlich des Reibungseinflusses am Flügelgitter selbst (körpergebundener Teil der Kontrollfläche) wird keine Voraussetzung gemacht. Die Hauptgleichung gilt somit auch bei reibungsbehafteter Strömung für alle Typen von Strömungsmaschinen (Pumpe, Turbine).

2.5.3 Bewegungsgleichungen (Impulsgleichung für das Fluidelement)

2.5.3.1 Ausgangsgleichung

Während in den Kap. 2.5.2.1 und 2.5.2.2 die integrale Form der Impulsgleichung für das räumlich ausgedehnte Strömungsgebiet (Kontrollraum, Kontrollfaden) abgeleitet wurde, soll jetzt die differentielle Form der Impulsgleichung (Kraftgleichung) näher untersucht werden. Dies führt in Verbindung mit der Kontinuitätsgleichung auf die Bewegungsgleichungen der Fluidmechanik.

Impulsgleichung für das Fluidelement. Zwischen der Impulsänderung $d(\Delta \boldsymbol{I})/dt$ eines bewegten Fluidelements der Masse Δm, welches sich zur Zeit t in einem bestimmten Raumpunkt $\boldsymbol{r}$ befindet und der angreifenden Schleppkraft $\Delta \boldsymbol{F}$ gilt der Zusammenhang $d(\Delta \boldsymbol{I})/dt = \Delta \boldsymbol{F}$ mit $\Delta \boldsymbol{I} = \Delta m \boldsymbol{v}$ als Impuls des Massenelements. Wegen der Kontinuitätsbedingung mit $d(\Delta m)/dt = 0$, d. h. $\Delta m = \text{const}$, gilt somit auch $\Delta m(d\boldsymbol{v}/dt) = \Delta \boldsymbol{F}$, was mit $\boldsymbol{a} = d\boldsymbol{v}/dt$ als substantieller Beschleunigung nach (2.16) der häufig gebrauchten Formulierung der Newtonschen Impuls- (Kraft-) gleichung entspricht (Kraft = Masse × Beschleunigung)

$$\Delta m \boldsymbol{a} = \Delta m \frac{d\boldsymbol{v}}{dt} = \Delta \boldsymbol{F} = \Delta \boldsymbol{F}_B + \Delta \boldsymbol{F}_P + \Delta \boldsymbol{F}_Z + \Delta \boldsymbol{F}_T. \tag{2.50}$$

Gemäß ihrer physikalischen Bedeutung stellen $\Delta \boldsymbol{F}_B$ die Massenkraft, die meistens gleich der Schwerkraft ist, und $\Delta \boldsymbol{F}_P$ die Druckkraft dar. Der Einfluß der Reibung soll durch die Reibungskraft $\Delta \boldsymbol{F}_R = \Delta \boldsymbol{F}_Z + \Delta \boldsymbol{F}_T$ erfaßt werden, wobei die Zähigkeitskraft $\Delta \boldsymbol{F}_Z$ von der Viskosität des Fluids herrührt. Sie ist bei normalviskosen Fluiden dieser proportional, vgl. Kap. 1.2.3.2. Unter der Turbulenzkraft $\Delta \boldsymbol{F}_T$ soll diejenige Kraft verstanden werden, welche durch die der Turbulenz eigenen zusätzlichen Schwankungsbewegungen hervorgerufen wird, vgl. Kap. 1.2.3.4. Dem Wesen nach ist die Turbulenzkraft die (zeitlich) gemittelte Trägheitskraft der turbulenten Schwankungsbewegung. Führt man die Turbulenzkraft in der beschriebenen Weise in die Impulsgleichung ein, dann sind die Geschwindigkeit, die Beschleunigung, der Druck und gegebenenfalls auch die Stoffgrößen als (zeitlich) gemittelte Werte anzusehen. Für die weitere Behandlung sollen alle Kräfte $\Delta \boldsymbol{F}$ als bezogene Kräfte $\boldsymbol{f} = \Delta \boldsymbol{F}/\Delta m$ eingeführt werden, was zu der differentiellen Form der Impulsgleichung für das Fluidelement

$$\boldsymbol{a} = \frac{d\boldsymbol{v}}{dt} = \boldsymbol{f} = \boldsymbol{f}_B + \boldsymbol{f}_P + \boldsymbol{f}_R = \boldsymbol{f}_B + \boldsymbol{f}_P + \boldsymbol{f}_Z + \boldsymbol{f}_T \tag{2.51a, b}$$

führt. Sie hat wie jede Kraftgleichung vektoriellen Charakter. Bei reibungsloser Strömung tritt die Reibungskraft nicht auf, $\boldsymbol{f}_R = \boldsymbol{f}_Z + \boldsymbol{f}_T = 0$, was in Verbindung mit der Kontinuitätsgleichung zur Eulerschen Bewegungsgleichung in Kap. 2.5.3.2 führt. Bei der zähigkeitsbehafteten laminaren Strömung ist $\boldsymbol{f}_Z \neq 0$ und $\boldsymbol{f}_T = 0$, was die Navier-Stokessche Bewegungsgleichung in Kap. 2.5.3.3 liefert. Soll bei reibungsbehafteter Strömung auch die Turbulenz mit berücksichtigt werden, dann ist $\boldsymbol{f}_Z \neq 0$ und $\boldsymbol{f}_T \neq 0$, was durch die Reynoldssche Bewegungsgleichung erfaßt wird. Ist das Fluid im ganzen Strömungsfeld in gleichförmiger Bewegung ($\boldsymbol{v}$ = const) oder in Ruhe ($\boldsymbol{v} = 0$), so sind $\boldsymbol{a} = 0$ sowie $\boldsymbol{f}_Z + \boldsymbol{f}_T = 0$, und man erhält die statische Grundgleichung (2.5). In Tab. 2.2 sind für die verschiedenen Fälle die Impulsgleichungen zusammengestellt. Um die Bewegungsgleichungen angeben zu können, ist jeweils die Kontinuitätsgleichung nach Kap. 2.4.2.3 mit heranzuziehen.

Tabelle 2.2 Übersicht über die Impulsgleichungen der Fluidmechanik für das Fluidelement nach (2.51)

Strömungszustand	$\boldsymbol{a} = \boldsymbol{f}$	Newton
ruhend	$0 = \boldsymbol{f}_B + \boldsymbol{f}_P$	Euler
reibungslos, drehungsfrei	$\boldsymbol{a} = \boldsymbol{f}_B + \boldsymbol{f}_P$	Euler, Bernoulli
zähigkeitsbehaftet laminar	$\boldsymbol{a} = \boldsymbol{f}_B + \boldsymbol{f}_P + \boldsymbol{f}_Z$	Navier, Stokes
zähigkeitsbehaftet turbulent	$\boldsymbol{a} = \boldsymbol{f}_B + \boldsymbol{f}_P + \boldsymbol{f}_Z + \boldsymbol{f}_T$	Reynolds

2.5.3.2 Bewegungsgleichung der reibungslosen Strömung (Euler, Bernoulli)

Allgemeines. Im folgenden soll die Strömung ohne Einfluß von Reibungskräften untersucht werden. Diese Aufgabe wurde erstmalig und grundlegend von Euler gelöst. Es lautet die Impulsgleichung (2.51 a) mit $\boldsymbol{f}_R = 0$ entsprechend Tab. 2.2

$$\boldsymbol{a} = \frac{d\boldsymbol{v}}{dt} = \boldsymbol{f}_B + \boldsymbol{f}_P \qquad \text{(reibungslos)}. \tag{2.52}$$

Während über die Beschleunigung in Kap. 2.3.2.3 berichtet wird, gelten für die Massen- und Druckkraft die Ausführungen von Kap. 2.2.2.2 bzw. 2.2.2.1.

Bewegung in der Schmiegebene. Für viele technische Aufgabenstellungen spielt die Verfolgung von Strömungsvorgängen in natürlichen Koordinaten (Bahnlinienkoordinaten) eine besondere Rolle. Die Bewegung eines Fluidelements wird also nach Abb. 2.10 längs gekrümmter Bahnlinien in der Schmiegebene betrachtet. Zu einem bestimmten Zeitpunkt wird ein Element der Schmiegebene aus derjenigen Ebene gebildet, die vom Bahnkrümmungsmittelpunkt *0* und dem Bahnlinienelement (Stromlinienelement) ds aufgespannt wird. Die Koordinate in Strömungsrichtung (tangential) wird nach Abb. 2.20a mit s und die Koordinate normal zur Strömungsrichtung (positiv zum Krümmungsmittelpunkt hin) mit n angenommen. Im allgemeinen Fall fällt die Schmiegebene nach Abb. 2.20b weder mit der Horizontal- noch mit der Vertikalebene zusammen. Die Neigung der Schmiegebene gegenüber der Horizontalebene wird nach Abb. 2.20b durch den Winkel β angegeben. Für $\beta = \pi/2$ fallen Schmieg- und Vertikalebene zusammen. Aus Abb. 2.20a, b lassen sich die geometrischen Beziehungen $\partial z/\partial s = \sin\beta\cos\alpha$ und $\partial z/\partial n = \sin\beta\sin\alpha$ ablesen, wobei α der Winkel der Bahnlinie mit der z'-Achse ist.

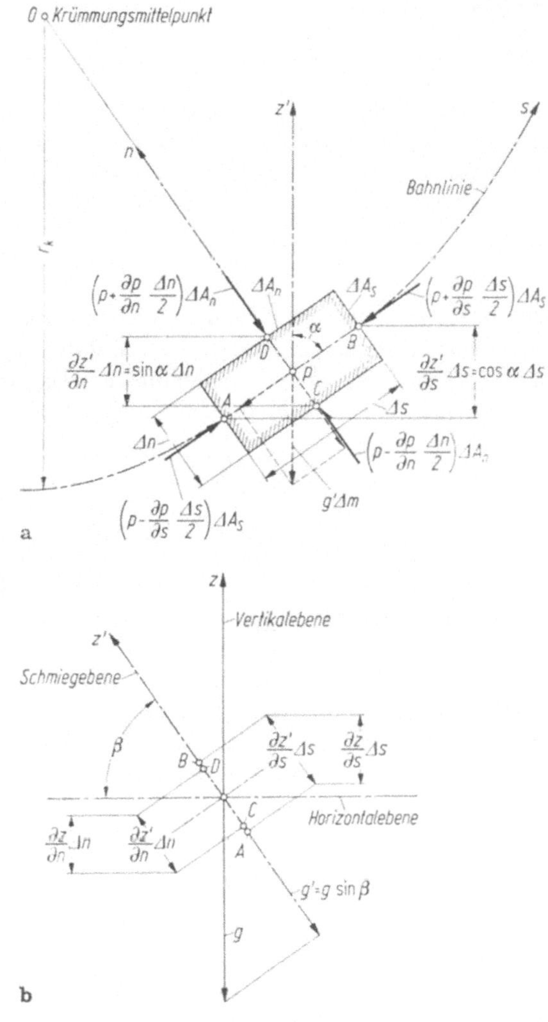

Abb. 2.20. Zur Ableitung der eindimensionalen Eulerschen Impulsgleichung
a Fluidelement in der Schmiegebene.
b Lage der Schmiegebene

Das dargestellte Fluidelement besitze die Masse $\Delta m = \varrho\Delta V$ mit ϱ als Dichte und $\Delta V = \Delta A_s \Delta s = \Delta A_n \Delta n$ als Volumen und bewege sich mit der zeitlich veränderlichen Geschwindigkeit $v(t, s)$ in Bahnrichtung. Die Komponenten der Beschleunigung tangential und normal zur Bahnrichtung beschreibt (2.17b, c).

Bei der Betrachtung der am Fluidelement in der Schmiegebene angreifenden Kräfte wirkt von der Fallbeschleunigung g nach Abb. 2.20b nur die Komponente $g' = g \sin \beta$. Die Komponenten der Massenkraft (Schwerkraft) sind

$$\Delta F_{Bt} = -\varrho g' \cos \alpha \Delta V, \qquad \Delta F_{Bn} = -\varrho g' \sin \alpha \Delta V.$$

Die Komponenten der Druckkraft in Bahnrichtung und quer dazu ergeben sich aus den Drücken an den Begrenzungsflächen normal zur s-Richtung ΔA_s und normal zur n-Richtung ΔA_n. Die resultierende Druckkraft z. B. in s-Richtung beträgt

$$\Delta F_{Pt} = [p - (\partial p/\partial s)(\Delta s/2)]\,\Delta A_s - [p + (\partial p/\partial s)(\Delta s/2)]\,\Delta A_s = -(\partial p/\partial s)\,\Delta V.$$

Unter Beachtung der bereits angegebenen geometrischen Beziehungen findet man für die auf die Masse $\Delta m = \varrho \Delta V$ bezogenen Komponenten der Schwer- und Druckkraft

$$f_{Bt} = -g\frac{\partial z}{\partial s}, \quad f_{Bn} = -g\frac{\partial z}{\partial n}; \quad f_{Pt} = -\frac{1}{\varrho}\frac{\partial p}{\partial s}, \quad f_{Pn} = -\frac{1}{\varrho}\frac{\partial p}{\partial n}. \qquad (2.53\text{a; b})$$

Durch Einsetzen von (2.17b, c) und (2.53a; b) in (2.52) folgt die Eulersche Impulsgleichung längs und quer zur Bahnrichtung für ein Fluidelement in einer reibungslosen nur dem Schwereinfluß unterworfenen instationären Strömung zu

$$\frac{\partial v}{\partial t} + v\frac{\partial v}{\partial s} + g\frac{\partial z}{\partial s} + \frac{1}{\varrho}\frac{\partial p}{\partial s} = 0, \qquad \frac{v^2}{r_k} + g\frac{\partial z}{\partial n} + \frac{1}{\varrho}\frac{\partial p}{\partial n} = 0. \qquad (2.54\text{a, b})$$

Man erkennt, daß weder die Neigung der Schmiegebene noch die Form des Fluidelements eine Rolle spielen. Gl. (2.54) hat die Dimension einer massebezogenen Kraft mit der Einheit N/kg = m/s². Es sei angemerkt, daß (2.54a) sowohl für die Bahn- als auch für die Stromlinien gilt.

Zur Beschreibung des Strömungsablaufs braucht im vorliegenden Fall die Kontinuitätsgleichung nicht besonders herangezogen zu werden.

Für die Impulsgleichung quer zur Bahnrichtung (2.54b) lassen sich bei der Strömung eines dichtebeständigen Fluids ($\varrho = \text{const}$) zwei aufschlußreiche Sonderfälle ableiten, nämlich

$$\frac{\partial p}{\partial n} = -\varrho\frac{v^2}{r_k} \quad (z = \text{const}), \qquad p + \varrho g z = C \quad (r_k \to \infty). \qquad (2.55\text{a, b})$$

Häufig ist bei Strömungsvorgängen der Einfluß der Schwere ohne praktische Bedeutung, $g \to 0$. Er entfällt vollkommen, wenn es sich um Strömungen in horizontalen Ebenen $z = \text{const}$ handelt. Gl. (2.55a) wird Querdruckgleichung genannt. Aus ihr erkennt man, daß bei einer Bahnlinienkrümmung ($r_k \neq \infty$) ein Druckabfall quer zur Bahnrichtung (negativer Druckgradient) nach dem Bahnkrümmungsmittelpunkt hin stattfindet. Bei geraden Bahnlinien ist dieser wegen $r_k \to \infty$ gleich null. Bei einem Strahl, der geradlinig aus einer Öffnung austritt, ist daher der Druck quer zum Strahl konstant, d. h. er ist gleich demjenigen des umgebenden Fluids, $p = \text{const}$. Man sagt, der Druck wird dem Strahl von außen aufgeprägt. Vernachlässigt man den Schwereeinfluß nicht, so folgt für die Strömung eines dichtebeständigen Fluids ($\varrho = \text{const}$) bei ungekrümmten Bahnlinien ($r_k \to \infty$) aus (2.54b) die Beziehung (2.55b). Diese besagt, daß sich der Druck p mit der Höhe z entsprechend der hydrostatischen Grundgleichung (2.10a) ändert.

Bernoullische Druckgleichung. Die Impulsgleichung in Stromlinienrichtung (2.54a) sei zunächst für den Fall stationärer Strömung weiter untersucht. Wegen $\partial v/\partial t = 0$ sind die übriggebliebenen Glieder nur noch Funktionen des Orts s. Man kann also $\partial/\partial s = d/ds$ schreiben. Durch Multiplikation mit dem Wegelement ds erhält man dann in Übereinstimmung mit (2.37) und (2.38) die differentielle bzw. integrale Form der Bernoullischen Druckgleichung (Energiegleichung der Fluidmechanik), letztere für ein dichtebeständiges Fluid mit $\varrho = \text{const}$,

$$v\,dv + g\,dz + \frac{dp}{\varrho} = 0, \qquad p + \varrho g z + \frac{\varrho}{2} v^2 = C \qquad \text{(Stromlinie)}. \qquad (2.56\text{a, b})$$

Den Fall instationärer Strömung findet man aus (2.54a), wenn man wieder mit ds multipliziert und das Ergebnis anschließend integriert. Die Integration erfolgt bei festgehaltener Zeit t, d. h. längs einer Stromlinie, da diese — und nicht die Bahnlinie — jeweils bei $t = \text{const}$ die Wegelemente ds miteinander verbindet. Es sei ein dichtebeständiges Fluid mit $\varrho = \text{const}$ angenommen. Mithin gilt jetzt für die Bernoullische Druckgleichung

$$p + \varrho g z + \frac{\varrho}{2} v^2 + \varrho \int \frac{\partial v}{\partial t}\,ds = C(t) \qquad (t = \text{const}). \qquad (2.57)$$

Die Integrationskonstante C bzw. $C(t)$ wird häufig als Bernoullische Konstante bezeichnet. Sie ist im allgemeinen von Stromlinie zu Stromlinie verschieden. Herrscht jedoch in einem Kessel oder bei der Anströmung eines Körpers im Unendlichen eine ungestörte stationäre Strömung (stationäre Randbedingung), so ist C bzw. $C(t)$ für alle von dieser Voraussetzung betroffenen Stromlinien konstant.

In (2.56a) stellen die einzelnen Glieder auf die Masse bezogene Größen für die Geschwindigkeitsenergie, die potentielle Lagenenergie und die potentielle Druckenergie in $\text{Nm/kg} = \text{J/kg} = (\text{m/s})^2$ dar, während in (2.56b) und (2.57) die einzelnen Glieder die Dimension des Drucks mit der Einheit N/m^2 bzw. die Dimension der auf das Volumen bezogenen Energie (Energiedichte) mit der Einheit $\text{Nm/m}^3 = \text{J/m}^3$ besitzen.

Bewegung im dreidimensionalen Raum. Durch Einsetzen der Beziehungen für die aus einem äußeren Kraftpotential u_B ableitbare bezogene Massenkraft $\boldsymbol{f}_B$ nach (2.6) und für die bezogene Druckkraft $\boldsymbol{f}_P$ nach (2.3) in (2.52) gelangt man zur Eulerschen Impulsgleichung. Bei dreidimensionaler reibungsloser Strömung gilt in Vektor- und Zeigerschreibweise für ein stetiges Strömungsfeld

$$\frac{d\boldsymbol{v}}{dt} = -\operatorname{grad} u_B - \frac{1}{\varrho} \operatorname{grad} p, \quad \frac{dv_i}{dt} = -\frac{\partial u_B}{\partial x_i} - \frac{1}{\varrho} \frac{\partial p}{\partial x_i} \quad (i = 1, 2, 3). \tag{2.58a, b}$$

Hierin ist die substantielle Beschleunigung (jeweils die linke Seite) durch (2.18) gegeben.

Für ein barotropes Fluid mit $\varrho = \varrho(p)$ kann man wegen (2.4a) mit $i = i(p)$ als spezifischem Druckkraftpotential nach (2.4b) und mit (2.18c) bei stationärer Strömung

$$\operatorname{grad}\left(\frac{\boldsymbol{v}^2}{2} + u_B + i\right) - (\boldsymbol{v} \times \operatorname{rot} \boldsymbol{v}) = 0 \quad \text{(barotrop)} \tag{2.59}$$

schreiben.

Für die vollständige Beschreibung des Strömungsvorgangs muß neben der Impulsgleichung stets die Kontinuitätsgleichung beachtet werden. Sie lautet bei stationärer Strömung nach (2.26a) und (2.25b)

$$\operatorname{div}(\varrho \boldsymbol{v}) = 0, \quad \frac{\partial(\varrho v_j)}{\partial x_j} = 0 \quad \text{(stationär)}. \tag{2.60a, b}$$

Weiterhin ist bei der Strömung eines dichteveränderlichen Fluids ($\varrho \neq \text{const}$) auch eine Angabe über die Druckabhängigkeit der Dichte erforderlich, z. B. bei polytroper Zustandsänderung nach (1.2). Bei gegebenem Kraftfeld u_B und bekannter Dichte $\varrho(p)$ oder bekanntem Potential $i(p)$ steht bei stationärer Strömung mit (2.59) und (2.60) ein Gleichungssystem mit vier Gleichungen für die drei Komponenten der Geschwindigkeit $\boldsymbol{v}(\boldsymbol{r})$ und für den Druck $p(\boldsymbol{r})$ zur Verfügung.

Die Randbedingungen sind der Aufgabenstellung anzupassen. Bei den technisch wichtigen Strömungen liegen die Verhältnisse im allgemeinen so, daß gewisse feste oder bewegte Wände gegeben sind, längs derer die Strömung vor sich gehen soll. Da das strömende Fluid nicht in die Wand eindringen soll (poröse Wände sollen hier ausgeschlossen sein), muß gemäß der kinematischen Randbedingung nach (2.15a) die zur Wandrichtung normale Geschwindigkeitskomponente verschwinden, $v_n = 0$. Bei der hier behandelten reibungslosen Strömung ist im allgemeinen die Geschwindigkeitskomponente parallel zur Wand entsprechend (2.15a) von null verschieden, $v_t \neq 0$. An einer freien Oberfläche, worunter im allgemeinen eine an die Luft grenzende Flüssigkeitsoberfläche verstanden wird, muß aus Stetigkeitsgründen der Flüssigkeitsdruck gemäß der dynamischen Randbedingung gleich dem auf die Fläche wirkenden äußeren Druck, im allgemeinen also gleich dem Atmosphärendruck sein, $p = p_0$. Die Randbedingungen lauten folglich, vgl. Abb. 2.9:

$$v_n = 0 \quad \text{(nichtporöse Wand)}, \quad p = p_0 \quad \text{(freier Flüssigkeitsspiegel)}. \tag{2.61a, b}$$

Bei instationären Strömungsvorgängen sind weiterhin die Anfangsbedingungen zu beachten.

Für den Fall stationärer ebener Strömung eines dichtebeständigen Fluids ergibt sich bei gegebenem Kraftfeld u_B das Gleichungssystem zur Berechnung der drei Unbekannten $v_x = u(x, y)$, $v_y = v(x, y)$ und $p(x, y)$ zu

$$\frac{\partial u}{\partial x} + \frac{\partial v}{\partial y} = 0 \qquad (\varrho = \text{const}), \tag{2.62a}$$

$$u \frac{\partial u}{\partial x} + v \frac{\partial u}{\partial y} = -\frac{\partial u_B}{\partial x} - \frac{1}{\varrho} \frac{\partial p}{\partial x}, \tag{2.62b}$$

$$u \frac{\partial v}{\partial x} + v \frac{\partial v}{\partial y} = -\frac{\partial u_B}{\partial y} - \frac{1}{\varrho} \frac{\partial p}{\partial y}. \tag{2.62c}$$

Beschreibt bei einer festen Berandung $y_w(x)$ die Wandstromlinie, dann lautet nach (2.14a) die Randbedingung $(dy/dx)_w = v_w/u_w$.

Besteht die Massenkraft nur aus der Schwerkraft, so lautet nach (2.8) das spezifische Massenkraftpotential $u_B = gy$, wenn y die vertikal nach oben zeigende Achse ist. In (2.62b, c) wird dann $\partial u_B/\partial x = 0$ und $\partial u_B/\partial y = g$.

Lösungsmöglichkeit der Eulerschen Bewegungsgleichung. Es sei jetzt noch eine Aussage über die grundsätzliche Lösungsmöglichkeit der Eulerschen Impulsgleichung für die stationäre Strömung eines barotropen Fluids gemacht. Gl. (2.59) vereinfacht sich außerordentlich, wenn man von ihr die Rotation bildet[7]

$$\text{rot}\,(\boldsymbol{v} \times \text{rot}\,\boldsymbol{v}) = 0 \qquad (\text{stationär}). \tag{2.63}$$

Diese Gleichung besagt nun, daß jede drehungsfreie Strömung (rot $\boldsymbol{v} = 0$) Lösung der Eulerschen Impulsgleichung ist. Drehungsfreie, reibungslose Strömungen nennt man Potentialströmungen, weil man bei diesen das Geschwindigkeitsfeld stets durch den Ausdruck $\boldsymbol{v} = \text{grad}\,\Phi$ mit Φ als skalarem Geschwindigkeitspotential darstellen kann. Wegen rot $\boldsymbol{v} = \text{rot}\,(\text{grad}\,\Phi) \equiv 0$ wird die Bedingung der Drehungsfreiheit von selbst erfüllt. Zur Lösung braucht also nur noch die Kontinuitätsgleichung herangezogen zu werden, siehe hierfür Kap. 5.2.2.

Bemerkungen zur Bernoullischen Druckgleichung. Für eine stationäre, drehungsfreie Strömung eines barotropen Fluids geht (2.59) mit rot $\boldsymbol{v} = 0$ über in grad $(\boldsymbol{v}^2/2 + u_B + i) = 0$. Dies bedeutet, daß der Klammerausdruck mit $u_B = gz$ (nur Schwere) sowie $i = p/\varrho$ bei dichtebeständigem Fluid ($\varrho = \text{const}$) im Gegensatz zu dem Ausdruck von (2.56b) im ganzen Strömungsfeld unveränderlich ist. Mithin lautet jetzt die Bernoullische Druckgleichung (Energiegleichung)

$$p + \varrho g z + \frac{\varrho}{2} v^2 = \text{const} \qquad (\text{Strömungsfeld}). \tag{2.64}$$

Es ist $\boldsymbol{v}^2 = v^2$ mit $v = |\boldsymbol{v}|$ als resultierender Geschwindigkeit.

2.5.3.3 Bewegungsgleichung der laminaren Strömung normalviskoser Fluide (Navier, Stokes)

Allgemeines. Bisher wurde die reibungslose Strömung untersucht, die sich einstellen würde, wenn in ihr keine durch die Viskosität bedingten Kräfte an den einzelnen Fluidelementen wirksam wären. Die Erfahrung hat gelehrt, daß durch diese Hypothese gewisse Strömungsvorgänge in guter Übereinstimmung mit der

7 Man beachte, daß rot (grad ...) $\equiv 0$ ist.

Wirklichkeit erklärt werden können, andere dagegen nicht. Das letztere gilt besonders dann, wenn es sich um Strömungen in der Nähe fester Wände oder an freien Strahlgrenzen handelt. In diesen Fällen spielt die Viskosität des Fluids eine wichtige Rolle. Die Strömung eines viskosen Fluids, bei dessen Bewegung keinerlei turbulente Erscheinungen auftreten, verläuft laminar und soll als laminare Strömung viskoser Fluide bezeichnet werden. Wegen des Fehlens der Turbulenzkraft $\boldsymbol{f}_T = 0$ erhält man die Impulsgleichung aus (2.51) entsprechend Tab. 2.2

$$\boldsymbol{a} = \frac{d\boldsymbol{v}}{dt} = \boldsymbol{f}_B + \boldsymbol{f}_P + \boldsymbol{f}_Z \qquad \text{(laminar)}. \tag{2.65}$$

Bei der Herleitung der Impulsgleichung für die zähigkeitsbehaftete laminare Strömung geht man zunächst in ähnlicher Weise wie in Kap. 2.5.3.2 bei der Impulsgleichung für die reibungslose Strömung vor. Nur hat man jetzt neben den am Element wirkenden Massen- und Druckkräften $\boldsymbol{f}_B + \boldsymbol{f}_P$ auch die Kraft aus der Zähigkeitswirkung $\boldsymbol{f}_Z$ zu berücksichtigen. Als Elementaransatz für die Reibung bei zähigkeitsbehafteten laminaren Strömungsvorgängen wurde mit (1.9) das Newtonsche Schubspannungsgesetz eingeführt.

Spannungen am Fluidelement. Die dem Newtonschen Reibungsansatz bei einfacher Scherströmung zugrunde liegende Vorstellung soll für die dreidimensionale Bewegung einer zähigkeitsbehafteten laminaren Strömung übernommen und erweitert werden. Bezeichnet ΔA_x das Flächenelement einer normal zur x-Achse liegenden Schnittfläche und $\Delta F_{\sigma y}$ die an der Fläche ΔA_x in Richtung der y-Achse wirkende tangentiale Komponente der Spannungskraft, so lautet analog der Definition für die Druckspannung in (2.1) die zugehörige Komponente der Tangentialspannung

$$\sigma_{xy} = \frac{\text{Spannungskraft}}{\text{Schnittfläche}} = \lim_{\Delta A_x \to 0} \frac{\Delta F_{\sigma y}}{\Delta A_x} = \frac{dF_{\sigma y}}{dA_x} \qquad \text{(Definition)}. \tag{2.66}$$

In entsprechender Weise läßt sich am Flächenelement ΔA_x die Normalspannung in x-Richtung σ_{xx} definieren.

Für den Fall ebener Strömung eines dichtebeständigen Fluids ($\varrho = \text{const}$) in der x,y-Ebene mit den Geschwindigkeitskomponenten u bzw. v ist bei laminarer Strömung nach Stokes mit η als dynamischer Viskosität

$$\sigma_{xx} = -p + 2\eta \frac{\partial u}{\partial x}, \qquad \sigma_{yy} = -p + 2\eta \frac{\partial v}{\partial y}, \qquad \tau = \eta \left(\frac{\partial u}{\partial y} + \frac{\partial v}{\partial x} \right) \qquad \text{(eben)}, \tag{2.67a, b, c}$$

wobei $\tau = \sigma_{xy} = \sigma_{yx}$ die Schubspannung bezeichnet. Dies Ergebnis ist in der Mechanik als Satz von der Gleichheit einander zugeordneter Tangentialspannungen bekannt. Bei der einfachen Scherströmung $u(y)$, $v = 0$ ergibt sich $\sigma_{xx} = \sigma_{yy} = -p$ und $\tau = \eta(\partial u/\partial y)$, wobei die letzte Beziehung den Newtonschen Schubspannungsansatz entsprechend (1.9) bestätigt.

Zähigkeitskraft am Fluidelement. Die auf die Masse $\Delta m = \varrho \Delta V$ bezogenen Komponenten der Spannungskraft am Fluidelement erhält man zu

$$f_{\sigma x} = \frac{1}{\varrho}\left(\frac{\partial \sigma_{xx}}{\partial x} + \frac{\partial \sigma_{yx}}{\partial y}\right), \qquad f_{\sigma y} = \frac{1}{\varrho}\left(\frac{\partial \sigma_{xy}}{\partial x} + \frac{\partial \sigma_{yy}}{\partial y}\right). \tag{2.68a, b}$$

Führt man die zähigkeitsbedingten Spannungen nach (2.67) ein, indem dort $p = 0$ zu setzen ist, so erhält man für die bezogene Zähigkeitskraft in der Strömung eines homogenen Fluids (ϱ = const, η = const) unter Beachtung der Kontinuitätsgleichung (2.27)

$$f_{Zx} = \nu\left(\frac{\partial^2 u}{\partial x^2} + \frac{\partial^2 u}{\partial y^2}\right), \qquad f_{Zy} = \nu\left(\frac{\partial^2 v}{\partial x^2} + \frac{\partial^2 v}{\partial y^2}\right) \quad \text{(homogen)}. \tag{2.69a, b}$$

Hierin ist $\nu = \eta/\varrho$ = const die kinematische Viskosität nach (1.10).

Navier-Stokessche Bewegungsgleichung. Die Impulsgleichung (Kraftgleichung) der zähigkeitsbehafteten laminaren Strömung erhält man aus (2.62b, c) durch Hinzufügen der Komponenten der Zähigkeitskraft nach (2.69a, b). Bei stationärer ebener Strömung folgt hieraus das Gleichungssystem zur Berechnung von $u(x, y)$, $v(x, y)$ und $p(x, y)$, vgl. (2.62) für die reibungslose Strömung.

$$\frac{\partial u}{\partial x} + \frac{\partial v}{\partial y} = 0 \qquad (\varrho = \text{const}), \tag{2.70a}$$

$$u\,\frac{\partial u}{\partial x} + v\,\frac{\partial u}{\partial y} = -\frac{\partial u_B}{\partial x} - \frac{1}{\varrho}\,\frac{\partial p}{\partial x} + \nu\left(\frac{\partial^2 u}{\partial x^2} + \frac{\partial^2 u}{\partial y^2}\right) \quad (\eta = \text{const}), \tag{2.70b}$$

$$u\,\frac{\partial v}{\partial x} + v\,\frac{\partial v}{\partial y} = -\frac{\partial u_B}{\partial y} - \frac{1}{\varrho}\,\frac{\partial p}{\partial y} + \nu\left(\frac{\partial^2 v}{\partial x^2} + \frac{\partial^2 v}{\partial y^2}\right) \quad (\eta = \text{const}). \tag{2.70c}$$

Besteht die Massenkraft nur aus der Schwerkraft, so gilt der Hinweis im Anschluß von (2.62).

Bei der Umströmung einer festen nichtporösen Wand sind die kinematischen Randbedingungen nach (2.15b) zu erfüllen, und zwar muß

$$v_n = 0 = v_t \qquad \text{(feste nichtporöse Wand)} \tag{2.71}$$

sein, wobei n den Index der Normal- und t denjenigen der Tangentialrichtung bezeichnen.

Auf die Ähnlichkeitsbetrachtung anhand der Navier-Stokesschen Impulsgleichung in Kap. 1.3.2.2 sei hingewiesen.

Lösungsmöglichkeiten der Navier-Stokesschen Bewegungsgleichung. Von der Eulerschen Impulsgleichung der reibungslosen Strömung nach (2.52) unterscheidet sich die Navier-Stokessche Impulsgleichung der zähigkeitsbehafteten laminaren Strömung nach (2.65) durch die zusätzlich auftretende Zähigkeitskraft f_Z. Vom mathematischen Standpunkt aus ist dieser Unterschied insofern wesentlich, als die Eulersche Gleichung nur erste Ableitungen und die Navier-Stokessche Gleichung dagegen in den zähigkeitsbehafteten Gliedern auch die zweiten Ableitungen der Geschwindigkeiten enthalten. Letztere Gleichung ist also von höherer Ordnung als erstere. Dieser Unterschied wird auch vom physikalischen Standpunkt aus verständlich, wenn man die bereits angegebenen

Randbedingungen betrachtet, die in den Flächen erfüllt sein müssen, in denen die Strömung an feste Wände grenzt. Bei der reibungsbehafteten Strömung müssen sowohl die normale als auch die tangentiale Geschwindigkeitskomponente nach (2.71) verschwinden, während dies bei der reibungslosen Strömung nach (2.61a) nur für die Normalkomponente der Fall ist.

Einfache Lösungen der Navier-Stokesschen Bewegungsgleichung. Bei Strömungen eines homogenen Fluids ($\varrho = \text{const}$, $\eta = \text{const}$), die auf geradlinigen oder kreisförmigen Stromlinien verlaufen, nehmen die Navier-Stokesschen Gleichungen linearen Charakter an.

a) Stationäre Spaltströmung (Poiseuille). In einem ebenen Spalt der Höhe $h = 2a$ nach Abb. 2.21a herrsche bei mittlerer Reynolds-Zahl eine stationäre Schichtenströmung. In diesem Fall ist $u = u(x, y)$, $v = 0$, $p = p(x, y)$ mit der Randbedingung (Haftbedingung) $u = 0$ für $y = \pm a$. Aus (2.70a, b, c) wird bei Vernachlässigung der Massenkraft ($u_B = 0$)

$$\frac{\partial u}{\partial x} = 0, \qquad \varrho u \frac{\partial u}{\partial x} = -\frac{\partial p}{\partial x} + \eta\left(\frac{\partial^2 u}{\partial x^2} + \frac{\partial^2 u}{\partial y^2}\right), \qquad 0 = -\frac{\partial p}{\partial y}. \tag{2.72a, b, c}$$

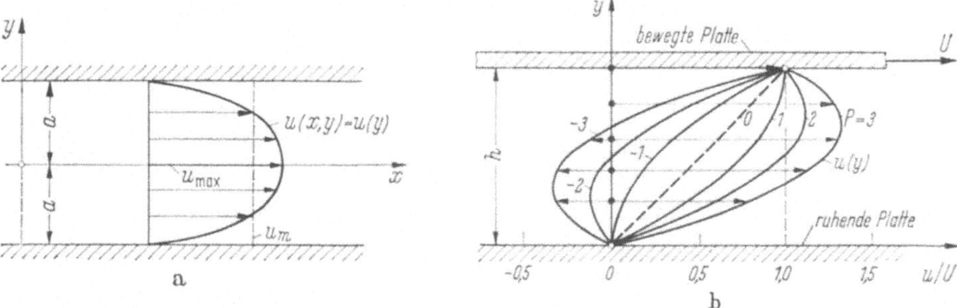

Abb. 2.21. Einfache Lösungen der Navier-Stokesschen Bewegungsgleichung. **a** Laminare Spaltströmung (Poiseuille). **b** Laminare Scherströmung (Couette), $P = -(h^2/2\eta U)\,(dp/dx)$, $P = 0$: einfache Scherströmung; $u/U < 0$: Rückströmung

Aus (2.72a) folgt, daß die Geschwindigkeit von x unabhängig, d. h. $u = u(y)$ ist. Im Gegensatz dazu hängt nach (2.72c) der Druck nur von der Lauflänge x ab, d. h. $p = p(x)$. Damit nimmt (2.72b) die Form $\eta(d^2u/dy^2) = dp/dx = \text{const}$ an und besitzt die Lösung

$$u(y) = -\frac{1}{2\eta}(a^2 - y^2)\frac{dp}{dx}, \qquad u_{\max} = -\frac{a^2}{2\eta}\frac{dp}{dx} \quad (dp/dx = \text{const}). \tag{2.73a, b}$$

Man spricht von einer Druckströmung in einem Spalt mit parabolischer Geschwindigkeitsverteilung über die Spalthöhe $-a \leqq y \leqq a$.

b) Stationäre Scherströmung (Couette). Von zwei parallelen ebenen Platten, die sich im Abstand h voneinander befinden, möge sich nach Abb. 2.21b eine in Ruhe befinden, während sich die andere mit der konstanten Geschwindigkeit U in ihrer eigenen Ebene bewege. Die Randbedingungen für die Geschwindigkeitsverteilung $u = u(x, y)$ und $v = 0$ lauten $u = 0$ für $y = 0$ und $u = U$ für $y = h$. Die Ausgangsgleichungen stimmen mit (2.72) überein, so daß auch im vorliegenden Fall die Bestimmungsgleichung $\eta(d^2u/dy^2) = dp/dx = \text{const}$ zu lösen ist. Es folgt mit den angegebenen Randbedingungen

$$u(y) = \frac{y}{h}\left[U - \left(1 - \frac{y}{h}\right)\frac{h^2}{2\eta}\frac{dp}{dx}\right] \quad u(y) = \frac{y}{h}\,U \quad (dp/dx = 0), \tag{2.74a, b}$$

wobei man von einer Schleppströmung infolge Plattenbewegung spricht. Gl. (2.74b) gilt für verschwindende Druckgradienten ($dp/dx = 0$) und beschreibt die einfache Scherströmung gemäß Abb. 1.1a. Die Form der Geschwindigkeitsverteilung wird durch den dimensionslosen Druckgradienten $P = -(h^2/2\eta U)\,(dp/dx)$ bestimmt. In Abb. 2.21b sind einige Geschwindigkeitsverteilungen für verschiedene Werte von P dargestellt.

c) Schmiermittelströmung. Die vorstehend dargestellte Scherströmung läßt sich zur Beschreibung der Schmiermittelströmung, d. h. der Strömung in geschmierten Lagern, wie z. B. beim Radiallager (Zapfen/Lagerschale) oder beim Keillager (Gleitschuh/Führungsebene) heranziehen. In dem engen Spalt zwischen den beiden bewegten Maschinenteilen bildet sich eine Ölströmung aus, welche außerordentlich hohe Druckunterschiede zu erzeugen vermag.

Keillager. Das Wesentliche des Strömungsvorgangs kann man am Beispiel eines Gleitschuhs auf ebener Führung nach Abb. 2.22 erkennen, wobei es wichtig ist, daß der Gleitschuh gegen die Führung geneigt ist. Damit die Strömung stationär ist, sei der Gleitschuh ruhend angenommen und die Führung mit der Geschwindigkeit U vorbeigezogen. Für die Spalthöhe $h(x)$ gelte $h/l \ll 1$, wobei l die Gleitschuhlänge ist. Die Randbedingungen für die Geschwindigkeit und den Druck lauten:

$$y = 0:\; u = U, \qquad y = h(x):\; u = 0, \tag{2.75a}$$

$$x = 0:\; p = p_0, \qquad x = l:\; p = p_0. \tag{2.75b}$$

Unter diesen Annahmen kann man mit der Geschwindigkeitsverteilung nach (2.74a) rechnen, wenn man y durch $h(x) - y$ ersetzt. Dabei ist dann der Druckgradient dp/dx mit x veränderlich.

Zwischen dem Druckgradienten und der Spalthöhe besteht ein bestimmter Zusammenhang, den man durch Beachtung der Kontinuitätsbedingung für den Volumenstrom $\dot{V}$ findet. Es gilt

$$\dot{V} = b\int_0^{h(x)} u\,dy = \frac{1}{2}\,bh(x)\,U\left[1 - \frac{h^2(x)}{6\eta U}\,\frac{dp}{dx}\right] = \text{const} \tag{2.76}$$

Löst man nach dem Druckgradienten auf, dann liefert die Integration über x mit den beiden Randbedingungen (2.75b) die Druckverteilung im Spalt. Für eine linear veränderliche Spalthöhe $h(x) = h_1 - [(h_1 - h_2)/l]\,x$ wird

$$p(x) - p_0 = 6\eta U\,\frac{h_1 - h_2}{h_1 + h_2}\,\frac{l(l - x)\,x}{[h_1(l - x) + h_2 x]^2} \geqq 0 \tag{2.77}$$

Diese Druckverteilung ist in Abb. 2.22 schematisch dargestellt. Der maximale Überdruck $p_{\max} - p_0$ tritt bei $x_m/l = h_1/(h_1 + h_2)$ auf und läßt sich nach (2.77) berechnen.

Für ein Lager mit der mittleren Spalthöhe $\bar{h} = (h_1 + h_2)/2 = 0{,}2$ mm $= 2 \cdot 10^{-4}$ m dem Spalthöhenverhältnis $h_2/h_1 = 0{,}5$ und der Spaltlänge $l = 0{,}1$ m ergibt sich bei einer Geschwindigkeit von $U = 10$ m/s mit einer Viskosität des Schmieröls von $\eta = 4 \cdot 10^{-2}$ Ns/m² für den maximalen Überdruck $p_{\max} - p_0 = 5{,}6 \cdot 10^5$ N/m² $= 5{,}6$ bar.

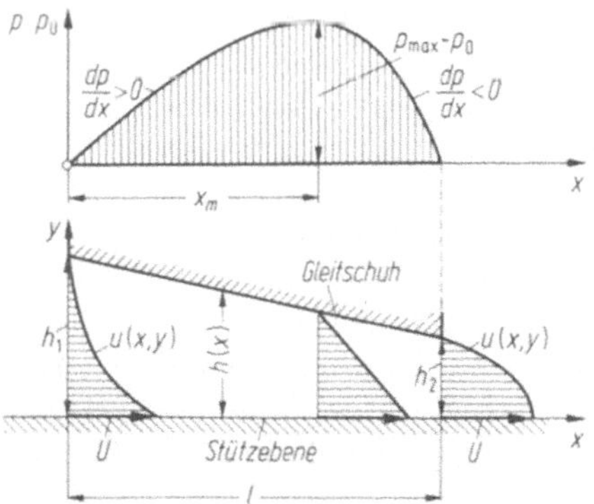

Abb. 2.22. Zur Theorie der Schmiermittelreibung, Gleitlager auf ebener Führung (Gleitschuh der Breite b und der Tiefe l).

3 Elementare Strömungsvorgänge dichtebeständiger Fluide

3.1 Überblick

Nachdem in den Kapiteln 1 und 2 über die Grundlagen und Grundgesetze der Fluidmechanik sowie einige grundlegende Erkenntnisse (Kap. 2.5.2.3) berichtet wurde, mögen jetzt die Anwendungen im Vordergrund stehen. Hierbei sollen einfach zu übersehende elementare Strömungsvorgänge behandelt werden. Die Untersuchungen beschränken sich auf ein dichtebeständiges Fluid. Flüssigkeiten (Wasser) können meistens als dichtebeständige Fluide angesehen werden, während Gase (Luft) im allgemeinen dichteveränderlich sind. Dichteänderungen sind gering, so lange die Strömungsgeschwindigkeit v des betreffenden Gases wesentlich kleiner als seine Schallgeschwindigkeit c ist, $Ma = v/c < 0{,}3$. Trifft dies zu, so kann man angenähert die kleinen Dichteänderungen vernachlässigen und ein Gas genauso behandeln wie eine dichtebeständige Flüssigkeit, d. h. die Dichte $\varrho = \text{const}$ setzen.

Zunächst werden in Kap. 3.2 einfache mehrdimensionale Vorgänge bei reibungsloser Strömung behandelt. Sodann wird in Kap. 3.3 die eindimensionale Strömung eines reibungslosen Fluids, d. h. die Fadentheorie, besprochen. Anschließend befaßt sich Kap. 3.4 mit der quasi-eindimensionalen Strömung eines reibungsbehafteten Fluids, wie sie bei der Rohrströmung auftritt.

3.2 Mehrdimensionale stationäre Strömungsvorgänge dichtebeständiger Fluide

3.2.1 Voraussetzungen und Ausgangsgleichungen

Es sollen mehrdimensionale Strömungsvorgänge besprochen werden, deren Berechnung sich durch besondere Einfachheit auszeichnet. Dies ist im allgemeinen dann der Fall, wenn man die gestellte Aufgabe durch Anwenden des Impulssatzes lösen kann. Die Untersuchungen werden auf stationäre Strömungen beschränkt. Die Dichte des Fluids wird bereichsweise konstant angenommen.

Nach Abb. 2.11 oder 2.13 sei ein bestimmter Kontrollraum (V) durch eine raumfeste Kontrollfläche $(O) = (A) + (S)$ abgegrenzt. Hierbei bedeutet (A) den in der Strömung liegenden freien Teil und (S) den durch einen festen Körper gebundenen Teil der Kontrollfläche. Über die zweckmäßige Wahl des freien Teils der Kontrollfläche wird in Kap. 2.5.2.1 im Zusammenhang mit Abb. 2.14 berichtet. Die nachstehend wiedergegebenen Ausgangsgleichungen gelten für eine zweidimensionale Strömung in der x,y-Ebene nach Abb. 3.1. Dargestellt ist ein Flächenelement des freien Teils der Kontrollfläche dA mit dem zugehörigen Flächenvektor $d\boldsymbol{A}$ (positiv nach außen). Dieser besitzt die Komponenten dA_x und dA_y. Für die Geschwindigkeit $\boldsymbol{v}$ lauten die Komponenten entsprechend v_x

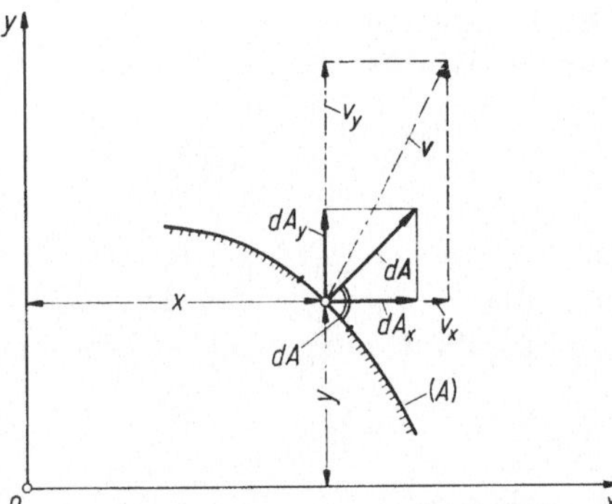

Abb. 3.1. Bezeichnungen in den Ausgangsgleichungen bei zweidimensionaler Strömung in der x,y-Ebene, Flächenelement dA am freien Teil der Kontrollfläche (A), Volumenstrom $d\dot{V} = \boldsymbol{v} \cdot d\boldsymbol{A}$

und v_y. Für ein Flächenelement des körpergebundenen Teils der Kontrollfläche dS gelten sinngemäße Angaben.

Kontinuitätsgleichung. Für den abgegrenzten Kontrollraum lautet (2.19)

$$\oint_{(O)} \varrho \, d\dot{V} = \int_{(A)} \varrho \, d\dot{V} + \int_{(S)} \varrho \, d\dot{V} = 0 \qquad \text{(stationär)}. \tag{3.1a}$$

Nach (2.20) ist die Größe $d\dot{V} = \boldsymbol{v} \cdot d\boldsymbol{A} = v_x \, dA_x + v_y \, dA_y$ bzw. $d\dot{V} = \boldsymbol{v} \cdot d\boldsymbol{S} = v_x \, dS_x + v_y \, dS_y$ der Volumenstrom, der örtlich die Flächenelemente der Kontrollfläche dA bzw. dS mit der Geschwindigkeitskomponente normal zu den Flächenelementen durchströmt. Eintretende Volumenströme sind negativ ($d\dot{V} < 0$) und austretende Volumenströme positiv ($d\dot{V} > 0$) zu rechnen. Bei nichtporöser Wand des umströmten Körpers verschwindet in (3.1 a) das Integral über (S). Bei unveränderlicher Dichte hebt sich ϱ heraus, und es verbleibt

$$\oint_{(O)} d\dot{V} = \int_{(A_x)} v_x \, dA_x + \int_{(A_y)} v_y \, dA_y = 0 \qquad (\varrho = \text{const}). \tag{3.1b}$$

Impulsgleichung. Aus der Kraftgleichung (2.34) ergeben sich die Komponentengleichungen in x- und y-Richtung zu

$$\oint_{(O)} \varrho v_x \, d\dot{V} = F_{Bx} + F_{Ax} + F_{Sx}, \qquad \oint_{(O)} \varrho v_y \, d\dot{V} = F_{By} + F_{Ay} + F_{Sy}, \tag{3.2a, b}$$

wobei jeweils über die Kontrollfläche $(O) = (A) + (S)$ zu integrieren ist. Hierin bedeuten F_{Bx}, F_{By}, F_{Ax}, F_{Ay} und F_{Sx}, F_{Sy} die Komponenten der Massenkraft (Volumenkraft), der Kraft auf den freien Teil der Kontrollfläche (A) bzw. der Stützkraft auf den körpergebundenen Teil der Kontrollfläche (S). Besteht die

Massenkraft nur aus der Schwerkraft und fällt die negative y-Achse mit der Richtung der Fallbeschleunigung zusammen, dann gilt nach (2.30b)

$$F_{Bx} = 0, \qquad F_{By} = -mg \qquad \text{(Massenkraft = Schwerkraft)}, \qquad (3.3\text{a, b})$$

wobei m die im abgegrenzten Kontrollraum (V) eingeschlossene Masse ist. Die Kräfte auf den freien Teil der Kontrollfläche (A) bestehen nach (2.33a) nur aus Druckkräften, wenn sich (A) weit genug entfernt vom Körper befindet:

$$F_{Ax} = -\int\limits_{(A_x)} p\, dA_x, \qquad F_{Ay} = -\int\limits_{(A_y)} p\, dA_y \qquad \text{(Druckkraft)}. \qquad (3.4\text{a, b})$$

Im allgemeinen wird die Kraft des strömenden Fluids auf den um- oder durchströmten Körper gesucht. Diese wirkt nach dem Wechselwirkungsgesetz (2.33c) der Stützkraft entgegen und beträgt

$$F_{Kx} = -F_{Sx}, \qquad F_{Ky} = -F_{Sy} \qquad \text{(Körperkraft)}. \qquad (3.5\text{a, b})$$

Druckgleichung. Zur Anwendung kommt die Bernoullische Druckgleichung bei reibungsloser Strömung nach (2.64). Es gilt im ganzen Strömungsfeld

$$\frac{\varrho}{2} v^2 + \varrho g y + p = \text{const} \qquad \text{(reibungslos)} \qquad (3.6)$$

mit $v^2 = v_x^2 + v_y^2$ und y als Koordinate vertikal nach oben.

3.2.2 Reibungslose Strömung dichtebeständiger Fluide

3.2.2.1 Auftriebskraft angeströmter ebener Körper

a) Auftriebskraft eines geraden Flügelgitters. Abb. 3.2 zeigt ein gestaffeltes, gerades und ebenes Flügelgitter, auch Schaufelgitter genannt, mit unendlich vielen kongruenten Flügel- bzw. Schaufelprofilen, welche der Einfachheit halber durch ihre Skelettprofile ersetzt werden. Den jeweils konstanten Profilabstand t in Richtung der Gitterfront bezogen auf die Profiltiefe l bezeichnet man als Gitterteilung. Die Breite des Gitters sei mit b angenommen. Das Koordinatensystem wird durch die n-Achse (x-Achse) normal zur Gitterfront und durch die t-Achse (y-Achse) tangential zur Gitterfront festgelegt. Das ruhende Gitter soll mit der ungestörten Parallelgeschwindigkeit $\boldsymbol{v}_1$ in großer Entfernung vor dem Gitter beim Druck p_1 angeströmt werden. Bei der vorausgesetzten ebenen Strömung herrscht dann längs jedes Profils sowie auch längs jeder kongruenten Stromfläche der gleiche Strömungszustand, d. h. gleiche Geschwindigkeit und gleicher Druck an geometrisch eindeutig zugeordneten Stellen. Nach der Strömungsumlenkung durch das Gitter liegt weit hinter dem Gitter wieder Parallelströmung vor, und zwar mit der Geschwindigkeit $\boldsymbol{v}_2$ beim Druck p_2. Die Komponenten der Geschwindigkeiten in Richtung der Gitterfront und normal dazu sind v_{1t}, v_{2t} bzw. v_{1n}, v_{2n}. Im folgenden soll die Kraft, welche von dem strömenden Fluid auf die Flügel des Gitters ausgeübt wird, berechnet werden. Diese Kraft sei zunächst als Körperkraft $\boldsymbol{F}_K$ mit den Komponenten F_{Kn} und F_{Kt} normal bzw. tangential zur Gitterfront bezeichnet.

Nach Abb. 3.2 wird die Kontrollfläche (O) im Sinn von Abb. 2.14b so gelegt, daß ihr freier Teil (A) aus zwei der Gitterfront parallelen Flächen der Länge t und der Breite b vor und hinter dem betrachteten Flügel $(a-b)$ bzw. $(c-d)$ sowie ihren Verbindungsflächen längs kongruenter Stromflächen $(b-c)$ bzw. $(d-a)$ gebildet wird. Der körpergebundene Teil der Kontrollfläche (S) umschließt einen herausgegriffenen Flügel in der gezeichneten

Weise. Vor und hinter dem Gitter sei die Kontrollfläche so weit vom Gitter entfernt, daß dort die Geschwindigkeiten und die Drücke jeweils konstant über die zugehörigen Teile der freien Kontrollfläche $(a-b)$ bzw. $(c-d)$ angenommen werden können. Nach dem Wechselwirkungsgesetz (3.5) ist die vom Flügel auf das strömende Fluid ausgeübte Stützkraft $\boldsymbol{F}_S(F_{Sn}, F_{St})$ entgegengesetzt gleich groß der gesuchten Körperkraft $\boldsymbol{F}_K = -\boldsymbol{F}_S$ oder $F_{Kn} = -F_{Sn}$ und $F_{Kt} = -F_{St}$.

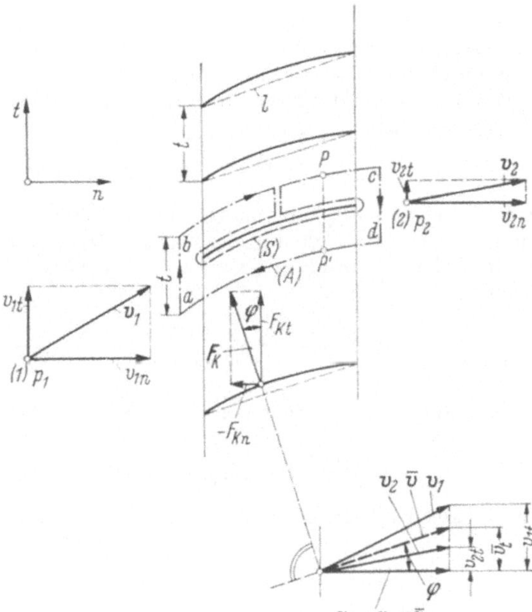

Abb. 3.2. Strömung durch ein gerades Flügelgitter, Berechnung der Auftriebskraft (Kutta-Joukowskyscher Auftriebssatz)

Im Hinblick auf später wird das vektorielle Mittel aus der Zu- und Abströmgeschwindigkeit gebildet und als mittlere Geschwindigkeit durch Überstreichen gekennzeichnet:

$$\bar{\boldsymbol{v}} = \frac{1}{2}(\boldsymbol{v}_1 + \boldsymbol{v}_2), \quad \bar{v}_n = \frac{1}{2}(v_{1n} + v_{2n}), \quad \bar{v}_t = \frac{1}{2}(v_{1t} + v_{2t}). \quad (3.7\,\text{a, b, c})$$

Nach der Kontinuitätsgleichung (3.1 b) muß, da kein Massenstrom über die Stromflächen $(b-c)$ bzw. $(d-a)$ auftritt, der Volumenstrom $\dot{V} = -v_{1n}bt + v_{2n}bt = 0$ sein mit bt als Ein- oder Austrittsfläche. Hieraus folgt die bemerkenswerte Beziehung

$$v_{1n} = v_{2n} = \bar{v}_n \quad \text{(Normalgeschwindigkeit)}, \quad (3.7\,\text{d})$$

nach der die Normalkomponente keine Änderung erfährt. In Abb. 3.2 sind unter Beachtung dieses Zusammenhangs die Geschwindigkeitsdreiecke dargestellt.

Die Impulsgleichung wird nach (3.2) normal und tangential zur Gitterfront angewendet. Dabei soll der Einfluß der Massenkraft (Schwerkraft) vernachlässigt werden, $F_{Bn} = 0 = F_{Bt}$. Die Komponenten der Körperkraft erhält man zu

$$F_{Kn} = -\varrho \int_{(A)} v_n \, d\dot{V} + F_{An}, \qquad F_{Kt} = -\varrho \int_{(A)} v_t \, d\dot{V} + F_{At}. \quad (3.8\,\text{a, b})$$

Da durch die Flügel kein Massentransport erfolgen kann, braucht das Impulsstromintegral nur über den freien Teil der Kontrollfläche (A) ausgewertet zu werden. Dabei liefern nur die Ein- und Austrittsfläche bt Beiträge, während über die Stromflächen im Inneren des

Gitters keine Impulsströme auftreten können. Beachtet man, daß eintretende Volumenströme negativ und austretende Volumenströme positiv einzusetzen sind, so wird für die Impulsstromintegrale mit $\dot{V} = \mp \bar{v}_n bt$

$$\varrho \int\limits_{(A)} v_n \, d\dot{V} = -\varrho \bar{v}_n (v_{1n} - v_{2n}) \, bt = 0, \qquad \varrho \int\limits_{(A)} v_t \, d\dot{V} = -\varrho \bar{v}_n (v_{1t} - v_{2t}) \, bt \neq 0. \tag{3.9a}$$

Da auf den kongruenten Stromflächen jeweils gleiche Strömungszustände herrschen, heben sich die Druckkräfte an zwei auf dem freien Teil der Kontrollfläche entsprechenden Punkten P und P' sowohl in normaler als auch tangentialer Richtung gegeneinander auf. Es können also bei der Druckkraft nach (3.4) nur Druckanteile an der Ein- und Austrittsfläche auftreten:

$$F_{An} = (p_1 - p_2) \, bt \neq 0, \qquad F_{At} = 0. \tag{3.9b}$$

In der Formel für F_{An} kann man die Drücke mittels der Bernoullischen Druckgleichung (3.6) durch die Geschwindigkeiten ausdrücken. Mit $\varrho g y = 0$, $v_1^2 = v_{1n}^2 + v_{1t}^2$ und $v_2^2 = v_{2n}^2 + v_{2t}^2$ erhält man unter Beachtung von (3.7c, d) für die Differenz der Drücke vor und hinter dem Gitter

$$p_1 - p_2 = \frac{\varrho}{2} (v_2^2 - v_1^2) = -\frac{\varrho}{2} (v_{1t}^2 - v_{2t}^2) = -\varrho \bar{v}_t (v_{1t} - v_{2t}). \tag{3.9c}$$

Nach Einsetzen der gefundenen Beziehungen in (3.8) folgen die Komponenten der Körperkraft

$$F_{Kn} = -\varrho \bar{v}_t (v_{1t} - v_{2t}) \, bt, \qquad F_{Kt} = \varrho \bar{v}_n (v_{1t} - v_{2t}) \, bt \tag{3.10a, b}$$

und hieraus der Betrag der resultierenden Körperkraft

$$F_K = \sqrt{F_{Kn}^2 + F_{Kt}^2} = \varrho \bar{v} (v_{1t} - v_{2t}) \, bt \tag{3.10c}$$

mit $\bar{v}^2 = \bar{v}_t^2 + \bar{v}_n^2$. Die Angriffsrichtung der Kraft $\boldsymbol{F}_K$ ist nach Abb. 3.2 gegenüber der Gitterfront um den Winkel φ geneigt. Es gilt also, wenn man (3.10a, b) berücksichtigt,

$$\tan \varphi = \frac{-F_{Kn}}{F_{Kt}} = \frac{\bar{v}_t}{\bar{v}_n}, \quad \bar{v}_n F_{Kn} + \bar{v}_t F_{Kt} = 0 \quad \text{oder} \quad \bar{\boldsymbol{v}} \cdot \boldsymbol{F}_K = 0. \tag{3.11a, b, c}$$

Das Verschwinden des skalaren Produkts $\bar{\boldsymbol{v}} \cdot \boldsymbol{F}_K = 0$ bringt zum Ausdruck, daß die Körperkraft normal auf der durch (3.7a) definierten mittleren Anströmrichtung $\bar{\boldsymbol{v}}$ steht. Dies Ergebnis läßt sich auch aus dem Geschwindigkeitsdreieck ablesen. Man nennt eine Kraft, die normal zur Anströmrichtung steht, eine Auftriebskraft, oder kurz auch einen Auftrieb (Quertrieb). Es sei hierfür die Bezeichnung $\boldsymbol{A} = \boldsymbol{F}_K$ eingeführt, was zu

$$A = \varrho \bar{v} (v_{1t} - v_{2t}) \, bt, \qquad A \perp \bar{v} \quad \textbf{(Flügelgitter)} \tag{3.12a, b}$$

führt. Die Formel für die Auftriebskraft soll durch Einführen der Zirkulation noch etwas umgeschrieben werden. Unter der Zirkulation Γ versteht man nach (2.40) das Linienintegral der Geschwindigkeit über eine geschlossene Kurve (L). Es sei die Zirkulation um einen Flügel im Gitterverband berechnet, wobei der Integrationsweg rechts herum positiv gewählt wird. Im Gegensatz zur Kontrollfläche (O), die den Flügel ausschließt, schließt die Kurve (L) den Flügel ein. Es sei die in Abb. 3.2 in der Strömungsebene gezeigte Begrenzung des freien Teils der Kontrollfläche (A) als Kurve $(L) = (a-b-c-d-a)$ gewählt. Bei der Bildung der Zirkulation wird die untere Stromlinie $(d-a)$ gegenüber der oberen Stromlinie $(b-c)$ im entgegengesetzten Sinn durchlaufen. Wegen der bestehenden Kongruenz beider Linien und der somit gleichen Strömungszustände an entsprechenden Punkten P und P' können beide Linien zusammengenommen keinen Beitrag zur Zirkulation liefern. Es verbleiben demnach nur die Beiträge der parallel zur Gitterfront verlaufenden Linien $(a-b)$

und $(c-d)$, so daß die Zirkulation um einen Flügel

$$\Gamma = \oint_{(L)} \boldsymbol{v} \cdot d\boldsymbol{l} = (v_{1t} - v_{2t})\, t \quad \text{(Zirkulation)} \tag{3.13a, b}$$

wird. Durch Einsetzen in (3.12a) erhält man für die Auftriebskraft (Auftrieb)

$$A = \varrho b \Gamma \bar{v}, \qquad A \perp \bar{v} \quad \text{(Kutta, Joukowsky).} \tag{3.14a, b}$$

Dies ist der Kutta-Joukowskysche Auftriebssatz, der aussagt, daß die Größe des Auftriebs A außer von der Dichte ϱ des strömenden Fluids und von der Breite b des Flügels nur abhängt von der Zirkulation Γ um den Flügel und vom Betrag der mittleren Anströmgeschwindigkeit $\bar{v}$. In dieser allgemein gültigen Darstellung spielen die Form des Gitters und die Ausbildung der Flügelprofile keine Rolle.

b) Auftriebskraft an einem einzelnen Tragflügel. Vom geraden Flügelgitter gelangt man zum Einzelflügel dadurch, daß man im Sinn von Abb. 2.14c in Abb. 3.2 den Gitterabstand $t \to \infty$ gehen läßt. Besitzt der Flügel (Tragflügel) einen Auftrieb $A \neq 0$, dann muß nach (3.14a) die Zirkulation $\Gamma \neq 0$ endlich bleiben, was bedeutet, daß in (3.13b) die Geschwindigkeitsdifferenz $(v_{1t} - v_{2t}) \to 0$ gehen muß. Mit $v_{1t} = v_{2t} = \bar{v}_t$ werden die resultierenden Geschwindigkeiten $\boldsymbol{v}_1$ und $\boldsymbol{v}_2$ vor bzw. hinter dem Flügel gleich groß, und zwar nach (3.7a) gleich der ungestörten Anströmgeschwindigkeit $\bar{\boldsymbol{v}} = \boldsymbol{v}_\infty$. Es gilt jetzt der Kutta-Joukowskysche Auftriebssatz in der bereits in (2.45) abgeleiteten Form

$$A = \varrho b \Gamma v_\infty, \qquad A \perp v_\infty, \qquad W = 0 \quad \text{(Tragflügel).} \tag{3.15a, b, c}$$

Die Auftriebskraft steht nach Abb. 3.3 normal auf der vor und hinter dem Flügel ungestörten Anströmrichtung. Damit an einem Tragflügel ein Auftrieb erzeugt werden kann, muß eine Zirkulation um den Körper vorhanden sein. Die Frage, weshalb am Flügel eine Zirkulationsströmung überhaupt auftritt und wie man die Größe der Zirkulation berechnen kann, wird später in Kap. 5.4.3.1 erörtert. Dort werden weitere Angaben zur Theorie des Tragflügels gemacht.

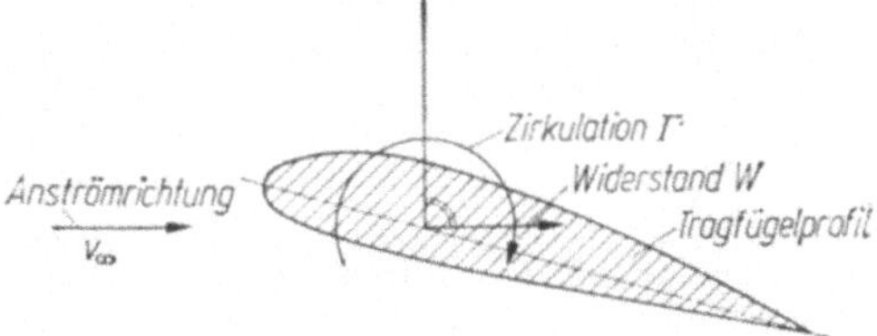

Abb. 3.3. Strömungskraft an einem angestellten Tragflügelprofil bei reibungsloser ebener Strömung

Die Auftriebskraft A ist zugleich die resultierende Strömungskraft. Diese Erkenntnis besagt, daß in der nach Voraussetzung ebenen und reibungslosen Strömung keine Kraftkomponente in Anströmrichtung, die man Widerstandskraft W nennt, auftritt. Dies Ergebnis bestätigt das d'Alembertsche Paradoxon nach (2.39b).

3.2.2.2 Strahlkraft auf angeströmte Körper

a) Geneigte Platte. Ein aus einer Düse austretender Strahl trifft nach Abb. 3.4 auf eine gegen die Düsenachse unter dem Winkel α geneigte, unendlich ausgedehnte Platte. Dabei werden die einzelnen Fluidelemente bei hinreichend großer Ausdehnung der Platte als Teilstrahlen in die zur Platte parallelen Richtungen abgelenkt. Nimmt man an, daß dabei keine tangential wirkenden Reibungskräfte hervorgerufen werden, so übt der Düsenstrahl eine normal zur Platte stehende Druckkraft aus, die man auch als Strahlkraft (Strahldruck) bezeichnet. Ist die Geschwindigkeit v über den Düsenstrahl gleichmäßig verteilt, dann beträgt der austretende Volumenstrom $\dot{V} = vA$. Der Druck p_∞ außerhalb des Strahls wird, da die Stromlinien geradlinig aus der Düse austreten sollen, gemäß der Querdruckgleichung (2.55a) auch dem Strahl aufgeprägt. Diese Aussage gilt auch für die Teilstrahlen, wenn man sie weit genug entfernt vom Ablenkpunkt betrachtet, d. h. dort, wo die Stromlinien bereits wieder parallel zur Platte verlaufen. Wegen $p_1 = p_2 = p_\infty$ führt dies nach der Druckgleichung (3.6) mit $\varrho g y = 0$ zu dem Ergebnis, daß die Geschwindigkeiten der Teilstrahlen v_1 und v_2 genauso groß sind wie die Geschwindigkeit v des aus der Düse austretenden Strahls, $v = v_1 = v_2$.

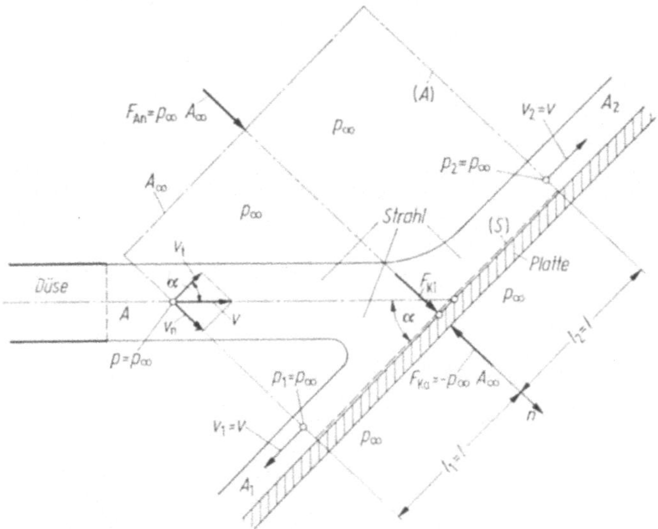

Abb. 3.4. Düsenstrahl gegen eine geneigte ebene Platte; Anwendung der Impulsgleichung zur Berechnung der Strahlkraft

Für die Anwendung der Impulsgleichung denke man sich die Kontrollfläche $(O) = (A) + (S)$ so abgegrenzt, daß ihr freier Teil (A) in der gezeichneten Weise (strichpunktiert) sowohl den von der Platte noch unbeeinflußten Gesamtstrahl als auch die abgelenkten Teilstrahlen schneidet. Der körpergebundene Teil (S) falle mit der beströmten Plattenfläche (gestrichelt) zusammen. Die Impulsgleichung normal zur Platte ist durch (3.2b) gegeben, wenn die y-Richtung durch die n-Richtung ersetzt wird. Die im Impulsstromintegral auftretende Komponente der Strahlgeschwindigkeit ist $v_n = v \sin\alpha$ mit $v = |\boldsymbol{v}|$ als Betrag der Düsengeschwindigkeit. Der Schwereinfluß sei vernachlässigt, $F_{Bn} = 0$. Die Druckkraft auf den freien Teil der Kontrollfläche (A) in Richtung der Normalen beträgt $F_{An} = p_\infty A_\infty$, wobei A_∞ die in ihrer Größe willkürlich wählbare Fläche parallel zur Platte ist. Die Stützkraftkomponente F_{Sn} stellt die Normalkraft dar, welche der beströmte Teil der Platte dem Strahl entgegensetzt. Sie ist gleich dem negativen Betrag der Strahlkraft auf die innere Plattenseite $F_{Ki} = -F_{Sn}$.

Auf die äußere nicht beströmte Plattenseite wirkt entgegen der Normalrichtung auf eine Fläche der Größe A_∞ die Kraft $F_{Ka} = -p_\infty A_\infty$. Die infolge des Strahl-und Außendrucks auf die Platte in n-Richtung ausgeübte Kraft beträgt $F_K = F_{Ki} + F_{Ka}$. Mithin erhält man aus der Impulsgleichung (3.2b) mit $\dot{V} = -vA$ als eintretendem Volumenstrom (negativ)

$$F_K = -\varrho \oint_{(O)} v_n \, d\dot{V} = \varrho v^2 A \sin\alpha = \dot{m}_A v \sin\alpha \qquad \text{(Strahlkraft)}. \qquad (3.16\text{a})$$

Hierin bedeutet $\dot{m}_A = \varrho v A$ den aus der Düse mit der Geschwindigkeit v austretenden Massenstrom. Wie (3.16a) zeigt, spielt die Größe der Platte keine Rolle, da sich $F_{An} = p_\infty A_\infty$ und $F_{Ka} = -p_\infty A_\infty$ gegenseitig aufheben.

Für die normal angeströmte unendlich ausgedehnte Platte ($\alpha = \pi/2$) wird

$$F_{K\,\max} = \varrho v^2 A = \dot{m}_A v \qquad (\alpha = \pi/2). \tag{3.16b}$$

b) Gewölbte und geknickte Platten. Die bisherigen Ausführungen über den Strahldruck auf gerade Platten lassen sich auf die Berechnung der Strahlkraft auf gewölbte und geknickte Platten (Umlenkkörper), wie sie in Abb. 3.5 dargestellt sind, erweitern. Der Strahl möge die Umlenkkörper, welche entweder eben oder drehsymmetrisch ausgebildet

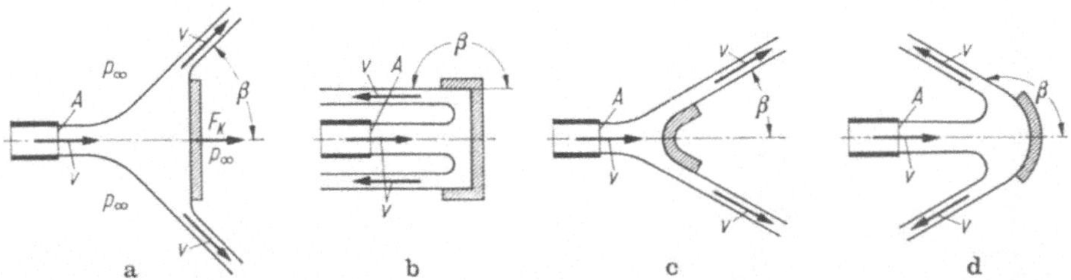

Abb. 3.5. Düsenstrahl gegen symmetrisch angeströmte gewölbte und geknickte Platten (Umlenkkörper, eben oder drehsymmetrisch). **a** Gerade Platte mit endlicher Ausdehnung. **b** Geknickte Platte mit vollständiger Strahlumkehr. **c**, **d** Gewölbte Platten. v Strahlgeschwindigkeit, β Abströmwinkel der Strömung an den Plattenrändern

sein können, symmetrisch treffen. Nach dem Verlassen der inneren Umlenkflächen sollen die Teilstrahlen den Abströmwinkel β besitzen. Während nach Abb. 3.4 für die normal angeströmte unendlich ausgedehnte Platte $\alpha = \beta = \pi/2$ ist, sei für die endlich ausgedehnte Platte nach Abb. 3.5a und c der Abströmwinkel zwischen $0 < \beta < \pi/2$ angenommen. Bei Strahlumkehr, wie sie in Abb. 3.5b und d gezeigt ist, wird $\pi/2 < \beta \leqq \pi$. Ohne hier im einzelnen auf die Durchrechnung einzugehen, liefert die Anwendung der Impulsgleichung die in Strahlrichtung auf den Umlenkkörper wirkende Strahlkraft

$$F_K = \varrho v^2 A(1 - \cos\beta) = \dot{m}_A v(1 - \cos\beta) \qquad \text{(Strahlkraft)}. \tag{3.17}$$

Bei vollständiger Umlenkung $\beta = \pi$ ergibt sich $F_{K\,\max} = 2\dot{m}_A v$, d. h. der doppelte Wert wie bei der normal angeströmten unendlich ausgedehnten Platte nach (3.16b). Auch bei den hier betrachteten Umlenkkörpern spielt die Größe der vom Strahl getroffenen Körperfläche keine Rolle.

3.2.2.3 Strahlantriebe

Im folgenden sollen Strahlantriebe besprochen werden, die vornehmlich in der Flugtechnik verwendet werden. Hierbei gibt es grundsätzlich zwei Antriebsarten, nämlich den Propeller (Luftschraube) und das Turbostrahltriebwerk (auch mit Propeller gekoppelt) oder die Rakete. Die Schuberzeugung dieser Antriebe beruht darauf, daß jeweils eine bestimmte Fluidmasse (Stützmasse) nach hinten mit erhöhter Geschwindigkeit in Bewegung gesetzt wird. Während der Propeller und das Turbostrahltriebwerk bordfremde Masse (umgebende Luft) verarbeiten, wird bei der Rakete bordeigene Masse (mitgeführter flüssiger oder fester Treibstoff) verwendet. Im Sinn der Fluidmechanik kann man die erste Art der Antriebe als Durchströmtriebwerke und die zweite Art als Ausströmtriebwerke bezeichnen.

Die Berechnung der Schubkraft (Vortriebskraft) erfolgt im wesentlichen durch Anwenden der Impulsgleichung. Dabei kommt der Wahl des freien Teils der Kontrollfläche (A) besondere Bedeutung zu. In Abb. 2.14 wurden hierfür drei Möglichkeiten herausgestellt.

a) Scheibenförmiger Propeller. Propeller sind Vortriebsorgane, die das von einer Kraftquelle (Motor) gelieferte Drehmoment in axialen Schub umsetzen. Bei der Drehung des Propellers wird ständig neues Fluid durch die Propellerebene nach hinten beschleunigt. Es entsteht auf diese Weise ein Strahl, dessen Querschnitt von den Propellerabmessungen abhängt und der gegenüber dem übrigen Fluid nicht nur eine fortschreitende, sondern auch eine drehende Bewegung ausführt. Ein Propeller mit den genannten fluidmechanischen Eigenschaften wird Schraubenpropeller genannt.

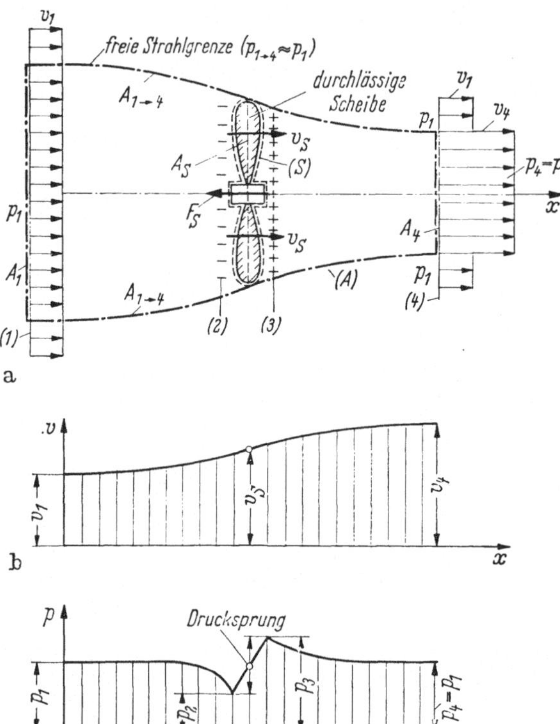

Abb. 3.6. Zur Berechnung des Propellerschubs nach der einfachen Strahltheorie (schematische Darstellung). **a** Freifahrender scheibenförmiger Propeller. **b** Geschwindigkeitsverteilung längs Propellerachse. **c** Druckverteilung längs Propellerachse

In Abb. 3.6a ist ein freifahrender Propeller mit dem zugehörigen Bild der Strahlgrenzen dargestellt. Es sei angenommen, daß der Propeller selbst in Ruhe ist und in Achsrichtung angeströmt wird. Eine stark vereinfachte Wirkungsweise kann man sich nach Rankine dadurch vorstellen, daß man den Propeller als durchlässige Scheibe (Index S) ansieht. Dabei sollen nur Geschwindigkeiten in axialer Richtung auftreten. Einflüsse der Strahldrehung und Reibung werden vernachlässigt. Die hieraus aufbauende Methode bezeichnet man als einfache Rankinesche Strahltheorie.

Weit vor dem Propeller ist die Geschwindigkeit innerhalb und außerhalb des Strahls gleich der ungestörten Anströmgeschwindigkeit v_1. Hinter dem Propeller ist außerhalb des Strahls die Geschwindigkeit ebenfalls v_1, während sie im Strahl selbst konstant ist und die Größe $v_4 > v_1$ besitzt. Beim Durchgang durch die Scheibe mit der Propellerfläche A_S sei die Geschwindigkeit $v_2 = v_3 = v_S$. In Abb. 3.6b ist die über die Strahlquerschnitte $A(x)$ und die Propellerscheibe A_S gleichmäßig verteilte Geschwindigkeit v längs der Propellerachse (x-Richtung) schematisch dargestellt. Der durchtretende Massenstrom ist gemäß der Kontinuitätsgleichung (2.23)

$$\dot{m}_S = \varrho v_1 A_1 = \varrho v_S A_S = \varrho v_4 A_4 \qquad \text{(Massenstrom).} \qquad (3.18\text{a, b, c})$$

Vor dem Propeller und auch im Strahl sehr weit hinter dem Propeller, wo die Stromlinien wieder geradlinig und parallel verlaufen, sind die Drücke gleich groß $p_4 = p_1$. Unmittelbar vor der Propellerscheibe herrsche der über A_S gleichmäßig verteilte Unterdruck $p_2 < p_1$

und unmittelbar hinter ihr ebenfalls konstant über A_S der Überdruck $p_3 > p_1$. Das Druckverhalten längs der Propellerachse ist in Abb. 3.6c skizziert. Für die Drücke vor und hinter dem Propeller, d. h. an den Stellen (*2*) und (*3*) erhält man aus der Bernoullischen Druckgleichung (3.6) bei horizontal liegender Propellerachse

$$p_1 + \frac{\varrho}{2} v_1^2 = p_2 + \frac{\varrho}{2} v_S^2, \qquad p_3 + \frac{\varrho}{2} v_S^2 = p_4 + \frac{\varrho}{2} v_4^2 \quad \text{(Druckverteilung)}^8.$$

Die Druckdifferenz $(p_3 - p_2)$ liefert als Integralwert über A_S eine erste Beziehung für die Schubkraft (Schub) F_S (positiv entgegen der x-Richtung), und zwar gilt mit $p_4 = p_1$

$$F_S = (p_3 - p_2) A_S = \frac{\varrho}{2} (v_4^2 - v_1^2) A_S > 0 \quad \text{(Form I)}. \qquad (3.19\text{a, b})$$

Durch Anwenden der Impulsgleichung (3.2a) in Strahlrichtung (x-Richtung) läßt sich eine zweite Beziehung zur Berechnung der Schubkraft herleiten. Die raumfeste Kontrollfläche $(O) = (A) + (S)$ sei im Sinn von Abb. 2.14b nach fluidmechanischem Gesichtspunkt gelegt. Sie besteht aus dem freien Teil (A), der aus der Strahleintrittsfläche A_1, der von der Strahlgrenze gebildeten Mantelfläche $A_{1\to4}$ und der Strahlaustrittsfläche A_4 besteht, sowie aus dem um die Propellerscheibe gelegten körpergebundenen Teil (S). Es gilt zunächst

$$\varrho(-v_1^2 A_1 + v_4^2 A_4) = F_{Ax} + F_{Sx}.$$

Wegen der horizontalliegenden Propellerachse liefert die Massenkraft $\boldsymbol{F}_B$ keinen Beitrag. Der Schub F_S soll entsprechend Abb. 3.6a positiv nach vorn gerichtet sein[9]. Er ist dann nach (3.5a) gleich der Komponente der Stützkraft in x-Richtung, d. h. $F_S = -F_{Kx} = F_{Sx}$. Der freie Teil der Kontrollfläche (A) steht nur unter der Einwirkung von Druckkräften. Die gesamte auf (A) ausgeübte Kraft verschwindet, d. h. es ist $F_{Ax} = 0$, wenn man annimmt, daß auf der freien Strahlgrenze $A_{1\to4}$ der Druck des umgebenden Fluids herrscht, d. h. $p_{1\to4} = p_1 = p_4$ ist.

Aus der Impulsgleichung folgt somit unter Berücksichtigung der Kontinuitätsgleichung (3.18)

$$F_S = \varrho(v_4^2 A_4 - v_1^2 A_1) = \dot{m}_S(v_4 - v_1) > 0 \quad \text{(Form II)}. \qquad (3.20\text{a, b})$$

Für die Schuberzeugung kommt es also neben der Größe des durch den Propeller erfaßten Massenstroms $\dot{m}_S$ auf den Unterschied der Strahlgeschwindigkeit v_4 hinter dem Propeller und der Anströmgeschwindigkeit v_1 vor dem Propeller an.

Aus (3.18b), (3.19b) und (3.20b) bzw. aus (3.19b) findet man für die einzelnen Geschwindigkeiten die Zusammenhänge

$$v_S = \frac{1}{2}(v_1 + v_4), \qquad \frac{v_4}{v_1} = \sqrt{1 + c_S} \quad \text{(Geschwindigkeitsverteilung)}, \qquad (3.21\text{a, b})$$

wobei $c_S = F_S/q_1 A_S$ mit $q_1 = (\varrho/2)\, v_1^2$ als Schubbelastungsgrad eingeführt wird. Nach (3.21a) ist die axiale Geschwindigkeit v_S, mit welcher der Strahl die Propellerscheibe durchströmt, gleich dem arithmetischen Mittel aus v_1 und v_4.

---

8 Wegen der Energiezufuhr durch den Propeller an der Stelle (*2*)—(*3*) darf die benutzte Druckgleichung (Energiegleichung) nicht über diese Stelle hinweg, d. h. z. B. für die Stellen (*1*) und (*4*), angewendet werden. Eine solche Einschränkung trifft jedoch nicht für die Impulsgleichung zu.

9 Man beachte, daß mit F_S nicht die Stützkraft im Sinn der Impulsgleichung, sondern die mit entgegengesetztem Vorzeichen versehene Strahlkraft auf die durchlässige Scheibe (Index S) gemeint ist.

Man kann jetzt noch eine Betrachtung über die Propellernutzleistung P_{Nutz}, den Leistungsaufwand, welcher aus der dem Propellerstrahl zugeführten Leistung P_{Strahl} besteht, und dem Propellerwirkungsgrad η_a anschließen. Es gilt:

$$\eta_a = \frac{\text{Nutzleistung}}{\text{Leistungsaufwand}} = \frac{P_{\text{Nutz}}}{P_{\text{Strahl}}}. \tag{3.22a}$$

Die Nutzleistung, d. h. die Schubleistung, sowie die Strahlleistung, d. h. die Erhöhung der kinetischen Strahlleistung, erhält man unter Beachtung von (3.20b) bzw. (3.18a, c) zu

$$P_{\text{Nutz}} = F_S v_1 = \dot{m}_S(v_4 - v_1)\, v_1, \quad \text{bzw.} \quad P_{\text{Strahl}} = \frac{1}{2}(\dot{m}_4 v_4^2 - \dot{m}_1 v_1^2) = \frac{1}{2}\dot{m}_S(v_4^2 - v_1^2).$$

Der Leistungsaufwand ist auch gleich der durch den Propeller erzeugten Pumpleistung $P_{\text{Strahl}} = \Delta p \dot{V}_S$ mit $\Delta p = p_3 - p_2$ als dem Druckanstieg in der Propellerebene und $\dot{V}_S = v_S A_S$ als dem durch die Propellerebene hindurchtretenden Volumenstrom. Mit (3.19a, b) führt dies auf das bereits gefundene Ergebnis für P_{Strahl}.

In (3.22a) eingesetzt, folgt mit (3.21a, b) für den Propellerwirkungsgrad, auch Strahl- oder Vortriebswirkungsgrad genannt,

$$\eta_a = \frac{2v_1}{v_1 + v_4} = \frac{2}{1 + v_4/v_1} = \frac{v_1}{v_S} = \frac{2}{1 + \sqrt{1 + c_S}} < 1. \tag{3.22b}$$

Man bezeichnet η_a als axialen Wirkungsgrad. Er ist um so größer, je kleiner c_S ist. Dies ist der Fall bei schwachbelasteten Propellern, die verhältnismäßig große Propellerflächen haben. Bei der Berechnung des Werts η_a für den scheibenförmigen Propeller wurde auf die Strahldrehung eines Schraubenpropellers sowie auf Reibungseinflüsse keine Rücksicht genommen, so daß der für η_a gefundene Wert sicher zu hoch ist. Da bei technisch ausgeführten Propellern weitere Verluste infolge der Vorgänge an den einzelnen Propellerblättern unvermeidlich sind, gibt η_a einen oberen Grenzwert an.

Wird die Strömung durch einen Propeller, wie bisher beschrieben, beschleunigt ($v_4 > v_1$), so handelt es sich um eine Energiezufuhr in die Strömung, wie sie auch bei Ventilatoren, Verdichtern und Pumpen auftritt. Soll der Propeller dagegen so arbeiten, daß die Strömung durch ihn verzögert wird ($v_4 < v_1$), so ist dies mit einer Energieentnahme aus der Strömung verbunden. Dieser Fall entspricht dem Windrad und liegt auch bei Turbinen vor.

b) Turbo- und Raketenstrahltriebwerk. Bei der Berechnung der Schubkraft eines Durchströmtriebwerks (Turbostrahltriebwerk, Index T) und eines Ausströmtriebwerks (Raketenstrahltriebwerk, Index R) nach der Impulsgleichung soll der freie Teil der Kontrollfläche (A) nach geometrischen Gesichtspunkten im Sinn von Abb. 2.14a gewählt werden. Abb. 3.7a, b zeigt die Lage der Kontrollfläche $(O) = (A) + (S)$ für die beiden zu untersuchenden Fälle. Dabei sind die von dem körpergebundenen Teil der Kontrollfläche (S) umschlossenen Triebwerke nur schematisch dargestellt.

Während normal zur Fläche $A_1 = A_\infty$ und in der in großer Entfernung vom Triebwerk gelegenen Fläche $A_{1\to 2}$ die ungestörte Anströmgeschwindigkeit $v_x = v_\infty$ herrscht, sind in der Fläche $A_2 = A_\infty$ wegen der im Austrittsquerschnitt A_A erhöhten Strahlgeschwindigkeit $v_x = v_A > v_\infty$ die Geschwindigkeiten ungleichmäßig über A_2 verteilt. Es soll angenommen werden, daß diese in den Flächen $(A_\infty - A_A)$ und A_A jeweils konstant sind, und zwar v_∞ bzw. v_4.

Außerhalb und innerhalb des austretenden Strahls seien ähnlich wie bei den Geschwindigkeiten auch die Drücke und Dichten über die betrachteten Flächen jeweils konstant angenommen, und zwar überall $p = p_\infty$, $\varrho = \varrho_\infty$ mit Ausnahme der Strahlquerschnittsfläche A_A mit $p = p_A$, $\varrho = \varrho_A$. Die gemachten Angaben sind für die verschiedenen den Kontrollraum abgrenzenden Flächen in Tab. 3.1 zusammengestellt.

Die zugehörigen Massenströme sind für das Turbostrahltriebwerk und für das Raketentriebwerk getrennt aufgeführt, wobei nach Vereinbarung eintretende Massenströme negativ und austretende Massenströme positiv einzusetzen sind, vergleiche die Ausführungen zu (3.1a). Während die Ermittlung der Massenströme durch A_1, durch $(A_2 - A_A)$ sowie durch A_A sofort einleuchtet, bedarf es bei der Bestimmung der Massenströme über $A_{1\to 2}$ und (S)

besonderer Überlegungen. Nach der Kontinuitätsgleichung (3.1a) muß der gesamte Massenstrom über die Kontrollfläche $(O) = (A) + (S)$ null sein

$$\dot{m}_A + \dot{m}_S = 0, \qquad \dot{m}_1 + \dot{m}_{1\to 2} + \dot{m}_2 + \dot{m}_S = 0. \tag{3.23a, b}$$

Beim Turbostrahltriebwerk tritt keine Masse über den körpergebundenen Teil der Kontrollfläche (S) in den Kontrollraum ein, wenn man von dem eingespritzten Kraftstoff absieht, d. h. es ist hierfür $\dot{m}_S = 0$ zu setzen. Der Massenstrom im Raketenstrahl beträgt $\dot{m}_A = \varrho_A v_A A_A$. Dieser kommt dadurch zustande, daß durch den Abbrand des Raketentreibstoffs eine auf die Zeit bezogene Masse $\dot{m}_S$ von der Geschwindigkeit $v_S = 0$ am Ort der Rakete mittels einer Düse (im allgemeinen einer Überschalldüse = Laval-Düse) auf die Strahlgeschwindigkeit v_A gebracht wird. Über den körpergebundenen Teil der Kontrollfläche (S) eines Raketentriebwerks gelangt bei verschwindender Geschwindigkeit ($v_S = 0$) die auf die Zeit bezogene Masse $\dot{m}_S = -\dot{m}_A$ (eintretend negativ) in den Kontrollraum.

Kennt man $\dot{m}_1$ (eintretend), $\dot{m}_2$ (austretend) und gegebenenfalls $\dot{m}_S$ (eintretend), dann läßt sich $\dot{m}_{1\to 2}$ nach (3.23b) berechnen. Die Ergebnisse sind in Tab. 3.1 wiedergegeben. Damit die Kontinuitätsbedingung erfüllt werden kann, muß beim Turbostrahltriebwerk ein Massenstrom $\dot{m}_{1\to 2} < 0$ in den Kontrollraum eintreten, während bei dem Raketentriebwerk ein Massenstrom $\dot{m}_{1\to 2} > 0$ austreten muß. Diesen grundlegenden Unterschied kann man sich anschaulich folgendermaßen klarmachen: Beim Turbostrahltriebwerk tritt im Schnitt (*2*) mehr Masse aus als im Schnitt (*1*) eintritt. Der Massenüberschuß des Schnitts (*2*) muß also über die Fläche $A_{1\to 2}$ einströmen. Beim Raketentriebwerk kann die durch den Schnitt (*1*) eintretende Masse nicht vollständig durch den Schnitt (*2*) austreten, da durch den Raketenstrahl ein Teil des Schnitts (*2*) hierfür nicht zur Verfügung steht. Es muß also der Massenüberschuß des Schnitts (*1*) über die Fläche $A_{1\to 2}$ ausströmen.

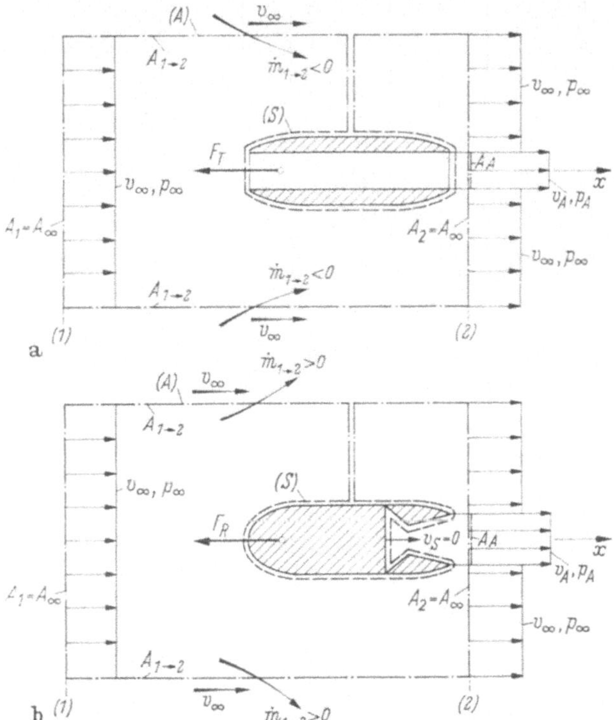

Abb. 3.7. Zur Berechnung der Schubkraft von Strahlantrieben mittels der Impulsgleichung, geometrisch orientierte freie Kontrollfläche (*A*), vgl. Tab. 3.1. **a** Turbostrahltriebwerk (Propeller). **b** Raketenstrahltriebwerk

Die Schubkraft soll nach (3.2a) berechnet werden. Die Impulsströme in Strahlrichtung (x-Richtung) durch die verschiedenen den Kontrollraum abgrenzenden Flächen erhält man durch Multiplikation der Massenströme mit den zugehörigen Geschwindigkeiten v_x. Die

Auswertung ist in Tab. 3.1 vorgenommen. Durch Summation erhält man hieraus die in den dick umrandeten Feldern hervorgehobenen resultierenden Impulsströme. Der Schwereinfluß soll vernachlässigt werden, $F_{Bx} = 0$. Von den Drücken wird auf den freien Teil der Kontrollfläche (A) in x-Richtung die Ersatzkraft $F_{Ax} = (p_\infty - p_A) A_A$ ausgeübt, wenn p_∞ der Druck außerhalb und p_A der Druck innerhalb des Strahls ist. Erfolgt die

Tabelle 3.1. Zur Berechnung der Schubkraft von Strahlantrieben (Turbo-, Raketenstrahltriebwerk), Massenstrom und Impulsstrom in x-Richtung, vgl. Abb. 3.7

Kontrollfläche		Zustand			Massenstrom		Impulsstrom (in x-Richtung)	
		ϱ	p	v_x	Turbostrahltriebwerk	Raketentriebwerk	Turbostrahltriebwerk	Raketentriebwerk
(A)	A_1	ϱ_∞	p_∞	v_∞	$-\varrho_\infty v_\infty A_\infty$		$-\varrho_\infty v_\infty^2 A_\infty$	
	A_2	ϱ_∞	p_∞	v_∞	$+\varrho_\infty v_\infty (A_\infty - A_A)$		$+\varrho_\infty v_\infty^2 (A_\infty - A_A)$	
		ϱ_A	p_A	v_A	$+\varrho_A v_A A_A$		$+\varrho_A v_A^2 A_A$	
	$A_{1\to 2}$	ϱ_∞	p_∞	v_∞	$-(\varrho_A v_A - \varrho_\infty v_\infty) A_A$	$+\varrho_\infty v_\infty A_A$	$-(\varrho_A v_A - \varrho_\infty v_\infty) v_\infty A_A$	$+\varrho_\infty v_\infty^2 A_A$
(S)	S	$v_S = 0$			0	$-\varrho_A v_A A_A$	0	0
(O)	$= (A) + (S)$				$\dot m_A + \dot m_S = 0$		**$\varrho_A v_A A_A (v_A - v_\infty)$**	**$\varrho_A v_A^2 A_A$**

Entspannung des Strahls auf den Außendruck $p_A = p_\infty$, dann ist $F_{Ax} = 0$. Die Schubkraft eines Turbostrahltriebwerks F_T oder eines Raketenstrahltriebwerks F_R ist nach dem Wechselwirkungsgesetz (3.5a) entgegengesetzt gleich groß wie die Komponente der Stützkraft in x-Richtung, F_{Sx}. Die Schubkräfte sollen entgegen der x-Richtung positiv gerechnet werden, so daß $F_T = F_{Sx}$ bzw. $F_R = F_{Sx}$ ist. Unter Beachtung der gefundenen Einzelergebnisse wird

$$F_T = \dot m_T (v_A - v_\infty), \qquad F_R = \dot m_R v_A \qquad (p_A = p_\infty) \tag{3.24a, b}$$

mit $\dot{m}_T = \varrho_A v_A A_A = \dot{m}_R$ als Massenstrom im Austrittsstrahl, der beim Turbostrahltriebwerk bordfremder Stützmasse (Luft) und beim Raketenstrahltriebwerk aus bordeigener Stützmasse (Raketentreibstoff) besteht. Der wesentliche fluidmechanische Unterschied in den Beziehungen für die Schubkräfte nach (3.24a, b) besteht darin, daß beim Turbostrahltriebwerk wie beim Propeller der bordfremde Strahl infolge der Fluggeschwindigkeit bereits einen Eintrittsimpuls (in die Kontrollfläche) besitzt, während dieser beim bordeigenen Strahl des Raketenstrahltriebwerks fehlt.

Auf die bereits in Kap. 2.5.2.3 behandelten Beispiele zur Anwendung des Impulssatzes sei nochmals hingewiesen.

3.3 Fadentheorie dichtebeständiger Fluide

3.3.1. Einführung

Nach Abb. 2.8 kann man eine bestimmte Anzahl von Stromlinien als Stromfaden zusammenfassen, wobei dieser von der Stromröhre umschlossen wird. Im Sinn von Kap. 2.4.2.2 soll an die Stelle des mitbewegten Fluidfadens entsprechend Abb. 2.12 der Kontrollfaden mit raumfester Kontrollfadenachse treten. Dieser besteht aus der Ein- und Austrittsfläche A_1 bzw. A_2 sowie aus der verbindenden Mantelfläche $A_{1\to 2}$. Bei stationärer Strömung besteht zwischen einem Stromfaden und einem Kontrollfaden kein Unterschied.

Den folgenden Untersuchungen liegt der Fall einer reibungslosen Fadenströmung eines dichtebeständigen Fluids zugrunde.

3.3.2. Stationäre Fadenströmung dichtebeständiger Fluide

3.3.2.1 Voraussetzungen und Annahmen

Wegen der Voraussetzung einer reibungslosen Strömung kann man davon ausgehen, daß sich die physikalischen Größen, wie z. B. der Druck p und die Geschwindigkeit v gleichmäßig über die Kontrollfadenquerschnitte $A = A(s)$ verteilen. Im folgenden wird also die stationäre eindimensionale Strömung eines dichtebeständigen Fluids bei Vernachlässigung des Einflusses der Reibung (Viskosität, Turbulenz) behandelt, wobei $p = p(s)$ und $v = v(s)$ ist. Die Querschnitte A sollen nach Abb. 3.8 normal zur Kontrollfadenachse s liegen. An den Stellen *(1)*

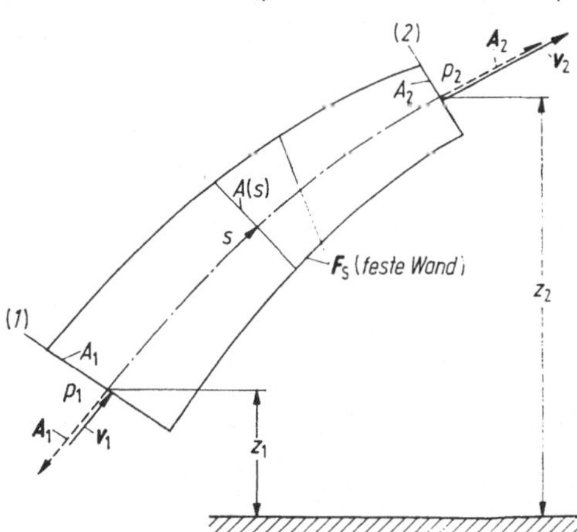

Abb. 3.8. Zur Anwendung der Fadentheorie eines dichtebeständigen Fluids. Kontinuitäts-, Impuls-, Druck-, Energiegleichung, vgl. Abb. 2.12a und 2.15b

und (*2*) werden die Größen A, p und v mit dem Index 1 bzw. 2 gekennzeichnet. Größen, welche die Mantelfläche $A_{1\to2}$ betreffen, werden mit dem Index $1 \to 2$ versehen.

3.3.2.2 Ausgangsgleichungen der stationären Fadenströmung

Kontinuitätsgleichung. Durch die Kontrollfadenquerschnitte $A(s)$ ist der Volumenstrom $\dot{V}$ in m³/s unverändert und berechnet sich nach (2.24) für alle Zeiten t zu

$$\dot{V} = v(s)\, A(s) = v_1 A_1 = v_2 A_2 = \text{const}. \qquad (3.25\text{a, b})$$

Ein Volumenstrom kann nur über die Ein- und Austrittsfläche A_1 bzw. A_2, dagegen nicht über die Mantelfläche $A_{1\to2}$ erfolgen.

Impulsgleichung. Die Kraftgleichung für den Kontrollfaden lautet nach (2.36)

$$(p_1 + \varrho v_1^2)\, \boldsymbol{A}_1 + (p_2 + \varrho v_2^2)\, \boldsymbol{A}_2 = \boldsymbol{F}_B + (\boldsymbol{F}_A)_{1\to2} + \boldsymbol{F}_S. \qquad (3.26)$$

Hierin sind $\boldsymbol{A}_1$ und $\boldsymbol{A}_2$ nach Abb. 2.15 die normal zu den Querschnitten A_1 bzw. A_2 stehenden, nach außen gerichteten Flächennormalen. $\boldsymbol{F}_B$ ist die Massenkraft (Volumenkraft) der im Kontrollraum (V) von der Kontrollfläche $(O) = (A) + (S)$ eingeschlossenen Fluidmasse m. Besteht sie nur aus der Schwerkraft, so ist $\boldsymbol{F}_B$ die nach unten wirkende Gewichtskraft entsprechend (2.30b). $(\boldsymbol{F}_A)_{1\to2}$ ist die Druckkraft auf die Mantelfläche des Kontrollfadens $A_{1\to2}$, sofern diese zum freien Teil der Kontrollfläche (A) gehört. Fällt die Mantelfläche jedoch nach Abb. 3.8 mit einer festen Wand (z. B. Rohrwandung) zusammen, so ist sie mit $S_{1\to2}$ zu bezeichnen und zum körpergebundenen Teil der Kontrollfläche (S) zu rechnen, wobei die auf das Fluid ausgeübte Kraft in diesem Fall $(\boldsymbol{F}_S)_{1\to2} = (\boldsymbol{F}_A)_{1\to2}$ beträgt. Sie soll in der vom körpergebundenen Teil der Kontrollfläche (S) auf das Fluid ausgeübten Stützkraft $\boldsymbol{F}_S$ enthalten sein, was bedeutet, daß in (3.26) der Ausdruck $(\boldsymbol{F}_A)_{1\to2}$ zu streichen ist. Die vom Fluid auf den Körper ausgeübte Körperkraft $\boldsymbol{F}_K$ folgt aus dem Wechselwirkungsgesetz (2.33c). Mithin gilt

$$\boldsymbol{F}_B = m\boldsymbol{g} = \varrho \boldsymbol{g} V = \varrho \boldsymbol{g} \int_{(1)}^{(2)} A\, ds, \quad \boldsymbol{F}_K = -\boldsymbol{F}_S. \qquad (3.27\text{a, b})$$

Gl. (3.26) ist eine Vektorgleichung, die entweder zeichnerisch oder numerisch gelöst werden kann. Oft ist die Komponentendarstellung zu wählen.

Druckgleichung. Die Bernoullische Druckgleichung (Energiegleichung der Fluidmechanik) der reibungslosen Strömung lautet nach (2.38)

$$p_1 + \varrho g z_1 + \frac{\varrho}{2} v_1^2 = p_2 + \varrho g z_2 + \frac{\varrho}{2} v_2^2 \quad \text{(reibungslos)}. \qquad (3.28)$$

Neben den bereits in (3.25) und (3.26) auftretenden Größen ϱ, g, p_1, p_2, v_1 und v_2 stellen z_1 und z_2 die Hochlage der Kontrollfadenachse bei (*1*) und (*2*) dar. Im Gegensatz zur Kontinuitätsgleichung (3.25) und Impulsgleichung (3.26) enthält die Druckgleichung (3.28) die Querschnittsflächen des Kontrollfadens nicht. Die einzelnen Glieder in (3.28) stellen Drücke oder Energiedichten in N/m^2 bzw. J/m^3 dar.

Druckverhalten dichtebeständiger Fluide bei stationärer Strömung. Bei einem horizontal liegenden Kontrollfaden, d. h. bei $z_1 = z_2$, oder für eine Strömung, bei welcher der Schwereeinfluß vernachlässigt werden kann, d. h. bei einem massebehafteten ($\varrho \neq 0$) aber schwerlos angesehenen Fluid ($g \to 0$), insbesondere bei Gasen, folgt aus (3.28) längs der Kontrollfadenachse

$$p + \frac{\varrho}{2} v^2 = p_0 = p_t \quad \text{(Totaldruck)}, \qquad q = \frac{\varrho}{2} v^2 \quad \text{(Geschwindigkeitsdruck)}. \tag{3.29a, b}$$

Kommt das Fluid aus dem Ruhezustand (Kesselzustand) oder nimmt die Geschwindigkeit wie im Staupunkt eines umströmten Körpers den Wert $v = v_0 = 0$ an, so erreicht der Druck seinen größten Wert, $p = p_0$. Man bezeichnet $p_0 = p_t$ $=$ const als Ruhe- oder Totaldruck. Er setzt sich aus dem Druck p und dem Geschwindigkeitsdruck (Staudruck) q zusammen und ist für Punkte, die in Horizontalebenen liegen, konstant. Gl. (3.29a) sagt aus, daß mit sinkender Geschwindigkeit der Druck zunimmt, während mit wachsender Geschwindigkeit der Druck abnimmt. Nähert sich der Druck dem Wert null, so zerreißt die Strömung und scheidet bei tropfbaren Flüssigkeiten unter Hohlraumbildung Dampf- oder Gasblasen aus.

Neben der Druckgleichung längs des Kontrollfadens (3.28) ist häufig auch die Druckgleichung quer zum Kontrollfaden, d. h. die Querdruckgleichung (2.55a) von Bedeutung.

3.3.2.3 Anwendungen zur stationären Fadenströmung

a) Ermittlung von Drücken und Geschwindigkeiten

a.1) Druckverteilung an umströmten Körperwänden. Bei der reibungslosen Umströmung eines Körpers nach Abb. 3.9 mit der ungestörten Geschwindigkeit v_∞ beim ungestörten Druck p_∞ herrschen an der Körperoberfläche (Wand) die Geschwindigkeit v_K und der zugehörige Druck p_K. Die Anwendung der Druckgleichung (3.28) liefert bei Vernach-

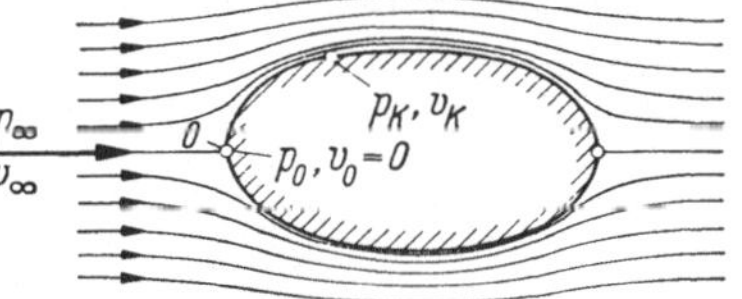

Abb. 3.9. Zur Berechnung der Druckverteilung an einem umströmten Körper (Stromlinien entsprechen reibungsloser Strömung)

lässigung des Schwereinflusses mit $p_K + (\varrho/2)\, v_K^2 = p_\infty + (\varrho/2)\, v_\infty^2$ die mit dem Geschwindigkeitsdruck der Anströmung $q_\infty = (\varrho/2)\, v_\infty^2$ dimensionslos gemachte Druckverteilung

$$\frac{\Delta p}{q_\infty} = \frac{p_K - p_\infty}{q_\infty} = 1 - \left(\frac{v_K}{v_\infty}\right)^2 \quad \text{(Druckbeiwert)}. \tag{3.30a}$$

Bei beschleunigter Strömung $v_K > v_\infty$ ist der Druckbeiwert negativ; es herrscht Unterdruck gegenüber dem Druck der ungestörten Strömung $p_K < p_\infty$. Bei verzögerter Strömung $v_K < v_\infty$ herrscht wegen $p_K > p_\infty$ Überdruck. Unmittelbar vor einem vorn stumpfen oder auch spitzen Körper staut sich nach Abb. 3.9 die Strömung auf und teilt sich dann vor dem Körper nach allen Seiten, um ihn zu umströmen. Die Verzweigungsstromlinie führt zum Staupunkt *0*, in welchem das Fluid völlig zur Ruhe kommt, $v_K = 0$. Bei der Strömung eines dichtebeständigen Fluids beträgt also nach (3.30a) der größtmögliche Druckbeiwert

$$(\Delta p/q_\infty)_{\max} = (\Delta p/q_\infty)_0 = 1 \qquad \text{(Staupunkt)}. \qquad (3.30\,\text{b})$$

a.2) Druckmessung. Zur experimentellen Bestimmung der Wanddruckverteilung, d. h. des (statischen) Drucks einer Strömung längs einer Körperoberfläche, kann man nach Abb. 3.10a in der Wand ein Bohrloch anbringen und an dies ein Manometerrohr anschließen, dessen freier Schenkel oben offen ist. Im U-Rohr befindet sich eine Meßflüssigkeit (Alkohol,

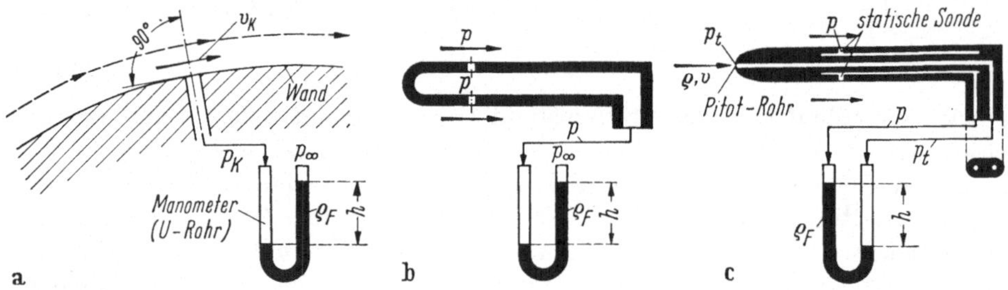

Abb. 3.10. Zur Messung von Druck und Geschwindigkeit (schematische Darstellungen). **a** Druckverteilung an umströmten Körperwänden. **b** Statische Drucksonde. **c** Pitot-Rohr, Prandtl-Rohr

Wasser, Quecksilber) mit der Dichte ϱ_F. Je nach der Größe des an der Anschlußstelle herrschenden Wanddrucks p_K werden die Spiegel der Meßflüssigkeit in den Rohrschenkeln gehoben oder gesenkt, bis sich im Manometer (U-Rohr) Gleichgewicht eingestellt hat. An der Anschlußstelle des U-Rohrs beträgt der (statische) Druck $p_K = p_\infty + \varrho_F g h$.

Soll der Druck in einer freien Strömung bestimmt werden, so kann man anstelle der hier nicht vorhandenen Wand eine statische Drucksonde nach Abb. 3.10b verwenden. Diese besteht aus einem in Strömungsrichtung liegenden vorn verschlossenen, aber mit seitlichen Schlitzen versehenen dünnen Meßrohr, in das ein rechtwinklig abgebogener Schenkel angeschlossen ist. Dieser steht mit einem außerhalb der Strömung liegenden Manometer in Verbindung. Der in der Strömungsrichtung liegende Rohrschenkel ersetzt dabei die oben besprochene angebohrte Wand. Dies Gerät ist stark richtungsempfindlich.

Zur Bestimmung des Totaldrucks in einer Strömung kann man nach Abb. 3.10c ein Pitot-Rohr benutzen. In dem Meßrohr findet ein Aufstau der Strömung statt, so daß der im Horizontalschenkel vorhandene Druck gleich dem Totaldruck (Pitot-Druck) p_t der Strömung an der betreffenden Stelle ist. Der vertikale Schenkel wird wieder mit einem Manometer verbunden.

a.3) Geschwindigkeitsmessung. Hat man den (statischen) Druck p mit Hilfe einer statischen Drucksonde und den Totaldruck p_t mittels eines Pitot-Rohrs bestimmt, so liefert (3.29a) für die Geschwindigkeit v die Beziehung

$$v = \sqrt{\frac{2}{\varrho}(p_t - p)} = \sqrt{2g\frac{\varrho_F}{\varrho}h} > 0 \qquad \text{(Prandtl-Rohr)} \qquad (3.31\,\text{a, b})$$

mit ϱ als Dichte des strömenden Fluids und ϱ_F als Dichte der Meßflüssigkeit im U-Rohr. Eine von Prandtl angegebene Verbindung von Drucksonde und Pitot-Rohr zeigt Abb. 3.10c. Mit Hilfe dieses Prandtlschen Druckrohrs ist es möglich, den Geschwindigkeitsdruck unmittelbar aus der Druckhöhe $h = (p_t - p)/\varrho_F g$ der beiden Schenkel des mit dem Staurohr verbundenen U-Rohrs (oder eines anderen Manometers) zu bestimmen.

a.4) Volumenstrommessung. Zur Messung des Durchströmvolumens in Rohrleitungen bedient man sich vielfach des Venturi-Rohrs, auch Venturi-Düse genannt. Dies besteht nach Abb. 3.11 im wesentlichen aus einem sich in Strömungsrichtung von dem vollen Rohrquerschnitt A_1 allmählich auf einen etwa halb so großen Querschnitt A_2 verjüngenden Rohr mit daran anschließender Erweiterung auf den normalen Querschnitt A_1. An den Stellen (*1*) und (*2*) können die in den betreffenden Querschnitten herrschenden Drücke p_1 und p_2 mit Hilfe von Manometern gemessen werden; sie sind also als bekannte Größen

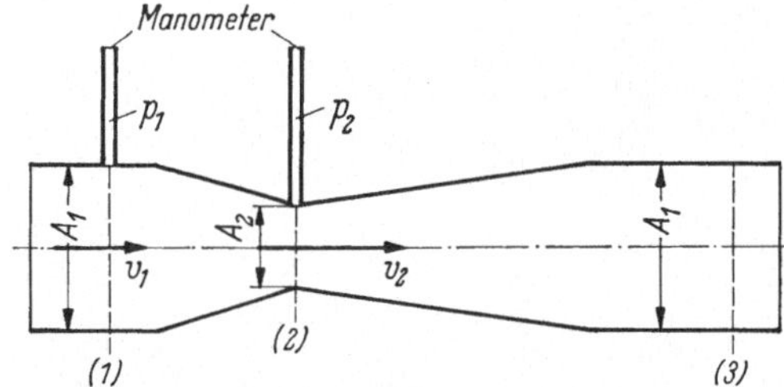

Abb. 3.11. Zur Volumenstrommessung mittels eines Venturi-Rohrs und manometrischer Druckmessung

anzusehen. Bezeichnen v_1 die mittlere Geschwindigkeit im Querschnitt A_1 und v_2 diejenige im Querschnitt A_2, so folgt aus der Kontinuitätsgleichung (3.25b) die Beziehung $v_1 = (A_2/A_1)v_2$. Den Zusammenhang zwischen Druck und Geschwindigkeit liefert die Druckgleichung (3.28), und zwar beträgt bei Annahme eines horizontal liegenden Rohrs mit $z_1 = z_2$ die Druckänderung

$$\Delta p = p_1 - p_2 = \frac{\varrho}{2}(v_2^2 - v_1^2) = \frac{\varrho}{2} v_2^2[1 - (A_2/A_1)^2].$$

Der Volumenstrom (Volumen/Zeit) ergibt sich wegen $\dot{V} = v_2 A_2$ zu

$$\dot{V} = \alpha A_2 \sqrt{\frac{2\Delta p}{\varrho}} \quad \text{mit } \alpha = \frac{1}{\sqrt{1 - (A_2/A_1)^2}} > 1 \quad \text{(Venturi-Rohr)} \qquad (3.32\text{a, b})$$

als Durchströmziffer.

b) Kraft auf Rohrkrümmer. In Abb. 3.12a ist ein gekrümmtes Stück eines in der Horizontalebene verlegten Rohrs dargestellt. Gesucht ist die beim stationären reibungslosen Durchströmen auf die Wandung des Krümmers ausgeübte Kraft. Für die Berechnung wird die Impulsgleichung (3.26) benutzt. Wegen der horizontalen Lage des Krümmers liefert die Schwerkraft (Massenkraft) keinen Beitrag, d. h. es ist $\boldsymbol{F}_B = 0$. Die Mantelfläche des Kontrollfadens ist zugleich die feste Wandfläche des Krümmers, was bedeutet, daß $(\boldsymbol{F}_A)_{1\to 2}$ nicht auftritt, sondern als $(\boldsymbol{F}_S)_{1\to 2}$ in $\boldsymbol{F}_S$ enthalten ist. Nach dem Wechselwirkungsgesetz ist $-\boldsymbol{F}_S$ die vom strömenden Fluid auf die innere Krümmerwand übertragene Körperkraft $\boldsymbol{F}_{Ki} = -\boldsymbol{F}_S = -(p_1 + \varrho v_1^2)\boldsymbol{A}_1 - (p_2 + \varrho v_2^2)\boldsymbol{A}_2$. Diese ergibt sich als geometrische Summe zweier Kräfte mit den negativen Richtungen der Flächennormalen. In Abb. 3.12a ist die graphische Bestimmung der Größe und Lage von $\boldsymbol{F}_{Ki}$ gezeigt.

Für den Sonderfall eines kreisförmig gekrümmten Rohrs mit konstantem Querschnitt $A_1 = A_2 = A$ nach Abb. 3.12b wird $v_1 = v_2 = v$. Verläuft die Strömung reibungslos, so ist auch $p_1 = p_2 = p_i$ als Innendruck. Mit ϑ als Neigungswinkel der Rohrsehne gegen die Normalen der Endquerschnitte erhält man die vom Krümmungsmittelpunkt nach außen gerichtete Kraft auf die innere Krümmerwand $F_{Ki} = 2(p_i + \varrho v^2) A \sin\vartheta$. Die Kraft F_{Ka} infolge des Außendrucks p_a auf die Außenwand wirkt F_{Ki} entgegen. Sie ist zum Krümmungsmittelpunkt hin gerichtet und beträgt $F_{Ka} = 2p_a A \sin\vartheta$. Formal erhält man diesen Ausdruck, wenn man in der Beziehung für F_{Ki} die Geschwindigkeit $v = 0$, den Druck $p_i = p_a$ und $F_{Ki} = F_{Ka}$ setzt. Die gesamte auf den Kreiskrümmer ausgeübte Kraft wird also

$$F_K = 2(p_i - p_a + \varrho v^2) A \sin\vartheta = 2\varrho v^2 A \sin\vartheta \qquad \text{(Kreiskrümmer)}, \quad (3.33\text{a, b})$$

wobei die letzte Beziehung für einen Krümmer gilt, bei dem der innere gleich dem äußeren Druck ist, d. h. $p_i = p_a$. Die Kraft auf den Krümmer ist in diesem Fall dem Quadrat der Durchströmgeschwindigkeit v proportional. Hieraus folgt, daß sie bei Änderung der Stromrichtung (Strömungsumkehr) sowohl nach Größe als auch nach Richtung wegen $v^2 = (-v)^2$ ungeändert bleibt. Für einen Halbkreiskrümmer mit $\vartheta = \pi/2$ ist $F_K = 2\varrho v^2 A$.

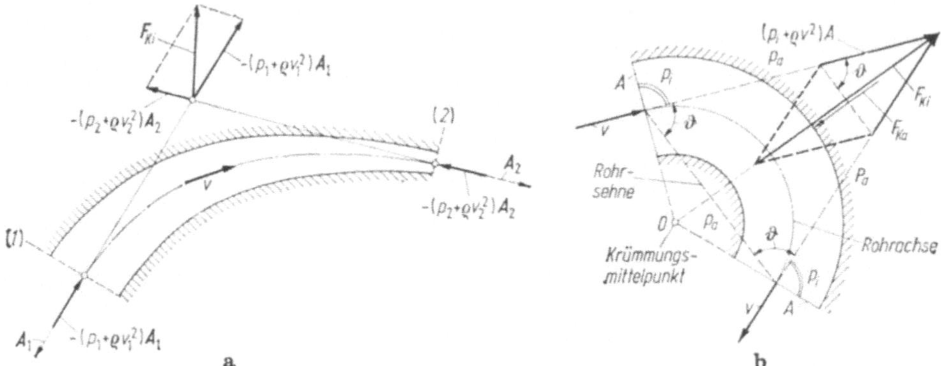

Abb. 3.12. Reaktionskraft des strömenden Fluids auf die Wandung eines Rohrkrümmers. **a** Beliebig gekrümmtes Rohr. **b** Kreisförmig gekrümmtes Rohr ($\vartheta = \pi/2$)

c) Ausfluß einer Flüssigkeit aus einem oben offenen Gefäß

c.1) Ausfluß ins Freie durch kleine Öffnung. Aus einem nach Abb. 3.13a oben offenen Gefäß, dessen Flüssigkeitsspiegel durch gleichmäßig über den Gefäßquerschnitt A_1 verteilten Zufluß dauernd auf konstanter Höhe $z = z_1 = \text{const}$ gehalten wird, möge durch eine an der Stelle $z_2 = 0$ im Verhältnis zur Spiegelfläche sehr kleine geneigte Öffnung A_2 Flüssigkeit ins Freie ausströmen. Es handelt sich dabei um den Ausfluß eines Fluids größerer Dichte, z. B. einer Flüssigkeit (Wasser) mit ϱ_F, in ein Fluid weniger großer Dichte, z. B. eines Gases (Luft) mit ϱ_G. Die Gefäßöffnung an der Ausflußstelle sei zunächst mit einem abgerundeten Ansatzstück versehen, an das sich der austretende Strahl gut anschmiegen kann. Unter der getroffenen Voraussetzung des ständigen Zuflusses verhält sich der Strömungsvorgang stationär. Dabei herrschen längs der Stromlinien am Flüssigkeitsspiegel die Geschwindigkeit v_1 und am Austritt die Geschwindigkeit v_2. Zur Berechnung der Ausflußgeschwindigkeit kommt die Druckgleichung (3.28) mit $\varrho = \varrho_F$ und $z_2 = 0$ zur Anwendung. Während am freien Flüssigkeitsspiegel der Druck gleich dem Atmosphärendruck p_1 in der Höhe $z = z_1$ ist, nimmt der Druck in Höhe der Ausflußöffnung $z = z_2 = 0$ außerhalb des Gefäßes zwischen (*1'*) und (*2'*) nach (2.10) den Wert $p_2' = p_1 + \varrho_G g z_1$ an. Dieser Druck wird dem längs geradliniger Stromlinien ins Freie austretenden Strahl von

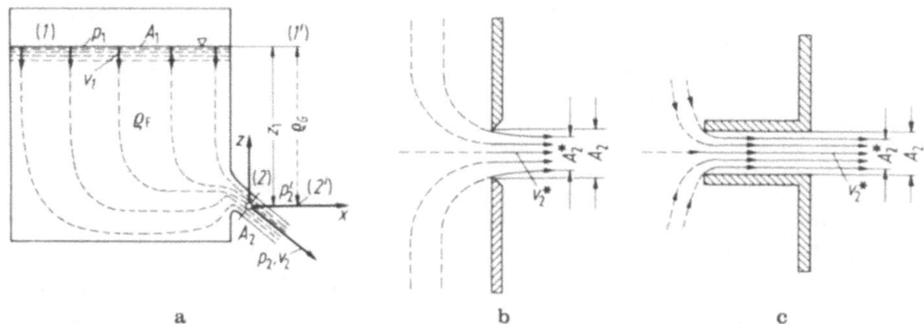

Abb. 3.13. Ausfluß einer Flüssigkeit ins Freie aus einem oben offenen Gefäß mit kleiner Öffnung, Freistrahl. **a** Zur Berechnung der Ausflußgeschwindigkeit und der Strahlreaktion. **b** Strahlkontraktion bei scharfkantiger Öffnung. **c** Strahlkontraktion in der Borda-Mündung

außen aufgeprägt, $p_2 = p_2'$. Zwischen den Geschwindigkeiten v_1 und v_2 besteht nach der Kontinuitätsgleichung (3.25b) der Zusammenhang $v_1 = (A_2/A_1)\,v_2$. Nach Einsetzen der Beziehungen für p_2 und v_1 in (3.28) erhält man für die Ausflußgeschwindigkeit des Freistrahls

$$v_2 = \sqrt{2gz_1 \frac{1 - \varrho_G/\varrho_F}{1 - (A_2/A_1)^2}} \approx \sqrt{2gz_1} \quad \text{(Torricelli).} \qquad (3.34\text{a, b})$$

Im allgemeinen ist $\varrho_G/\varrho_F \ll 1$ und kann somit unberücksichtigt bleiben. Nimmt man darüber hinaus an, daß A_2 gegenüber A_1 sehr klein ist, dann kann auch $(A_2/A_1)^2 \ll 1$ in (3.34a) vernachlässigt werden. Unter den gemachten Annahmen folgt dann die Torricellische Ausflußformel (3.34b). In dieser Beziehung kommt die Dichte der ausfließenden Flüssigkeit nicht vor. Auch spielen Größe, Querschnittsform und Neigung der Ausflußöffnung keine Rolle.

Sieht man nicht wie in Abb. 3.13a ein abgerundetes Ansatzstück vor, sondern läßt die Flüssigkeit nach Abb. 3.13b unmittelbar durch eine scharfkantige Öffnung in der Gefäßwand austreten, so können die nach der Gefäßöffnung gerichteten Stromlinien nicht plötzlich in die Austrittsrichtung umbiegen. Der ins Freie austretende Strahl erfährt vielmehr eine Einschnürung (Kontraktion), d. h. sein Querschnitt A_2^* ist kleiner als der Querschnitt A_2 der Ausflußöffnung. Das Verhältnis $\mu = A_2^*/A_2$ wird als Einschnürungs- oder Kontraktionsziffer bezeichnet. Für scharfkantige Öffnungen, die sich in größerer Entfernung von der gegenüberliegenden Gefäßwand und vom Flüssigkeitsspiegel befinden, ist $\mu \approx 0{,}61$. Für die Borda-Mündung nach Abb. 3.13c ist $\mu = 0{,}5$.

Der aus dem oben offenen Gefäß austretende Volumenstrom beträgt somit nach (3.25b) $\dot{V} = v_2 A_2^* = \mu v_2 A_2$, d. h. mit (3.34b)

$$\dot{V} = \mu A_2 \sqrt{2gz_1} \quad \text{(Freistrahl).} \qquad (3.35)$$

Beim Ausfließen übt die Flüssigkeit auf die innere Gefäßwand eine Strahlreaktion aus, die sich in einer im wesentlichen der Ausflußgeschwindigkeit entgegengesetzt gerichteten Reaktions- oder Rückstoßkraft auswirkt. Diese läßt sich mittels der Impulsgleichung (3.26) berechnen, die auf die Stellen *(1)* und *(2)* in Abb. 3.13a mit $p_2 = p_1$ anzuwenden ist.

c.2) Ausfluß unterhalb der Flüssigkeitsspiegel. Gegeben sind nach Abb. 3.14 zwei sehr große mit Flüssigkeit gefüllte Gefäße, die durch eine vertikale Wand, welche eine Öffnung mit der Fläche A besitzt, voneinander getrennt sind. Die Flüssigkeitsspiegel z_1 und z_2 stehen verschieden hoch, und zwar soll $z_2 < z_1$ sein. Im Gegensatz zum Ausfluß ins Freie

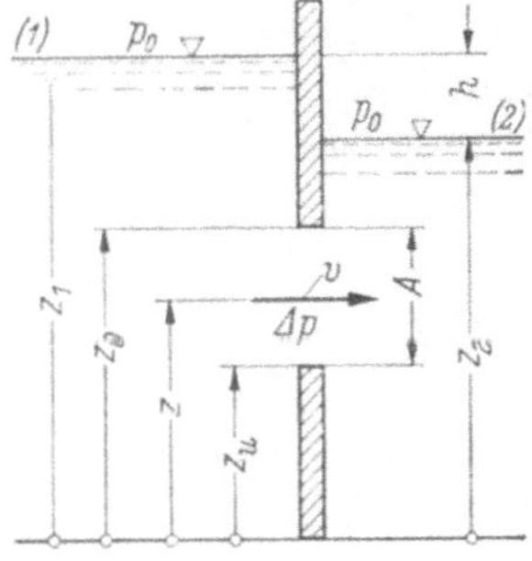

Abb. 3.14. Ausfluß einer Flüssigkeit unterhalb der Flüssigkeitsspiegel (Oberwasser → Unterwasser), Tauchstrahl

nach Beispiel c.1 handelt es sich jetzt um den Ausfluß einer Flüssigkeit aus einem Gefäß (Oberwasser) in die gleiche Flüssigkeit eines zweiten Gefäßes (Unterwasser). Mit $z_2 > z_0$ erfolgt der Ausfluß vollkommen unterhalb des Flüssigkeitsspiegels im Gefäß *(2)*. Die Anwendung der Druckgleichung auf den Ausflußvorgang beruht auf der Kenntnis des Gegendrucks am Ort z der Austrittsöffnung. Die Spiegelhöhen z_1 und z_2 des oberen und unteren Flüssigkeitsspiegels seien als unveränderlich angenommen. Es wirkt also nach (2.10b) an der Eintrittsseite $z < z_1$ der hydrostatische Druck $p = p_0 + \varrho g(z_1 - z)$, während an der Austrittsseite $z < z_2$ der Druck $p = p_0 + \varrho g(z_2 - z)$ beträgt. Der maßgebende Druckunterschied ist also $\Delta p = \varrho g(z_1 - z_2)$. Er ist unabhängig von der Lage des Punkts z im Bereich der Ausflußöffnung. Die Anwendung von (3.28) auf zwei gleich hoch liegende Stellen (z = const) sehr weit vor ($v = 0$) und unmittelbar hinter der Öffnung liefert für die Ausflußgeschwindigkeit und für den Volumenstrom

$$v = \sqrt{\frac{2}{\varrho}\Delta p} = \sqrt{2gh}, \qquad \dot{V} = \mu A \sqrt{2gh} \quad \text{(Tauchstrahl)} \qquad (3.36\text{a, b})$$

mit $h = z_1 - z_2$ = const als unveränderlichem Höhenunterschied der oberen und unteren Spiegelflächen. Die Geschwindigkeit verteilt sich gleichmäßig über den Austrittsquerschnitt A. Analog zu (3.35) wurde beim Volumenstrom die Kontraktionsziffer μ eingeführt.

3.3.3 Instationäre Fadenströmung dichtebeständiger Fluide

3.3.3.1 Voraussetzungen und Annahmen

Nach dem zunächst in Kap. 3.3.2 die stationäre Fadenströmung behandelt wurde, soll jetzt die instationäre reibungslose Strömung eines dichtebeständigen Fluids besprochen werden.

Es wird ein Kontrollfaden zugrunde gelegt, bei dem die Querschnitte $A = A(s)$ normal zur Kontrollfadenachse s liegen. Für die gleichmäßig über die Kontrollfadenquerschnitte verteilten Drücke und Geschwindigkeiten gilt $p = p(t, s)$ bzw. $v = v(t, s)$. Der Kontrollfaden besteht nach Abb. 3.8 aus der Eintritts- und Austrittsfläche A_1 bzw. A_2 sowie der Mantelfläche $A_{1\to 2}$. Die Indizes 1 und 2 geben die auf der Kontrollfadenachse raumfest zu haltenden Stellen s_1 = const bzw. s_2 = const an. Bei instationären Flüssigkeitsströmungen mit freien Oberflächen, wie sie in Kap. 3.3.3.3 behandelt werden, kann man die Einflüsse der über den Flüssigkeitsspiegeln befindlichen Gase vernachlässigen. Dies führt dazu, daß man die Stellen (*1*) und (*2*) in die sich zeitlich ändernden Höhen der Flüssigkeitsspiegel, d. h. $s_1 = s_1(t)$ bzw. $s_2 = s_2(t)$ legt. Da neben der Ortskoordinate s auch die Zeit t als unabhängige Veränderliche auftritt, hängen die Lösungen sowohl von den (örtlichen) Randbedingungen als auch von den (zeitlichen) Anfangsbedingungen ab.

3.3.3.2 Ausgangsgleichungen der instationären Fadenströmung

Kontinuitätsgleichung. Der von der Zeit abhängige Volumenstrom $\dot{V}$ beträgt nach (2.24), vgl. (3.25),

$$\dot{V}(t) = v(t, s)\, A(s) = v_1(t)\, A_1 = v_2(t)\, A_2. \qquad (3.37\text{a, b})$$

Druckgleichung. Angewendet auf die Stellen (*1*) und (*2*) längs der Kontrollfadenachse lautet die Bernoullische Druckgleichung (2.57), vgl. (3.28),

$$p_1 + \varrho g z_1 + \frac{\varrho}{2} v_1^2 = p_2 + \varrho g z_2 + \frac{\varrho}{2} v_2^2 + (p_l)_{1\to 2} \qquad (t = \text{const}). \qquad (3.38)$$

Der aus der konvektiven Beschleunigung herrührende Geschwindigkeitsdruck läßt sich unter Beachtung von (3.37b) in der Form

$$\frac{\varrho}{2}(v_2^2 - v_1^2) = \frac{\varrho}{2} a\dot{V}^2 \quad \text{mit} \quad a = \frac{1}{A_2^2} - \frac{1}{A_1^2} \tag{3.39a, b}$$

schreiben. Für das letzte Glied in (3.38) gilt

$$(p_l)_{1\to 2} = \varrho \int\limits_{(1)}^{(2)} \frac{\partial v}{\partial t} ds = \frac{\varrho}{2} b_{1\to 2} \frac{d\dot{V}}{dt} \quad \text{mit} \quad b_{1\to 2} = 2 \int\limits_{(1)}^{(2)} \frac{ds}{A(s)}. \tag{3.40a, b}$$

Dieser Ausdruck enthält die lokale Beschleunigung $\partial v/\partial t$ und soll Beschleunigungsdruck genannt werden. Unter Einführen des Volumenstroms nach (3.37a) mit $v(t, s) = \dot{V}(t)/A(s)$ gilt

$$\frac{\partial v}{\partial t} = \frac{\partial}{\partial t}\left[\frac{\dot{V}(t)}{A(s)}\right] = \frac{1}{A(s)} \frac{d\dot{V}}{dt}. \tag{3.40c}$$

Bei dieser Darstellung kann die partielle Differentiation $\partial/\partial t$ in eine totale Differentiation d/dt überführt werden, was eine wesentliche Vereinfachung darstellt. Durch Einführen von $\partial v/\partial t$ in die Ausgangsgleichung folgt die in (3.40a, b) angegebene Beziehung. Um die Größe $b_{1\to 2}$ zu bestimmen, braucht nur über die reziproke Querschnittsverteilung $1/A(s)$ längs des Kontrollfadens integriert zu werden. Für die in (3.38) noch nicht besprochenen Glieder sei geschrieben

$$H = 2gh \quad \text{mit} \quad h = z_1 - z_2 + \frac{p_1 - p_2}{\varrho g} \tag{3.41a, b}$$

als hydraulischer Höhe. Diese setzt sich zusammen aus dem Höhenunterschied $z_1 - z_2$ der beiden Stellen (*1*) und (*2*) sowie einer Druckhöhe $(p_1 - p_2)/\varrho g$, sofern $p_1 \neq p_2$ ist. Nach Einsetzen der angegebenen Abkürzungen in (3.38) erhält man als Bestimmungsgleichung für den Volumenstrom $\dot{V}(t)$ die Differentialgleichung

$$a\dot{V}^2 + b_{1\to 2} \frac{d\dot{V}}{dt} = H \quad \text{(instationär)}, \qquad \dot{V} = \sqrt{\frac{H}{a}} \quad \text{(stationär)}. \tag{3.42a, b}$$

Gl. (3.42a) drückt die Energieerhaltung bei der instationären reibungslosen Strömung durch einen Kontrollfaden aus. Während die Größen a und $b_{1\to 2}$ ausschließlich von geometrischen Daten abhängen, kann H darüber hinaus noch von den Drücken an den Stellen (*1*) und (*2*) beeinflußt werden.

Impulsgleichung. Die Kraftgleichung bei instationärer Strömung wird bei den Beispielen in Kap. 3.3.3.3 nicht benötigt und daher hier nicht besonders wiedergegeben.

3.3.3.3 Anwendungen zur instationären Fadenströmung

a) Schwingung einer Flüssigkeit in einem kommunizierenden Gefäß bei reibungsloser Strömung.

a.1) Geneigte Schenkel. In einem nach Abb. 3.15 gebogenen Rohr von konstantem Querschnitt A, dessen oben offene Schenkel gegen die Vertikale um die Winkel $\delta_1 < \pi/2$ bzw. $\delta_2 > \pi/2$ geneigt sind, befinde sich eine reibungslose Flüssigkeit zunächst in Ruhe. Dann steht die Flüssigkeit nach dem Gesetz der kommunizierenden Röhren in beiden Rohrschenkeln gleich hoch, $s_1 = 0$. Denkt man sich das Gleichgewicht durch irgendeine äußere Ursache vorübergehend gestört, so führt die Flüssigkeit nach Fortfall der Störung unter der

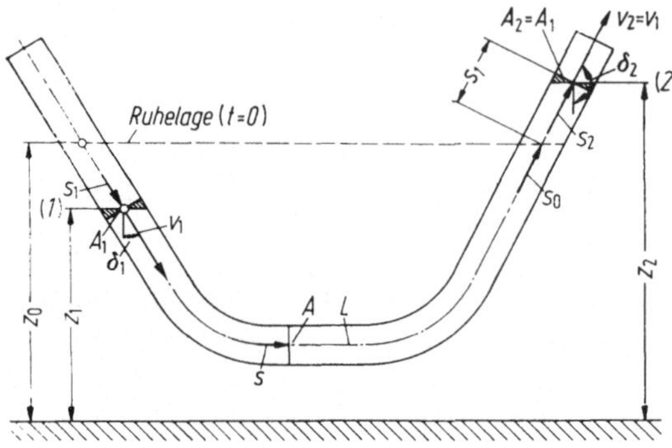

Abb. 3.15. Zur Berechnung einer schwingenden Flüssigkeit in kommunizierenden Gefäßen bei reibungsloser Strömung. Rohr mit geneigten Schenkeln

Wirkung der Schwere im Rohr Schwingungen aus. Es liegt somit der Fall einer instationären Strömung vor. Zur Berechnung der Spiegelbewegung sei von (3.42a) ausgegangen. Mit $\dot{V}(t) = v_1(t)\, A$ nach (3.37b) ergibt sich die zeitliche Änderung des Volumenstroms zu

$$\frac{d\dot{V}}{dt} = A\,\frac{dv_1}{dt} = A\,\frac{d^2 s_1}{dt^2} = A\ddot{s}_1 \qquad (A = \text{const}) \qquad (3.43\text{a})$$

mit $s_1(t)$ als Lage des Flüssigkeitsspiegels im Rohrschenkel (*1*). Weiterhin gilt nach (3.39b) und (3.40b)

$$a = 0, \qquad b_{1\to 2} = \frac{2}{A}\,(s_2 - s_1) = \frac{2L}{A} \qquad (A_1 = A = A_2) \qquad (3.43\text{b, c})$$

mit L als Länge des schwingenden Flüssigkeitsfadens. Da an den oben offenen Schenkeln des Rohrs $p_1 = p_2$ ist, ergibt sich nach (3.41a, b) mit $z_1 - z_0 = -s_1 \cos\delta_1$ und $z_2 - z_0 = s_2 \cos\delta_2$ nach Abb. 3.15 für die hydraulische Höhe

$$H = 2g(z_1 - z_2) = -2g(\cos\delta_1 - \cos\delta_2)\, s_1 \qquad (p_1 = p_2). \qquad (3.43\text{d})$$

Nach Einsetzen von (3.43) in (3.42a) folgt die Differentialgleichung für den Schwingungsvorgang zu

$$\ddot{s}_1 + \frac{g}{L}\,(\cos\delta_1 - \cos\delta_2)\, s_1 = 0. \qquad (3.44)$$

Dies stellt eine harmonische Schwingung

$$s_1(t) = s_{1\,\max} \sin(\omega t) \quad \text{mit} \quad \omega = \sqrt{(g/L)(\cos\delta_1 - \cos\delta_2)} \qquad (3.45\text{a, b})$$

als Kreisfrequenz der ungedämpften Schwingung dar. Mit $s_1 = 0$ für $t = 0$ beschreibt $s_1(t)$ die zeitabhängige Spiegellage, wobei s_{1max} den größten Ausschlag gegenüber der Ruhelage $z = z_0$ angibt.

Für die Dauer einer vollen Schwingung (Zeit zwischen zwei Durchgängen in gleicher Richtung) erhält man die Schwingdauer

$$T = \frac{2\pi}{\omega} = 2\pi \sqrt{\frac{L}{g(\cos\delta_1 - \cos\delta_2)}}\,. \qquad (3.46)$$

Theoretisch würde die von der Dichte der schwingenden Flüssigkeit unabhängige Bewegung unendlich lange andauern. Tatsächlich wird sie jedoch bei reibungsbehafteter Strömung infolge der fluidmechanischen Reibungsverluste gedämpft, so daß die Flüssigkeit nach einiger Zeit im Rohr wieder zur Ruhe gelangt.

a.2) U-Rohr. Für $\delta_1 = 0$ und $\delta_2 = \pi$ geht das Rohr nach Abb. 3.15 in ein Rohr mit parallel nach oben gerichteten Schenkeln über. Die Spiegellage, Spiegelgeschwindigkeit und Schwingdauer erhält man aus (3.45) bzw. (3.46) zu

$$s_1 = s_{1\max} \sin(\omega t), \quad v_1 = \omega\, s_{1\max} \cos(\omega t), \quad T = 2\pi \sqrt{\frac{L}{2g}} \qquad \text{(U-Rohr)} \qquad (3.47\text{a, b, c})$$

mit $\omega = \sqrt{2g/L}$.

b) Instationärer Ausfluß aus einem Gefäß

Das nach Abb. 3.16a beliebig gestaltete oben offene Gefäß sei mit einer Flüssigkeit gefüllt, deren Spiegel anfangs (Zustand der Ruhe zur Zeit $t = 0$) um die Höhe $z = z_0$ über der Ausflußöffnung bei $z = z_2 = 0$ liegt. Nach plötzlicher Öffnung des Bodenabflusses A_2 tritt eine instationäre, nach Voraussetzung reibungslose Strömung ein, in deren Verlauf der Spiegel sinkt. Zur Zeit t_1 habe er die Höhe $z = z_1$ über der Ausflußöffnung erreicht, wobei

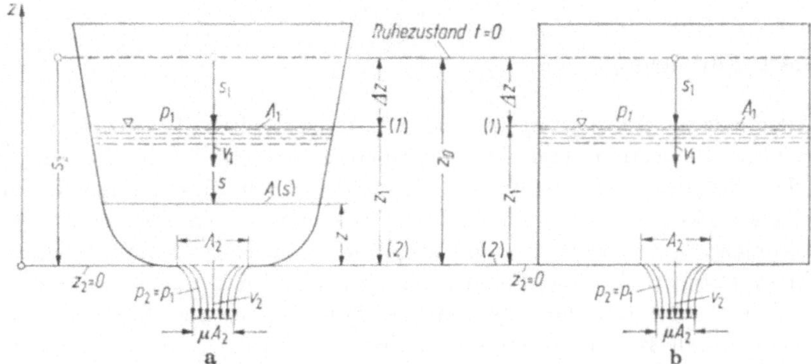

Abb. 3.16. Zur Berechnung des zeitlichen Ausflußvorgangs aus einem oben offenen Gefäß (Ausflußgefäß) bei reibungsloser Strömung. **a** Beliebiger Gefäßquerschnitt. **b** Konstanter Gefäßquerschnitt (zylindrisch)

der von ihm erfüllte Gefäßquerschnitt $A_1 = A(z_1)$ ist. Dort herrscht die mittlere Spiegelgeschwindigkeit v_1, während v_2 die zugehörige Ausflußgeschwindigkeit bezeichnet. Wirkt auf den freien Spiegel der äußere Atmosphärendruck p_1 und erfolgt der Ausfluß ins Freie, so gilt $p_2 = p_1$. Für ein Gefäß mit konstantem Querschnitt (z. B. zylindrisches Gefäß) nach Abb. 3.16b ist $A(z_1) = A_1 = \text{const}$.

Eine häufig benutzte Näherung stellt der quasi-stationäre Ausflußvorgang dar. Man nimmt an, daß die Strömung in jedem Augenblick als näherungsweise stationär betrachtet werden kann, d. h. man vernachlässigt die lokale Beschleunigung $\partial v/\partial t = 0$.

Für die Ausflußgeschwindigkeit $v_2(t)$ kann man somit nach der für $A_2/A_1 \ll 1$ gültigen Torricellischen Ausflußformel (3.34b) schreiben

$$v_2(t) = \sqrt{2gz_1(t)} \qquad \text{(quasi-stationär)}. \qquad (3.48\text{a})$$

Unter Beachtung der Kontinuitätsgleichung (3.37b) erhält man die Spiegelgeschwindigkeit $v_1 = v(z_1)$ zu

$$v(z_1) = \frac{A_2}{A(z_1)} \sqrt{2gz_1} \quad \text{mit} \quad z_1 = z_1(t). \qquad (3.48\text{b})$$

Die Ausflußzeit t_1 ergibt sich aus der Beziehung für die Spiegelabsenkung $v(z_1) = -dz_1/dt$, d. h. mit $dt = -dz_1/v(z_1)$ zu

$$t_1 = -\int\limits_{z_0}^{z_1} \frac{dz_1}{v(z_1)} = \frac{1}{A_2} \int\limits_{z_1}^{z_0} \frac{A(z_1)}{\sqrt{2gz_1}}\, dz_1 \quad (A_2/A_1 \ll 1). \qquad (3.49\text{a, b})$$

Für ein Gefäß mit konstantem Querschnitt $A(z_1) = A_1 = \text{const}$ erhält man nach Ausführen der Integration in (3.49b)

$$t_1 = \frac{A_1}{A_2}\left(1 - \sqrt{\frac{z_1}{z_0}}\right)\sqrt{\frac{2z_0}{g}}, \qquad t_{max} = \frac{A_1}{A_2}\sqrt{\frac{2z_0}{g}} \qquad (z_1 = 0). \qquad (3.50\text{a, b})$$

Die Entleerungszeit (maximale Ausflußzeit) t_{max} ergibt sich aus (3.50a) für $z_1 = 0$.

Da die Dichte des Fluids in die Berechnung nicht eingeht, gelten die Beziehungen für die Ausflußzeit für beliebige Flüssigkeiten.

3.4 Strömung dichtebeständiger Fluide in Rohrleitungen (Rohrhydraulik)

3.4.1 Einführung

Allgemeines. Rohrleitungen dienen dem geregelten Transport von Stoff oder Energie. Sie werden nach dem strömenden Stoff (Fluid) als Wasser-, Öl-, Dampf- oder Gasleitung oder nach dem Druck des Strömungsmittels als Druck-, Saug-, Hochdruck- oder Niederdruckleitung bezeichnet. Beim Durchströmen von Rohrleitungssystemen setzt sich ein Teil der mechanischen Strömungsenergie in andere Energieformen (Wärme, Schall) um; geht also für den mechanischen Strömungsvorgang verloren. Solche Verluste an fluidmechanischer Energie sind im wesentlichen durch Reibungseinflüsse bedingt. In Tab. 3.2 ist ein Überblick über die möglichen Energieverluste gegeben, welche an der eigentlichen Rohrleitung durch die innere Rohrwand, an den Rohrverbindungen (Formstücke) durch Querschnittsänderung (Verengung, Erweiterung), Richtungsänderung (Umlenkung) und Verzweigung (Trennung, Vereinigung) sowie an den Rohrleitungselementen (Armaturen) durch Blenden (Drosselscheiben), Stromdurchlässe (Siebe, Gitter) und Rohrleitungsschalter (Regel-, Drossel-, Absperrorgan) auftreten können. Da durch eine in das Rohrleitungssystem eingebaute energieverbrauchende Strömungsmaschine (Turbine) fluidmechanische Energie verlorengeht, kann auch die Turbinenarbeit als Verlust in obigem Sinn aufgefaßt werden. Entsprechend bringt eine eingebaute energiezuführende Strömungsmaschine (Pumpe) einen Gewinn, d. h. einen negativen Verlust an fluidmechanischer Energie.

Die folgenden Untersuchungen befassen sich mit der stationären Rohrströmung dichtebeständiger Fluide.

Strömungsverhalten. Gegenüber der in Kap. 3.3 behandelten reibungslosen Fadenströmung ist bei der Rohrströmung auch der Reibungseinfluß zu berücksichtigen. Dieser drückt sich durch das Auftreten von Reibungsspannungen (vornehmlich Schubspannungen) im strömenden Fluid und an den begrenzenden festen Wänden sowie als Folge hiervon durch ungleichmäßige Geschwindigkeitsverteilungen über die Strömungsquerschnitte aus. Dies soll durch entsprechende Erweiterungen der Beziehungen für die Stromfadentheorie in Kap. 3.3 erfolgen, wobei entsprechend Kap. 1.3.3.2 zwischen laminarer und turbulenter Strömung zu unterscheiden ist. Auch die Wandbeschaffenheit der durchströmten Rohrteile (glatt, rauh) kann den Strömungsvorgang erheblich beeinflussen.

Tabelle 3.2. Übersicht über mögliche fluidmechanische Energieverluste in Rohrleitungssystemen

Bezeichnung	Index N	Rohrleitungsteil	Strömungsverhalten
Rohrströmung	R	geradlinig verlaufendes langes Rohr Rohrquerschnitt: kreis-, nichtkreisförmig, ebener Spalt	Wandreibung (Haftbedingung), vollausgebildetes Geschwindigkeitsprofil (laminar, turbulent), Oberfläche (glatt, rauh)
Rohreinlaufströmung	L	geradlinig verlaufendes Rohr (ebener Spalt) an Behälter angeschlossen: Rohreinlaufstrecke	Entwicklung des Geschwindigkeitsprofils vom Rohranschluß (gleichmäßig) bis Beendigung der Beschleunigung der reibungslosen Kernströmung (vollausgebildet)
Stromquerschnittsänderung	S	plötzliche Rohrerweiterung: Stufendiffusor (Stoßdiffusor)	unstetige Stromerweiterung (Vermischung, Wirbelbildung)
	A	offenes Rohrende (Austritt)	Strahlaustritt ins Freie (Sprungübergang)
	D, DA	allmähliche Rohrerweiterung: Übergangs-, Austrittsdiffusor	divergente Stromquerschnittsänderung (verzögerte Strömung, Gefahr der Strömungsablösung)
	C, CA	allmähliche Rohrverengung: Übergangs-, Austrittsdüse	konvergente Stromquerschnittsänderung (beschleunigte Strömung, keine Strömungsablösung)
	V	plötzliche Rohrverengung Stufendüse Blende: Drosselscheibe Durchlaß: Sieb, Gitter, Geflecht	unstetige Stromverengung (Strahleinschnürung = Kontraktion mit anschließender unstetiger Stromerweiterung), Stromdurchlaß
	E	Ansatzrohr an einem Behälter (Eintritt) Rohransatzöffnung: scharf, abgerundet	Stromeintritt (Sprungübergang), Rohreintrittsströmung (Entstehung des Geschwindigkeitsprofils im Eintrittsquerschnitt)
Stromrichtungsänderung	K, U	Rohrkrümmer: Bogen, Knie, Winkel, Segmentbogen, Schlange (Krümmungsverhältnis, Umlenkwinkel) Übergangskrümmer, Austrittskrümmer, Einbau von Umlenkschaufeln	Stromumlenkung = Krümmer mit anschließender Ablaufstrecke (gestörte Ablaufströmung) schraubenförmige Stromumlenkung Verbesserung des Strömungsverhaltens

Fortsetzung Tabelle 3.2

Bezeichnung	Index N	Rohrleitungsteil	Strömungsverhalten
Strom-verzweigung	Z (1, 2, 3)	Rohrtrennung, Rohrvereinigung: Verzweigstück (T-Stück), Hosenstück (Y-Stück), Kreuzstück (X-Stück) (Verzweigwinkel, Querschnittsverhältnis)	Stromtrennung, Stromvereinigung (Gegenstrom, Gleichstrom), Veränderliche Volumenströme in den Rohrsträngen
Volumen-strom-änderung		Rohrleitungsschalter (Schaltorgan): Drossel-, Regel-, Absperrorgan, Schieber, Klappe, Hahn, Ventil	Volumenstromänderung als Folge verschiedener Öffnungsgrade (Teilquerschnitt/Gesamtquerschnitt)
Strömungs-maschine	M	energieverbrauchend: Turbine (Index T)	Fallhöhe = Verlust an fluidmechanischer Energie
		energiezuführend: Pumpe (Index P)	Förderhöhe = Gewinn an fluidmechanischer Energie = negativer Verlust

3.4.2 Grundlagen der Rohrhydraulik bei stationärer Strömung

3.4.2.1 Über Strömungsquerschnitt gemittelte Strömungsgrößen

Infolge des Reibungseinflusses kommen die Fluidelemente an der Wand zum Stillstand (Haftbedingung), was eine über den Strömungsquerschnitt ungleichmäßige Geschwindigkeitsverteilung zur Folge hat. Um den Strömungsvorgang quasi-eindimensional beschreiben zu können, ist für die Geschwindigkeit v und den Druck p mit bestimmten Mittelwerten über den Querschnitt A zu rechnen. Dabei werden neben der mittleren Geschwindigkeit v_m insbesondere bestimmte Geschwindigkeitsausgleichswerte für den Impuls- und Energiestrom eingeführt.

Mittlere Geschwindigkeit. Die mittlere Geschwindigkeit v_m ist als das Verhältnis von Volumenstrom $\dot{V}$ und Strömungsquerschnitt A, d. h. $v_m = \dot{V}/A$, definiert. Dabei ergibt sich der Volumenstrom durch Integration der über den Querschnitt verschieden stark herrschenden Volumenströme $d\dot{V} = v\,dA$, vgl. Tab. 3.3(a).

Mittlerer Impulsstrom. Ausgangspunkt ist die Impulsgleichung (3.26) mit der entsprechenden Erweiterung auf die über den Querschnitt A ungleichmäßig verteilten Geschwindigkeiten v und Drücke p. Für den totalen Impulsstrom sind die Beziehungen in Tab. 3.3(b) zusammengestellt. Man nennt $\beta > 1$ den Impulsbeiwert.

Mittlerer Energiestrom. Ausgangspunkt ist die Druckgleichung (Energiegleichung) für den Kontrollfaden bei stationärer Strömung nach (3.28). Die Glieder der zunächst für reibungslose Strömung gültigen Beziehung stellen Energiedichten in J/m³ dar. Je nach der Größe des örtlich verschiedenen Volumenstroms $d\dot{V}$ in m³/s ist der Beitrag der einzelnen Glieder von Stromlinie zu Stromlinie verschieden. Um den gesamten in einem Strömungsquerschnitt enthaltenen Energiestrom in J/s zu erfassen, müssen die Energiedichten in (3.28) jeweils mit dem durch das betrachtete Flächenelement des Rohrquerschnitts dA hindurchtretenden Volumenstrom $d\dot{V} = v\,dA$ multipliziert und das Ergebnis über der Querschnittsfläche A integriert werden. Dies liefert die in Tab. 3.3(c) wiedergegebenen Beziehungen. Man bezeichnet α als Energiebeiwert. Ist die Geschwindigkeit über den gesamten Querschnitt positiv ($v > 0$), so gilt $\alpha > \beta > 1$, während bei konstanter Geschwindigkeitsverteilung $\alpha = \beta = 1$ ist.

Tabelle 3.3. Strömungsquerschnitt mit ungleichmäßiger Geschwindigkeits- und Druckverteilung; Mittelwertbildung: v_m = mittlere Geschwindigkeit, α = Energiebeiwert, β = Impulsbeiwert

a	Volumenstrom	$\dot{V} = \int_{(A)} v\,dA = v_m A, \quad v_m = \frac{1}{A}\int_{(A)} v\,dA$
b	Impulsstrom	$\int_{(A)} (p + \varrho v^2)\,dA = (p_m + \beta\varrho v_m^2)\,A$
		$p_m = \frac{1}{A}\int_{(A)} p\,dA, \quad \beta = \frac{1}{v_m^2 A}\int_{(A)} v^2\,dA$
c	Energiestrom	$\int_{(A)} \left(p + \varrho g z + \frac{\varrho}{2} v^2\right) v\,dA = \left(p_m + \varrho g z_m + \alpha\frac{\varrho}{2} v_m^2\right)\dot{V}$
		$p_m = \frac{1}{v_m A}\int_{(A)} pv\,dA, \; z_m = \frac{1}{v_m A}\int_{(A)} zv\,dA, \quad \alpha = \frac{1}{v_m^3 A}\int_{(A)} v^3\,dA$

Man beachte, daß die beiden Definitionen für den mittleren Druck p_m nicht übereinstimmen.

3.4.2.2 Fluidmechanischer Energieverlust

Als Kraftwirkungen treten infolge der Reibung des strömenden Fluids im wesentlichen Schubspannungen auf, die an den festen Rohrwänden am größten sind. Sie hemmen den Strömungsvorgang. Dieser kann nur durch ein entsprechend größeres Druckgefälle als bei reibungsloser Strömung in Strömungsrichtung aufrechterhalten bleiben. Befinden sich in dem Rohrleitungssystem neben der eigentlichen Rohrleitung auch andere Rohrleitungsteile gemäß Tab. 3.2, so bewirken diese infolge zusätzlich auftretender Sekundärströmungen und Strömungsablösungen fluidmechanische Energieverluste, zu deren Überwindung eine weitere Vergrößerung des Druckgefälles erforderlich ist. Der sich als Druckabfall äußernde Verbrauch an fluidmechanischer Energie stellt einen Gesamtdruckverlust dar, da er die dem Rohrleitungssystem ursprünglich zur Verfügung stehende gesamte fluidmechanische Energie (Lage-, Geschwindigkeits- und

Druckenergie) vermindert. Wird der auf das Volumen bezogene Verlust an fluidmechanischer Energie in J/m^3 gemessen, so entspricht dies der Dimension eines Drucks mit der Einheit N/m^2.

Die Verluste an fluidmechanischer Energie (Index e) seien mit $(p_e)_N$ angegeben, wobei der Index N das jeweils betrachtete Rohrleitungsteil gemäß Tab. 3.2 kennzeichnet. Für die praktische Anwendung kommt es darauf an, für die einzelnen Energieverluste geeignete Beziehungen zu finden. Häufig ist neben den theoretischen Ansätzen das Einführen von gewissen, experimentell zu ermittelnden Beiwerten unerläßlich. Man kann davon ausgehen, daß der Verlust $(p_e)_N$ näherungsweise proportional der auf das Volumen bezogenen Geschwindigkeitsenergie (Energiedichte) ist, d. h. proportional dem Geschwindigkeitsdruck $(\varrho/2)\, v_N^2$ mit $v_N = (v_m)_N$ als mittlerer, jeweils genau zu definierender Geschwindigkeit. Mit A_N als Bezugsquerschnitt des betrachteten Rohrleitungsteils N erhält man bei gegebenem Volumenstrom $\dot{V}$ nach Tab. 3.3(a) die Bezugsgeschwindigkeit zu $v_N = \dot{V}/A_N$.

Der dimensionslose Proportionalitätsfaktor sei mit ζ_N bezeichnet und werde Verlustbeiwert genannt. Der Verlust eines in Tab. 3.2 aufgeführten Rohrleitungsteils N läßt sich also in der Form

$$(p_e)_N = \zeta_N \frac{\varrho}{2} v_N^2 \qquad (v_N = \dot{V}/A_N) \tag{3.51}$$

angeben. Der gesamte Verlust an fluidmechanischer Energie eines Rohrleitungssystems zwischen zwei Stellen (*1*) und (*2*) ergibt sich durch Addition der einzelnen Verlustgrößen der verschiedenen Rohrleitungsteile zu

$$(p_e)_{1\to 2} = \sum_{(1)}^{(2)} (p_e)_N = \frac{\varrho}{2} \sum_{(1)}^{(2)} \zeta_N v_N^2 = \sum_{(1)}^{(2)} \frac{\zeta_N}{A_N^2} \frac{\varrho}{2} \dot{V}^2. \tag{3.52a, b, c}$$

Aufgabe der folgenden Ausführungen ist die Bestimmung der jeweiligen Verlustbeiwerte, wobei zunächst in Kap. 3.4.3 der Einfluß der inneren Rohrwand und sodann in Kap. 3.4.4 die Einflüsse der verschiedenen Rohrverbindungen und -elemente einschließlich der Wirkung von eingebauten Strömungsmaschinen behandelt werden.

3.4.2.3 Ausgangsgleichungen der Rohrhydraulik

Kontinuitätsgleichung. Für ein Rohrleitungssystem lautet (3.25) zwischen zwei Stellen (*1*) und (*2*), vgl. Abb. 3.17b,

$$\dot{V} = v_m(s)\, A(s) = v_1 A_1 = v_2 A_2 \qquad \text{(Volumenstrom)}, \tag{3.53a, b}$$

wobei v_1 und v_2 die mittleren Geschwindigkeiten in den normal zu den Stromlinien stehenden Querschnitten A_1 bzw. A_2 gemäß Tab. 3.3(a) bedeuten. Liegt eine Rohrverzweigung nach Kap. 3.4.4.4 vor, dann ist die Kontinuitätsgleichung bei Rohrtrennung oder Rohrvereinigung jeweils für die verschiedenen Rohrstränge getrennt anzuschreiben.

Druckgleichung. Die Ausdrücke für die Mittelwerte der Energieströme in einem Rohrleitungssystem nach Tab. 3.3(c) enthalten den längs der Rohrachse unveränderlichen Volumenstrom $\dot{V} = \text{const}$. Nach Division durch $\dot{V}$ und angewendet auf die Stellen (*1*) und (*2*) lautet jetzt die Bernoullische Druckgleichung (Energiegleichung), vgl. (3.28),

$$p_1 + \varrho g z_1 + \alpha_1 \frac{\varrho}{2} v_1^2 = p_2 + \varrho g z_2 + \alpha_2 \frac{\varrho}{2} v_2^2 + (p_e)_{1\to 2}. \tag{3.54}$$

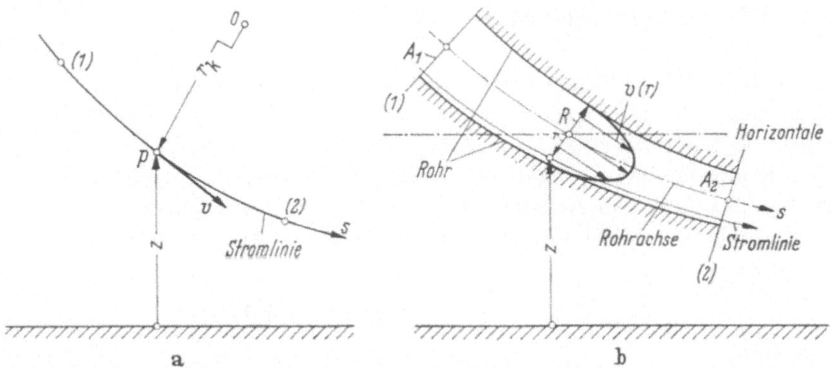

Abb 3.17. Zur Ableitung und Erläuterung der erweiterten Bernoullischen Druckgleichung für die Rohrströmung. **a** Reibungslose Strömung (Stromlinie). **b** Reibungsbehaftete Strömung (Rohr)

Die Energiebeiwerte α_1 und α_2 berücksichtigen mittelbar die über die Rohrquerschnitte als Folge der Reibung veränderlichen Geschwindigkeitsverteilungen. Um auch den unmittelbaren Einfluß der Reibung zu erfassen, muß noch der fluidmechanische Energieverlust, d. h. $(p_e)_{1\to 2}$ nach (3.52) auf der rechten Seite hinzugefügt werden. Gl. (3.54) stellt die Erweiterung der Druckgleichung für reibungslose Strömung auf den Fall reibungsbehafteter Rohrströmung dar. Man nennt sie auch die erweiterte Bernoullische Druckgleichung (Energiegleichung). Diese Beziehung hat die Dimension einer Energie bzw. Arbeit bezogen auf das Volumen mit der Einheit J/m³, was gleichbedeutend der Dimension eines Drucks mit der Einheit N/m² ist.

Impulsgleichung. Ausgangspunkt ist (3.26) mit der entsprechenden Erweiterung hinsichtlich der Mittelwerte nach Tab. 3.3(b). Die ungleichmäßige Geschwindigkeitsverteilung über den Strömungsquerschnitt wird durch den Impulsbeiwert $\beta > 1$ erfaßt, während für den Druck der Mittelwert nach Tab. 3.3(b) einzusetzen ist. Es ergibt sich die erweiterte Impulsgleichung der reibungsbehafteten Rohrströmung zu

$$(p_1 + \beta_1 \varrho v_1^2)\,\boldsymbol{A}_1 + (p_2 + \beta_2 \varrho v_2^2)\,\boldsymbol{A}_2 = \boldsymbol{F}_B + \boldsymbol{F}_S. \tag{3.55}$$

Die Mantelfläche besteht aus der festen inneren Rohrwand; sie gehört damit zum körpergebundenen Teil der Kontrollfläche (S). Von diesem wird eine Stützwirkung auf das strömende Fluid ausgeübt. Es ist somit $(\boldsymbol{F}_A)_{1\to 2} = (\boldsymbol{F}_S)_{1\to 2}$ definitionsgemäß in der Stützkraft $\boldsymbol{F}_S$ enthalten, man vgl. hierzu Beispiel b in Kap. 3.3.2.3 über die Kraft auf einen Rohrkrümmer. $\boldsymbol{F}_B$ ist die Schwerkraft (Massenkraft) der im Rohr zwischen den Stellen (1) und (2) befindlichen Masse m, d. h. $\boldsymbol{F}_B = m\boldsymbol{g}$ mit $\boldsymbol{g}$ als Fallbeschleunigung.

3.4.3 Strömung dichtebeständiger Fluide in geradlinig verlaufenden langen Rohren

3.4.3.1 Voraussetzungen und Annahmen

Geometrie. Als wichtigstes Rohrleitungsteil ist das geradlinige oder schwach gekrümmte Rohr annähernd konstanten Querschnitts A anzusehen. Die Rohrlänge wird mit L bezeichnet.

Im allgemeinen besitzen die Rohre kreisförmigen Querschnitt vom Durchmesser $D = 2R$. Bei Rohren mit nichtkreisförmigem Querschnitt kann anstelle von D näherungsweise mit dem gleichwertigen Durchmesser

$$D_g = 4\,\frac{A}{U} \quad \text{(gleichwertiger Durchmesser)} \tag{3.56}$$

gerechnet werden, wobei A die Querschnittsfläche und U der Umfang der inneren Rohrwand ist. Für kreisförmigen Querschnitt ist wegen $A = \pi R^2$ und $U = 2\pi R$ der gleichwertige Durchmesser gleich dem tatsächlichen Durchmesser $D_g = 2R = D$.

Stärkere Querschnittsänderungen und Umlenkungen durch Krümmer werden in Kap. 3.4.4.2 bzw. 3.4.4.3 gesondert erfaßt.

Rohrreibung. Die Viskosität des strömenden Fluids bewirkt, daß an der festen Innenwand des Rohrs im Gegensatz zur reibungslosen Strömung eine Wandschubspannung auftritt. Sie hat zur Folge, daß das Fluid an der Wand zur Ruhe kommt (Haftbedingung) und sich der Strömungsverlauf über den Rohrquerschnitt stark verändert. Eine am Rohranfang nach Abb. 3.18 über den Querschnitt zunächst konstante Geschwindigkeitsverteilung wird weiter stromabwärts

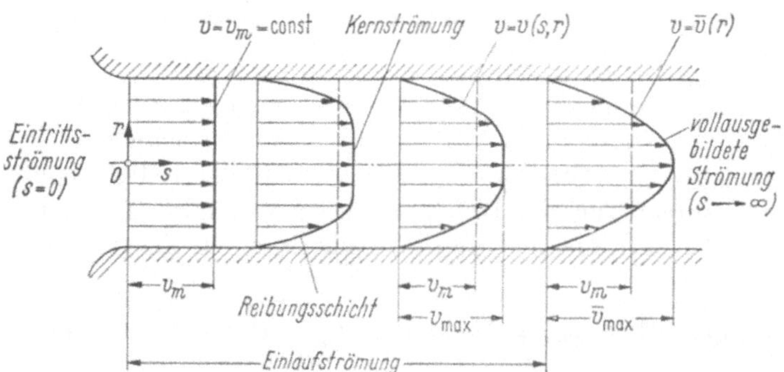

Abb. 3.18. Entwicklung der Geschwindigkeitsverteilung im Einlauf eines Rohrs vom gleichmäßigen bis zum vollausgebildeten Geschwindigkeitsprofil, dargestellt für laminare Strömung

ungleichmäßig, da die Geschwindigkeit an der Wand mit dem Wert null beginnend zur Rohrmitte bis zu einem Maximum ansteigt. Der vom Reibungseinfluß erfaßte Strömungsbereich (Reibungsschicht) nimmt mit zunehmender Entfernung vom Rohranschluß zu. Die von der Reibungswirkung noch nicht betroffene Kernströmung wird dabei wegen der Kontinuitätsbedingung beschleunigt, bis sich nach einer gewissen Einlauflänge die Reibung über den gesamten Rohrquerschnitt auswirkt. Von dieser Stelle an ändert sich die Geschwindigkeitsverteilung stromabwärts nicht mehr. Es spielt also dann der Einfluß des Rohranschlusses keine Rolle mehr. Man spricht in diesem Fall von der vollausgebildeten, unbeschleunigten Rohrströmung im Gegensatz zur noch nicht vollausgebildeten, beschleunigten Rohreinlaufströmung nach Abb. 3.18.

Geschwindigkeit. Bei einem kreisförmigen Rohrquerschnitt stellt sich je nach Strömungsart (laminar, turbulent) die Geschwindigkeitsverteilung (Geschwindigkeitsprofil) $v(r)$ entsprechend Abb. 3.19b ein, wobei insbesondere

$$r = R\colon\ v = 0 \quad \text{(Haftbedingung)}, \qquad r = 0\colon\ v = v_{\max} \tag{3.57a, b}$$

ist. Die mittlere Geschwindigkeit v_m sowie die Geschwindigkeitsausgleichswerte α und β sind in Tab. 3.3 definiert.

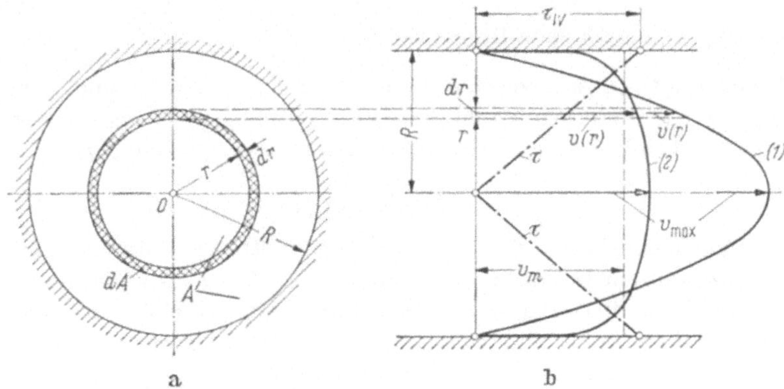

Abb. 3.19. Strömung durch ein Rohr von kreisförmigem Querschnitt. **a** Rohrquerschnitt **b** Geschwindigkeitsverteilung $v(r)$. (*1*) Laminare Strömung für $Re < Re_u$, (*2*) turbulente Strömung für $Re > Re_u$; Schubspannungsverteilung $\tau(r)$, gilt für (*1*) und (*2*)

Für ein kreisförmiges Rohr nach Abb. 3.19a gilt mit den Querschnittsflächen $dA = 2\pi r\,dr$ (Ringquerschnitt) und $A = \pi R^2$ (Gesamtquerschnitt)

$$v_m = \frac{2}{R^2}\int_0^R v(r)\,r\,dr, \qquad \beta = \frac{2}{R^2}\int_0^R \left(\frac{v}{v_m}\right)^2 r\,dr, \qquad \alpha = \frac{2}{R^2}\int_0^R \left(\frac{v}{v_m}\right)^3 r\,dr. \tag{3.58a, b, c}$$

Bei bekanntem Geschwindigkeitsprofil $v(r)/v_m$, z. B. nach Abb. 3.19b, lassen sich die Zahlenwerte für α und β ermitteln. Bei laminarer Strömung sind die Abweichungen vom Wert eins besonders groß, während bei turbulenter Strömung infolge des über den Rohrquerschnitt ausgeglicheneren Geschwindigkeitsprofils näherungsweise $\alpha \approx \beta \approx 1$ gesetzt werden darf.

Kennzahl. Der Strömungsverlauf in einer Rohrleitung hängt von der Reynolds-Zahl und von der Rauheit der inneren Rohrwand ab. Die Reynolds-Zahl lautet bei der Rohrströmung gemäß (1.21 b) mit dem Rohrdurchmesser $D = 2R$ als charakteristischer Länge l, der mittleren Geschwindigkeit v_m nach (3.58 a) als charakteristischer Geschwindigkeit und der kinematischen Viskosität ν nach (1.10)

$$Re = \frac{v_m D}{\nu} \quad \text{mit} \quad \nu = \frac{\eta}{\varrho}, \quad v_m = \frac{\dot{V}}{A}. \tag{3.59}$$

Die Größe der Reynolds-Zahl ist nach Kap. 1.3.3.2 maßgebend dafür, ob es sich um eine laminare oder turbulente Strömung handelt, und zwar beträgt die Reynolds-Zahl, bei welcher der Wechsel von der laminaren in die turbulente Strömung eintritt,

$$Re_u = 2320 \quad \text{(laminar-turbulenter Umschlag)}. \tag{3.60}$$

Unterhalb des Werts $Re < Re_u$ verläuft die Strömung laminar, Kurve (*1*) in Abb. 3.19 b, während sie oberhalb ($Re > Re_u$) turbulent ist, Kurve (*2*).

3.4.3.2 Vollausgebildete Rohrströmung

Druckverlust. Zwischen dem Druckverlust $(p_e)_{1\to 2} > 0$ und dem Druckgefälle $(p_2 - p_1) < 0$ eines horizontal liegenden Rohrs der Länge $L = s_2 - s_1$ besteht nach (3.54) mit $z_1 = z_2$, $v_1 = v_2$ und $\alpha_1 = \alpha_2$ der Zusammenhang

$$(p_e)_{1\to 2} = -(p_2 - p_1). \tag{3.61}$$

Rohrreibungszahl. Bei vollausgebildeter Strömung durch ein Rohr (Index R) mit konstantem Querschnitt A und von der Länge L kann man den Verlust an fluidmechanischer Energie (Druckverlust) infolge von Wandreibung $(p_e)_{1\to 2} = (p_e)_R$ nach dem erstmalig von Darcy und Weisbach angegebenen Rohrreibungsgesetz entsprechend (3.51) mit $N = R$ in der Form

$$(p_e)_R = \zeta_R \frac{\varrho}{2} v_R^2 = \lambda \frac{L}{D} \frac{\varrho}{2} v_m^2, \qquad \zeta_R = \lambda \frac{L}{D}, \ \lambda = \lambda(Re, k/D) \tag{3.62a, b, c}$$

anschreiben. Es ist $v_R = v_m$ die mittlere Geschwindigkeit nach (3.58a), ζ_R der dimensionslose Rohrverlustbeiwert und λ die zugehörige dimensionslose Rohrreibungszahl. Der Rohrverlustbeiwert ist bei gleichbleibender Rohrreibungszahl um so größer, je länger das Rohr und je kleiner sein Durchmesser ist. Bei glatter Rohrwand kann man zeigen, daß die Rohrreibungszahl λ von den Stoffgrößen des Fluids (Dichte ϱ, Viskosität η oder $\nu = \eta/\varrho$), dem Rohrdurchmesser D und der mittleren Durchströmgeschwindigkeit v_m abhängen muß. Die genannten Größen bilden die in (3.59) angegebene Reynolds-Zahl, so daß sowohl für laminare als auch turbulente Strömung $\lambda = \lambda(Re)$ gilt.

Vom technischen Standpunkt aus gesehen sind die inneren Rohrwände jedoch mehr oder weniger rauh. Daraus folgt, daß die Rohrreibungszahl nicht nur eine Funktion der Reynolds-Zahl sein kann, sondern auch von einer anderen dimensionslosen Größe abhängen muß, welche die Wandrauheit zum Ausdruck bringt. Als solche führt man den Rauheitsparameter (relative Rauheit) k/D ein und versteht darunter das Verhältnis einer noch näher zu definierenden Rauheitshöhe k zum Durchmesser D. Mithin ist $\lambda = \lambda(Re, k/D)$. Kann man die Rohrwand als fluidmechanisch vollkommen rauh ansehen, dann hängt die Rohrreibungszahl nur vom Rauheitsparameter $\lambda = \lambda(k/D)$ ab.

Ist $\lambda = \text{const}$, so stellt (3.62a) das in bezug auf die mittlere Geschwindigkeit quadratische Rohrreibungsgesetz $(p_e)_R \sim v_m^2$ dar. Da der Volumenstrom bei kreisförmigem Rohrquerschnitt $\dot{V} = v_m A = (\pi/4)\, D^2 v_m$ ist, verhält sich bei $\lambda = \text{const}$ und $\dot{V} = \text{const}$ der Druckverlust infolge Wandreibung wie $(p_e)_R \sim 1/D^5$. Man erkennt, daß der Rohrdurchmesser eine sehr entscheidende Rolle für den Strömungsvorgang spielt.

Die Gesetzmäßigkeiten für die Rohrreibungszahlen sind bei laminarer und bei turbulenter Strömung sowie bei der Strömung in rauhen Rohren verschieden und werden daher in Kap. 3.4.3.3 bis 3.4.3.5 getrennt untersucht.

Für ein Rohrstück der Länge $ds = s_2 - s_1$ kann man nach (3.62a) sowie nach (3.61) mit $dp_e = (p_e)_{1\to 2}$ und $dp = p_2 - p_1$ setzen

$$\left(\frac{dp_e}{ds}\right)_R = \frac{\lambda}{D}\frac{\varrho}{2}\, v_m^2 = -\frac{dp}{ds}. \qquad (3.63\text{a, b})$$

Der Druckabfall im Rohr $dp/ds < 0$ ist gleich dem Druckverlust infolge Wandreibung $(dp_e/ds)_R > 0$.

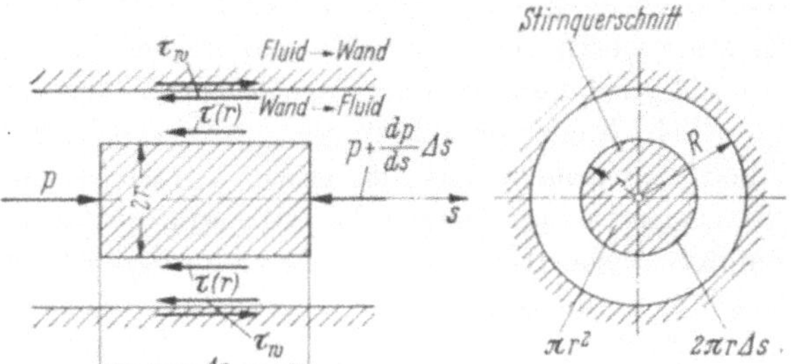

Abb. 3.20. Vollausgebildete stationäre Rohrströmung, Druck- und Schubspannungen

Stationäre Strömung. Für horizontalliegende Rohre mit konstantem Querschnitt seien weitere allgemein gültige Beziehungen angegeben, welche die Kenntnis des genauen Strömungszustands (laminar, turbulent, rauh) noch nicht erfordern. In der Strömung durch ein gerades zylindrisches Rohr werde nach Abb. 3.20 ein koaxiales zylindrisches Stück von der Länge Δs und vom Radius r betrachtet. Zum Aufrechterhalten des Strömungsvorgangs in Richtung der Rohrachse (s-Richtung) greifen Normalkräfte an den Stirnflächen πr^2 und Tangentialkräfte an der Mantelfläche $2\pi r \Delta s$ an. Da der Vorgang stationär sein soll, treten Trägheitskräfte nicht auf. Bei der angenommenen geradlinigen und horizontalen Bewegung ist der Druck (Normalspannung) in Querschnittsebenen jeweils konstant $p(s, r) = p(s)$. Am linken Querschnitt greift in Strömungsrichtung die Druckkraft $p\pi r^2$ und am rechten Querschnitt die entgegengesetzt gerichtete Kraft $[p + (dp/ds)\,\Delta s]\,\pi r^2$ an. Weiterhin wirkt der Strömungsrichtung entgegen die Schubspannungskraft, die sich mit $\tau(s, r) = \tau(r)$ als Schubspannung zu $2\pi \tau r \Delta s$ ergibt. Aus dem Kräftegleichgewicht in Strömungsrichtung wird also

$$\tau = -\frac{r}{2}\frac{dp}{ds}, \qquad \tau_w = -\frac{R}{2}\frac{dp}{ds}, \qquad \frac{\tau}{\tau_w} = \frac{r}{R}. \qquad (3.64\text{a, b, c})$$

Die Schubspannung verteilt sich, wie in Abb. 3.19b dargestellt, von der Rohrachse aus linear über den örtlichen Radius $0 \leqq r \leqq R$. In der Rohrmitte ($r = 0$) verschwindet sie, während sie an der Rohrwand ($r = R$) den größten Wert annimmt, nämlich die Wandschubspannung $\tau_w = \text{const}$.

Zwischen der Rohrreibungszahl λ und der Wandschubspannung τ_w bestehen somit die Zusammenhänge

$$\lambda = 8\frac{\tau_w}{\varrho v_m^2}, \qquad \tau_w = \frac{\lambda}{8}\varrho v_m^2, \qquad v_\tau = \sqrt{\frac{\tau_w}{\varrho}} = \sqrt{\frac{\lambda}{8}}v_m. \qquad (3.65\text{a, b, c})$$

Man kann also λ ermitteln, wenn man die Wandschubspannung τ_w kennt oder auch umgekehrt. Häufig wird auch die sogenannte Schubspannungsgeschwindigkeit v_τ zur Beschreibung des Reibungseinflusses eingeführt.

3.4.3.3 Vollausgebildete laminare Rohrströmung

Beim Durchströmen von geraden Kreisrohren mit mäßigen Geschwindigkeiten, genauer gesagt bei Reynolds-Zahlen Re, die kleiner als die Reynolds-Zahl des laminar-turbulenten Umschlags Re_u nach (3.60) sind, stellt sich im Rohr Laminar- oder Schichtenströmung ein. Es lassen sich hierfür die Geschwindigkeitsverteilung über den Rohrquerschnitt sowie der Druckverlust infolge Reibung längs der Rohrachse exakt berechnen. Ausgangspunkt ist der Elementaransatz für die infolge Viskosität η eines newtonschen Fluids auftretende Schubspannung. Nach (1.9) gilt mit $\partial y = -\partial r$ sowie nach Einsetzen von (3.64a)

$$\tau = -\eta\frac{\partial v}{\partial r} = -\eta\frac{dv}{dr} > 0, \qquad \frac{dv}{dr} = \frac{r}{2\eta}\frac{dp}{ds} < 0 \qquad (Re < Re_u). \qquad (3.66\text{a, b})$$

Da bei vollausgebildeter Rohrströmung $v(r, s) = v(r)$ ist, d. h. die Geschwindigkeitsverteilung sich über den Rohrquerschnitt A achsensymmetrisch verteilt, kann in (3.66a) $\partial/\partial r = d/dr$ gesetzt werden. Es ist $dv/dr < 0$, da v von $r = 0$ nach $r = R$ abfällt. Die Beziehung (3.66b) stellt die Bestimmungsgleichung zur Berechnung der Geschwindigkeitsverteilung dar. Wegen der Haftbedingung (3.57a) verschwindet die Geschwindigkeit an der Rohrwand. Da für den Druckgradienten $dp/ds = \text{const}$ ist, läßt sich (3.66b) sofort über r integrieren und liefert mit der Randbedingung $v(r = R) = 0$

$$v(r) = -\frac{1}{4\eta}(R^2 - r^2)\frac{dp}{ds}, \qquad v_{\max} = -\frac{R^2}{4\eta}\frac{dp}{ds}, \qquad v_m = -\frac{R^2}{8\eta}\frac{dp}{ds}, \qquad (3.67\text{a, b, c})$$

wobei die Geschwindigkeit auf der Rohrachse am größten ist, $v(r = 0) = v_{max}$. Die Geschwindigkeit v_m erhält man durch Einsetzen von (3.67a) in (3.58a) und anschließende Integration. In dimensionsloser Schreibweise ergibt sich für die Geschwindigkeitsverteilung

$$\frac{v(r)}{v_{max}} = 1 - \left(\frac{r}{R}\right)^2, \quad \frac{v(r)}{v_m} = 2\left[1 - \left(\frac{r}{R}\right)^2\right], \quad \frac{v_{max}}{v_m} = 2. \qquad (3.68\text{a, b, c})$$

Hiernach ist die Geschwindigkeit nach einem Rotationsparaboloid über den Rohrquerschnitt verteilt, dessen Scheitel in die Rohrachse fällt, Kurve (*1*) in Abb. 3.19b. Die maximale Geschwindigkeit in Rohrmitte ist doppelt so groß wie die mittlere Geschwindigkeit.

Die in (3.58b, c) definierten Geschwindigkeitsausgleichswerte berechnet man zu

$$\alpha = 2, \qquad \beta = 4/3 = 1{,}333 \qquad (\text{laminar}). \qquad (3.69\text{a, b})$$

Der Volumenstrom durch den Rohrquerschnitt beträgt nach (3.53a) in Verbindung mit (3.67c)

$$\dot{V} = v_m A = -\frac{\pi}{8}\frac{R^4}{\eta}\frac{dp}{ds} > 0. \qquad (3.70\text{a, b})$$

Er ist bei laminarer Rohrströmung proportional der vierten Potenz des Rohrradius R und proportional dem Druckabfall $dp/ds < 0$ sowie umgekehrt proportional der Viskosität η des Fluids. Dies Ergebnis wird als das Hagen-Poiseuillesche

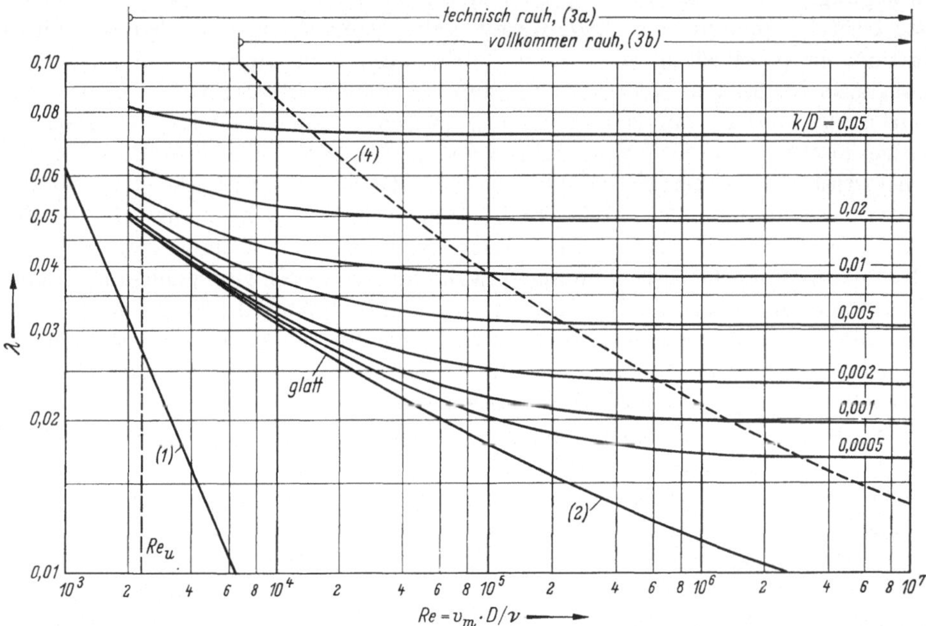

Abb. 3.21. Rohrreibungszahlen für glatte und technisch rauhe Rohre (Moody-Diagramm); (*1*) laminar nach (3.71b) für $Re < Re_u$, (*2*) turbulent glatt nach (3.77b) für $Re > Re_u$, (*3a*) turbulent technisch rauh nach (3.79), (*3b*) turbulent vollkommen rauh nach (3.78), (*4*) Grenzkurve

Gesetz bezeichnet. Es wird durch den Versuch mit großer Genauigkeit bestätigt. Den zugehörigen Druckverlust sowie die Rohrreibungszahl erhält man aus (3.63 b) und (3.67 c) zu

$$\left(\frac{dp_e}{ds}\right)_R = \frac{8\eta}{R^2} v_m \sim v_m, \qquad \lambda = \frac{64}{Re} \sim \frac{1}{Re} \; (Re < Re_u) \qquad (3.71\,\text{a, b})$$

mit der Reynolds-Zahl Re nach (3.59).

In Abb. 3.21 ist die Rohrreibungszahl über der Reynolds-Zahl $\lambda = \lambda(Re)$ in doppeltlogarithmischem Maßstab als Kurve *(1)* aufgetragen. Die Übereinstimmung mit Meßergebnissen ist bis zur Reynolds-Zahl des laminar-turbulenten Umschlags $Re_u = 2320$ sehr gut. Das heißt, für $Re < Re_u$ verläuft die Strömung laminar, während sie für $Re > Re_u$ turbulent sein kann. Nähere Ausführungen hierzu werden in Kap. 3.4.3.4 gemacht.

3.4.3.4 Vollausgebildete turbulente Strömung durch glattes Rohr

Grundsätzliches. Während die laminare Scherströmung durch ihr geordnetes Verhalten in nebeneinander verlaufenden Schichten gekennzeichnet ist, hat man es bei der turbulenten Scherströmung mit einer Bewegung zu tun, bei welcher sich die nebeneinander strömenden Schichten ständig miteinander vermischen. Es entsteht das Bild einer unruhigen, scheinbar ohne jegliche Gesetzmäßigkeit wirbeligen Bewegung. Sofern die Strömung als Ganzes betrachtet von der Zeit unabhängig ist, besitzt dabei die Geschwindigkeit jedes strömenden Fluidelements einen stationären gemittelten Wert (Hauptströmung), dem unregelmäßige Schwankungen in Längs- und Querrichtung (Nebenströmung) überlagert sind. Durch die Turbulenz werden Impuls und Energie zwischen benachbarten Fluidschichten ausgetauscht und damit vom Inneren an die Wand transportiert. Dies bewirkt einen Ausgleich der Geschwindigkeit über den Rohrquerschnitt. Die Geschwindigkeitsverteilung in einem kreiszylindrischen Rohr ist nicht mehr wie bei der laminaren Bewegung parabolisch, sondern im mittleren Strömungskern nahe der Rohrachse wesentlich gleichmäßiger, während der Geschwindigkeitsabfall nach dem Rand zu entsprechend steiler ist, Kurve *(2)* in Abb. 3.19 b. Es stellen sich erheblich größere Verluste an fluidmechanischer Energie (Druckverluste) ein.

Der Umschlag der laminaren in die turbulente Strömungsform tritt bei einer bestimmten Reynolds-Zahl des laminar-turbulenten Umschlags Re_u, häufig auch als kritische Reynolds-Zahl Re_{kr} bezeichnet, ein, vgl. (3.60). Während laminare Rohrströmung bei $Re < Re_u$ vorliegt, stellt sich bei $Re > Re_u$ die turbulente Rohrströmung ein. Für die Beurteilung der fluidmechanischen Vorgänge in einem Rohr tritt noch die Frage nach der Wandbeschaffenheit des Rohrs auf. Erfahrungsgemäß besteht hinsichtlich der Größe des Druckverlusts infolge Reibung in Rohren ein Unterschied, je nachdem ob es sich um glatte oder rauhe Rohrinnenwände handelt. Nun gibt es zwar absolut glatte Flächen selbst bei feinster Polierung der Oberfläche in der Natur nicht. Indessen hat sich gezeigt, daß sich Rohre mit nicht zu großer Rauheit als technisch oder fluidmechanisch (hydraulisch) glatt verhalten. Hierüber geben die Betrachtungen in Kap. 3.4.3.5 einige Aufschlüsse.

Rohrreibungszahl und Geschwindigkeitsprofil des glatten Rohrs. Im folgenden sollen experimentelle und theoretische Untersuchungen der vollausgebildeten turbulenten, im Mittel stationären Strömung durch kreisförmige, fluidmechanisch glatte Rohre besprochen werden. Die Ermittlung des Druckverlusts infolge der Reibung an der inneren Rohrwand geschieht unter Einsetzen zeitlich gemittelter Werte für Geschwindigkeit und Druck in (3.63a). Auch bei der vollausgebildeten turbulenten Strömung ist die Rohrreibungszahl λ im allgemeinen keine Konstante, sondern sie hängt nach (3.62c) von der Reynolds-Zahl Re ab, d. h. $\lambda = \lambda(Re)$.

Aufgrund experimenteller Auswertung stellt Blasius die Abhängigkeit der Rohrreibungszahl von der Reynolds-Zahl $Re > Re_u = 2320$ durch die halbempirische Potenzformel

$$\lambda = \frac{0{,}316}{\sqrt[4]{Re}} = (100Re)^{-1/4} \quad (Re_u < Re < 10^5) \quad \text{(Blasius)} \tag{3.72}$$

dar. Verglichen mit der Beziehung (3.71b) für die laminare Strömung ergibt sich eine erheblich geringere Abhängigkeit von der Reynolds-Zahl. Das Blasiussche Rohrreibungsgesetz verliert für Werte $Re > 100\,000$ seine Gültigkeit. Mit wachsender Reynolds-Zahl Re geht der Abfall von λ langsamer vor sich, als es (3.72) entsprechen würde.

Außer der Rohrreibungszahl wurde auch die Geschwindigkeitsverteilung über den Rohrquerschnitt experimentell untersucht. Solche Messungen sind in Abb. 3.22 wiedergegeben. Ist $y = R - r$ der Abstand von der Rohrwand ($y = 0$, $r = R$) und v_{max} die größte Geschwindigkeit in der Rohrmitte ($y = R$, $r = 0$), dann läßt sich das Geschwindigkeitsprofil näherungsweise durch die Interpolationsformel

$$\frac{v}{v_{max}} = \left(\frac{y}{R}\right)^n = \left(1 - \frac{r}{R}\right)^n \quad \text{(Potenzprofile)} \tag{3.73}$$

beschreiben. Aus dem Blasiusschen Rohrreibungsgesetz hat Prandtl für den Exponenten n in (3.73) den Zahlenwert $n = 1/7$ abgeleitet. Man spricht daher auch vom Einsiebentel-Potenzgesetz der Geschwindigkeitsverteilung bei turbulenter Rohrströmung. Es gelten für das Verhältnis der maximalen zur mittleren Geschwindigkeit und für die Geschwindigkeitsausgleichswerte nach Auswertung von (3.58a, b, c) die Zahlenwerte

$$v_{max}/v_m = 1{,}224, \quad \alpha = 1{,}058, \quad \beta = 1{,}020 \quad (\text{turbulent}, n = 1/7). \tag{3.74a, b, c}$$

Für die Geschwindigkeitsverteilungen in Abb. 3.22 sind die zugehörigen Werte v_{max}/v_m mitangegeben. Die Geschwindigkeitsausgleichswerte der turbulenten Rohrströmung sind im Gegensatz zur laminaren Rohrströmung nach (3.69a, b) nur wenig von eins verschieden, so daß man näherungsweise $\alpha \approx \beta \approx 1{,}0$ setzen kann.

Nachstehend seien einige theoretische Aussagen über die Verteilung der Geschwindigkeit über den Rohrquerschnitt bei turbulenter Strömung gemacht. Der Einfluß der Viskosität bei wenig viskosen Fluiden ist im wesentlichen auf eine sehr dünne viskose Unterschicht, $0 \leqq y \leqq \delta_0$, beschränkt, während im übrigen die Turbulenz von maßgebendem Einfluß ist.

Trägt man die Abb. 3.22 zugrunde liegenden Meßwerte in der Form $v/v_\tau = f(y_\tau)$ mit $v_\tau = \sqrt{\tau_w/\varrho}$ als Schubspannungsgeschwindigkeit und $y_\tau = v_\tau y/\nu$ als dimensionslosem Wandabstand auf, so erhält man Abb. 3.23. Von der viskosen Unterschicht, Kurve (*1*), gelangt man über die Übergangsschicht, Kurve (*2*), zur voll-

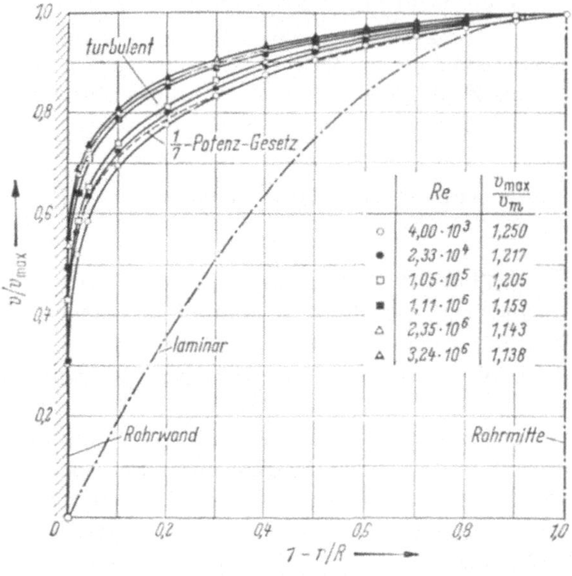

Abb. 3.22. Geschwindigkeitsverteilungen in einem turbulent durchströmten glatten Rohr bei verschiedenen Reynolds-Zahlen, $y = R - r$ = Wandabstand, das laminare Geschwindigkeitsprofil ist nach (3.68a) zum Vergleich mit dargestellt

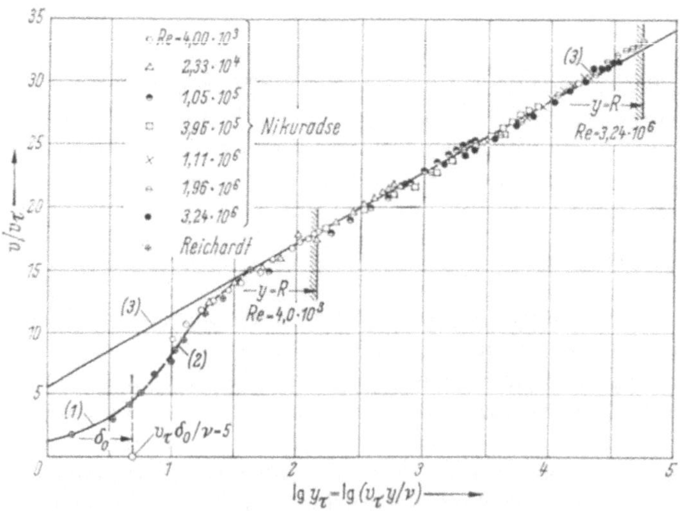

Abb. 3.23. Geschwindigkeitsverteilungsgesetz einer turbulenten Strömung im glatten Rohr. (*1*) Viskose Unterschicht, (*2*) Übergang von der viskosen Unterschicht zur vollausgebildeten turbulenten Rohrströmung, (*3*) logarithmisches Gesetz nach (3.75b)

turbulenten Schicht, Kurve (3). In der gewählten Darstellung (Abszisse: logarithmisch, Ordinate: linear) stellt die Kurve (3) eine Gerade dar. Für sie gilt

$$\frac{v}{v_\tau} = \frac{1}{\varkappa} \ln\left(\frac{v_\tau y}{\nu}\right) + B = 5{,}75 \lg y_\tau + 5{,}5 \qquad \text{(Log.-Profile)}, \quad (3.75\text{a, b})$$

wobei die Zahlenwerte den Meßergebnissen angepaßt sind, $\varkappa = 0{,}4$ und $B = 5{,}5$. In der Rohrmitte ist $y = R$ und für die maximale Geschwindigkeit $v = v_{max}$ zu setzen. Aus (3.75) erhält man mit $y = R - r$ die Geschwindigkeitsverteilung $v(r)$.

Die mittlere Durchströmgeschwindigkeit ergibt sich durch Integration der Geschwindigkeitsverteilung (3.75) über den Rohrquerschnitt gemäß (3.58a) zu

$$\frac{v_m}{v_\tau} = \frac{1}{\varkappa} \ln\left(\frac{v_\tau R}{\nu}\right) + B - C \qquad (3.76)$$

mit $\varkappa = 0{,}4$, $B = 5{,}5$, $C = 3/2\varkappa = 3{,}75$ und $B - C = 1{,}75$. Nach vorliegenden Messungen ist $C = 4{,}07$ zu setzen.

Unter Beachtung der Definitionsgleichungen (3.65c) für die Schubspannungsgeschwindigkeit und (3.59) für die Reynolds-Zahl erhält man die von Prandtl angegebene Beziehung für die Rohrreibungszahl des fluidmechanisch glatten Rohrs bei turbulenter Strömung in der Form

$$\frac{1}{\sqrt{\lambda}} = a \lg\left(Re \sqrt{\lambda}\right) - b = 2{,}0 \lg\left(Re \sqrt{\lambda}\right) - 0{,}8 \qquad \text{(glatt)} \quad (3.77\text{a,b})$$

mit den Zahlenwerten $a = 2{,}035$ und $b = 0{,}913$. Nach Anpassung an ausgewertete Messungen erhält man mit $a = 2{,}0$ und $b = 0{,}8$ die Beziehung (3.77b). Diese enthält die Rohrreibungszahl λ nur implizit. Mit (3.77) liegt ein Rohrreibungsgesetz für Kreisrohre vor, das für alle Reynolds-Zahlen der vollturbulenten Rohrströmung ($Re > Re_u$) gilt, sofern die Rohre als fluidmechanisch glatt angesehen werden können. Der Verlauf $\lambda = \lambda(Re)$ ist in Abb. 3.21 als Kurve (2) eingezeichnet.

3.4.3.5 Vollausgebildete turbulente Strömung durch rauhes Rohr

Grundsätzliches. Für die Erforschung des Verhaltens einer turbulenten Rohrströmung sind die am glatten Rohr gewonnenen Erkenntnisse von großer Bedeutung. Jedoch handelt es sich dabei um einen Sonderfall, da technisch verwendete Rohre mehr oder weniger rauhe Innenwände besitzen. Es erhebt sich dann die Frage, unter welchen Umständen der Druckverlust infolge Reibung beim rauhen Rohr größer als beim glatten ist. Bei sonst gleichen Verhältnissen bestehen je nach Art der Rauheit (Größe und Anzahl der Wandunebenheiten, Entfernung derselben voneinander, Neigung gegen die Strömungsrichtung usw.) erhebliche Unterschiede. Die Wandunebenheit wird durch die Rauheitshöhe k erfaßt. Das Verhältnis dieser Größe zum Rohrdurchmesser D bezeichnet man als relative Rauheit oder als Rauheitsparameter k/D.

Es ist einleuchtend, daß die Frage glatt oder rauh offenbar von dem Verhältnis der Größe der Wandunebenheit k zur Dicke der viskosen Unterschicht δ_0 abhängt. Je größer dieser Verhältniswert k/δ_0 ist, desto rauher ist das Rohr. Sind nun die unvermeidlichen Wandunebenheiten so klein, daß sie von der viskosen Unterschicht vollkommen eingehüllt werden, dann ist die Wandrauhheit auf den viskosen Strömungsvorgang ohne Bedeutung. Das Rohr wird in diesem Fall als fluidmechanisch (hydraulisch) glatt bezeichnet, und es gelten die in Kap. 3.4.3.4 abgeleiteten Gesetze. Ragen dagegen die Rauheitselemente erheblich über die mit wachsender Reynolds-Zahl schmaler werdende viskose Unterschicht hinaus, dann setzen sie der turbulenten Strömung zusätzliche Widerstände entgegen. Ein solches Rohr wird als fluidmechanisch vollkommen rauh angesehen, und es gelten dafür andere Gesetzmäßigkeiten.

Rohrreibungszahl des vollkommen rauhen Rohrs. Während für das glatte Rohr die Rohrreibungszahl λ nur von der Reynolds-Zahl Re abhängt, tritt jetzt für das rauhe Rohr die Abhängigkeit der Rohrreibungszahl λ vom Rauheitsparameter k/D hinzu. Messungen zur Erforschung des Rohrreibungsgesetzes in rauhen Rohren wurden für laminare und turbulente Strömung durchgeführt.

Bei laminarer Strömung unterscheiden sich bei gleicher Reynolds-Zahl Re die Werte λ praktisch nicht voneinander, so daß Kurve (*1*) in Abb. 3.21 auch für das rauhe Rohr gilt. Bei turbulenter Strömung ändern sich bei gleicher Reynolds-Zahl Re die Werte λ gegenüber denjenigen bei glattem Rohr gemäß Kurve (*2*) in Abb. 3.21 erheblich mit wachsender relativer Rauheit k/D, Kurve (*3a, b*) in Abb. 3.21. Bei größeren Reynolds-Zahlen Re hängen die Werte von λ nicht mehr von der Reynolds-Zahl ab, d. h. es liegt nach Kurve (*3b*) der Zustand des vollkommen rauhen Rohrs mit $\lambda = \lambda\,(k/D)$ vor. Bei gegebenem Wert k/D ist also $\lambda = \text{const}$, und es gilt das quadratische Rohrreibungsgesetz, vgl. (3.62a).

Die Beziehung für die Rohrreibungszahl des fluidmechanisch vollkommen rauhen Rohrs läßt sich in der Form

$$\lambda = \left[1{,}14 - 2{,}0 \lg\left(\frac{k}{D}\right)\right]^{-2} \qquad \text{(rauh)} \tag{3.78}$$

angeben. Werte über die Größe der Rauheitshöhen für eine Anzahl technisch wichtiger Rohre liefert Tab. 3.4. Einen überschlägigen Anhalt für eine erste Abschätzung der Rohrreibungszahl liefert der Wert $\lambda \approx 0{,}03$.

Rohrreibungszahl im Übergangsbereich. Für das Übergangsgebiet glatter und rauher Rohrwand, wo sich ein Teil der Wandunebenheiten noch in der viskosen Unterschicht befindet, während ein anderer bereits in die turbulente Zone hineinragt, gibt Colebrook das Übergangsgesetz

$$\frac{1}{\sqrt{\lambda}} = -2{,}0 \lg\left(\frac{2{,}51}{Re\sqrt{\lambda}} + 0{,}27\,\frac{k}{D}\right) \qquad \text{(glatt-rauh)} \tag{3.79}$$

an. Diese Beziehung geht für $k/D = 0$ in (3.77b) und für $Re \to \infty$ in (3.78) über.

Tabelle 3.4. Werte für technische Rauheitshöhen in turbulent durchströmten geraden Rohren

Nr.	Wandbeschaffenheit	Beispiele	k in mm
1	besonders glatt, d. h. annähernd fluid-mechanisch glatt	Glas, Metall, Gummi, Kunststoff, gezogen, gepreßt, poliert, geschliffen, extrudiert, lackiert, ...	$\leqq$ 0,002
2	technisch glatt	wie Nr. 1, jedoch nicht so sorgfältig hergestellt, Asbestzement, nahtlose Stahlrohre (handelsübliche Ware), ...	$\leqq$ 0,05
3	mäßig rauh	Schleuderbeton, Sonderbeton, Steinzeug, asphaltierte Rohre, Rohre mit Kunststoffauskleidung, Pechfaserrohre, ...	0,25 ··· 0,5
4	rauh	wie Nr. 3, jedoch mit leichten bis mittleren Verkrustungen, Beton ohne besondere Güte, rauhes Holz, regelmäßiges Mauerwerk, versenkt genietete Rohre, torkretierte Stollen, ...	0,5 ··· 2,0
5	sehr rauh und unregelmäßig	schlechte Ausführungen von Nr. 4, mit schlechten Stoßstellen, Fugen, Querlaschen, starken Verkrustungen im langjährigen Betrieb, ...	10 ··· 20

3.4.3.6 Rohreinlaufströmung

Grundsätzliches. Die bisher gefundenen Rohrreibungsgesetze gelten für die vollausgebildete Rohrströmung, die sich bei Anschluß des Rohrs an ein Gefäß theoretisch nach unendlich langer Strecke hinter dem Rohranschluß einstellt. Auf das beim Einlaufvorgang (Index $N = L$) vorliegende Strömungsverhalten wurde bereits bei der Erläuterung von Abb. 3.18 hingewiesen. Bei gut abgerundetem Rohranschluß ist die Geschwindigkeitsverteilung dort gleichmäßig über den Querschnitt verteilt (Kolbenprofil) und entwickelt sich stromabwärts als Rohreinlaufströmung in die vollausgebildete Geschwindigkeitsverteilung der reibungsbehafteten Strömung (z. B. Paraboloid-Profil bei laminarer Strömung). Die Ausbildung der wandnahen reibungsbehafteten Strömung (Reibungsschicht) und der reibungslosen beschleunigten Kernströmung im Inneren des Rohrs ist in Abb. 3.24 schematisch dargestellt. Dabei kann es sich nach Abb. 3.24a um eine laminare oder eine turbulente Einlaufströmung handeln. Bei einem scharfkantigen Rohranschluß nach Abb. 3.24b würde zunächst kurz hinter dem Eintritt des

Fluids in das Rohr eine Strömungsablösung auftreten und sich von hier aus die Rohreinlaufströmung ausbilden. Die Rohreinlaufströmung erfährt gegenüber einer vollausgebildeten Rohrströmung bei gleicher Rohrlänge und ungeändertem Volumenstrom einen zusätzlichen fluidmechanischen Energieverlust.

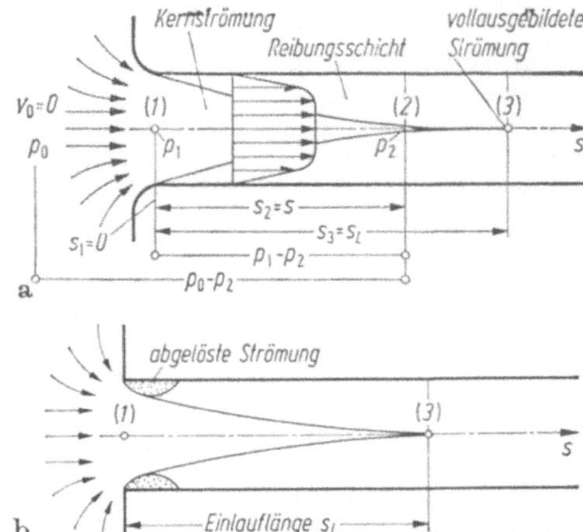

Abb. 3.24. Schematische Darstellung der Rohreinlaufströmung, vgl. Abb. 3.18. **a** Laminare oder turbulente Strömung. **b** Scharfkantiger Eintritt mit Strömungsablösung

Druckabfall. Die Umformung des Geschwindigkeitsprofils in der Einlaufstrecke gemäß Abb. 3.18, $v = v(s, r)$, bedeutet eine Erhöhung der örtlichen Wandschubspannung gegenüber derjenigen eines vollausgebildeten Geschwindigkeitsprofils bei gleicher mittlerer Geschwindigkeit v_m. Diese Erhöhung ist am Rohranschluß ($s = s_1$) sehr groß und nimmt mit wachsendem Abstand ($s = s_2$) stromabwärts laufend ab, bis sie nach Beendigung des Einlaufvorgangs ($s = s_3 = s_L$) den Wert null erreicht hat. Bei der Einlaufströmung ist also $\tau_w(s) \geqq \tau_w\ (s \geqq s_L)$. Dies Verhalten erfordert zur Aufrechterhaltung der Einlaufströmung einen zusätzlichen Druckabfall (Druckdifferenz). Dieser beträgt nach der Druckgleichung (3.54) mit $v_1 = v_2 = v_m$

$$p_1 - p_2 = (\alpha_2 - \alpha_1)\,\frac{\varrho}{2}\,v_m^2 + (p_e)_{1\to 2} = (\alpha_2 - \alpha_1 + \zeta_{1\to 2})\,\frac{\varrho}{2}\,v_m^2\,. \qquad (3.80\,\mathrm{a,b})$$

Hierin ist wegen der gleichmäßigen Geschwindigkeitsverteilung am Eintritt (Kolbenprofil) $\alpha_1 = 1$. Weiterhin gilt für den auf die Geschwindigkeit v_m bezogenen Verlustbeiwert $\zeta_{1\to 2} = \zeta_R + \zeta_L$ mit $\zeta_R = \lambda(s/D)$ als Rohrverlustbeiwert und ζ_L als zusätzlichem Verlustbeiwert der Einlaufströmung. Aus der Druckdifferenz $(p_1 - p_2)$ erhält man bezogen auf den Geschwindigkeitsdruck $(\varrho/2)\,v_m^2$ den dimensionslosen Druckbeiwert mit $\alpha_2 = \alpha_2(s) > 1$ zu

$$c_p = \frac{p_1 - p_2}{(\varrho/2)\,v_m^2} = \alpha_2 - 1 + \lambda\,\frac{s}{D} + \zeta_L > 0\,. \qquad (3.81\,\mathrm{a,b})$$

Fluidmechanischer Energieverlust. In Tab. 3.5 ist der maximale Verlustbeiwert $\zeta_{L\max}$ sowie der Energiebeiwert $\alpha_3 = \alpha_{\max}$ bei beendeter Einlaufströmung $s_3 = s_L$) wiedergegeben.

Einlauflänge. Für die Größe der Einlaufstrecke s_L gilt näherungsweise

$$\frac{s_L}{D} = a\, Re^b \qquad \text{(glatt)}. \tag{3.82}$$

Als Richtwerte können für das Kreisrohr die in Tab. 3.5 angegebenen Werte dienen. Der Einfluß bei laminarer Strömung ist besonders groß. Für $Re = 2000$ würde sich $s_L \approx 120D$ ergeben. Das vollausgebildete turbulente Geschwindigkeitsprofil bei glatter und auch rauher Rohrinnenwand stellt sich nahezu unabhängig von der Reynolds-Zahl nach einer Länge von $s_L = 40$ bis $50D$ ein.

Tabelle 3.5. Zur Berechnung der Einlaufströmung

	laminar	turbulent
$\zeta_{L\,max}$	0,333	0,018
α_{max}	2,0	1,058
s_L/D	$0{,}06Re$	$0{,}6Re^{0{,}25}$

3.4.4 Strömung durch Rohrverbindungen und Rohrleitungselemente

3.4.4.1 Allgemeines

Die in Kap. 3.4.3 angestellten Untersuchungen zur Berechnung des fluidmechanischen Energieverlusts in einer Rohrleitung gelten zunächst nur für das gerade oder schwach gekrümmte Rohr mit konstantem oder nahezu konstantem Querschnitt. Bei einem technisch ausgeführten Rohrleitungssystem handelt es sich indessen meistens nicht nur um ein einziges gerades Rohr, sondern um mehrere gerade Rohrteile, die zwecks Querschnitts- oder Richtungsänderung oder auch Verzweigung durch Zwischenstücke (Formstücke) miteinander verbunden sind. Ein Sonderfall liegt vor, wenn das Rohr ins Freie führt. In diesem Fall geht das Zwischenstück in ein Endstück über. Für den Betrieb der Leitungsanlage, insbesondere der Volumenstromsteuerung, sind noch Einbauten (Armaturen) vorzusehen.

Aus Tab. 3.2 geht hervor, um welches Rohrleitungsteil (Index N) es sich im einzelnen handeln kann. Alle Zwischenstücke, Endstücke und Einbauten haben gewisse zusätzliche fluidmechanische Energieverluste (Gesamtdruckverluste) zur Folge, die in gleicher Weise wie derjenige durch Wandreibung im geraden Rohr mittels (3.51) zu erfassen sind. Der dort definierte Verlustbeiwert ζ_N hängt wesentlich von der Art des Rohrleitungsteils und der hiervon beeinflußten Strömung ab. Er ist bedingt teils durch Strömungsablösung und teils durch Sekundärströmung, die sich dem Hauptstrom überlagert und so zu einem erhöhten Energieaustausch führt. Er kann von der Reynolds-Zahl abhängig sein. Bei der Bestimmung der zusätzlichen Verlustbeiwerte ζ_N ist man häufig auf Versuche angewiesen. In Einzelfällen führen auch theoretische Überlegungen zu einer Abschätzung der

Größe von ζ_N. Den fluidmechanischen Energieverlust des Rohrleitungssystems zwischen den Stellen (*1*) und (*2*) erhält man durch Summation über alle Rohrleitungsteile entsprechend (3.52) zu

$$(p_e)_{1\to 2} = (p_e)_R + \sum_{(1)}^{(2)}{}' (p_e)_N = (p_e)_R + \frac{\varrho}{2} \sum_{(1)}^{(2)}{}' \zeta_N v_N^2 \quad \text{(Energieverlust)} \qquad (3.83)^{10}$$

mit $(p_e)_R$ nach (3.62).

3.4.4.2 Stromquerschnittsänderung (Erweiterung, Verengung)

Bei den möglichen Querschnittsänderungen in einem Rohrleitungssystem kann es sich nach Abb. 3.25 und Tab. 3.2 um eine allmähliche und plötzliche Querschnittserweiterung oder Querschnittsverengung handeln. Der Strömungsvorgang sowie das Strömungsverhalten und damit auch die Größe des fluidmechanischen Energieverlusts hängen wesentlich davon ab, ob eine Stromerweiterung oder Stromverengung vorliegt, und ferner davon, ob die Änderung des Stromquerschnitts stetig oder unstetig vor sich geht.

Plötzliche Rohrerweiterung (Stufendiffusor). Bei der unstetigen Erweiterung eines Rohrs vom Querschnitt A_1 auf den Querschnitt A_2 nach Abb. 3.26, vgl. Abb. 3.25, die man Stufendiffusor oder auch Stoßdiffusor (Index *S*) nennt, tritt das strömende Fluid mit der mittleren Geschwindigkeit v_1 zunächst als geschlos-

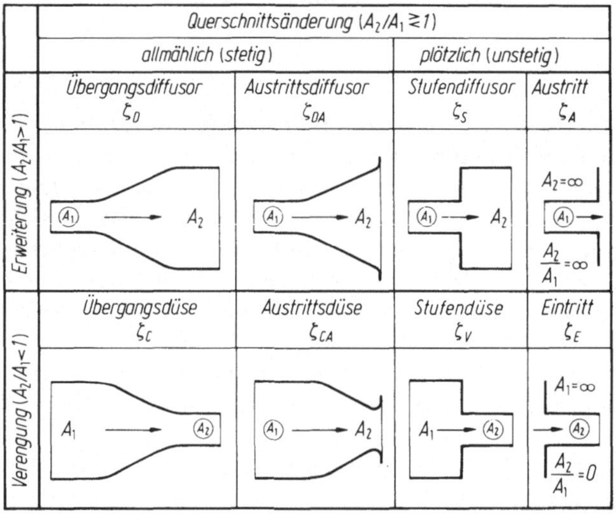

	Querschnittsänderung ($A_2/A_1 \gtrless 1$)			
	allmählich (stetig)		plötzlich (unstetig)	
Erweiterung ($A_2/A_1>1$)	Übergangsdiffusor ζ_D	Austrittsdiffusor ζ_{DA}	Stufendiffusor ζ_S	Austritt ζ_A
	(A_1) → A_2	(A_1) → A_2	(A_1) → A_2	$A_2=\infty$; (A_1) →; $\frac{A_2}{A_1}=\infty$
Verengung ($A_2/A_1<1$)	Übergangsdüse ζ_C	Austrittsdüse ζ_{CA}	Stufendüse ζ_V	Eintritt ζ_E
	A_1 → (A_2)	(A_1) → A_2	A_1 → (A_2)	$A_1=\infty$; → (A_2); $\frac{A_2}{A_1}=0$

Abb. 3.25. Schematische Darstellung der möglichen Rohrquerschnittsänderungen, vgl. Tab. 3.2; Bezeichnung der Verlustziffern ζ_N; ○ Bezugsquerschnitt

sener Strahl aus dem engeren in den weiteren Querschnitt ein und vermischt sich weiter stromabwärts infolge des Reibungseinflusses unter starker Wirbelbildung mit dem umgebenden Fluid, das dadurch z. T. mitgerissen wird. Die Wirbelbewegung begünstigt das Wiederanlegen des aufgerissenen Strahls an die Rohr-

10 Das Summenzeichen $\sum'$ soll kennzeichnen, daß $\zeta_N = \zeta_R$ nicht in der Summe enthalten ist, da dieser Einfluß bereits durch $(p_e)_R$ erfaßt wird.

wand, so daß sich nach einer gewissen Übergangsströmung wieder eine nahezu gleichmäßige Strömung mit der kleineren mittleren Geschwindigkeit $v_2 < v_1$ einstellt. Das Rohr möge horizontal liegen. Sowohl im Strahlquerschnitt A_1 als auch in der Umgebung des Strahls unmittelbar nach der Erweiterung, d. h. über die Stirnfläche $(A_2 - A_1)$, herrsche der Druck p_1. Da der Strahl zunächst geradlinige Stromlinien besitzt, tritt nach (2.55a) kein Druckgradient quer zur Strö-

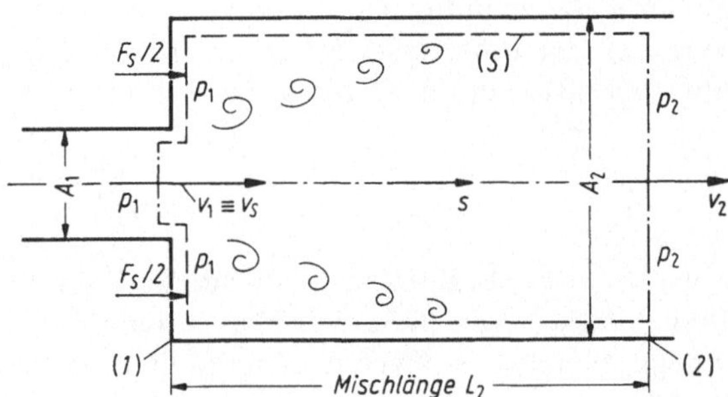

Abb. 3.26. Plötzliche Rohrerweiterung (Stufendiffusor, Index S). Zur Berechnung des fluidmechanischen Energieverlusts

mungsrichtung auf, was die gemachte Annahme begründet. In dem hinreichend weit stromabwärts liegenden Querschnitt (2) stellt sich der Druck p_2 über die Fläche A_2 ein. Im Rahmen der hier gemachten Annahmen genügt es, näherungsweise mit gleichmäßigen Geschwindigkeitsverteilungen über die Rohrquerschnitte A_1 und A_2 zu rechnen.

Für die Berechnung des durch den Mischvorgang verursachten fluidmechanischen Energieverlusts müssen die drei Grundgesetze der Rohrhydraulik, nämlich die Kontinuitäts-, die Druck- (Energie-) und die Impulsgleichung (in Richtung der Rohrachse) herangezogen werden. Bei horizontaler Lage der Rohrerweiterung und bei stationärer Strömung gilt mit $z_1 = z_2$ nach (3.53b), (3.54) mit $\alpha_1 = \alpha_2 = 1$ bzw. (3.55) das Gleichungssystem

$$v_1 A_1 = v_2 A_2, \tag{3.84a}$$

$$(p_e)_{1\to 2} = \frac{\varrho}{2}(v_1^2 - v_2^2) + p_1 - p_2, \tag{3.84b}$$

$$p_2 A_2 - p_1 A_1 - F_S = \varrho(v_1^2 A_1 - v_2^2 A_2). \tag{3.84c}$$

In der letzten Beziehung ist $F_B = 0$ und F_S die in s-Richtung auf den in Abb. 3.26 gestrichelt gezeichneten körpergebundenen Teil der Kontrollfläche (S) wirkende Stützkraft. Diese besteht aus zwei Anteilen, und zwar aus den Schubspannungskräften an der Wand des erweiterten Rohrs A_2 sowie aus der Druckkraft auf die Stirnfläche $(A_2 - A_1)$. Oberhalb eines nicht genau festgelegten Werts $A_2/A_1 > 1$ kann man die Wirkung der Wandschubspannungen vernachlässigen, so daß die Stützkraft nur aus der Druckkraft auf die Stirnfläche $(A_2 - A_1)$, d. h. $F_S = p_1(A_2 - A_1)$ besteht. Hiermit nimmt die linke Seite von (3.84c) den Ausdruck $(p_2 - p_1) A_2$ an. Auf der rechten Seite wird $v_1 A_1$ nach (3.84a) durch $v_2 A_2$ ersetzt, so daß man die Druckdifferenz zwischen den Stellen (2) und (1) zu

$p_1 - p_2 = -\varrho(v_1 - v_2)\, v_2$ erhält. Nach Einsetzen in (3.84 b) findet man den durch die plötzliche Erweiterung (Stufendiffusor) verursachten fluidmechanischen Energieverlust $(p_e)_{1\to 2} = (p_e)_S$ bzw. den Verlustbeiwert gemäß (3.51) zu

$$(p_e)_S = \frac{\varrho}{2}(v_1 - v_2)^2 = \zeta_S \frac{\varrho}{2} v_S^2 \quad \text{(plötzliche Erweiterung)}. \qquad (3.85\text{a, b})$$

Zu ihrer Berechnung ist die genaue Kenntnis des Strömungsvorgangs in der Vermischungszone nicht erforderlich. Nach Eliminieren der Geschwindigkeit v_2 mittels (3.84a) ergibt sich der Verlustbeiwert zu

$$\zeta_S = \left(1 - \frac{A_1}{A_2}\right)^2 \quad (v_S = v_1), \qquad (3.86)$$

wobei $v_S = v_1$ als Bezugsgeschwindigkeit gewählt wurde. Durch Versuche ist die Brauchbarkeit von (3.86) zur Berechnung des fluidmechanischen Energieverlusts infolge plötzlicher Querschnittserweiterung (Stufendiffusor) bestätigt worden. Wichtig ist dabei die Feststellung, daß der Mischvorgang von der Erweiterungsstelle stromabwärts eine Längenausdehnung von $L_2 \approx 10 D_2$ besitzen muß. Erst dort hat sich wieder ein normaler Strömungszustand eingestellt.

Definiert man das Verhältnis des tatsächlichen Druckanstiegs der reibungsbehafteten Strömung $(p_2 - p_1)$ zum theoretisch größtmöglichen Druckanstieg bei reibungsloser Strömung $(p_2 - p_1)_{\text{th}} = (\varrho/2)\,(v_1^2 - v_2^2)$, so kann man für den hieraus gebildeten Wirkungsgrad η_S schreiben

$$\eta_S = \frac{p_2 - p_1}{(p_2 - p_1)_{\text{th}}} = \frac{2(v_1 - v_2)\, v_2}{v_1^2 - v_2^2} = \frac{2}{1 + A_2/A_1} < 1. \qquad (3.87\text{a, b})$$

Für nicht zu große Flächenverhältnisse $A_2/A_1 < 1{,}5$ ist $\eta_S > 0{,}8$ bzw. $\zeta_S < 0{,}111$. In Abb. 3.28 sind die Wirkungsgrade der unstetigen Querschnittserweiterung (Stufendiffusor) η_S denjenigen einer stetigen Querschnittserweiterung (Übergangsdiffusor) η_D gegenübergestellt, vgl. die dort gemachte Bemerkung.

Rohraustrittsströmung. Tritt am Rohrende der Strahl ins Freie aus, dann geht nach Abb. 3.25 $A_2 \to \infty$. Es liegt also der Fall des Ausströmens aus einer Rohrleitung in einen großen Raum mit $v_2 = 0$ vor (Index A). Es ergibt sich aus (3.86) mit $A_2/A_1 = \infty$ der maximale Verlustbeiwert einer Querschnittserweiterung, der zugleich der Austrittsverlustbeiwert ist. Mithin gilt

$$(p_e)_A = \zeta_A \frac{\varrho}{2} v_A^2, \quad \zeta_A = \zeta_{S\max} = 1 \qquad (v_A = v_1). \qquad (3.88\text{a, b})$$

Dies Ergebnis besagt, daß die gesamte Geschwindigkeitsenergie des austretenden Strahls als fluidmechanische Energie verlorengeht.

Allmähliche Rohrerweiterung (Übergangsdiffusor). Mittels einer stetigen Querschnittsvergrößerung (divergente Querschnittsänderung, Index D) soll in einem Übergangsdiffusor nach Abb. 3.27a, vgl. Abb. 3.25, eine Strömung bei großer Geschwindigkeit v_1 und kleinem Druck p_1 mit möglichst geringem Verlust an fluidmechanischer Energie in eine Strömung bei kleiner Geschwindigkeit $v_2 < v_1$ und großem Druck $p_2 > p_1$ umgewandelt werden. Durch die Wandreibung wird das Fluid stark abgebremst und vermindert dadurch den theoretisch möglichen Druckanstieg der reibungslosen Strömung. Sofern der Öffnungswinkel des Diffusors (Diffusorwinkel) $2\vartheta_D$ einen bestimmten günstigsten Wert $2\vartheta_D^*$ nicht übersteigt, d. h. $\vartheta_D \leqq \vartheta_D^*$, entsteht ein mäßiger Verlust an fluidmechanischer Energie. Ist der Diffusorwinkel dagegen $\vartheta_D > \vartheta_D^*$, so findet nach Abb. 3.27b

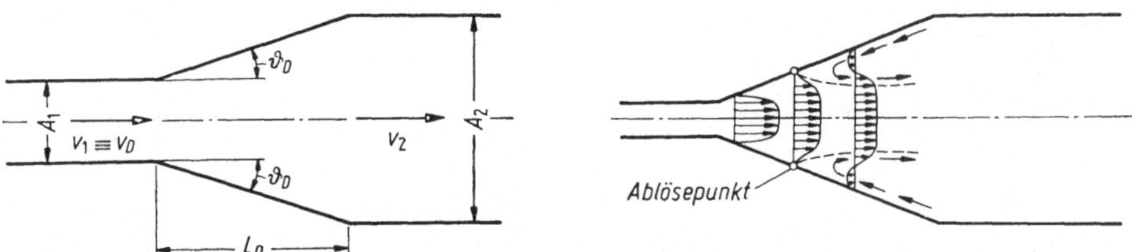

Abb. 3.27. Allmähliche Rohrerweiterung (Übergangsdiffusor). **a** Bezeichnungen (Index D). **b** Geschwindigkeitsverteilungen bei $\vartheta_D > \vartheta_D^*$

eine Ablösung der Strömung von der Wand statt, was erheblich größere fluidmechanische Energieverluste zur Folge hat als bei Diffusorwinkeln $\vartheta_D \leqq \vartheta_D^*$. Eine grobe Abschätzung für den optimalen Diffusorwinkel bei kreisförmigen Diffusoren ist $2\vartheta_D^* \approx 8°$.

Als Druckrückgewinnziffer, häufig auch als Diffusorwirkungsgrad η_D bezeichnet, definiert man wie in (3.87) das Verhältnis des tatsächlichen Druckanstiegs der reibungsbehafteten Strömung $(p_2 - p_1)$ zum theoretisch größtmöglichen Druckanstieg bei reibungsloser Strömung $(p_2 - p_1)_{\text{th}}$, d. h.

$$\eta_D = \frac{p_2 - p_1}{(p_2 - p_1)_{\text{th}}} = 1 - \frac{\zeta_D}{1 - (A_1/A_2)^2} < 1. \tag{3.89}$$

Die zweite Beziehung folgt, wenn man mittels der Druckgleichung (3.84b) den Druckanstieg $p_2 - p_1 = (\varrho/2)\,(v_1^2 - v_2^2) - (p_e)_D$ mit $(p_e)_D = \zeta_D(\varrho/2)\,v_D^2$ als fluidmechanischem Verlust gemäß (3.51) berechnet. Hierbei wird $v_D = v_1$ als Bezugsgeschwindigkeit gewählt. Weiterhin gilt nach der Kontinuitätsgleichung (3.84a) für das Geschwindigkeitsverhältnis $v_2/v_1 = A_1/A_2$. Für den Diffusorverlust folgt also:

$$(p_e)_D = \zeta_D \frac{\varrho}{2} v_D^2, \quad \zeta_D = (1 - \eta_D)\left[1 - \left(\frac{A_1}{A_2}\right)^2\right] \quad (v_D = v_1). \tag{3.90a, b}$$

Die Zahlenwerte für den Diffusorwirkungsgrad η_D schwanken in sehr weiten Grenzen. Sie hängen vom Diffusorwinkel η_D, vom Flächenverhältnis A_2/A_1, von der Diffusorlänge L_D/D_1, von der Querschnittsform (kreisförmig, elliptisch, rechteckig) und von der Art der Erweiterung (stückweise geradlinig oder geschwungene Mantelbegrenzung) sowie besonders auch von der Zuströmbedingung (Geschwindigkeitsverteilung) am Diffusoreintritt ab.

In Abb. 3.28 sind Wirkungsgrade von Diffusoren mit gerader Achse in Abhängigkeit vom Diffusorwinkel ϑ_D für verschiedene Querschnittsverhältnisse A_2/A_1 wiedergegeben. Für Winkel $\vartheta_D \approx \vartheta_D^*$ arbeitet der gerade Diffusor bei Werten $\eta_D \approx 0{,}9$ nahezu ablösungsfrei.

Für $\vartheta_D = 90°$ geht der Übergangsdiffusor in den Stufendiffusor über. Dort gilt $\eta_D = \eta_S$ nach (3.87b). Aus den verschiedenen Kurvenverläufen ersieht man, daß bei gleichgehaltenem Querschnittsverhältnis für größere Diffusorwinkel der Stufendiffusor günstiger als der Übergangsdiffusor arbeitet.

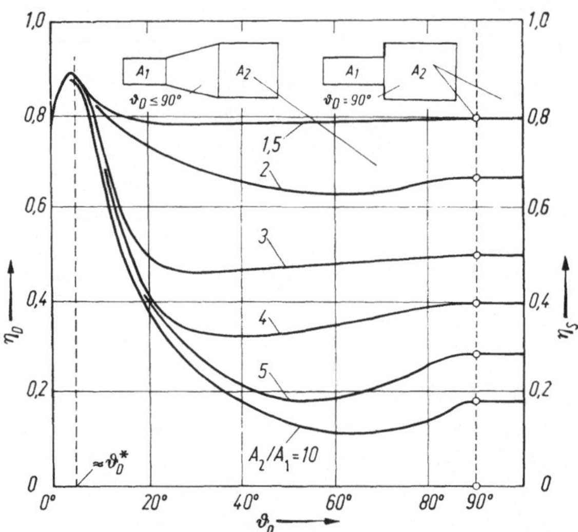

Abb. 3.28. Diffusorwirkungsgrad η_D in Abhängigkeit vom Diffusorwinkel ϑ_D. Vergleich mit Wirkungsgrad bei plötzlicher Erweiterung (Stufendiffusor) η_S

Austrittsdiffusor. Führt ein Diffusor ins Freie, so nennt man ihn im Gegensatz zu dem bereits besprochenen Übergangsdiffusor, welcher die stetige Rohrverbindung von einem kleinen zu einem großen Rohrquerschnitt darstellt, Austritts- oder Enddiffusor (Index DA), vgl. Abb. 3.25. Tritt der Strahl aus einer solchen Anordnung ins Freie, ist (3.88) sinngemäß anzuwenden, wonach die gesamte Geschwindigkeitsenergie des austretenden Strahls fluidmechanisch verlorengeht, $(p_e)_A = (\varrho/2)\, v_2^2$. Der gesamte fluidmechanische Energieverlust beträgt also

$$(p_e)_{DA} = (p_e)_D + (p_e)_A = \zeta_D \frac{\varrho}{2} v_1^2 + \frac{\varrho}{2} v_2^2. \qquad (3.91\,\text{a, b})$$

Hieraus folgt nach Einsetzen von (3.90) der Verlustbeiwert des Austrittsdiffusors zu

$$\zeta_{DA} = 1 - \eta_D \left[1 - \left(\frac{A_1}{A_2}\right)^2\right] < \zeta_A \qquad (v_{DA} = v_1). \qquad (3.92)$$

Für das abgeschnittene nicht erweiterte Rohr ($A_2 = A_1$) gilt nach (3.88b) für den Austrittsverlustbeiwert $\zeta_A = 1$.

Allmähliche Rohrverengung (Übergangsdüse). Bei der stetigen Querschnittsverengung (konvergente Querschnittsänderung, Index C) in einer Übergangsdüse nach Abb. 3.25, die der Beschleunigung der Strömung dient, entstehen nur geringe

Verluste an fluidmechanischer Energie, da sich das Fluid hier in einer Strömung abnehmenden Drucks bewegt. Es gilt

$$(p_e)_C = \zeta_C \frac{\varrho}{2} v_C^2, \quad \zeta_C = \frac{1 - c^2}{c^2} \approx 0 \qquad (v_C = v_2), \qquad (3.93\text{a, b})$$

mit c als sog. Geschwindigkeitsziffer. Mit $1{,}0 > c > 0{,}965$ ist $0 < \zeta_C < 0{,}075$.

Austrittsdüse. Tritt der Strahl nach Abb. 3.25 aus einer Enddüse ($A_2 < A_1$, Index CA) ins Freie, so ist (3.88a) sinngemäß anzuwenden, wonach die gesamte Geschwindigkeitsenergie des austretenden Strahls $(p_e)_A = \zeta_A(\varrho/2)\, v_2^2$ verlorengeht. Der gesamte fluidmechanische Energieverlust beträgt

$$(p_e)_{CA} = (p_e)_C + (p_e)_A = (\zeta_C + \zeta_A) \frac{\varrho}{2} v_2^2. \qquad (3.94\text{a})$$

Wird als Bezugsgeschwindigkeit die Geschwindigkeit vor der Düse $v_{CA} = v_1$ gewählt, dann ist v_2 nach der Kontinuitätsgleichung (3.84a) durch $v_2 = (A_1/A_2)\, v_1$ zu ersetzen. Für den Verlustbeiwert der Austrittsdüse erhält man

$$\zeta_{CA} = (\zeta_C + \zeta_A)\left(\frac{A_1}{A_2}\right)^2 \approx \left(\frac{A_1}{A_2}\right)^2 \zeta_A > \zeta_A \qquad (v_{CA} = v_1). \qquad (3.94\text{b, c})$$

Durch Vernachlässigen des Reibungseinflusses in der Düse mit $\zeta_C \approx 0$ findet man mit (3.88b) die in (3.94c) angegebene Beziehung.

Plötzliche Rohrverengung (Stufendüse). Bei der unstetigen Verengung eines Rohrs (Index V) vom Querschnitt A_1 auf den kleineren Querschnitt A_2 nach Abb. 3.29a, vgl. Abb. 3.25, findet ähnlich wie bei der Strömung durch eine Öffnung nach Abb. 3.13b eine Einschnürung (Kontraktion) der ankommenden Strömung auf den Querschnitt A_2^* statt. Diese zunächst verengte Strömung erfährt dann stromabwärts wieder eine Erweiterung auf den Querschnitt A_2 und legt sich somit nach einiger Entfernung wieder an die Rohrwand an. Zwischen dem eingeschnürten Strahl und der Rohrwand entsteht ein Wirbelgebiet (Totraum). Bei hinreichend großer Länge des kleineren Rohrs verlaufen die einzelnen Strom-

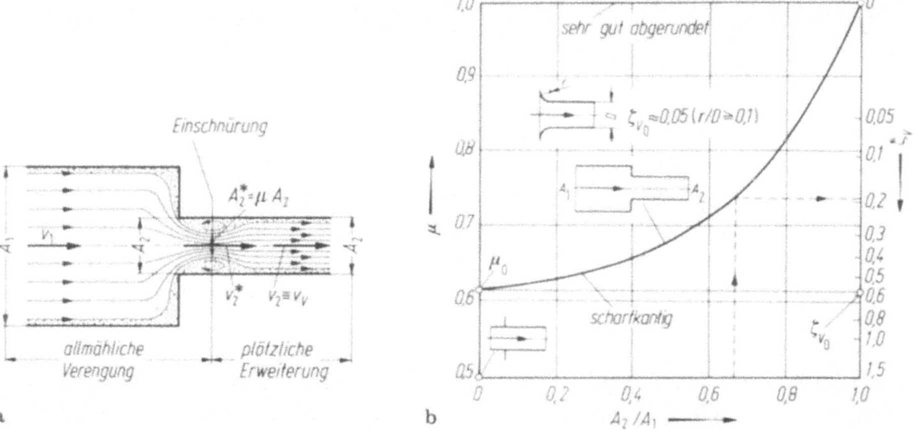

Abb. 3.29. Plötzliche Querschnittsverengung (Strahleinschnürung). **a** Kreisförmige Rohrverengung (Index V). **b** Kontraktionsziffer μ und Verlustbeiwert ζ_V

linien wieder parallel. Die plötzliche Stromverengung kann man in ihrer fluidmechanischen Wirkung auffassen wie eine allmähliche Verengung in Form einer Düse (hier ohne feste Wand) mit $A_2^*/A_2 < 1$, der sich hinter dem eingeschnürten Querschnitt eine plötzliche Stromerweiterung in Form eines Stufendiffusors mit $A_2/A_2^* > 1$ anschließt.

Wegen $v_2^* A_2^* = v_2 A_2$ nach der Kontinuitätsgleichung (3.84a) ist die Geschwindigkeit im verengten Strömungsquerschnitt $v_2^* = (A_2/A_2^*)\, v_2$. Es ist $\mu = A_2^*/A_2 < 1$ die Kontraktionsziffer. Die Kontraktionsziffern μ hängen vom Querschnittsverhältnis der Verengung $(0 < A_2/A_1 < 1)$ ab und überdecken den Wertebereich $0{,}5 \leqq \mu \leqq 1{,}0$. Sie sind in Abb. 3.29b für die Rohrverengung mit kreisförmigem Querschnitt dargestellt.

Als Ausgangsbeziehungen zur Berechnung des fluidmechanischen Energieverlusts einer plötzlichen Rohrverengung sind für die Stromverengung (3.93) mit $v_C \triangleq v_2^*$ und für die Stromerweiterung (3.85) in Verbindung mit (3.86) mit $A_1/A_2 \triangleq A_2^*/A_2$ sowie $v_S \triangleq v_2^*$ heranzuziehen. Es gilt somit

$$(p_e)_V = (p_e)_{VC} + (p_e)_{VS} = \left[\frac{1 - c^2}{c^2} + \left(1 - \frac{A_2^*}{A_2}\right)^2\right] \frac{\varrho}{2} v_2^{*2} = \zeta_V \frac{\varrho}{2} v_2^2. \quad (3.95\,\text{a, b})$$

Der Verlustbeiwert der plötzlichen Verengung ergibt sich, ohne hier auf die Herleitung einzugehen, unter Einführen der Kontraktionsziffer μ zu

$$\zeta_V = 1{,}5 \left(\frac{1 - \mu}{\mu}\right)^2 \quad (v_V = v_2). \quad (3.96)$$

Die den Kontraktionsziffern μ zugeordneten Verlustbeiwerte ζ_V sind in Abb. 3.29b an der rechten Ordinate abzulesen. Für $A_2/A_1 = 0$ ergibt sich $\zeta_{V0} \approx 0{,}58$. Durch Abrunden der Kante läßt sich der Verlustbeiwert erheblich verkleinern.

Rohreintrittsströmung. Der Fall $A_2/A_1 = 0$ bedeutet nach Abb. 3.25, daß an die Ausströmöffnung eines großen Behälters ein Ansatzrohr mit scharfkantigem Übergang von der Behälterwand zur Rohrwand angeschlossen ist. Es liegt also der Fall des Einströmens aus einem Raum in eine Rohrleitung vor. Das Fluid wird aus dem Ruhezustand auf die Geschwindigkeit im Eintrittsquerschnitt des Ansatzrohrs (Index E) beschleunigt. Der Eintrittsverlustbeiwert folgt aus (3.96) zu

$$\zeta_E = \zeta_{V0} = 1{,}5 \left(\frac{1 - \mu_0}{\mu_0}\right)^2 \quad (v_E = v_2). \quad (3.97\,\text{a})$$

Von der Ausbildung der Ansatzöffnung werden die Kontraktionsziffer μ_0 und damit auch der Verlustbeiwert ζ_E stark beeinflußt. Den kleinsten Wert für die Kontraktionsziffer besitzt das in den Behälter hereinragende Ansatzrohr (Borda-Mündung) mit $\mu_0 = 1/2$. Die Verlustbeiwerte der Rohreintrittsströmung betragen je nach Schärfe der Rohransatzkante $0{,}6 < \zeta_E < 1{,}5$.

Für einen abgewinkelten scharfkantigen Rohransatz gilt etwa

$$\zeta_E = 0{,}6 + 0{,}3 \sin \vartheta_E + 0{,}2 \sin^2 \vartheta_E \quad (3.97\,\text{b})$$

mit ϑ_E als Winkel zwischen der Rohrachse und der Normalen auf die Behälterwand. Während man bei leicht abgerundetem Rohransatz mit $\zeta_E \approx 0{,}25$ zu rechnen hat, besitzen sehr große und glatte Abrundungen (geformtes Ansatzrohr) Werte bis herunter zu $0{,}06 < \zeta_E < 0{,}10$.

3.4.4.3 Stromrichtungsänderung (Stromumlenkung)

Die in Kap. 3.4.3 abgeleiteten Rohrreibungsgesetze gelten für Rohre mit geradlinig verlaufender Achse. Dabei sind bei kreisförmigem Rohrquerschnitt die Geschwindigkeitsverteilungen sowohl bei laminarer als auch bei turbulenter Strömung achsensymmetrisch. Bei der Strömung durch Rohre mit gekrümmter Achse (Stromumlenkung, Index U) sind die Geschwindigkeitsverteilungen nicht mehr achsensymmetrisch. Darüber hinaus können örtlich in der Rohrleitung Strömungsablösungen sowie Sekundärströmungen auftreten. Durch Stromumlenkungen werden zusätzliche Verluste an fluidmechanischer Energie hervorgerufen.

Rohrkrümmer. Hierunter werden Rohrleitungsteile (Index K) verstanden, die nach Abb. 3.30 zwei gerade Leitungsabschnitte (Zu- und Ablaufstrecke) miteinander verbinden. Abb. 3.31 zeigt das Verhalten der Geschwindigkeitsverteilungen über die Querschnitte eines Rohrkrümmers. Durch die Wirkung der Zentrifugalkräfte längs der gekrümmten Stromlinien wird entsprechend der Querdruckgleichung (2.55a) ein radialer Druckanstieg von der Innen- zur Außenseite des Rohrs hervorgerufen. Der im Zulaufquerschnitt (*1*) gleichmäßig über den Rohrquerschnitt verteilte Druck p_1 erfährt auf der Außenseite vom Punkt A bis zum Punkt A' eine Druckerhöhung $p'_A > p_A \approx p_1$, so daß sich im Bereich $A-A'$ das Fluid gegen steigenden Druck bewegt. Auf der Innenseite sinkt der Druck zunächst bis zum Punkt B und steigt dann beim Punkt B' näherungsweise auf den Druck p_2 an, $p_2 \approx p'_B > p_B$. Erst wenn sich der Ablaufquerschnitt (*2*) weit genug hinter der Rohrkrümmung befindet, verteilt sich der Druck p_2 wieder gleichmäßig über den Rohrquerschnitt. Im Bereich $B-B'$ bewegt sich das strömende Fluid also ebenfalls gegen steigenden Druck. In beiden Bereichen liegen demnach ähnliche Verhältnisse wie bei Diffusoren (Druckanstieg in erweiterten Rohren) vor.

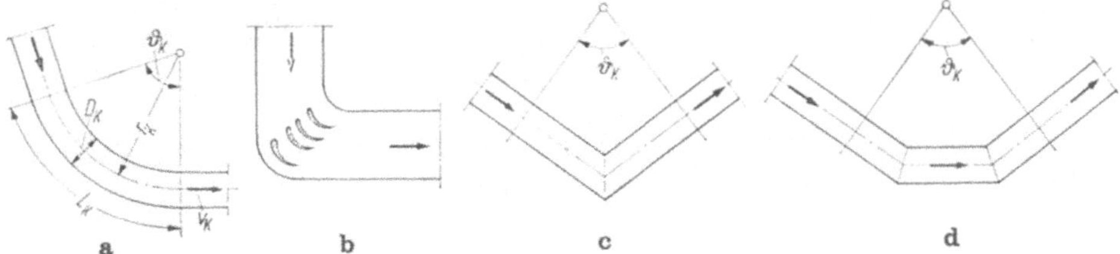

Abb. 3.30. Rohrkrümmer. **a** Rohrbogen. **b** Krümmer mit Umlenkschaufeln. **c** Rohrknie (einfach geknickt). **d** Segmentbogen (zweifach geknickt)

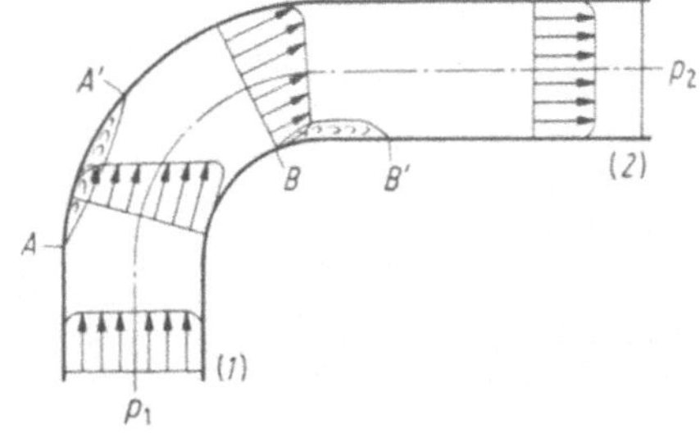

Abb. 3.31. Stromumlenkung durch einen Rohrkrümmer. Ausbildung des Geschwindigkeitsprofils und der Strömungsablösung.

Solche Strömungen führen nach Abb. 3.27b in Wandnähe zu verminderter Geschwindigkeit und bei genügend großen Druckanstiegen zur Ablösung der wandnahen Reibungsschicht mit verbundener Wirbelbildung.

Das achsensymmetrische Geschwindigkeitsprofil im Schnitt (*1*) erfährt durch die Richtungsänderung der Strömung im gekrümmten Rohr (Rohrkrümmer) die in Abb. 3.31 dargestellte starke Änderung. Diese wird erst im geraden Anschlußrohr (gestörte Ablaufströmung) am Schnitt (*2*) wieder in ein achsensymmetrisches Geschwindigkeitsprofil zurückverwandelt. Die gestörte Ablaufstrecke (Einflußzone) kann eine Rohrlänge von etwa 50- bis 70fachem Durchmesser hinter dem Krümmer betragen.

Der bei einer Stromumlenkung infolge Reibungseinfluß eintretende Verlust an fluidmechanischer Energie entsteht aus der Änderung der Wandschubspannung als Folge der nicht mehr achsensymmetrischen Geschwindigkeitsverteilungen, aus den Strömungsablösungen an der Innen- und Außenseite des Rohrs sowie aus dem Auftreten von Sekundärströmungen. Die genannten drei Einflüsse hängen von der Stärke der Rohrkrümmung ab, so daß das Krümmungsverhältnis r_K/D_K mit D_K als Durchmesser des Rohrkrümmers mit der konstanten Rohrquerschnittsfläche A_K und r_K als Krümmungsradius der Rohrachse nach Abb. 3.30a eine wesentliche Kennzahl ist, die bei der Darstellung der Rohrreibungsgesetze für Krümmer berücksichtigt werden muß. Eine weitere entscheidende Größe ist der Krümmerwinkel (Umlenkwinkel) ϑ_K.

Der gesamte fluidmechanische Energieverlust einer Stromumlenkung mit gerader Ablaufstrecke (Übergangskrümmer), ausgedrückt als Verlustbeiwert ζ_U besteht aus dem Verlustbeiwert des gekrümmten Rohrs (Krümmerverlustbeiwert) ζ_K und dem durch die gestörte Geschwindigkeitsverteilung in der geraden Ablauf-

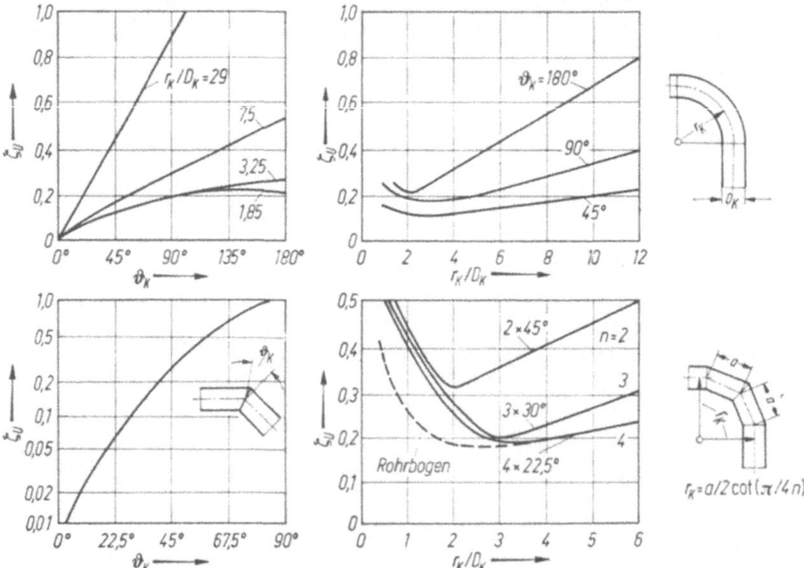

Abb. 3.32. Umlenkverlustbeiwert ζ_U bei turbulent durchströmtem Rohrbogen, Rohrknie, Segmentbogen in Abhängigkeit vom Krümmerwinkel ϑ_K bzw. vom Krümmungsverhältnis r_K/D_K, $Re = 2 \cdot 10^5$

strecke zusätzlich verursachten Verlustbeiwert $\Delta\zeta_U$. Es gilt

$$(p_e)_U = \zeta_U \frac{\varrho}{2} v_U^2, \quad \zeta_U = \zeta_K + \Delta\zeta_U \qquad (v_U = v_m) \qquad (3.98\text{a, b})$$

mit $v_m = v_K = \dot{V}/A_K$.

Zahlenwerte ζ_U für einen in eine Rohrleitung eingebauten gebogenen oder geknickten Übergangskrümmer bei fluidmechanisch glatter Rohrwand enthält Abb. 3.32 in Abhängigkeit vom Krümmungsverhältnis r_K/D_K und vom Krümmerwinkel ϑ_K bei turbulenter Strömung.

Einbau von Leitschaufeln. Durch Unterteilung eines Krümmerquerschnitts mittels besonderer Führungen, wie Umlenkschaufeln oder Leitapparate nach Abb. 3.30b, kann der Umlenkverlust nicht unwesentlich herabgesetzt werden.

3.4.4.4 Stromverzweigung (Trennung, Vereinigung)

Im Fall einer Rohrverzweigung (Index Z) ist je nach Strömungsrichtung zwischen einer Stromtrennung (Rohrtrennung) nach Abb. 3.33a und einer Stromvereinigung (Rohrvereinigung) nach Abb. 3.33b zu unterscheiden. Die vom Verzweigungspunkt ausgehenden geradlinigen Rohrstücke von jeweils konstantem Querschnitt A_1, A_2 bzw. A_3 haben zunächst je nach Länge, Durchmesser, gegebenenfalls Rauheitsparameter und Durchströmgeschwindigkeit bestimmte fluidmechanische Energieverluste (Druckverluste) zur Folge, die sich nach den Rohrreibungsgesetzen in Kap. 3.4.3 berechnen lassen.

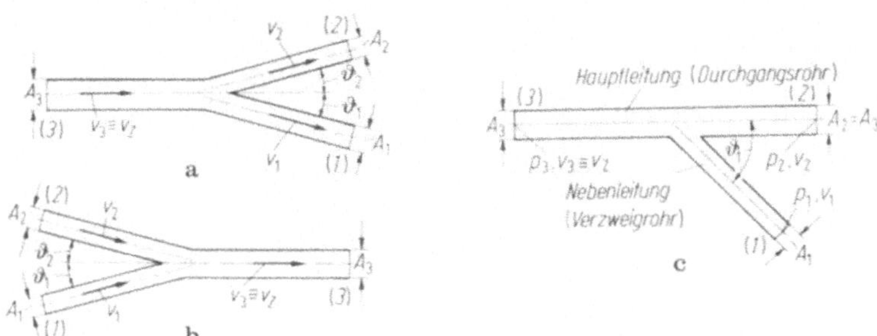

Abb. 3.33. Rohrverzweigungen. **a** Stromtrennung. **b** Stromvereinigung. **c** durchgehende Hauptleitung mit abgewinkelter Nebenleitung

Dem im Bereich der Verzweigung und weiter stromabwärts gestörten Strömungsverhalten entsprechen zusätzliche Verluste an fluidmechanischer Energie, sog. Verzweigungsverluste. Diese bestehen ähnlich wie bei der Stromquerschnittsänderung und der Stromumlenkung im wesentlichen aus Verlusten infolge des Auftretens von Ablösungsbereichen und Sekundärströmungen. Die Verzweigungsverluste können für die Strömungen durch die Verzweigungsrohre (*1*) und (*2*) jeweils verschieden groß sein. Sie hängen von der Form der Querschnitte A_1, A_2, A_3, von den Querschnittsverhältnissen A_1/A_3, A_2/A_3, von den Verzweigwinkeln ϑ_1, ϑ_2, von der Art der Rohrdurchdringung (scharfkantig, abgerundet), vom Verhältnis der Volumenströme $\dot{V}_1/\dot{V}_3$, $\dot{V}_2/\dot{V}_3$ mit $\dot{V}_3 = \dot{V}_1 + \dot{V}_2$ als Gesamtvolumenstrom in m³/s sowie besonders von der Strömungsrichtung (Geschwindigkeiten v_1, v_2, v_3) in den einzelnen Rohren (Trennung, Vereinigung) ab. Die durch die einzelnen

Rohrquerschnitte A ein- und austretenden Volumenströme betragen nach (3.53)

$$\dot{V}_3 = \dot{V}_1 + \dot{V}_2 \quad \text{mit} \quad \dot{V}_1 = v_1 A_1, \quad \dot{V}_2 = v_2 A_2 \quad \text{und} \quad \dot{V}_3 = v_3 A_3. \qquad (3.99\,\text{a, b})$$

Die Druckgleichung (3.54) ist für die Stromtrennung zwischen den Querschnitten A_3 und A_1 oder A_3 und A_2 sowie für die Stromvereinigung zwischen den Querschnitten A_1 und A_3 oder A_2 und A_3 anzuwenden. Es gilt für die Strömung durch

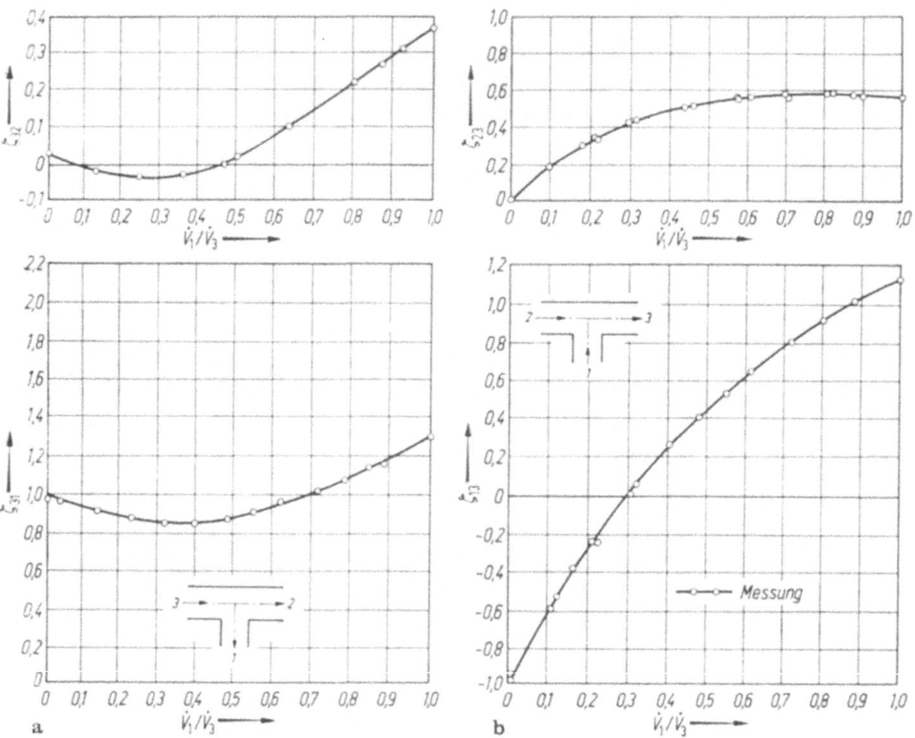

Abb. 3.34. Verlustbeiwerte in Rohrverzweigungen (T-Stück, $A_1 = A_2 = A_3$, $\vartheta_1 = 90°$). **a** Stromtrennung, ζ_{32}, ζ_{31}. **b** Stromvereinigung, ζ_{23}, ζ_{13}

das Verzweigrohr (*1*)

$$p_3 + \alpha_3 \frac{\varrho}{2} v_3^2 = p_1 + \alpha_1 \frac{\varrho}{2} v_1^2 + (p_e)_R + \zeta_{31} \frac{\varrho}{2} v_3^2 \qquad \text{(Trennung)}, \qquad (3.100\,\text{a})$$

$$p_1 + \alpha_1 \frac{\varrho}{2} v_1^2 = p_3 + \alpha_3 \frac{\varrho}{2} v_3^2 + (p_e)_R + \zeta_{13} \frac{\varrho}{2} v_3^2 \qquad \text{(Vereinigung)}. \qquad (3.100\,\text{b})$$

In (3.100) bedeutet $(p_e)_R$ den durch die Wandreibung bei ungestörter Strömung auftretenden fluidmechanischen Energieverlust der beiden Rohre mit den Querschnitten A_3 und A_1.

Für die Strömung durch das Verzweigrohr (*2*) gilt (3.100a, b), wenn man darin den Index 1 durch 2 ersetzt.

Zusätzlich zu $(p_e)_R$ treten die durch die Verzweigung hervorgerufenen fluidmechanischen Energieverluste, z. B. $(p_e)_{31} = \zeta_{31}(\varrho/2)\, v_Z^2$ usw., auf. Die Verlustbeiwerte ζ_{31}, ζ_{32}, ζ_{13} und ζ_{23} sind jeweils auf die Geschwindigkeit des Gesamtstroms $v_Z = v_3$ bezogen.

Messungen der Verlustbeiwerte an einer gerade durchgehenden Hauptleitung von konstantem Durchmesser ($A_2 = A_3$) und einer unter den Winkeln $\vartheta_1 = 45°$, 60° und 90° nach Abb. 3.33c seitlich abgehenden Nebenleitung bestätigen, daß die Verlustbeiwerte neben dem Querschnittsverhältnis A_1/A_3 im wesentlichen nur vom Verhältnis der Volumenströme $\dot{V}_1/\dot{V}_3$ abhängig sind. In Abb. 3.34 sind einige Versuchsergebnisse für den einfachen Fall $A_1 = A_2 = A_3$ und $\vartheta_1 = 90°$ dargestellt.

3.4.4.5 Einbau einer Strömungsmaschine (Turbine, Pumpe)

Befindet sich im Rohrleitungssystem eine Strömungsmaschine (Index $N = M$) entweder als Turbine oder als Pumpe, so wird dem System fluidmechanische Energie entnommen bzw. zugeführt. Dies entspricht am Ort der Strömungsmaschine einem positiven bzw. negativen Verlust an fluidmechanischer Energie $(p_e)_M$.

Die der Strömung entnommene bzw. zugeführte Maschinenleistung beträgt [Kraft der Druckänderung $(p_e)_M A_M$] × [Strömungsgeschwindigkeit v_M], d. h.

$$P_M = (p_e)_M\, A_M v_M = (p_e)_M\, \dot{V} \qquad (v_M = \dot{V}/A_M) \tag{3.101a, b}$$

mit A_M als Bezugsfläche und v_M als Bezugsgeschwindigkeit.

Handelt es sich um eine Turbine (Index T), dann beträgt bei Berücksichtigung des Turbinenwirkungsgrads η_T die entnommene Turbinenleistung (Nutzleistung) $P_T = \eta_T P_M$. Hieraus ergeben sich der fluidmechanische Energieverlust durch die Turbine und die zugehörige Verlusthöhe $z_e = p_e/\varrho g$

$$(p_e)_T = \varrho g (z_e)_T = \frac{P_T}{\eta_T \dot{V}} = \varrho g h_T > 0 . \tag{3.102a}$$

Die Verlusthöhe $(z_e)_T > 0$ wird auch Fallhöhe (Nutzhöhe) $h_T > 0$ genannt.

Bei Einbau einer Pumpe (Index P) wird Arbeit auf das Fluid übertragen, was einem Gewinn an fluidmechanischer Energie oder einem negativen Verlust entspricht. Mit dem Pumpenwirkungsgrad η_P betragt die effektive Pumpenleistung (Antriebsleistung) $\eta_P P_P = P_M$. Der negative Energieverlust und die zugehörige negative Verlusthöhe ergeben sich jetzt zu

$$(p_e)_P = \varrho g (z_e)_P = -\frac{\eta_P P_P}{\dot{V}} = -\ \varrho g h_P < 0 . \tag{3.102b}$$

Die negative Verlusthöhe $(z_e)_P < 0$ wird Förderhöhe $h_P > 0$ genannt.

Der Einbau einer Strömungsmaschine in ein Rohrleitungssystem kann wie alle anderen Rohrleitungsteile nach Tab. 3.2 durch Einführen des Energieverlusts $(p_e)_M = P_M/\dot{V}$ nach (3.101b) oder speziell nach (3.102a, b) in (3.52) berücksichtigt werden.

3.4.5 Aufgaben der Rohrhydraulik

3.4.5.1 Ausgangsgleichungen

Die in den Kap. 3.4.1 bis 3.4.4 abgeleiteten Beziehungen sollen jetzt auf Rohrleitungssysteme angewendet werden, die ein dichtebeständiges Fluid verarbeiten. Die zwischen zwei besonders herausgegriffenen Stellen (*1*) und (*2*) vorhandenen Rohrleitungsteile, gegebenenfalls einschließlich eingebauter Strömungsmaschinen, werden nach Tab. 3.2 mit dem Index N gekennzeichnet. Für die Anwendung empfiehlt es sich, die mittleren Geschwindigkeiten v_N über die Strömungsquerschnitte A_N jeweils durch den Volumenstrom $\dot{V} = v_N A_N$ entsprechend der Kontinuitätsgleichung (3.53) auszudrücken. Als weitere Beziehung wird die Energiegleichung (erweiterte Bernoullische Druckgleichung) (3.54) herangezogen, wobei $\alpha_1 \approx \alpha_2 \approx 1$ gesetzt wird. Die Bestimmungsgleichung zur Berechnung stationärer Rohrströmung lautet dann nach Einsetzen von (3.83), (3.62a) und (3.101)

$$a\dot{V}^2 + \frac{m}{\dot{V}} = H \qquad \text{(stationär)} \tag{3.103}$$

mit den Abkürzungen[11]

$$a = \frac{1}{A_2^2} - \frac{1}{A_1^2} + \frac{\lambda}{A^2}\frac{L}{D} + \sum_{(1)}^{(2)}{}'' \frac{\zeta_N}{A_N^2}, \qquad m = \frac{2}{\varrho} P_M, \tag{3.104a, b}$$

$$H = 2gh \quad \text{mit} \quad h = z_1 - z_2 + \frac{p_1 - p_2}{\varrho g}. \tag{3.104c}$$

Die Größe a enthält die Rohrlänge $L = s_2 - s_1$ sowie die verschiedenen Querschnittsflächen A_1, A_2 (Anfang, Ende), $A = (\pi/4)\, D^2 = \text{const}$ (gerades Rohr) und A_N (Rohrleitungsteil). Darüber hinaus kommen die Rohrreibungszahl λ und die Verlustbeiwerte ζ_N vor. Die Rohrreibungszahl $\lambda = \lambda(Re, k/D)$ kann nach Abb. 3.21 sowohl von der Reynolds-Zahl Re als auch vom Rauheitsparameter k/D abhängen. Die Größe der Rauheit k ist nach Tab. 3.4 gegeben. Lediglich die Reynolds-Zahl $Re = vD/\nu$ wird von der Strömungsgeschwindigkeit bestimmt. Wegen $v = \dot{V}/A$ ist die Rohrreibungszahl eine Funktion des Volumenstroms, sofern sich die Wand des Rohrs nicht fluidmechanisch vollkommen rauh verhält, d. h. $\lambda = \lambda(k/D)$ ist.

Die Beziehungen für die Verlustbeiwerte ζ_N sind für die verschiedenen Rohrleitungsteile in Kap. 3.4.4 angegeben. Ihre Größen werden im wesentlichen von den geometrischen Parametern des jeweiligen Rohrteils bestimmt.

Die Größe m berücksichtigt den Einbau von Strömungsmaschinen mit $P_M = P_T/\eta_T > 0$ für eine Turbine und $P_M = -\eta_P P_P < 0$ für eine Pumpe. Die Größe H ist ein Maß für die zur Verfügung stehende Druckhöhe.

Entsprechend den gegebenen und gesuchten Größen hat die Anwendung und Auswertung der Bestimmungsgleichung (3.103) zu erfolgen. Die in der Größe a auftretende Rohrreibungszahl λ und die Verlustbeiwerte ζ_N sind nach den dafür angegebenen Formeln einzuführen. Die Rohrreibungszahl λ kann, wie bereits gesagt wurde, u. a. von der Reynolds-Zahl $Re = vD/\nu$ abhängen. Am einfachsten gestaltet sich daher die Rechnung, wenn v und D unmittelbar gegeben sind. Ist dies nicht der Fall, so muß man λ zunächst schätzen, dann mittels (3.103) die jeweils noch unbekannte Größe v oder D ermitteln und so die Reynolds-Zahl bestimmen. Jetzt hat man zu prüfen, ob die gemachte Annahme für λ richtig war. Meistens muß man mit den in erster Näherung gewonnenen Werten v oder D einen neuen Wert für λ bestimmen, usw. Für eine erste Schätzung empfiehlt sich bei nicht zu großen Rauheiten der Wert $\lambda \approx 0{,}03$.

---

11 Das Summenzeichen $\sum''$ soll kennzeichnen, daß der Einfluß der Rohrreibung und derjenige einer Strömungsmaschine darin nicht enthalten sind, da sie getrennt aufgeführt werden.

3.4.5.2 Stationäre Rohrströmung dichtebeständiger Fluide

a) Berechnung des Volumenstroms. Befindet sich in einem Rohrleitungssystem keine Strömungsmaschine (Turbine, Pumpe), so erhält man aus (3.103) mit $m = 0$ für den Volumenstrom

$$\dot{V} = A \sqrt{\frac{2g(z_1 - z_2) + \dfrac{2}{\varrho}(p_1 - p_2)}{\left(\dfrac{A}{A_2}\right)^2 - \left(\dfrac{A}{A_1}\right)^2 + \lambda \dfrac{L}{D} + \sum\limits_{(1)}^{(2)}{}'' \zeta_N \left(\dfrac{A}{A_N}\right)^2}} \quad (P_M = 0). \qquad (3.105)$$

Verbindet nach Abb. 3.35a eine Rohrleitung von konstantem Querschnitt $A = A_N = \text{const}$ zwei große mit Flüssigkeit gefüllte, oben offene Gefäße miteinander, dann gilt, wenn man die Stellen *(1)* und *(2)* in die Flüssigkeitsspiegel legt, $A/A_2 \ll 1$, $A/A_1 \ll 1$ sowie $p_1 = p_2$. Mithin ergibt sich für diesen Fall

$$\dot{V} = A \sqrt{\frac{2gh}{\lambda \dfrac{L}{D} + \sum\limits_{(1)}^{(2)}{}'' \zeta_N}} \quad \text{mit} \quad h = z_1 - z_2 \quad \text{und} \quad \sum\limits_{(1)}^{(2)}{}'' \zeta_N = \zeta_E + \zeta_L + \zeta_U + \zeta_A. \qquad (3.106)$$

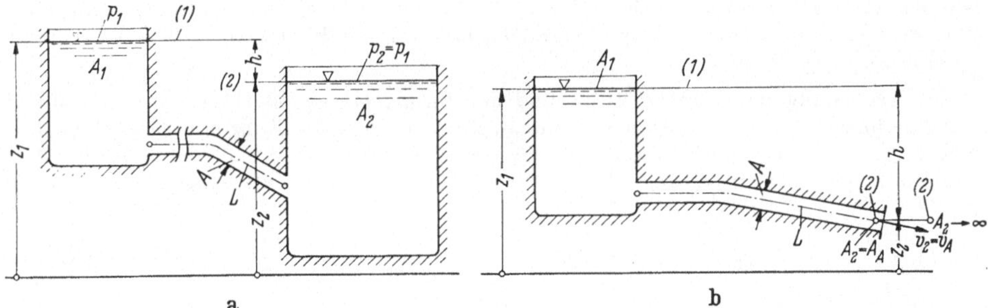

Abb. 3.35. Zur Berechnung des Volumenstroms in Rohrleitungssystemen bei stationärer Strömung. **a** Verbindung zweier großer oben offener flüssigkeitsgefüllter Gefäße durch lange Rohrleitung. **b** Ausfluß aus einem oben offenen Gefäß durch lange Rohrleitung ins Freie

Beim Ausfluß ins Freie nach Abb. 3.35b wird die Stelle *(1)* in den Flüssigkeitsspiegel des Gefäßes und die Stelle *(2)* entweder außerhalb des Rohrs hinter der Austrittsöffnung ($A_2 \to \infty$) in Höhe ihres Flächenschwerpunkts mit $A/A_2 = 0$ oder innerhalb des Rohrs kurz vor die Austrittsöffnung ($A_2 = A$) mit $A/A_2 = 1$ gelegt. Im ersten Fall enthält (3.105) den Austrittsverlustbeiwert $\zeta_A = 1$, während im zweiten Fall der Austrittsverlustbeiwert nicht vorkommen kann, sondern statt dessen die Größe $(A/A_2)^2 = 1$ auftritt.

Da dem austretenden Flüssigkeitsstrahl der Außendruck p_1 aufgeprägt wird, ist in beiden Fällen an der Stelle *(2)* der Druck $p_2 = p_1$. Nach (3.104c) ist somit $h = z_1 - z_2$ die Lage der Austrittsöffnung unterhalb des Flüssigkeitsspiegels im Gefäß. Für das vorliegende Beispiel des Ausflusses ins Freie gilt ebenfalls (3.106).

Wird eine sehr lange Rohrleitung am Austritt mit einem Enddiffusor versehen, so findet man für den Volumenstrom verglichen mit demjenigen beim Austritt ohne Diffusor nach (3.106)

$$\frac{\dot{V}_{mD}}{\dot{V}_{oD}} = \sqrt{\frac{\lambda \dfrac{L}{D} + \zeta_A}{\lambda \dfrac{L}{D} + \zeta_{DA}}} > 1 \quad \text{mit} \quad \lambda \frac{L}{D} \gg \zeta_E + \zeta_L + \zeta_U. \qquad (3.107)$$

Wegen $\zeta_{DA} < \zeta_A$ nach (3.92) ist bei sonst ungeänderten Größen $\dot{V}_{mD} > \dot{V}_{oD}$; d. h. durch Anbringen eines ablösungsfrei arbeitenden Enddiffusors (Austrittsdiffusors) kann der Volumenstrom gesteigert werden.

b) Berechnung des Rohrdurchmessers. Gegeben sind eine sehr lange Rohrleitung der Länge L von konstantem Kreisquerschnitt A, jedoch unbekannter Größe des Durchmessers D, der Volumenstrom $\dot{V}$ und die Maschinenleistung P_M einer Turbine oder einer Pumpe, sofern eine solche in das Rohrleitungssystem von Abb. 3.35a oder 3.35b eingebaut ist. In vorliegendem Fall muß, da die Reynolds-Zahl Re wegen des gesuchten Durchmessers noch nicht bekannt ist, die Rechnung zunächst mit einer geschätzten Rohrreibungszahl λ begonnen werden. Der Verlust an fluidmechanischer Energie durch Reibung an der Rohrwand sei so groß, daß in (3.104a) sowohl die Verluste durch andere Rohrleitungsteile vernachlässigt als auch die Glieder $1/A_2^2$ und $1/A_1^2$ unberücksichtigt bleiben können. Mit $a = \lambda L/DA^2 = 16\lambda L/\pi^2 D^5$ und $H = 2gh$ ergibt sich durch Auflösen von (3.103) nach dem Durchmesser

$$D = \sqrt[5]{\frac{8}{\pi^2}\,\frac{\lambda L}{gh}\,\frac{\dot{V}^2}{1 - E_M}}\,. \tag{3.108}$$

Hierin wird der Einfluß einer Strömungsmaschine durch $E_M = m/H\dot{V} = P_M/\varrho gh\dot{V}$ mit $P_M = P_T/\eta_T$ für Turbinen und $P_M = -\eta_P P_P$ für Pumpen erfaßt. Mit $\lambda = \text{const}$ gilt (3.108) in guter Näherung für die turbulente Rohrströmung.

Für den Fall, daß keine Strömungsmaschine eingebaut ist, ist $E_M = 0$ zu setzen. Eine energieverbrauchende Turbine $E_M > 0$ erfordert bei gleichem Volumenstrom einen größeren Rohrdurchmesser, während eine energiezuführende Pumpe $E_M < 0$ mit kleinerem Durchmesser auskommt.

c) Berechnung des Druckgefälles und der Pumpleistung. Bei konstant gewähltem Rohrdurchmesser D und gegebenem Volumenstrom $\dot{V}$ kann die Rohrreibungszahl λ sofort nach Kap. 3.4.3 berechnet werden. Bei sehr langen Rohren erhält man unter den gleichen Annahmen wie bei (3.108) aus (3.103) für die Druckänderung zwischen den Stellen (*2*) und (*1*)

$$p_2 - p_1 = \varrho\left[g(z_1 - z_2) - \frac{8\lambda}{\pi^2}\,\frac{L}{D^5}\,\dot{V}^2\right] - \frac{P_M}{\dot{V}}\,. \tag{3.109}$$

Ist die Stelle (*1*) mit der Atmosphärenluft vom Druck p_0 in Verbindung, z. B. die Spiegelfläche eines mit Flüssigkeit gefüllten Gefäßes, und die Stelle (*2*) irgendein Punkt des flüssigkeitsführenden Rohrsystems, so gilt für die Drücke $p_1 = p_0$ und $p_2 \neq p_0$. Bei $p_2 > p_0$ herrscht in der Leitung Überdruck; man spricht dann von einer Druckrohrleitung. Ist dagegen $p_2 < p_0$, so herrscht in der Leitung Unterdruck. Undichte Leitungen, z. B. Stollen, würden in einem solchen Bereich Luft ansaugen. Steht am Rohraustritt nicht wieder genügend Druck zur Verfügung, so kann der Fließvorgang unterbrochen werden.

Stehen die Flüssigkeitsspiegel in den beiden nach Abb. 3.35a oben offenen Gefäßen gleich hoch, dann ist $p_2 = p_1$ und $z_2 = z_1$. Eine stationäre Strömung vom Gefäß (*1*) ins Gefäß (*2*) ist in diesem Fall nur durch Einbau einer Pumpe möglich. Die Pumpleistung ergibt sich wegen $P_M = -\eta_P P_P$ aus (3.109) zu

$$P_P = \varrho\,\frac{8\lambda}{\pi^2 \eta_P}\,\frac{L}{D^5}\,\dot{V}^3 \sim \frac{\dot{V}^3}{D^5} \qquad (p_2 = p_1,\ z_2 = z_1)\,. \tag{3.110}$$

Hiernach ist die Pumpleistung bei unverändert angenommener Rohrreibungszahl $\lambda \approx \text{const}$ proportional der dritten Potenz des Volumenstroms.

4 Elementare Strömungsvorgänge dichteveränderlicher Fluide

4.1 Überblick

In ähnlicher Weise wie in Kap. 3 für das dichtebeständige Fluid sollen in diesem Kapitel vornehmlich die Anwendungen einfach zu übersehender elementarer Strömungsvorgänge eines dichteveränderlichen Fluids betrachtet werden. Auf den Unterschied der Begriffe dichteveränderlich und kompressibel wurde in Kap. 1.2.2.1 eingegangen. Danach handelt es sich um eine kompressible Strömung, wenn die Dichte ϱ des Fluids nur vom Druck p abhängt, d. h. wenn ein barotropes Fluid mit $\varrho = \varrho(p)$ vorliegt. Spielt auch die Temperatur T eine Rolle, d. h. ist $\varrho = \varrho(p, T)$, soll von einer Strömung bei dichteveränderlichem Fluid gesprochen werden.

Zunächst wird in Kap. 4.2 das thermodynamische Verhalten dichteveränderlicher Fluide behandelt. Kap. 4.3 befaßt sich sodann mit der eindimensionalen reibungslosen Strömung eines dichteveränderlichen Fluids, d. h. der Stromfadentheorie. Dabei werden sowohl stetige als auch unstetige Strömungen (Überschallströmung mit Verdichtungsstoß) untersucht.

Auf das grundsätzlich verschiedene Verhalten von Unter- und Überschallströmungen wurde schon in Kap. 1.3.3.4 hingewiesen. Das Verhältnis der Strömungsgeschwindigkeit v zur zugehörigen Schallgeschwindigkeit c bezeichnet man nach (1.21d) als Mach-Zahl $Ma = v/c$. Bei Strömungen eines dichtebeständigen Fluids ist $c = \infty$, d. h. hierfür gilt $Ma = 0$. Für $Ma > 0$ nimmt man die nachstehende Einteilung der Mach-Zahl-Bereiche vor: subsonisch für $0 < Ma < 1$, transsonisch für $Ma \approx 1$ und supersonisch für $Ma > 1$.

4.2 Thermodynamisches Verhalten dichteveränderlicher Fluide (Gase)

4.2.1 Einführung

Bei den zu untersuchenden Strömungen dichteveränderlicher Fluide soll kein Wärmeaustausch des strömenden Fluidelements mit seiner Umgebung stattfinden (= geschlossenes thermodynamisches System). Die Strömung verläuft bei adiabater Zustandsänderung. Dies bedeutet nicht notwendigerweise eine adiabat-reversible, d. h. isentrope Zustandsänderung. Die gemachte Annahme gilt auch für eine adiabat-irreversible, d. h. anisentrope Zustandsänderung, wie sie bei unstetig verlaufender Überschallströmung mit Verdichtungsstoß auftreten kann.

4.2.2 Zustandsbeschreibung

4.2.2.1 Isentrope Zustandsänderung

Verläuft die Strömung eines barotropen Fluids $\varrho = \varrho(p)$ bei konstanter Entropie, so lautet bei einem vollkommen idealen Gas die Isentropengleichung nach (1.2b) bzw. nach (1.3) mit $\varkappa_s = \varkappa$ angewendet auf zwei Zustände (*1*) und (*2*)

$$\frac{p}{\varrho^{\varkappa}} = \text{const}, \qquad \frac{\varrho_2}{\varrho_1} = \left(\frac{p_2}{p_1}\right)^{\frac{1}{\varkappa}} \qquad (\text{Gas}, \varkappa = c_p/c_v). \tag{4.1a, b}$$

Hierin ist $\varkappa$ der Isentropenexponent (Verhältnis der spezifischen Wärmekapazitäten), vgl. Tab. 1.1.

In Abb. 4.1a ist bei isentroper Zustandsänderung für Luft mit $\varkappa = 1{,}4$ das Dichteverhältnis über dem Druckverhältnis als Kurve (*1*) dargestellt. Bei Dekompression ($0 \leqq p_2/p_1 < 1$), hier Depression genannt, liegt Verdünnung (Expansion) und bei Kompression ($p_2/p_1 > 1$) Verdichtung vor. Vakuum tritt bei $p_2/p_1 = 0$ mit $\varrho_2/\varrho_1 = 0$ ein. Auf die Bedeutung der Kurve (*2*) und ihren Vergleich mit der Kurve (*1*) wird in Kap. 4.3.3.2 noch eingegangen.

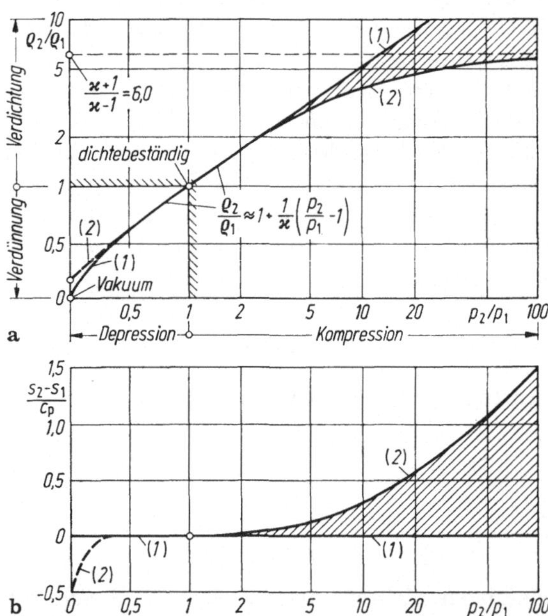

Abb. 4.1. Einfluß des Druckverhältnisses bei adiabater Zustandsänderung eines dichteveränderlichen (barotropen) Gases (Luft, $\varkappa = 1{,}4$) auf: **a** Dichteverhältnis, **b** Entropieänderung. (*1*) Isentrope (adiabat-reversible) Zustandsänderung: mit konstanter Entropie stetig verlaufende Strömung, (*2*) anisentrope (adiabat-irreversible) Zustandsänderung: mit Verdichtungsstoß (normal oder schief) unstetig verlaufende Strömung, (*1*) ÷ (*2*) anisentrope Zustandsänderung: mit mehreren schiefen Verdichtungswellen oder -stößen verlaufende Strömung

Für den Bereich der Depression ($0 \leqq p_2/p_1 < 1$) sind lineare und für den Bereich der Kompression ($p_2/p_1 > 1$) logarithmische Maßstäbe für Abszisse und Ordinate gewählt.

Gas als dichteveränderliches Fluid. Die Bernoullische Druckgleichung (3.28) bietet die Möglichkeit, die Größe der Dichteänderung eines Gases bei mäßigen Geschwindigkeiten abzuschätzen. Zwischen zwei gleich hoch liegenden Stellen (*1*) und (*2*) tritt die größte Druckänderung auf, wenn eine der Geschwindigkeiten verschwindet, z. B. $v_2 = 0$. Mit $z_1 = z_2$ ist dann $p_2 = p_1 + (\varrho_1/2)\, v_1^2$. Stetige reibungslose Strömungen verlaufen im allgemeinen bei konstanter Entropie, d. h. bei isentroper Zustandsänderung gemäß (4.1b). Aus $\varrho_2/\varrho_1 = (p_2/p_1)^{1/\varkappa}$ ergibt sich unter Einsetzen von $p_2/p_1 = 1 + (\varrho_1/2p_1)\, v_1^2$ für das Dichteverhältnis

$$\frac{\varrho_2}{\varrho_1} = \left[1 + \frac{1}{2}\frac{\varrho_1}{p_1} v_1^2\right]^{\frac{1}{\varkappa}} = \left[1 + \frac{\varkappa}{2} Ma_1^2\right]^{\frac{1}{\varkappa}} \approx 1 + \frac{1}{2} Ma_1^2 . \tag{4.2}$$

Als Kennzahl wurde die Mach-Zahl $Ma_1 = v_1/c_1$ mit $c_1 = \sqrt{\varkappa p_1/\varrho_1}$ als Schallgeschwindigkeit des Gases nach (1.8a) eingeführt. Bei kleiner Mach-Zahl ist $(\varkappa/2)\, Ma_1^2 \ll 1$, was zu der letzten Beziehung führt. Man erkennt, daß die Dichteänderung um so größer wird, je größer Ma_1 ist. Für $Ma_1 = 0{,}2$ ergibt sich z. B. für Luft ein Dichteverhältnis von $\varrho_2/\varrho_1 \approx 1{,}020$ und für $Ma_1 = 0{,}3$ bereits $\varrho_2/\varrho_1 \approx 1{,}045$. Hieraus folgt als Voraussetzung für Strömungen dichtebeständiger Gase, daß die Mach-Zahl den Wert $Ma > 0{,}3$ nicht übersteigen sollte, sofern man eine Dichteänderung von 5% noch als vernachlässigbar ansieht. Für $Ma > 0{,}3$ ist das Gas als dichteveränderlich zu betrachten.

Schallgeschwindigkeit. Für die Ausbreitungsgeschwindigkeit einer schwachen Druckstörung in einem dichteveränderlichen Fluid (Gas) gilt nach (1.8), vgl. Tab. 1.1,

$$c^2 = \frac{dp}{d\varrho} = \varkappa RT = \varkappa \frac{p}{\varrho}, \qquad \left(\frac{c_2}{c_1}\right)^2 = \frac{T_2}{T_1} = \left(\frac{p_2}{p_1}\right)^{\frac{\varkappa - 1}{\varkappa}} . \tag{4.3a, b}$$

Diesen Formeln liegt die isentrope Zustandsänderung nach (4.1) zugrunde. Über die Schallgeschwindigkeit strömender Gase wird in Kap. 4.3.2.2 berichtet.

4.2.2.2 Thermische Zustandsänderung

Verhält sich ein Gas thermisch ideal, so besteht zwischen den Größen Dichte ϱ, Druck p und Temperatur T der durch die thermische Zustandsgleichung (1.5b) bzw. (1.5c) gegebene Zusammenhang

$$p = \varrho RT, \qquad \frac{\varrho_2}{\varrho_1} = \frac{p_2}{p_1}\frac{T_1}{T_2} \qquad (R = c_p - c_v) . \tag{4.4a, b}$$

Es ist R die spezifische Gaskonstante (Differenz der spezifischen Wärmekapazitäten), vgl. Tab. 1.1.

Diese Beziehung unterliegt im Rahmen der hier zu untersuchenden Strömungsvorgänge keinen besonderen Einschränkungen hinsichtlich stetig oder unstetig verlaufender Strömungsvorgänge.

4.2.2.3 Entropieänderung

Für die Änderung der spezifischen Entropie gilt nach der Gibbschen Fundamentalgleichung $ds = c_v(dp/p) - c_p(d\varrho/\varrho)$ mit c_v und c_p als spezifischen Wärmekapazitäten. Unter der Annahme eines vollkommen idealen Gases ($c_v =$ const, $c_p =$ const, $\varkappa = c_p/c_v =$ const) erhält man nach Integration die Differenz der Entropien zwischen den Zuständen (*1*) und (*2*) zu

$$s_2 - s_1 = c_v \ln\left(\frac{p_2}{p_1}\right) - c_p \ln\left(\frac{\varrho_2}{\varrho_1}\right) = c_p \ln\left[\frac{\varrho_1}{\varrho_2}\left(\frac{p_2}{p_1}\right)^{\frac{1}{\varkappa}}\right]. \qquad (4.5\text{a, b})$$

Bei ungeänderter Entropie ($s_2 = s_1$) folgt hieraus die Isentropengleichung (4.1), vgl. Kurve (*1*) in Abb. 4.1 b.

Nach dem zweiten Hauptsatz der Thermodynamik muß bei adiabater Zustandsänderung $(s_2 - s_1) \geqq 0$ sein, was zu der Bedingung

$$\frac{\varrho_1}{\varrho_2}\left(\frac{p_2}{p_1}\right)^{\frac{1}{\varkappa}} \geqq 1, \quad \frac{\varrho_2}{\varrho_1} \leqq \left(\frac{p_2}{p_1}\right)^{\frac{1}{\varkappa}} = \left(\frac{\varrho_2}{\varrho_1}\right)_{s=\text{const}} \quad \text{(adiabat)} \qquad (4.6\text{a, b})$$

führt, wobei die zweite Beziehung den Zusammenhang nach (4.1 b) berücksichtigt.

4.3 Fadentheorie dichteveränderlicher Fluide (Gase)

4.3.1 Einführung

Während in Kap. 3.3 ausführlich über die Fadentheorie dichtebeständiger Fluide berichtet wurde, soll jetzt die Untersuchung auf die stationäre, reibungslose Strömung dichteveränderlicher Fluide erweitert werden. Hierbei breiten sich schwache Druckstörungen oder Druckwellen, wie schon in Kap. 1.2.2.3 gesagt wurde, mit der Schallgeschwindigkeit c aus. Die Kenntnis dieser Ausbreitungsgeschwindigkeit (Fortpflanzungsgeschwindigkeit) ist für die Behandlung von Strömungen dichteveränderlicher Fluide, insbesondere Gasen von grundlegender Bedeutung. Die Schallgeschwindigkeit ist eine physikalische Größe des strömenden Fluids. Sie hängt für ein Gas nach (4.3) in bestimmter Weise von einer oder von zwei physikalischen Größen (Temperatur bzw. Druck, Dichte) ab. Da die genannten Größen vom jeweiligen Strömungszustand bestimmt werden, ist die Schallgeschwindigkeit im Strömungsfeld im allgemeinen von Zeit und Ort verschieden.

Nach Abb. 2.8 kann man eine bestimmte Anzahl von Stromlinien als Stromfaden zusammenfassen.[12] Dieser wird von der Stromröhre (Mantelfläche) $A_{1\to 2}$ umgeben. Weiterhin treten die Eintrittsfläche A_1 und die Austrittsfläche A_2 auf.

---

12 Bei der angenommenen stationären Strömung stellt der Stromfaden zugleich den Kontrollfaden dar.

Es sind $\boldsymbol{A}_1$ und $\boldsymbol{A}_2$ die auf der Ein- bzw. Austrittsfläche nach außen gerichteten Flächennormalen, vgl. Abb. 2.12a.

Die folgenden Ausführungen setzen eine stationäre eindimensionale Strömung eines barotropen Gases bei adiabater Zustandsänderung sowie Vernachlässigung der Schwere und Reibung voraus. Das Gas soll sich vollkommen ideal verhalten, vgl. Kap. 1.2.2.2. Neben den genannten Voraussetzungen kann man annehmen, daß sich die physikalischen Größen, wie die Dichte ϱ, der Druck p und die Geschwindigkeit v über die Stromfadenquerschnitte gleichmäßig verteilen. Die Querschnitte A sollen normal zur Stromfadenachse liegen. Sie werden an den Stellen (*1*) und (*2*) betrachtet. Die zugehörigen Größen A, ϱ, p und v werden dann jeweils mit den Indizes 1 und 2 gekennzeichnet. Die Größen, welche die Mantelfläche betreffen, werden mit dem Index $1 \rightarrow 2$ versehen.

4.3.2 Grundgesetze der stationären Fadenströmung dichteveränderlicher Gase

4.3.2.1 Ausgangsgleichungen der stationären Fadenströmung

Zustandsgleichungen. Für thermisch ideale Gase steht die thermische Zustandsgleichung (4.4) zur Verfügung. Diese Beziehung gilt sowohl für isentrope als auch anisentrope Zustandsänderung. Für die isentrope Zustandsänderung besteht für vollkommen ideale Gase der Zusammenhang nach (4.1). Weiterhin sind die Gleichungen für die Schallgeschwindigkeit (4.3) und die Entropieänderung (4.5) zu beachten.

Kontinuitätsgleichung. Nach dem Massenerhaltungssatz gilt bei normal zur Stromfadenachse liegenden Querschnitten nach (2.23) für den Massenstrom bei stationärer Strömung

$$\dot{m}_A = \varrho_1 v_1 A_1 = \varrho_2 v_2 A_2 = \text{const}, \qquad \frac{d\varrho}{\varrho} + \frac{dv}{v} + \frac{dA}{A} = 0, \qquad (4.7\text{a, b})$$

wobei die differentielle Form aus $\varrho v A = \text{const}$ folgt. Bezeichnet $\Theta \sim \varrho v$ die Massenstromdichte (Massenstrom/Querschnittsfläche), dann gilt $d\Theta/\Theta = -dA/A$. Dies besagt, daß sich bei einer Querschnittsvergrößerung eine Abnahme der Massenstromdichte einstellt, während bei einer Querschnittsverkleinerung eine Zunahme der Massenstromdichte erfolgt, vgl. (4.24) und Abb. 1.10.

Impulsgleichung. Der Impulssatz liefert nach (2.36) die Kraftgleichung bzw. nach (2.37) die Bernoullische Druckgleichung in differentieller Form bei stationärer Strömung

$$(p_1 + \varrho_1 v_1^2)\,\boldsymbol{A}_1 + (p_2 + \varrho_2 v_2^2)\,\boldsymbol{A}_2 = (\boldsymbol{F}_A)_{1\rightarrow 2}, \qquad v\,dv + \frac{dp}{\varrho} = 0. \qquad (4.8\text{a, b})$$

Unberücksichtigt bleiben nach Voraussetzung die Massen- und Stützkraft, d. h. $\boldsymbol{F}_B + \boldsymbol{F}_S = 0$. Die Impulsgleichung (4.8a) ist eine Vektorgleichung, die keinerlei Einschränkungen hinsichtlich möglicher Unstetigkeiten (Verdichtungsstöße bei Überschallgeschwindigkeit) unterliegt.

Bei einem geradlinig verlaufenden Stromfaden mit konstantem Querschnitt

$A_1 = A_2$ ist $\boldsymbol{A}_1 = -\boldsymbol{A}_2$, und man erhält für das Kräftegleichgewicht in Richtung der Stromfadenachse mit $(\boldsymbol{F}_A)_{1\to 2} = 0$

$$p_1 + \varrho_1 v_1^2 = p_2 + \varrho_2 v_2^2 \qquad (A_1 = A_2). \tag{4.9}$$

Energiegleichung. Nach dem ersten Hauptsatz der Thermodynamik lautet die Energiegleichung der Thermo-Fluidmechanik bei stationärer reibungsloser Strömung sowie adiabat-reversiblem (isentropem) oder auch adiabat-irreversiblem (anisentropem) Zustand in integraler und differentieller Form

$$\frac{v_1^2}{2} + h_1 = \frac{v_2^2}{2} + h_2, \qquad v\,dv + dh = 0 \qquad \text{(adiabat)}. \tag{4.10a, b}$$

Es ist h die spezifische Enthalpie, und zwar gilt für ein vollkommen ideales Gas

$$h = c_p T = \frac{c_p}{R}\frac{p}{\varrho} = \frac{c_p}{c_p - c_v}\frac{p}{\varrho} = \frac{\varkappa}{\varkappa - 1}\frac{p}{\varrho} = \frac{c^2}{\varkappa - 1}. \tag{4.11}$$

Im einzelnen wurde hierbei die thermische Zustandsgleichung (4.4a) sowie die Beziehung für die Schallgeschwindigkeit (4.3a) beachtet. Nach Einsetzen von (4.11) in (4.10a) folgt die für die Beschreibung von Strömungsvorgängen zweckmäßige Form der Energiegleichung

$$\frac{v_1^2}{2} + \frac{\varkappa}{\varkappa - 1}\frac{p_1}{\varrho_1} = \frac{v_2^2}{2} + \frac{\varkappa}{\varkappa - 1}\frac{p_2}{\varrho_2}, \qquad \frac{v_1^2}{2} + \frac{c_1^2}{\varkappa - 1} = \frac{v_2^2}{2} + \frac{c_2^2}{\varkappa - 1}. \tag{4.12a, b}$$

Diese Formeln gelten gleichermaßen für stetige und für unstetige mit Verdichtungsstoß verbundene Strömungen.

4.3.2.2 Schallgeschwindigkeit strömender Gase

Den Zusammenhang zwischen der Schallgeschwindigkeit c und der Strömungsgeschwindigkeit v erhält man bei stationärer Strömung aus (4.12b) zu

$$c_2^2 = c_1^2 + \frac{\varkappa - 1}{2}(v_1^2 - v_2^2) \qquad \text{(adiabat)}. \tag{4.13}$$

Stellt die Stelle (*1*) einen Ruhezustand (Kessel, Staupunkt, Index 0) dar, bei dem die Strömungsgeschwindigkeit $v_1 = v_0 = 0$ und die Schallgeschwindigkeit $c_1 = c_0$ ist, dann wird für eine Stelle (*2*) (hier ohne Index) für die örtliche Schallgeschwindigkeit $c_2 = c\ (v_2 = v)$

$$c = \sqrt{c_0^2 - \frac{\varkappa - 1}{2} v^2} \leqq c_0 \quad \text{mit} \quad c_0 = \sqrt{\varkappa \frac{p_0}{\varrho_0}} = \sqrt{\varkappa R T_0} \quad (v_0 = 0) \tag{4.14a, b}$$

als Schallgeschwindigkeit des Ruhezustands nach (4.3a). Die örtliche Schallgeschwindigkeit c hängt von der örtlichen Geschwindigkeit v ab und ist stets kleiner als c_0. Sie nimmt mit fallender Geschwindigkeit zu und mit wachsender

Geschwindigkeit ab. Im Grenzfall $v = \sqrt{2/(\varkappa - 1)}\, c_0$ (=) $2{,}236 c_0$ kann sie den Wert $c = 0$ annehmen, was dem Zustand des Vakuums entspricht.[13]

Laval-Zustand. Ist die Geschwindigkeit v gerade gleich der Schallgeschwindigkeit c, so bezeichnet man diesen kritischen Zustand (Schallzustand) auch als Laval-Zustand. Entsprechend führt man die Laval-Geschwindigkeit $v = c = c_L$ ein:

$$c_L = \sqrt{\frac{2}{\varkappa + 1}}\, c_0 = \sqrt{\frac{2\varkappa}{\varkappa + 1} R T_0}\, (=)\, 0{,}913 c_0 < c_0 \quad (v = c). \qquad (4.15\text{a, b})$$

Im Gegensatz zur ortsveränderlichen Schallgeschwindigkeit c nach (4.14a) ist die Laval-Geschwindigkeit c_L nach (4.15a) nicht vom Strömungsvorgang abhängig. Sie ist wie die Ruhe-Schallgeschwindigkeit c_0 eine konstante Stoffgröße des betrachteten Gases.

4.3.2.3 Kennzahlen und Druckbeiwert der Strömung dichteveränderlicher Gase

Mach-Zahl und Laval-Zahl. Zur Kennzeichnung des Strömungsverhaltens eines dichteveränderlichen Fluids bedient man sich nach Kap. 1.3.2.2 geeignet gewählter Kennzahlen. Nach (1.21d) nennt man das Verhältnis von Strömungsgeschwindigkeit v zu Schallgeschwindigkeit c die Mach-Zahl

$$Ma = \frac{\text{Strömungsgeschwindigkeit}}{\text{Schallgeschwindigkeit}} = \frac{v}{c} \quad \text{(Definition)}. \qquad (4.16\text{a})$$

Die Schallgeschwindigkeit ist nach (4.14) von der Geschwindigkeit v abhängig. Für ein dichtebeständiges Fluid ist $c = \infty$ und damit $Ma = 0$.

Während man bei der Mach-Zahl zum Bilden der Kennzahl die Schallgeschwindigkeit c heranzieht, kann man auch mit der Laval-Geschwindigkeit c_L eine Kennzahl, nämlich die Laval-Zahl

$$La = \frac{\text{Strömungsgeschwindigkeit}}{\text{Lavalgeschwindigkeit}} = \frac{v}{c_L} \quad \text{(Definition)}, \qquad (4.16\text{b})$$

einführen. Hierbei ist nach (4.15) die Laval-Geschwindigkeit c_L für das ganze Strömungsfeld eine unveränderliche Größe. Mithin ist also die Laval-Zahl im Gegensatz zur Mach-Zahl ein unmittelbares Maß für die Strömungsgeschwindigkeit $v \sim La$.

Unter Beachtung der Definitionen für die Mach- und Laval-Zahl nach (4.16a,b) sowie des Zusammenhangs $Ma/La = c_L/c$ wird mit (4.14a) und (4.15a) für das ideale Gas bei adiabater Zustandsänderung

$$La = \sqrt{\frac{\varkappa + 1}{2 + (\varkappa - 1) Ma^2}}\, Ma, \qquad La_{\max} = \sqrt{\frac{\varkappa + 1}{\varkappa - 1}}\, (=)\, 2{,}449 \; (Ma_{\max} = \infty). \qquad (4.17\text{a, b})$$

[13] Das Zeichen (=) bedeutet, daß der jeweils folgende Zahlenwert für Luft mit $\varkappa = 1{,}4$ gilt.

Mach-Zahl und Laval-Zahl stimmen für $Ma = 0 = La$ und $Ma = 1 = La$ überein. Während die Mach-Zahl wegen $\infty \geqq c \geqq 0$ den ganzen Bereich von $0 \leqq Ma \leqq \infty$ durchlaufen kann, ist der Bereich Laval-Zahl nach (4.17a) auf $0 \leqq La \leqq La_{\max}$ beschränkt.

Temperatur und Mach-Zahl. Mit $v_1/c_1 = Ma_1$ und $v_2/c_1 = (c_2/c_1)\,Ma_2$ findet man aus der Energiegleichung (4.12b) zwischen den örtlichen Mach-Zahlen und dem Temperaturverhältnis bzw. dem Verhältnis der Schallgeschwindigkeiten unter Beachtung von (4.3b) die Zusammenhänge

$$\frac{T_2}{T_1} = \left(\frac{c_2}{c_1}\right)^2 = \frac{2 + (\varkappa - 1)\,Ma_1^2}{2 + (\varkappa - 1)\,Ma_2^2} \quad \text{(adiabat).} \qquad (4.18\text{a, b})$$

Wegen der Allgemeingültigkeit der Energiegleichung (4.12) gilt (4.18) sowohl für die stetige, mit konstanter Entropie verlaufende Depressions- (Expansions-) strömung als auch für die bei Überschallströmung unstetige, mit Verdichtungsstoß verbundene Kompressionsströmung, vgl. Kap. 4.3.3.1 bzw. Kap. 4.3.3.2.

Erfolgt die Zuströmung aus einem Kessel, in dem sich das Gas in Ruhe befindet, oder liegt bei einem umströmten Körper ein Staupunkt vor, in dem das Gas ebenfalls zur Ruhe kommt, so spricht man vom Kessel-, Ruhe- oder Total- (Gesamt-) Zustand. Setzt man im ersten Fall $Ma_1 = 0$, $T_1 = T_0$, $Ma_2 = Ma$, $T_2 = T$ und im zweiten Fall $Ma_1 = Ma$, $T_1 = T$, $Ma_2 = 0$, $T_2 = T_0$, so folgt aus (4.18b) für beide Fälle die Temperaturerhöhung infolge Kompression

$$T_0 = \left(1 + \frac{\varkappa - 1}{2}\,Ma^2\right) T > T \quad \text{(adiabate Ruhetemperatur).} \qquad (4.19)$$

Häufig bezeichnet man T_0 auch als Stautemperatur. T_0 stellt bei gegebener Mach-Zahl Ma und gegebener Temperatur T die größtmögliche Temperatur dar. Sie ist ein Maß für die im System gespeicherte Energie.

Druckbeiwert. Die Druckänderung $\Delta p = p_2 - p_1$ bezieht man auf den Geschwindigkeitsdruck (= auf Volumen bezogene Geschwindigkeitsenergie) an der Stelle (*1*)

$$q_1 = \frac{\varrho_1}{2}\,v_1^2 = \frac{\varkappa}{2}\,p_1\,Ma_1^2 > 0 \quad \text{(Bezugsgröße)} \qquad (4.20)$$

und schreibt für den dimensionslosen Druckbeiwert bei einem vollkommen idealen Gas ($\varkappa = \text{const}$)

$$\frac{\Delta p}{q_1} = \frac{p_2 - p_1}{\frac{\varrho_1}{2}\,v_1^2} = \frac{2}{\varkappa\,Ma_1^2}\left(\frac{p_2}{p_1} - 1\right) \gtreqless 0 \quad \text{(Definition).} \qquad (4.21)$$

Bei Kompression ($p_2/p_1 > 1$) ergibt sich Überdruck ($\Delta p/q_1 > 0$) und bei Depression ($p_2/p_1 < 1$) Unterdruck ($\Delta p/q_1 < 0$).

4.3.3 Stetig und unstetig verlaufende Fadenströmung dichteveränderlicher Gase

4.3.3.1 Bei konstanter Entropie stetig verlaufende stationäre Strömung

Zustandsänderung. Stetige Strömungsvorgänge reibungsloser Fluide ohne Wärmeaustausch der einzelnen Fluidelemente untereinander verlaufen bei konstanter Entropie (isentrop = adiabat-reversibel). Sie kommen vor bei Verdünnungs- (Expansions-) oder Depressionsströmungen sowie bei schwachen Verdichtungs- oder Kompressionsströmungen. Die maßgebenden Zustandsänderungen an zwei Stellen *(1)* und *(2)* entnimmt man für das vollkommen ideale Gas (4.1). Sind die Verdichtungseinflüsse allerdings stärker, so verläuft die Strömung, sofern es sich um eine Überschallzuströmung handelt, nicht überall mehr stetig, sondern es treten unstetige Strömungsvorgänge mit Verdichtungsstößen (anisentrop = adiabat-irreversibel) auf. Hierüber wird in Kap. 4.3.3.2 berichtet.

Einfluß des Druckverhältnisses. Das Dichteverhältnis ϱ_2/ϱ_1 an zwei Stellen *(1)* und *(2)* längs der Stromfadenachse ist für das ideale Gas in Abb. 4.1a als Kurve *(1)* über dem Druckverhältnis p_2/p_1 dargestellt. Aus (4.12a) erhält man in Verbindung mit (4.1b) die Geschwindigkeiten in Abhängigkeit vom Druckverhältnis

$$v_2 = \sqrt{v_1^2 + \frac{2\varkappa}{\varkappa - 1} \frac{p_1}{\varrho_1} \left[1 - \left(\frac{p_2}{p_1}\right)^{\frac{\varkappa-1}{\varkappa}}\right]} \quad \text{(isentrop).} \tag{4.22}$$

Je kleiner das Druckverhältnis p_2/p_1 ist, um so größer wird bei gegebener Geschwindigkeit v_1 die Geschwindigkeit v_2. Diese ist für $p_2/p_1 = 0$ (Vakuum-Zustand) in ihrer Größe beschränkt.

Einfluß der Zuström-Mach-Zahl. Das Druckverhältnis p_2/p_1 erhält man aus (4.22) in Abhängigkeit von der Differenz der Geschwindigkeitsquadrate $v_2^2 - v_1^2$. In diese Beziehung soll die Mach-Zahl des Strömungszustands an der Stelle *(1)*, d. h. die Zuström-Mach-Zahl $Ma_1 = v_1/c_1$ eingeführt werden. Mit $c_1^2 = \varkappa p_1/\varrho_1$ nach (4.3a) ergibt sich für den Zusammenhang von Druck- und Geschwindigkeitsverhältnis

$$\frac{p_2}{p_1} = \left[1 + \frac{\varkappa - 1}{2}\left(1 - \left(\frac{v_2}{v_1}\right)^2\right) Ma_1^2\right]^{\frac{\varkappa}{\varkappa-1}} \leqq \left(1 + \frac{\varkappa - 1}{2} Ma_1^2\right)^{\frac{\varkappa}{\varkappa-1}}. \tag{4.23a, b}$$

Herrscht an der Stelle *(2)* Ruhe mit $v_2 = 0$, so wird dort das Druckverhältnis p_2/p_1 am größten.

Stromfadenquerschnitt. Bei stetig verlaufender Strömung dichteveränderlicher Gase besteht hinsichtlich der Änderung des Stromfadenquerschnitts A mit der Geschwindigkeit v ein grundsätzlicher Unterschied, ob es sich um eine Unter- oder Überschallströmung handelt. Aus (4.7b) erhält man in Verbindung mit (4.3a), (4.8b) und (4.16a) für die Querschnittsänderung dA/A

$$\frac{dA}{A} = -(1 - Ma^2) \frac{dv}{v} \lesseqgtr 0 \quad \text{(adiabat).} \tag{4.24}$$

Unabhängig von der Art des Gases führt diese Beziehung zu der Feststellung, daß sich bei adiabater Zustandsänderung im Unterschallbereich ($Ma < 1$) wegen $(1 - Ma^2) > 0$ bei einer Geschwindigkeitserhöhung (beschleunigte Strömung, $dv > 0$) eine stetige Stromfadenverengung ($dA < 0$) und umgekehrt bei einer Geschwindigkeitsverringerung (verzögerte Strömung, $dv < 0$) eine stetige Stromfadenerweiterung ($dA > 0$) einstellt. Im Überschallbereich ($Ma > 1$) liegen die Verhältnisse wegen des Vorzeichenwechsels der Klammer $(1 - Ma^2) < 0$ umgekehrt, und zwar ist $dA \lesseqgtr 0$ für $dv \lesseqgtr 0$. Man erkennt als Folge der Dichteänderung des strömenden Gases das grundsätzlich verschiedene Verhalten für die Stromfadenquerschnitte bei Unter- und Überschallströmungen. In Abb. 1.10 wurde dieser Tatbestand bereits schematisch dargestellt und im Zusammenhang damit kurz beschrieben. Eine besondere Beachtung verdient der Sonderfall $Ma = 1$, für den (4.24) die Bedingung $dA = 0$ liefert. Dies entspricht einem Extremwert des Stromfadenquerschnitts, der nach den vorhergehenden Betrachtungen nur ein Kleinstwert $A = A_{\min}$ sein kann. Dem Wert $dA = 0$ sind nach (4.24) die Bedingungen $Ma = 1$, d. h. $v = c$, oder $dv = 0$, zugeordnet. Es stellt sich also im engsten Querschnitt entweder die Laval-Geschwindigkeit (kritische Geschwindigkeit) $v = c = c_L$ nach (4.15) ein oder die Geschwindigkeit v erreicht an dieser Stelle einen Extremwert.

4.3.3.2 Mit normalem Verdichtungsstoß unstetig verlaufende stationäre Strömung

Allgemeines. Bei den bisherigen Untersuchungen wurden stetig verlaufende Strömungen dichteveränderlicher Gase mit konstanter Entropie (isentrope Strömung) behandelt. Die Erfahrung hat gelehrt, daß unter gewissen Voraussetzungen jedoch auch unstetig verlaufende Strömungen dichteveränderlicher Gase mit sprunghafter Dichteänderung, d. h. Verdichtungsstoß bei Überschallzuströmung mit anisentroper Zustandsänderung, auftreten können.

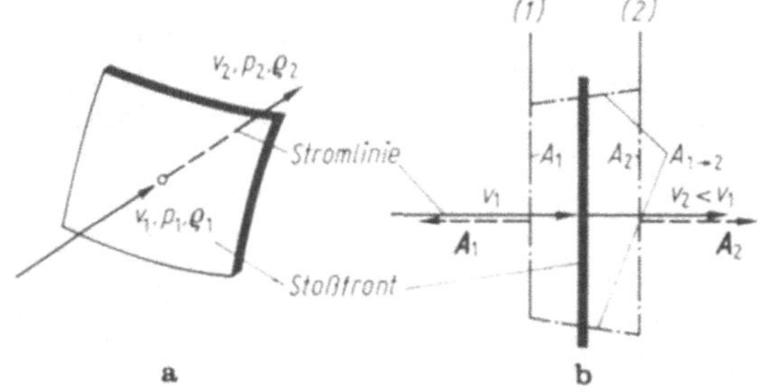

Abb. 4.2. Zur Theorie des normalen (senkrechten) Verdichtungsstoßes.
a Stoßfront,
b Stromfaden = Kontrollfaden

Die in der Strömung festgehaltene Stoßfront sei nach Abb. 4.2a zwischen den Stellen (*1*) und (*2*) vereinfacht als Unstetigkeitsfläche normal zur Strömungsrichtung angenommen. Stromaufwärts von (*1*) und stromabwärts von (*2*) verläuft die Strömung bei isentroper Zustandsänderung jeweils stetig. Durch die sehr dünne, im mathematischen Sinn infinitesimal klein angenommene Stoßfront hindurch verläuft die Strömung bei anisentroper Zustandsänderung unstetig. Der betrachtete Stromfaden wird nach Abb. 4.2b aus den Flächen $A_1 \approx A_2$ und $A_{1\to2} \approx 0$ gebildet. Für die Flächennormalen gilt $\boldsymbol{A}_1 \approx -\boldsymbol{A}_2$.

Bestimmungsgleichungen. Zur Behandlung der gestellten Aufgabe stehen die thermische Zustandsgleichung sowie die Kontinuitäts-, Impuls-, Energie- und Entropiegleichung für den Stromfaden nach Kap. 4.3.2.1 zur Verfügung. Aus (4.7a), (4.9), (4.12a) und (4.5b) erhält man die Stoßgleichungen zu

Kontinuitätsgleichung: $$\varrho_1 v_1 = \varrho_2 v_2, \tag{4.25a}$$

Impulsgleichung: $$p_1 + \varrho_1 v_1^2 = p_2 + \varrho_2 v_2^2, \tag{4.25b}$$

Energiegleichung: $$\frac{\varkappa}{\varkappa - 1}\frac{p_1}{\varrho_1} + \frac{v_1^2}{2} = \frac{\varkappa}{\varkappa - 1}\frac{p_2}{\varrho_2} + \frac{v_2^2}{2}, \tag{4.25c}$$

Entropiegleichung: $$s_2 - s_1 = c_p \ln\left[\frac{\varrho_1}{\varrho_2}\left(\frac{p_2}{p_1}\right)^{\frac{1}{\varkappa}}\right]. \tag{4.25d}$$

Eine erste Lösung liefert (4.25d) für den Fall konstanter Entropie ($s_2 = s_1$) mit (4.1b). Über diese stetig verlaufende Strömung wurde in Kap. 4.3.3.1 berichtet.

Aus den noch nicht herangezogenen drei Beziehungen (4.25a, b, c) ergibt sich als zweite Lösung ein Gleichungssystem für drei Unbekannte, nämlich die Dichte, den Druck und die Geschwindigkeit. Dies System läßt sich elementar auflösen.

Einfluß des Druckverhältnisses. Aus (4.25a, b) findet man zunächst für die Geschwindigkeitsquadrate

$$v_1^2 = \frac{\varrho_2}{\varrho_1}\frac{p_2 - p_1}{\varrho_2 - \varrho_1} \quad \text{und} \quad v_2^2 = \frac{\varrho_1}{\varrho_2}\frac{p_2 - p_1}{\varrho_2 - \varrho_1}, \tag{4.26a, b}$$

die man durch Einsetzen in (4.25c) eliminiert. Der Zusammenhang zwischen dem Dichte- und Druckverhältnis ergibt sich dann zu

$$\frac{\varrho_2}{\varrho_1} = \frac{\varkappa - 1 + (\varkappa + 1)\dfrac{p_2}{p_1}}{\varkappa + 1 + (\varkappa - 1)\dfrac{p_2}{p_1}} \geqq 1, \quad \left(\frac{\varrho_2}{\varrho_1}\right)_{\max} = \frac{\varkappa + 1}{\varkappa - 1} \,(=)\, 6{,}0 \quad (p_2/p_1 \to \infty). \tag{4.27a, b}$$

Damit ist eine einfache Beziehung zwischen den Zustandsgrößen ϱ und p vor und hinter der Stoßfront gegeben, wobei über den eingeschränkten Gültigkeitsbereich ($\geqq 1$) noch zu berichten ist. Es besteht in gleicher Weise wie bei der stetigen Strömung nach Kap. 4.3.3.1 ein barotroper Zustand $\varrho = \varrho(p)$, so daß man auch hier im tatsächlichen Sinn von einer kompressiblen Strömung sprechen kann. Das Dichteverhältnis ϱ_2/ϱ_1 wächst mit steigendem Druckverhältnis p_2/p_1 bis auf den asymptotischen Grenzwert nach (4.27b). Luft kann also in einem normalen (senkrechten) Verdichtungsstoß nicht stärker als auf den sechsfachen Betrag des Ausgangswerts verdichtet werden. Das Dichteverhältnis ϱ_2/ϱ_1 ist in Abb. 4.1a über dem Druckverhältnis p_2/p_1 als Kurve (*2*) jeweils für die Bereiche der Depression (Verdünnung = Expansion) $0 \leqq p_2/p_1 < 1$ sowie der Kompression (Verdichtung) $p_2/p_1 > 1$ aufgetragen. Bei $p_2/p_1 = 0$ errechnet man nach (4.27a) theoretisch einen endlichen, von null verschiedenen Wert, nämlich $(\varrho_2/\varrho_1)_{\min} = (\varkappa - 1)/(\varkappa + 1) \,(=)\, 0{,}167$, was physikalisch unmöglich ist, da für diesen Zustand Vakuum mit $\varrho_2/\varrho_1 = 0$ herrschen muß.

In Abb. 4.1a ist zum Vergleich das Dichteverhältnis für die stetige Strömung nach (4.1b) als Kurve (*1*) dargestellt. Bei schwacher Verdünnung oder

Verdichtung $p_2/p_1 \approx 1$ stimmen die Ergebnisse der stetig (isentrop = mit konstanter Entropie) und unstetig (anisentrop = mit Verdichtungsstoß) verlaufenden Strömung überein. Setzt man in (4.1b) und (4.27a) $(p_2/p_1 - 1) \ll 1$, dann wird bei Berücksichtigung nur der linearen Glieder von $(p_2/p_1 - 1)$ in beiden Fällen $\varrho_2/\varrho_1 = 1 + (1/\varkappa)(p_2/p_1 - 1)$. Daraus folgt, daß auch schwache Verdichtungen stetig, d. h. ohne Verdichtungsstoß vor sich gehen, und dieser Zustand als isentrop verlaufend angesehen werden kann.

Die Darstellung in Abb. 4.1a zeigt, daß im Bereich der Depression die stetige Verdünnung kleinere Werte für das Dichteverhältnis ϱ_2/ϱ_1 ergibt als die theoretisch berechenbare unstetige Verdünnung. Im Bereich der Kompression ergibt die stetige Verdichtung größere Werte als die mit einem normalen Verdichtungsstoß verbundene unstetige Verdichtung. Für große Druckverhältnisse p_2/p_1 strebt im ersten Fall das Dichteverhältnis ϱ_2/ϱ_1 einem unbeschränkt großen Wert zu, während sich im zweiten Fall der Grenzwert nach (4.27b) ergibt. Sowohl bei der Depressions- als auch bei der Kompressionsströmung wären zwei mögliche Zuordnungen von Dichte- und Druckverhältnis denkbar. Physikalisch gesehen ist das gleichzeitige Auftreten der Kurven (*1*) und (*2*) nicht ohne weiteres vorstellbar. Die Frage, welche Kurve die physikalisch mögliche ist, läßt sich mittels der Entropiebedingung (4.6b) beantworten. Das heißt, daß bei gleichem Druckverhältnis jeweils die Kurven mit dem Dichteverhältnis bei konstanter Entropie oder gegebenenfalls einem kleineren Wert nur sinnvoll sind. Bei der Depression bedeutet dies, daß Verdünnungsstöße nicht auftreten können. Der unbrauchbare Teil der Kurve (*2*) ist gestrichelt wiedergegeben. Bei der Verdichtung ist der zwischen den Kurven (*1*) und (*2*) schraffierte Bereich physikalisch möglich, und zwar durch das Auftreten mehrerer hintereinander folgender schiefer Verdichtungsstöße.

Die Stärke eines Verdichtungsstoßes wird durch die Größe des Entropiesprungs $\Delta s = s_2 - s_1$ angegeben. Diesen erhält man für die hier angenommene adiabat verlaufende Strömung in Abhängigkeit von p_2/p_1 aus (4.25d), in die man ϱ_2/ϱ_1 nach (4.27a) einsetzt. Das ausgewertete Ergebnis ist in Abb. 4.1b als Kurve (*2*) dargestellt, und zwar sowohl für die Depressions- als auch für die Kompressionsströmung. Man bestätigt hierdurch wieder, daß es keine Verdünnungsstöße geben kann, denn in dem in Frage kommenden Bereich $(0 \leqq p_2/p_1 < 1)$ würde eine Entropieabnahme auftreten, was dem zweiten Hauptsatz der Thermodynamik widersprechen würde, nach dem $(s_2 - s_1)/c_p \geqq 0$ sein muß. Bei Depressionsströmung kann, wie bereits gesagt wurde, die Strömung also nur isentrop, d. h. stetig verlaufen.

Einfluß der Zuström-Mach-Zahl. Im folgenden wird die Mach-Zahl des Strömungszustands vor dem Verdichtungsstoß an der Stelle (*1*) bei Zuströmung mit Überschallgeschwindigkeit mit $Ma_1 = v_1/c_1 > 1$ eingeführt. Aus (4.26a) erhält man mit $c_1^2 = \varkappa p_1/\varrho_1$ und $Ma_1 = v_1/c_1$ zunächst $p_2/p_1 - 1 = \varkappa Ma_1^2(1 - \varrho_1/\varrho_2)$. Nach Einsetzen von (4.27a) ergibt sich das Druckverhältnis zu

$$\frac{p_2}{p_1} = \frac{2\varkappa}{\varkappa + 1} Ma_1^2 - \frac{\varkappa - 1}{\varkappa + 1} = 1 + \frac{2\varkappa}{\varkappa + 1}(Ma_1^2 - 1) \geqq 1 \quad (Ma_1 \geqq 1). \qquad (4.28)$$

Die maximale Druckerhöhung im normalen Verdichtungsstoß ergibt sich bei $Ma_1 = \infty$.

Häufig ist auch die Kenntnis der Geschwindigkeit vor und hinter dem Verdichtungsstoß von besonderem Interesse. Mit (4.25a), (4.27a) und (4.28) ergibt sich für die Abhängigkeit des Geschwindigkeitsverhältnisses $v_2/v_1 = \varrho_1/\varrho_2$ von der Mach-Zahl Ma_1 oder von der Laval-Zahl La_1, vgl. (4.17a),

$$\frac{v_2}{v_1} = \frac{2 + (\varkappa - 1)\, Ma_1^2}{(\varkappa + 1)\, Ma_1^2} = \frac{1}{La_1^2} < 1, \quad \left(\frac{v_2}{v_1}\right)_{\min} = \frac{\varkappa - 1}{\varkappa + 1}\ (=)\, 0{,}167\ (Ma_1 = \infty). \tag{4.29a, b}$$

Bei der vorliegenden Überschall-Zuströmung $1 < Ma_1 \leqq \infty$ erstreckt sich das Geschwindigkeitsverhältnis auf den Wertebereich $1 > v_2/v_1 \geqq (v_2/v_1)_{\min}$. Aus (4.29a) folgen mit $La_1 = v_1/c_L$ die Beziehungen

$$v_1 v_2 = c_L^2 = \frac{2}{\varkappa + 1}\, c_0^2 = \text{const} \quad \text{(Prandtl)}, \tag{4.30}$$

wobei c_L nach (4.15) die vom Strömungszustand nicht beeinflußte Laval-Geschwindigkeit (kritische Geschwindigkeit) ist. Nach (4.30) gilt die Aussage, daß bei $v_1 > c_L$ stets $v_2 < c_L$ ist.

4.3.3.3 Anwendungen zur stationären Fadenströmung dichteveränderlicher Gase

An einigen einfachen Beispielen sei die Anwendung der in Kap. 4.3.3.1 und 4.3.3.2 gefundenen Beziehungen auf stetig und unstetig ablaufende Strömungen eines dichteveränderlichen und reibungslosen Gases bei adiabater Zustandsänderung gezeigt.

a) Stationäre Expansionsströmungen

a.1) Ausströmen aus einem Kessel. In einem großen Kessel (Behälter) nach Abb. 4.3a befindet sich ein barotropes Gas in ruhendem Zustand (Index 0) und möge durch eine kleine Öffnung ins Freie ausströmen (Größen ohne Index). Der Kesselzustand (Ruhezustand) ist durch die unveränderlichen Größen $v_0 = 0$, p_0, ϱ_0, T_0, c_0 gekennzeichnet; entsprechend gilt für die veränderlichen Größen in der Austrittsöffnung v, p, ϱ, T, c. Ist der Gegendruck $p < p_0$, so findet eine stetige Depressions- (Expansions-) strömung bei isentroper Zustandsänderung statt. Wenn man den Kessel mit der Stelle (*1*) und die Austrittsöffnung mit der Stelle (*2*) gleichsetzt, erhält man bei gegebenem Druckverhältnis p/p_0 aus (4.22) die Ausströmgeschwindigkeit unter Einführen der Schallgeschwindigkeit des Ruhezustands c_0 gemäß (4.14b) zu

$$v = \sqrt{\frac{2}{\varkappa - 1}\left[1 - \left(\frac{p}{p_0}\right)^{\frac{\varkappa-1}{\varkappa}}\right]}\, c_0, \quad v_{\max} = \sqrt{\frac{2}{\varkappa - 1}}\, c_0 = \sqrt{2 c_p T_0} \quad (p/p_0 = 0). \tag{4.31a, b}$$

Diese Beziehung ist in Abb. 4.3a als Kurve (*1*) über p/p_0 dargestellt. Bei $p/p_0 = 0$, d. h. bei Expansion des Gases bis ins Vakuum, nimmt die Geschwindigkeit den Höchstwert $v_{\max}$ nach (4.31b) an. Dieser hängt außer von der Art des Gases (spezifische Wärmekapazität c_p) nur von der Kesseltemperatur T_0 ab und beträgt für Luft mit $c_p = 1{,}006 \cdot 10^3$ J/kg K nach Tab. 1.1 bei $T_0 = 273$ K etwas mehr als den doppelten Wert der Schallgeschwindigkeit $v_{\max} = 2{,}236 c_0 = 741$ m/s mit $c_0 = 331$ m/s.

Bezieht man die Ausströmgeschwindigkeit v auf die jeweils zugehörige Schallgeschwindigkeit c, d. h. bildet die Mach-Zahl $Ma = v/c$, so folgt unter Beachtung von (4.14a) für die Ausström-Mach-Zahl

$$Ma = \frac{v}{c} = \sqrt{\frac{2}{\varkappa - 1}\left[\left(\frac{p}{p_0}\right)^{-\frac{\varkappa-1}{\varkappa}} - 1\right]} \quad (0 \leqq p/p_0 \leqq 1). \tag{4.32}$$

Auch diese Beziehung ist in Abb. 4.3a, und zwar als Kurve (*2*), dargestellt. Im Laval-Zustand ist $v^*/c = 1$. Wegen $c < c_0$ ist $v/c_0 < v/c$.

Nimmt die Geschwindigkeit v den Wert der Schallgeschwindigkeit c an, so stellt sich der in Kap. 4.3.2.2 definierte Laval-Zustand (kritischer Zustand durch Stern * gekennzeichnet) mit $v = v^* = c = c^* = c_L$ oder $Ma = 1$ ein. Im Laval-Zustand gilt nach (4.32) und (4.31a) für das Laval-Druckverhältnis bzw. das Laval-Geschwindigkeitsverhältnis

$$\frac{p^*}{p_0} = \left(\frac{2}{\varkappa + 1}\right)^{\frac{\varkappa}{\varkappa-1}} (=)\ 0{,}528, \qquad \frac{v^*}{c_0} = \sqrt{\frac{2}{\varkappa + 1}}\ (=)\ 0{,}913 \qquad \text{(Laval)}. \tag{4.33a, b}$$

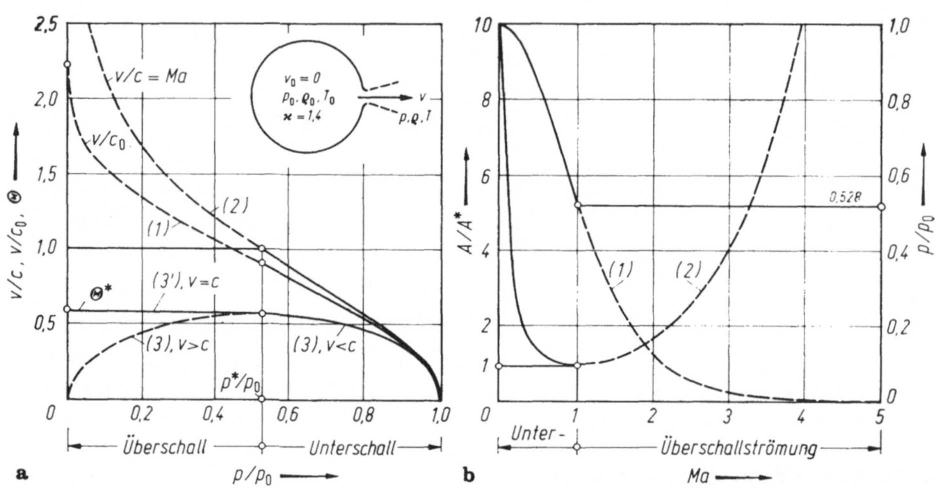

Abb. 4.3. Ausströmen eines Gases aus einem Kessel (Ruhezustand, Index 0). **a** Einfluß des Druckverhältnisses p/p_0. (*1*) Ausströmgeschwindigkeit v/c_0, (*2*) Ausström-Mach-Zahl $Ma = v/c$, (*3*) Massenstromdichte $\Theta = \varrho v/\varrho_0 c_0$, (*3'*) $\Theta = \Theta^*$ (Verblockung). **b** Einfluß der Mach-Zahl Ma. (*1*) Druckverhältnis p/p_0, (*2*) Stromfadenquerschnitt $A/A_{\min} = A/A^*$. ——— Unterschallströmung, – – – – Überschallströmung; Luft, $\varkappa = 1{,}4$

Von besonderer Bedeutung für die Beurteilung des Strömungsverhaltens eines dichteveränderlichen Gases bei isentroper Zustandsänderung ist die Kenntnis der Massenstromdichte ϱv, das ist der auf den Stromfadenquerschnitt A bezogene Massenstrom $\dot{m} = \varrho v A$. Mit ϱ/ϱ_0 nach (4.1b) und v/c_0 nach (4.31a) erhält man bezogen auf die Größe $\varrho_0 c_0$ das Verhältnis der Massenstromdichten zu

$$\Theta = \frac{\varrho v}{\varrho_0 c_0} = \sqrt{\frac{2}{\varkappa - 1}\left(\frac{p}{p_0}\right)^{\frac{2}{\varkappa}}\left[1 - \left(\frac{p}{p_0}\right)^{\frac{\varkappa-1}{\varkappa}}\right]}, \qquad \Theta_{\max} = \sqrt{\left(\frac{2}{\varkappa + 1}\right)^{\frac{\varkappa+1}{\varkappa-1}}}\ (=)\ 0{,}579. \tag{4.34a, b}$$

Dieser Zusammenhang ist in Abb. 4.3a als Kurve (*3*) eingetragen. Bei $p/p_0 = 0$ und bei $p/p_0 = 1$ ist $\Theta = 0$. Infolgedessen muß die dimensionslose Massenstromdichte Θ im Bereich $0 < p < p_0$ einen Extremwert $\Theta = \Theta_{\max}$ haben. Dieser bestimmt sich aus der Bedingung $d(\varrho v)/dp = 0$. Führt man die Differentiation $\varrho\, dv/dp + v\, d\varrho/dp = 0$ aus und berücksichtigt (4.8b) sowie (4.3a), so findet man als Geschwindigkeit, bei der $\Theta = \Theta_{\max}$ ist, $v = v^* = c = c_L$. Der maximale Wert $\Theta_{\max} = \Theta^*$ stellt sich also bei $Ma = v/c = 1$ ein. Dies entspricht dem bereits beschriebenen Laval-Zustand (kritischer Zustand). Aus dem Gefundenen folgt die bemerkenswerte Aussage, daß für Drücke $p^* < p < p_0$ Unterschallströmung $v < c$ und für Drücke $0 < p < p^*$ Überschallströmung $v > c$ herrscht. Für jede Massenstromdichte

$\Theta \neq \Theta_{max}$ gibt es bei der zugrunde gelegten isentropen Zustandsänderung zwei Druckverhältnisse $p/p_0 > p^*/p_0$ und $p/p_0 < p^*/p_0$.

Das Ausströmvermögen wird durch die Kontinuitätsbedingung (4.7a) mit $\dot{m} = \varrho v A = \text{const} = \Theta \varrho_0 c_0 A = \text{const}$ geregelt, wobei $\dot{m}$ die zeitlich durch den Querschnitt A des Stromfadens tretende Masse m, d. h. den Massenstrom in kg/s, bezeichnet. Mit Rücksicht auf die Konstanz des Massenstroms längs des Stromfadens muß $\dot{m} = \dot{m}^* = \text{const}$ sein, wobei $\dot{m}^*$ den Massenstrom bei p^*/p_0 und $\dot{m}$ den Massenstrom bei $p/p_0 \neq p^*/p$ bedeutet. Wegen $\dot{m} \sim \Theta A$ errechnet sich die Querschnittsverteilung längs der Stromfadenachse zu $A/A^* = \Theta^*/\Theta$. Da stets $\Theta \leqq \Theta^*$ ist, gilt $A^*/A \leqq 1$, d. h. es stellt $A^* = A_{min}$ den kleinstmöglichen Stromfadenquerschnitt dar. Man kann das Querschnittsverhältnis $A/A_{min} = \Theta_{max}/\Theta \geqq 1$ nach (4.34) in Abhängigkeit vom Druckverhältnis oder unter Beachtung von (4.32) auch von der Mach-Zahl beschreiben. In Abb. 4.3b sind $p/p_0 = f(Ma)$ als Kurve (*1*) und $A/A_{min} = f(Ma)$ als Kurve (*2*) dargestellt. Für jedes Querschnittsverhältnis $A/A_{min} > 1$ gibt es zwei Mach-Zahlen $Ma < 1$ und $Ma > 1$. Die Kurven für den Unterschallbereich sind ausgezogen und die für den Überschallbereich gestrichelt. Aus Abb. 4.3b Kurve (*2*) geht hervor, daß sich bei Erhöhung der Geschwindigkeit der Stromfadenquerschnitt im Unterschallbereich verengt, im Überschallbereich jedoch erweitert. Letzteres ist in der Skizze in Abb. 4.3a gestrichelt angedeutet. Man vergleiche hierzu auch die Ausführungen über das Querschnittsverhalten bei stetig verlaufenden Strömungen dichteveränderlicher Gase in Kap. 4.3.3.1.

a.2) Einfache Düse. Es sei angenommen, daß die Austrittsöffnung (Index a) lediglich aus einer konvergenten Düse besteht, wie sie in der Skizze in Abb. 4.3a angedeutet und in Abb. 4.4a dargestellt ist. Der austretende Massenstrom hängt vom Mündungsquerschnitt $A_a = A_{min}$, den Stoffgrößen des Gases $\varkappa$, ϱ_0, p_0 (Kesselzustand) sowie dem Druckverhältnis p_a/p_0 ab. Aus dem Zusammenhang $\Theta_a = f(p_a/p_0)$, Kurve (*3*) in Abb. 4.3a, geht hervor, daß sich bei $p_a/p_0 = 0$ (Ausströmen ins Vakuum) kein Massenstrom $\dot{m} = \varrho_0 c_0 \Theta_a A_a \sim \Theta_a$ einstellen würde. Es ist leicht einzusehen, daß ein solches Verhalten nicht möglich ist. Tatsächlich läßt sich experimentell nachweisen, daß der aus der Mündung einer einfachen Düse austretende Massenstrom eines Gases der theoretischen Beziehung für die Massenstromdichte $\Theta_a = f(p_a/p_0)$ nur im Bereich $p_0 > p_a \geqq p^*$ folgt. Sobald das Maximum, d. h. $\Theta_a = \Theta_{max}$, erreicht ist, ändert sich die Massenstromdichte bei Verminderung des Drucks $(p^* \geqq p_a \geqq 0)$ nicht mehr, Gerade (*3'*) in Abb. 4.3a. Diese Erkenntnis besagt, daß für die Strömung durch eine einfache Düse alle für den Bereich $0 \leqq p_a \leqq p^*$ theoretisch gefundenen Abhängigkeiten ohne Bedeutung sind. Vielmehr muß man folgern, daß es nicht möglich ist, ein Gas in einer einfachen Düse auf einen Zustand zu entspannen, der einem kleineren Druckverhältnis als dem Laval-Druckverhältnis p^*/p_0 entspricht.

In einer einfachen Düse beträgt somit der aus einem Kessel austretende Massenstrom

$$\dot{m} \leqq \dot{m}_{max} = \varrho_0 c_0 \Theta_{max} A_a. \tag{4.35}$$

Für die Kesselgrößen kann man wegen $c_0 = \sqrt{\varkappa p_0/\varrho_0}$ nach (4.3a) auch schreiben $\varrho_0 c_0 = \sqrt{\varkappa \varrho_0 p_0}$.

a.3) Laval-Düse. Die Überlegungen über das Ausströmen aus einem Kessel (Beispiel a.1) finden auch Anwendung bei der nach de Laval benannten Düse. Sie dient der Erzeugung von Überschallströmung (Überschalldüse) und besteht nach Abb. 4.4a aus einem Rohr mit der Querschnittsverteilung $A(x)$, dessen vorderes Stück sich zuerst bis auf einen Kleinstquerschnitt A_{min} verjüngt (konvergenter Teil = einfache Düse) und sich dann in bestimmter Weise stromabwärts wieder stetig bis auf einen Austrittsquerschnitt $A(x = x_a) = A_a$ (Index a) erweitert (divergenter Teil). Das Gas wird der Laval-Düse aus einem Kessel mit dem Ruhedruck p_0 zugeführt. Die Größe des Gegendrucks $p(x = x_a) = p_a < p_0$ bestimmt entscheidend die Verteilung des Drucks $p(x)$ und der Mach-Zahl $Ma(x)$ längs der Düsenachse. Druck und Geschwindigkeit seien jeweils konstant über die Düsenquerschnitte angenommen.

Sind im Austritt $x = x_a$ die Größen $Ma_a = \overline{Ma}_a > 1$, $p_a = \bar{p}_a < p^*$ und $A_a/A_{min} > 1$ entsprechend Abb. 4.3b eindeutig einander zugeordnet, so stellen sich bei vorgegebener Mach-Zahl-Verteilung $(0 \leqq Ma(x) \leqq \overline{Ma}_a)$ gemäß Kurve (*1*) in Abb. 4.4c die aus den

Abhängigkeiten $A/A_{min} = f(Ma)$ und $p/p_0 = f(Ma)$ hervorgehenden Verläufe $A(x)$ und $p(x)$ als Kurve (*1*) in Abb. 4.4b ein. In diesem als Auslegungszustand bezeichneten Fall arbeitet die Laval-Düse bei isentroper Zustandsänderung einwandfrei und erzeugt die dem Auslegungsdruckverhältnis $\bar{p}_a/p_0$ zugehörige Austritts-Überschall-Mach-Zahl $\overline{Ma}_a$. Im engsten Querschnitt A_{min} wird der Laval-Zustand (Strömungsgeschwindigkeit = Schallgeschwindigkeit, d. h. $Ma = 1$, Laval-Druckverhältnis p^*/p_0) erreicht.

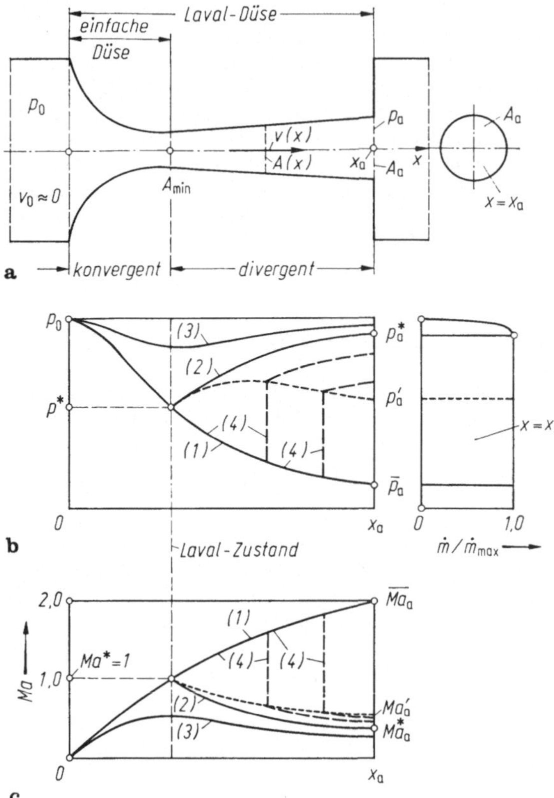

Abb. 4.4. Laval-Düse (konvergent-divergentes Rohr zur Erzeugung von Überschallgeschwindigkeit, Austritts-Mach-Zahl $Ma_a > 1$); Luft, $\varkappa = 1{,}4$. **a** Düsenform (aufgetragen ist die Querschnittsfläche). **b** Druckverteilung längs Düsenachse. **c** Verteilung der örtlichen Mach-Zahl längs Düsenachse. (*1*) Asymmetrischer Laval-Grenzzustand (= einwandfrei arbeitende Laval-Düse, Auslegungszustand, isentrop, $\overline{Ma}_a = 2$); (*2*) symmetrischer Laval-Grenzzustand (isentrop, $Ma_a^* = 0{,}37$); (*3*) als Venturi-Rohr arbeitende Laval-Düse (isentrop, $0 < Ma_a < Ma_a^* < 1$); (*4*) Laval-Düse mit Verdichtungsstoß (anisentrop, $Ma_a^* < Ma_a < \overline{Ma}_a$)

Neben dem behandelten asymmetrischen Laval-Grenzzustand gibt es einen symmetrischen Laval-Grenzzustand, für den ebenfalls eine isentrope Zustandsänderung möglich ist. Dabei herrschen im Austritt der Druck $p_a = p_a^*$ und die Mach-Zahl $Ma_a = Ma_a^* < 1$. Diese Lösung ist in Abb. 4.4b, c als Kurve (*2*) dargestellt. Es wird an keiner Stelle der Düse Überschallgeschwindigkeit erreicht. Mit Ausnahme des engsten Querschnitts, in dem sich Schallgeschwindigkeit (Laval-Zustand) einstellt, herrscht sowohl im konvergenten als auch im divergenten Teil der Laval-Düse Unterschallgeschwindigkeit. Die Strömung ist symmetrisch zum engsten Querschnitt. In gleich großen Querschnitten vor und hinter der engsten Stelle hat man gleiche Geschwindigkeit (Mach-Zahl).

Der Laval-Zustand ($p = p^*$, $Ma = 1$) entspricht dem Verzweigungspunkt, von dem aus sich stromabwärts je nach Größe des Gegendrucks die symmetrische oder asymmetrische Lösung entwickeln kann. Der Massenstrom beträgt in beiden Fällen $\dot{m}(x) = \dot{m}_{max} = \dot{m}_a$. Aus dem Vergleich der bisher behandelten zwei Grenzfälle erkennt man, daß eine Druckabsenkung $p_a \leqq p_a^*$ nicht zu einer Vergrößerung des Massenstroms führt, vgl. Abb. 4.4b (rechts). Die Tatsache, daß der Massenstrom nicht über den Wert $\dot{m}_{max}$ gesteigert werden kann, bezeichnet man als Verblockung (choked flow), Gerade (*3'*) in Abb. 4.3a.

Für Gegendrücke $p_a \neq p_a^*$ und $p_a \neq \bar{p}_a$ hat man die Bereiche $p_0 > p_a > p_a^*$, $p_a^* > p_a > \bar{p}_a$ und $\bar{p}_a > p_a > 0$ zu unterscheiden.

Bei $p_0 > p_a > p_a^*$ stellt sich sowohl im konvergenten als auch im divergenten Teil der Düse eine Unterschallströmung ($Ma < 1$) ein, Kurve (*3*) in Abb. 4.4b, c. Der Laval-Zustand wird im engsten Querschnitt nicht erreicht. Eine solche Düse ist als Venturi-Düse (Venturi-Rohr) bekannt, vgl. Abb. 3.11. Der Vollständigkeit halber sei erwähnt, daß bei $p_a = p_0$ keine Strömung durch die Düse erfolgt.

Bei Gegendrücken im Bereich $p_a^* > p_a > \bar{p}_a$ folgt im konvergenten Teil der Düse die Zustandsänderung des Gases wie bei der einwandfrei arbeitenden Laval-Düse mit $Ma < 1$. Im engsten Querschnitt wird stets Schallgeschwindigkeit mit $Ma = 1$ erreicht, womit der Massenstrom immer $\dot{m} = \dot{m}_{\max} = \text{const}$ nach (4.35) bleibt, unabhängig davon, was im divergenten Teil der Düse geschieht. Hier stellen sich gemäß Kurve (*1*) zunächst Drücke kleiner als der Laval-Druck ($p < p^*$) sowie Überschallströmung ($Ma > 1$) ein, die jedoch weiter stromabwärts abhängig von der Größe des Gegendrucks p_a unstetig mit einem normalen Verdichtungsstoß in Unterschallströmung mit $Ma < 1$ übergeht, Kurven (*4*). Im Verdichtungsstoß ändert sich der Gaszustand entsprechend Kap. 4.3.3.2 anisentrop, während weiter stromabwärts hinter dem Stoß wieder mit isentroper Zustandsänderung gerechnet werden kann.

Bei den zwischen den Grenzkurven (*1*) und (*2*) vorkommenden Zuständen sowie auch bei einer Nachexpansion hinter dem Düsenaustritt bei $p_a < \bar{p}_a$ tritt ein sehr verwickeltes unstetiges Strömungsverhalten im divergenten Teil der Laval-Düse bzw. im frei austretenden Strahl auf, das durch gerade, schiefe oder auch gegabelte Verdichtungsstöße sowie schwingungsartiges Verhalten des austretenden Gasstrahls gekennzeichnet ist. Diese Vorgänge sowie auch Reibungseinflüsse, die besonders beim Auftreten von Verdichtungsstößen in der Düse von erheblicher Bedeutung sind, lassen sich mit der dargelegten elementaren Fadentheorie eines dichteveränderlichen Gases nicht erfassen.

b) Stationäre Kompressionsströmungen

Staupunktströmung eines dichteveränderlichen Gases. Bei der Umströmung eines vorn stumpfen Körpers tritt nach Abb. 3.9 ein Staupunkt (Index 0) auf, in dem die Geschwindigkeit örtlich zu null wird, $v = v_0 = 0$, $Ma_0 = 0$, und sich die ankommende Stromlinie teilt. Diese Aussage gilt sowohl für Unter- als auch Überschallanströmung des Körpers (Index ∞), wobei sich im letzteren Fall nach Abb. 1.9b vor dem Körper ein abgehobener Verdichtungsstoß ausbildet. Die Berechnung der physikalischen Größen im Staupunkt erfordert also besondere Aufmerksamkeit, je nachdem, ob es sich um eine Unter- oder Überschallanströmung handelt, $Ma_\infty \lesseqgtr 1$. Bei Unterschallanströmung befindet sich der Bezugszustand sehr weit (theoretisch unendlich weit) vor dem Körper, während bei Überschallanströmung der Bezugszustand mit dem Zustand unmittelbar vor dem Verdichtungsstoß übereinstimmt. Die reibungslose Strömung erfolge bei adiabater Zustandsänderung (adiabate Kompression).

b.1) Stetige Staupunktströmung. Es werde zunächst vereinfacht angenommen, daß sich die Entropie längs der auf den Staupunkt führenden Stromlinie nicht ändert. Für eine solche isentrop (adiabat-reversibel) verlaufende Strömung erhält man für das Druckverhältnis im Staupunkt nach (4.23b), wenn man die Stelle (*1*) für den Anströmzustand (Index ∞) und die Stelle (*2*) für den Staupunkt (Index 0) wählt,

$$\frac{p_0}{p_\infty} = \left(1 + \frac{\varkappa - 1}{2} Ma_\infty^2\right)^{\frac{\varkappa}{\varkappa - 1}}. \tag{4.36}$$

Im vorliegenden Fall wird das Gas bei isentropem Zustand stetig zur Ruhe gebracht. Den bei einer isentropen Kompression auf den Ruhezustand entstehenden Druck (Ruhedruck) definiert man als Totaldruck $p_0 = p_t$. Er stellt den größtmöglichen Ruhedruck dar. Er wird von einer mit Verdichtungsstoß bei anisentroper Kompression ablaufenden Kompressionsströmung jedoch nicht erreicht.

Für den Druckbeiwert gilt nach (4.21) mit $\Delta p_0 = p_0 - p_\infty$

$$\frac{\Delta p_0}{q_\infty} = \frac{2}{\varkappa Ma_\infty^2}\left[\left(1 + \frac{\varkappa - 1}{2}\, Ma_\infty^2\right)^{\frac{\varkappa}{\varkappa-1}} - 1\right] \approx 1 + \frac{1}{4}\, Ma_\infty^2 + \cdots \geqq 1 \qquad (4.37\,\text{a, b})$$

mit $q_\infty = (\varrho_\infty/2)\, v_\infty^2$ als Geschwindigkeitsdruck der Anströmung (= auf Volumen bezogene kinetische Energie der Anströmung). Gl. (4.37b) erhält man bei binomischer Reihenentwicklung nach kleinen Werten von $[(\varkappa - 1)/2]\, Ma_\infty^2 \ll 1$. Sowohl das Druckverhältnis als auch der Druckbeiwert nehmen mit der Mach-Zahl stark zu. In Abb. 4.5a ist $\Delta p_0/q_\infty$ über Ma_∞ als Kurve (*1*) aufgetragen. Während sich bei der Strömung eines dichtebeständigen Fluids mit $Ma_\infty = 0$ der Wert $\Delta p_0/q_\infty = 1$ ergibt, gilt bei Unterschallanströmung $Ma_\infty < 1$ näherungsweise der von der Art des Gases unabhängige Zusammenhang (4.37b), Kurve (*1'*). Bei Überschallanströmung $Ma_\infty > 1$ gilt (4.37a) nur für schwache Verdichtung, bei welcher die Bedingung konstanter Entropie erfüllt ist.

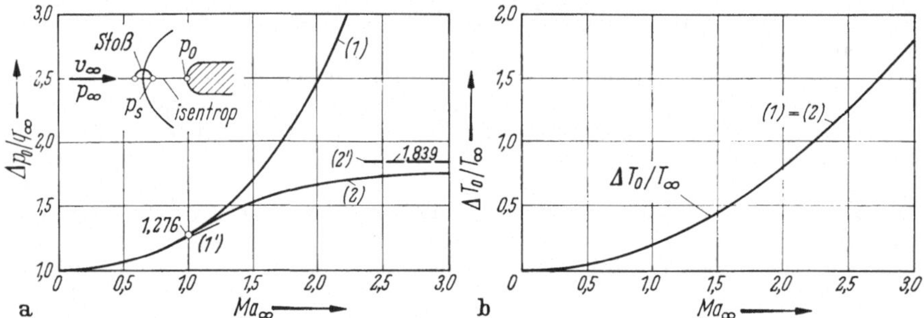

Abb. 4.5. Staupunktströmung eines dichteveränderlichen Gases ($\varkappa = 1{,}4$). **a** Druckbeiwert $\Delta p_0/q_\infty$. **b** Temperaturerhöhung durch Kompression $\Delta T_0/T_\infty$. (*1*), (*1'*) stetige, mit konstanter Entropie ablaufende Kompression; (*2*), (*2'*) unstetige, mit normalem Verdichtungsstoß ablaufende Kompression bei Überschallanströmung

Für das Verhältnis der Stautemperatur T_0 zur Temperatur der Anströmung T_∞ wird nach (4.19)

$$\frac{T_0}{T_\infty} = 1 + \frac{\varkappa - 1}{2}\, Ma_\infty^2 \geqq 1, \qquad \frac{\Delta T_0}{T_\infty} = \frac{\varkappa - 1}{2}\, Ma_\infty^2\ (=)\ 0{,}2\, Ma_\infty^2. \qquad (4.38\,\text{a, b})$$

Die Temperaturerhöhung infolge isentroper Kompression $\Delta T_0 = T_0 - T_\infty$ nimmt quadratisch mit der Mach-Zahl der Anströmung Ma_∞ zu. Dies Verhalten ist in Abb. 4.5b dargestellt.

b.2) Unstetige Staupunktströmung. Bei Überschallanströmung bildet sich vor einem stumpfen Körper entsprechend Abb. 4.5a ein gekrümmter Verdichtungsstoß aus, dessen Form, Lage zum Körper und Stärke im allgemeinen nicht einfach zu berechnen sind. Ist der Körper symmetrisch zur Anströmrichtung, so kann man annehmen, daß die auf den Staupunkt hinführende Stromlinie den Verdichtungsstoß normal (senkrecht) trifft, ihn ohne Ablenkung durchschreitet und geradlinig auf den Staupunkt weiterläuft. Entsprechend einem Vorschlag von Prandtl sei die Lösung in zwei Teilaufgaben vorgenommen. Die ankommende ungestörte Überschallströmung (Index ∞) erfährt am Ort des Verdichtungsstoßes einen unstetigen Strömungsverlauf mit anisentroper (adiabat-irreversibel) Zustandsänderung. Der Zustand unmittelbar hinter dem normalen Verdichtungsstoß (Index s) wird durch die Beziehungen aus Kap. 4.3.3.2 beschrieben. Mit den Größen dieses Zustands, der jetzt einer Ausgangsströmung mit Unterschallgeschwindigkeit entspricht, verläuft der Vorgang bis zum Staupunkt (Index 0) als stetige Strömung mit isentroper Zustandsänderung entsprechend den Beziehungen aus Kap. 4.3.3.1. Das Zusammenfügen beider Fälle ergibt dann die gesuchten Größen im Staupunkt. Während bei der stetigen Staupunktströmung der Druck im Staupunkt (Ruhedruck = Totaldruck) mit p_0 bezeichnet wurde, soll der Druck im Staupunkt bei der unstetigen Staupunktströmung mit $\hat{p}_0$ gekennzeichnet werden.

Der Verdichtungsstoß bewirkt eine Erhöhung des Drucks von $p_1 = p_\infty$ auf $p_2 = p_s$ und eine Erniedrigung der Mach-Zahl von $Ma_1 = Ma_\infty > 1$ auf $Ma_2 = Ma_s < 1$. Mithin sind bekannt $p_s/p_\infty = f(Ma_\infty)$ und $Ma_s = f(Ma_\infty)$. Durch die isentrope Verzögerung hinter dem Stoß ergibt sich hinter dem Ausgangszustand (Index s) mit $p_1 = p_s$, $Ma_1 = Ma_s$ und $v_2 = 0$, $p_2 = \hat{p}_0$ das Druckverhältnis $\hat{p}_0/p_s = f(Ma_s)$. Das gesuchte Druckverhältnis im Staupunkt $\hat{p}_0/p_\infty$ erhält man dann aus der Beziehung $\hat{p}_0/p_\infty = (p_s/p_\infty)(\hat{p}_0/p_s)$, was nach elementarer Zwischenrechnung für $Ma_\infty \geqq 1$ zu

$$\frac{\hat{p}_0}{p_\infty} = \frac{\varkappa + 1}{2} Ma_\infty^2 \left[\frac{(\varkappa + 1)^2 Ma_\infty^2}{2[2\varkappa Ma_\infty^2 - (\varkappa - 1)]}\right]^{\frac{1}{\varkappa - 1}} \quad (Ma_\infty \geqq 1) \qquad (4.39\text{a})$$

führt.

In Abb. 4.5a ist der Druckbeiwert $\Delta p_0/q_\infty$ gemäß (4.21) mit $\hat{p}_0/p_\infty$ nach (4.39) in Abhängigkeit von der Zuström-Mach-Zahl $Ma_\infty \geqq 1$ für die unstetige, mit normalem Verdichtungsstoß ablaufende Strömung als Kurve (*2*) aufgetragen. Man erkennt, daß der Druckbeiwert für große Anström-Mach-Zahlen ($Ma_\infty \to \infty$) bei Vorhandensein eines normalen Verdichtungsstoßes einem Grenzwert, nämlich

$$\left(\frac{\Delta\hat{p}_0}{q_\infty}\right)_{\max} = \frac{4}{\varkappa + 1}\left[\frac{(\varkappa + 1)^2}{4\varkappa}\right]^{\frac{\varkappa}{\varkappa - 1}} \quad (=)\ 1{,}839 \qquad (4.39\text{b})$$

zustrebt.

Für die Temperaturerhöhung im Staupunkt bei einer Überschallanströmung mit Verdichtungsstoß gilt die bereits bei der isentropen Staupunktströmung gefundene Beziehung (4.38). Dies beruht darauf, daß die Energiegleichung (4.12), aus der sich die Staupunkttemperatur berechnen läßt, sowohl den stetigen als auch den unstetigen Strömungsverlauf beschreibt.

Auf eine begriffliche Klarstellung der Druckerhöhung im Staupunkt eines mit der Geschwindigkeit v_∞ beim Druck p_∞ angeströmten Körpers $\Delta p_0 = p_0 - p_\infty$ sei aufmerksam gemacht. Nach Abb. 4.5a gilt für die Druckbeiwerte im Staupunkt

$$\frac{\Delta p_0}{q_\infty} = 1 \quad (Ma_\infty = 0), \qquad \frac{\Delta p_0}{q_\infty} > 1 \quad (Ma_\infty \neq 0) \qquad (4.40\text{a, b})$$

mit $q_\infty = (\varrho_\infty/2)\, v_\infty^2$ als Geschwindigkeitsdruck der Anströmung nach (3.29b).

Bei $Ma_\infty = 0$, d. h. bei einem dichtebeständigen Fluid, ist nach (4.40a) und (3.29a) die Druckerhöhung Δp_0 gleich dem Geschwindigkeitsdruck q_∞. Für diesen Sonderfall hat man daher anstelle der Bezeichnung Geschwindigkeitsdruck den Begriff Staudruck benutzt. Bei $Ma_\infty \neq 0$, d. h. bei einem dichteveränderlichen Fluid (Gas), ist nach (4.40b) die Druckerhöhung Δp_0 größer als der Geschwindigkeitsdruck q_∞. Dies Ergebnis erfordert für die Druckerhöhung im Staupunkt eine neue Bezeichnung, und zwar kann hierfür der Begriff Staupunktdruck verwendet werden.

Für die Temperaturerhöhung im Staupunkt $\Delta T_0 = T_0 - T_\infty$ nach Abb. 4.5b braucht kein Unterschied zwischen der Stautemperatur und der Staupunkttemperatur gemacht zu werden.

5 Potential- und Potentialwirbelströmungen

5.1 Überblick

Ein den Strömungsraum erfüllendes Geschwindigkeitsfeld kann man in einen drehungsfreien und in einen drehungsbehafteten Anteil zerlegen. Der Begriff der Drehung eines Fluidelements wurde erstmalig in Kap. 2.3.2.3 eingeführt, und zwar besteht zwischen dem Geschwindigkeitsvektor $\boldsymbol{v}$ und dem Drehvektor $\boldsymbol{\omega}$ der Zusammenhang

$$\boldsymbol{\omega} = \frac{1}{2} \operatorname{rot} \boldsymbol{v} \qquad \text{(Drehung)}. \tag{5.1}$$

Die Drehung möge noch anschaulich erklärt werden. Auf die freie Oberfläche einer sich stationär bewegenden Flüssigkeit sei ein Korkstück gelegt, auf welchem eine bestimmte Richtung $\boldsymbol{l}$ markiert ist. Ändert diese markierte Richtung bei der Fortbewegung des Stücks längs einer Bahnlinie zu verschiedenen Zeiten t_1, t_2, t_3 ihre Richtung gegenüber ihrer Ausgangslage, wie z. B. bei der rotierenden Flüssigkeit in einem zylindrischen Gefäß nach Abb. 5.1 a, dann ist die Strömung längs der gezeichneten Bahnlinie drehungsbehaftet, $d\boldsymbol{l}/dt \neq 0$. Bleibt dagegen die Markierung entsprechend Abb. 5.1 b parallel zur Anfangslage, so liegt eine drehungsfreie Strömung vor, $d\boldsymbol{l}/dt = 0$.

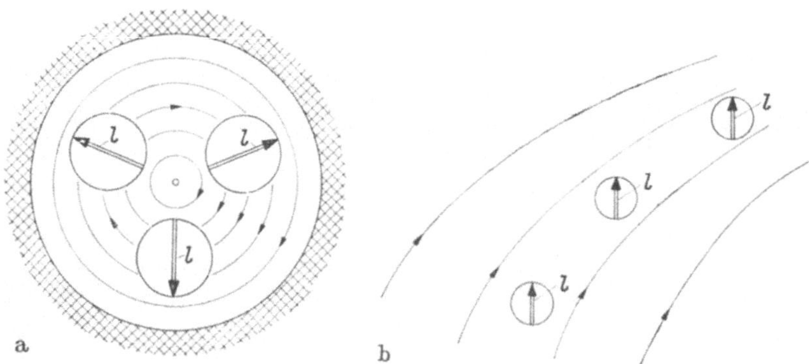

Abb. 5.1. Zur anschaulichen Erklärung der Drehung einer Strömungsbewegung. **a** drehungsbehaftet: $d\boldsymbol{l}/dt \neq 0$, **b** drehungsfrei: $d\boldsymbol{l}/dt = 0$

Ein drehungsfreies Geschwindigkeitsfeld wird durch $\boldsymbol{\omega} = 0$ bzw. $\operatorname{rot} \boldsymbol{v} = 0$ beschrieben, während bei einem drehungsbehafteten Geschwindigkeitsfeld durch $\boldsymbol{\omega} \neq 0$ bzw. $\operatorname{rot} \boldsymbol{v} \neq 0$ das sog. Wirbelfeld der Strömung dargestellt wird.

Die drehungsfreien Strömungen $\omega = 0$ unterscheiden sich von den drehungsbehafteten Strömungen dadurch, daß bei letzteren entweder alle strömenden Fluidelemente oder doch eine gewisse Gruppe von ihnen Elementardrehungen $\omega \neq 0$ ausführen. Von besonderer Bedeutung ist die Feststellung, daß die in zwei Hauptklassen eingeteilten Strömungen (drehungsfrei und drehungsbehaftet) sich sowohl in ihrem physikalischen Verhalten als auch hinsichtlich ihrer mathematischen Behandlung wesentlich voneinander unterscheiden. In Kap. 2.5.3.2 wurde gezeigt, daß drehungsfreie Strömungen Lösungen der Eulerschen Bewegungsgleichung (reibungslose Strömung) sind, vgl. (2.63). Zur Beschreibung drehungsfreier Strömungen läßt sich, wie noch gezeigt wird, eine skalare und zur Darstellung drehungsbehafteter Strömung eine vektorielle Potentialfunktion einführen. Man kann daher die zugehörigen Strömungen auch drehungsfreie bzw. drehungsbehaftete Potentialströmungen nennen.

Kap. 5.2 erläutert zunächst einige grundlegende Begriffe und Gesetze, welche die Unterschiede zwischen drehungsfreien und drehungsbehafteten Strömungen aufzeigen. Kap. 5.3 befaßt sich sodann mit den drehungsfreien Strömungen, kurz Potentialströmungen genannt. Die drehungsbehafteten Wirbelströmungen behandelt für den Fall reibungsloser Strömungsvorgänge Kap. 5.4. Solche Strömungen werden mit Potentialwirbelströmungen bezeichnet.

5.2 Begriffe und Gesetze drehungsfreier und drehungsbehafteter Strömungen

5.2.1 Einführung

Bei einer Aufteilung der Strömung in einen drehungsfreien und in einen drehungsbehafteten Anteil (Index 1 bzw. 2) kann man für das stetig vorausgesetzte Geschwindigkeitsfeld $\boldsymbol{v}$ setzen

$$\boldsymbol{v} = \boldsymbol{v}_1 + \boldsymbol{v}_2. \tag{5.2a}$$

Darüber hinaus sei das Geschwindigkeitsfeld $\boldsymbol{v}_1$ gegebenenfalls quellbehaftet und das Geschwindigkeitsfeld $\boldsymbol{v}_2$ quellfrei. Die genannten Forderungen lassen sich für ein dichtebeständiges Fluid mit $\varrho = \text{const}$ nach (2.26b) und (5.1) folgendermaßen formulieren:

$$\boldsymbol{v}_1: \quad \operatorname{rot} \boldsymbol{v}_1 = 0, \quad \operatorname{div} \boldsymbol{v}_1 \neq 0, \tag{5.2b}$$

$$\boldsymbol{v}_2: \quad \operatorname{rot} \boldsymbol{v}_2 \neq 0, \quad \operatorname{div} \boldsymbol{v}_2 = 0. \tag{5.2c}$$

Diese kinematischen Beziehungen sind für die Beschreibung reibungsloser Strömungen von großer praktischer Bedeutung.

5.2.2 Geschwindigkeitspotentiale

Die Bedingungen $\operatorname{rot} \boldsymbol{v}_1 = 0$ in (5.2b) und $\operatorname{div} \boldsymbol{v}_2 = 0$ in (5.2c) lassen sich durch die Ansätze

$$\boldsymbol{v}_1 = \operatorname{grad} \Phi, \quad \boldsymbol{v}_2 = \operatorname{rot} \boldsymbol{\Psi} \quad (\varrho = \text{const}) \tag{5.3a,b}$$

erfüllen. Hierin bezeichnet man Φ als skalares Geschwindigkeitspotential, auch Quellpotential genannt, und $\boldsymbol{\Psi}$ als vektorielles Geschwindigkeitspotential, auch Wirbelpotential genannt. Durch Einführen der Potentialfunktionen Φ und $\boldsymbol{\Psi}$ werden wegen rot $\boldsymbol{v}_1 = \text{rot (grad } \Phi) \equiv 0$ die Drehungsfreiheit des Geschwindigkeitsfeldes $\boldsymbol{v}_1$ und wegen div $\boldsymbol{v}_2 = \text{div (rot } \boldsymbol{\Psi}) \equiv 0$ die Quellfreiheit des Geschwindigkeitsfeldes $\boldsymbol{v}_2$ von selbst erfüllt.

Bei einer Strömung in der x,y-Ebene besitzt das vektorielle Geschwindigkeitspotential $\boldsymbol{\Psi}(\Psi_x, \Psi_y, \Psi_z)$ nur die Komponente $\boldsymbol{\Psi} = \boldsymbol{e}_z\Psi$. Man nennt Ψ die Stromfunktion. Über ihre weitere fluidmechanische Bedeutung wird in Kap. 5.3.3.2 berichtet.

Für ein drehungs- und quellfreies Geschwindigkeitsfeld gilt nach Einsetzen von (5.3) in (5.2)

$$\boldsymbol{v} = \text{grad } \Phi = \text{rot } \boldsymbol{\Psi} \qquad (\text{rot } \boldsymbol{v} = 0 = \text{div } \boldsymbol{v}). \tag{5.4}$$

Bei ebener Strömung lauten die Geschwindigkeitskomponenten in kartesischen Koordinaten

$$v_x = u = \frac{\partial \Phi}{\partial x} = \frac{\partial \Psi}{\partial y}, \qquad v_y = v = \frac{\partial \Phi}{\partial y} = -\frac{\partial \Psi}{\partial x} \qquad (\text{eben}). \tag{5.5a, b}$$

Man nennt diese Beziehungen die Cauchy-Riemannschen Differentialgleichungen. Sie spielen für die Darstellung der Potential- und Potentialwirbelströmungen eine bestimmende Rolle.

5.2.3 Größen der Wirbelbewegung (Drehbewegung)

5.2.3.1 Kinematische Begriffe

Drehung. Der Vektor der Drehung (Rotation, Wirbelstärke) $\boldsymbol{\omega}$ ist rein kinematischer Natur und berechnet sich aus dem Geschwindigkeitsfeld $\boldsymbol{v}$ nach (5.1). Für ihn und seine Komponenten in kartesischen Koordinaten gilt

$$\boldsymbol{\omega} = \frac{1}{2} \text{rot } \boldsymbol{v}; \tag{5.6a}$$

$$\omega_x = \frac{1}{2}\left(\frac{\partial v_z}{\partial y} - \frac{\partial v_y}{\partial z}\right), \quad \omega_y = \frac{1}{2}\left(\frac{\partial v_x}{\partial z} - \frac{\partial v_z}{\partial x}\right), \quad \omega_z = \frac{1}{2}\left(\frac{\partial v_y}{\partial x} - \frac{\partial v_x}{\partial y}\right). \tag{5.6b}$$

Bei ebener Strömung tritt nur die letzte Gleichung auf und zwar ist hierfür mit $\omega_x = 0 = \omega_y$ und $\omega_z = \omega$ sowie $v_x = u$ und $v_y = v$

$$\omega = \frac{1}{2}\left(\frac{\partial v}{\partial x} - \frac{\partial u}{\partial y}\right) \quad (\text{eben}). \tag{5.6c}$$

Wirbellinie, Wirbelfaden. Unter einer Wirbellinie versteht man in Analogie zur Stromlinie diejenige Kurve in einem drehungsbehafteten (wirbelbehafteten) Strömungsfeld, welche zu einer bestimmten Zeit an jeder Stelle mit der dort vorhandenen Richtung des Drehvektors (Wirbelvektor) übereinstimmt.

Die Gesamtheit aller Wirbellinien, die nach Abb. 5.2 durch eine Fläche A hindurchtreten, kann man in Analogie zum Stromfaden nach Abb. 2.8 zu einem Wirbelfaden zusammenfassen. Er besteht aus der Eintritts- und Austrittsfläche A_1 bzw. A_2 und der Mantelfläche $A_{1\to 2}$. Letztere bezeichnet man in Analogie zur Stromröhre mit Wirbelröhre. Im allgemeinen nimmt man an, daß ω konstant über den Wirbelfadenquerschnitt verteilt ist.

Zirkulation. Für die Behandlung drehungsbehafteter (wirbelbehafteter) Strömungen wird eine weitere Größe, nämlich die Zirkulation, mit Vorteil verwendet. Ein in Bewegung befindliches Fluid erfülle vollständig einen in bestimmter Weise begrenzten Raum. Die augenblickliche Geschwindigkeit $\boldsymbol{v}$ sei an jeder Stelle des Raums bekannt. Man wähle nun nach Abb. 5.3 eine beliebige geschlossene Kurve (L), bilde für jedes Linienelement dl das skalare Produkt $\boldsymbol{v} \cdot \boldsymbol{dl}$ und integriere bei festgehaltener Zeit t über die ganze Linie. Das so entstehende Linienintegral der Geschwindigkeit längs der geschlossenen Kurve liefert die Zirkulation zu

$$\Gamma = \oint_{(L)} \boldsymbol{v} \cdot \boldsymbol{dl} = \oint_{(L)} v_l \, dl = \oint_{(L)} v \cos \alpha \, dl \qquad \text{(Linienintegral)}, \qquad (5.7\text{a, b, c})$$

wobei $v = |\boldsymbol{v}|$ der Geschwindigkeitsbetrag, $dl = |\boldsymbol{dl}|$ der Betrag des Linienelements und α der Winkel zwischen dem Geschwindigkeitsvektor und der Linientangente sind[14]. Verläuft ein Linienelement dl normal zu den Stromlinien ($\alpha = \pi/2$), so ist

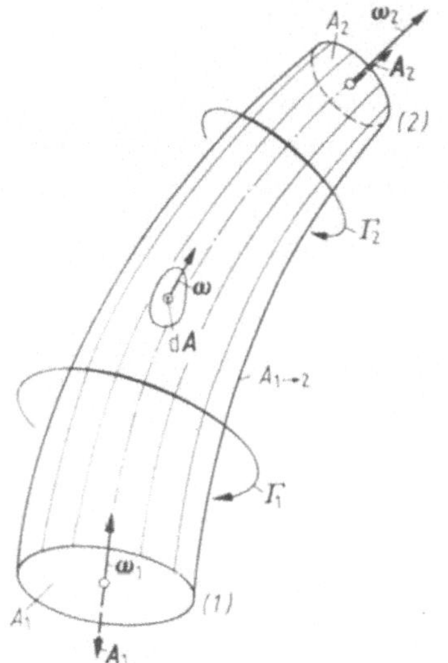

Abb. 5.2. Zum Begriff des Wirbelfadens (Analogie zum Stromfaden in Abb. 2.8) sowie zur Erläuterung des räumlichen Wirbel- und Zirkulationssatzes

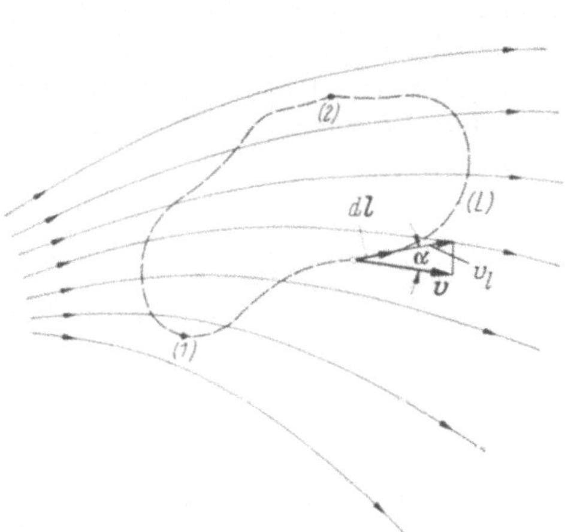

Abb. 5.3. Zur Berechnung der Zirkulation (geschlossenes Linienintegral der Geschwindigkeit)

14 Je nachdem, ob die Integration links- oder rechtsherum vorgenommen werden soll, kann dies durch die Symbole $\ointctrclockwise$ bzw. $\ointclockwise$ gekennzeichnet werden.

wegen $\cos\alpha = 0$ der Beitrag zum Linienintegral $d\Gamma = \boldsymbol{v} \cdot d\boldsymbol{l} = 0$. Verläuft das Linienelement dl dagegen längs einer Stromlinie ($\alpha = 0$), so ist $\cos\alpha = 1$ und $d\Gamma = \boldsymbol{v} \cdot d\boldsymbol{l} = v\,dl$. Die Zirkulation Γ ist, wie die Drehung $\boldsymbol{\omega}$, eine rein kinematische Größe mit der Einheit m^2/s.

5.2.3.2 Zusammenhang von Drehung und Zirkulation (Stokes)

Da sowohl die Drehung als auch die Zirkulation von rein kinematischer Natur sind, liegt es nahe, einen Zusammenhang zwischen beiden Größen zu vermuten. Zur anschaulichen Ableitung einer Beziehung zwischen der Zirkulation längs einer geschlossenen Kurve und der innerhalb dieses Gebiets vorhandenen Drehung sei der Fall der ebenen Strömung betrachtet. Es sei nach Abb. 5.4 in der x,y-Ebene ein Flächenelement $dA = dx\,dy$ gegeben, für dessen Randkurve die Zirkulation $d\Gamma$ ermittelt werden soll. Besitzt der Punkt A die Geschwindigkeitskomponenten u und v, dann herrschen z. B. im Punkt C die Komponenten $u + (\partial u/\partial x)\,dx + (\partial u/\partial y)\,dy$ und $v + (\partial v/\partial x)\,dx + (\partial v/\partial y)\,dy$. Die in Abb. 5.4 dargestellten Geschwindigkeiten sind Mittelwerte längs der Seiten des betrachteten Flächenelements. Man erhält die Zirkulation $d\Gamma$ unter Beachtung der Vorzeichen des umlaufenden Wegs (hier linksherum positiv) als die Summe der Linienintegrale der Geschwindigkeiten längs der vier Rechteckseiten zu $d\Gamma = (\partial v/\partial x - \partial u/\partial y)\,dx\,dy = 2\omega\,dA$, wobei die letzte Beziehung durch Einsetzen des Ausdrucks für die Drehung ω nach (5.6c) folgt. Durch Integration über die Fläche A wird somit

$$\Gamma = 2 \int_{(A)} \omega\,dA \qquad \text{(eben)}. \tag{5.8a}$$

Unter Beachtung der Definitionsgleichung für die Zirkulation (5.7b) ergibt sich, daß die Zirkulation um die Randkurve einer beliebigen, zunächst eben angenommenen Fläche gleich dem doppelten Wert des Wirbelstroms (Flächenintegral über die Drehung) durch diese Fläche ist.

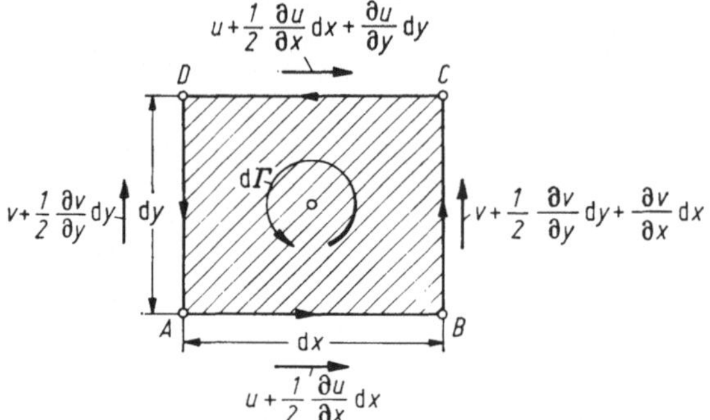

Abb. 5.4. Zusammenhang von Zirkulation und Drehung, (ebene Strömung), Stokesscher Zirkulationssatz

Für den Fall einer einfachen Scherströmung nach Abb. 5.5 mit der Geschwindigkeitsverteilung $u = (U/h)\,y$, $v = 0$ erhält man die Drehung nach (5.6c) zu $\omega = -U/2h = \text{const}$. Die Zirkulation als Linienintegral über ($A - B - C - D - A$) beträgt $\Gamma = 0 + 0 - Ul + 0 = -Ul$ und als Flächenintegral $\Gamma = 2\omega hl = -Ul$, was zu bestätigen war.

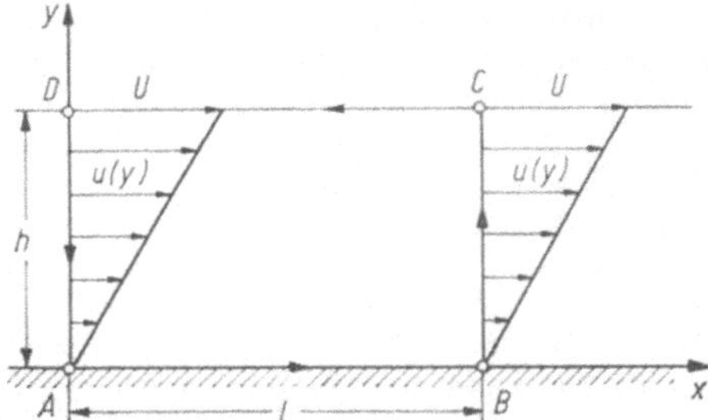

Abb. 5.5. Zur Bestätigung des Stokesschen Zirkulationssatzes am Beispiel der einfachen Scherströmung

Die Erweiterung von (5.8a) auf den Fall einer räumlichen Strömung liefert

$$\Gamma = \oint_{(L)} \boldsymbol{v} \cdot d\boldsymbol{l} = 2 \int_{(A)} \boldsymbol{\omega} \cdot d\boldsymbol{A} \qquad \text{(räumlich).} \qquad (5.8\text{b})$$

Dies ist der Stokessche Zirkulationssatz für den allgemeinen Fall der räumlichen Strömung. Er ist in analoger Weise auszusprechen wie der Satz für die ebene Strömung: Die Zirkulation um die Randkurve einer beliebigen räumlichen, auch gekrümmten Fläche ist gleich dem doppelten Wert des Wirbelstroms (Flächenintegral über die Drehung) durch diese Fläche.

Beispiele. Das über die Drehung und die Zirkulation Gesagte sei an zwei einfachen Beispielen kreisförmiger Strömungen erläutert:

a) Konstante Drehung. Es werde ein Strömungsgebiet betrachtet, welches sich nach Abb. 5.6a ähnlich einer Festkörperrotation mit der Winkelgeschwindigkeit $\omega = \text{const}$ um eine zur Bildebene normale Achse dreht (starrer Wirbel). Dem Radius r_1 entspricht dann die Umfangsgeschwindigkeit $u_1 = \omega r_1$ und dem Radius r_2 die Geschwindigkeit $u_2 = \omega r_2$. Für die Zirkulation längs der geschlossenen Linie, welche den in Abb. 5.6a schraffierten Bereich linksherum umhüllt, ergibt sich, da die beiden radialen Linienstücke keine Beiträge liefern, $\Gamma = u_2 r_2 \varphi - u_1 r_1 \varphi = (r_2^2 - r_1^2)\,\varphi\omega = 2\omega A$. Die letzte Beziehung folgt unter Einsetzen des Inhalts der betrachteten Fläche $A = (r_2^2 - r_1^2)\,(\varphi/2)$. Die Zirkulation ist also gleich dem doppelten Wert des Produkts aus der Winkelgeschwindigkeit ω und der eingeschlossenen Fläche A, d. h. dem doppelten Wert des Wirbelstroms ωA in m^2/s. Die hier angestellte Überlegung gilt offenbar für jeden beliebigen, auch unendlich kleinen Kreisausschnitt, wobei die Winkelgeschwindigkeit ω für alle Flächenteile die gleiche ist. Da die Winkelgeschwindigkeit ω mit der Komponente des Wirbelvektors ω_z identisch ist, sind alle Fluidelemente des betrachteten Strömungsgebiets drehungsbehaftet und besitzen den gleichen Wirbelvektor $\boldsymbol{\omega}$.

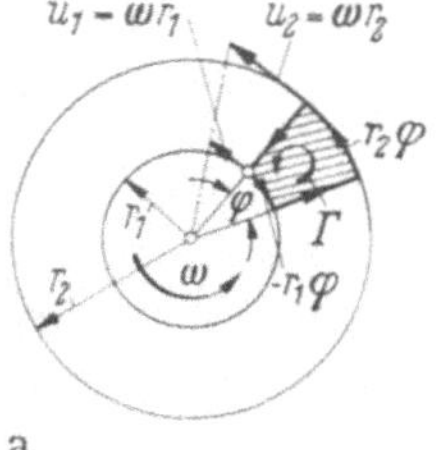

a

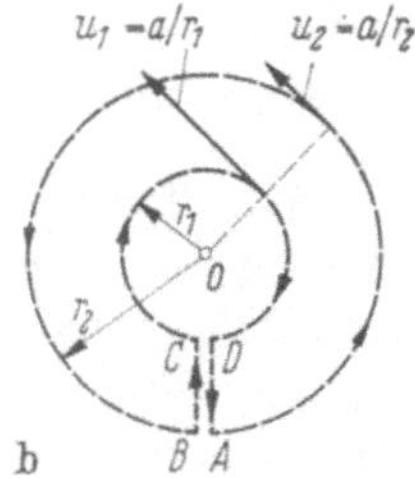

b

Abb. 5.6. Stationäre kreisförmige Strömungen. **a** Bewegung mit konstanter Drehung (starrer Wirbel, Festkörperrotation). **b** Bewegung mit konstanter Zirkulation (Potentialwirbel, konstanter Drall)

b) Konstante Zirkulation. Als Gegenstück dazu sei jetzt nach Abb. 5.6b eine Strömung betrachtet, bei der die Stromlinien ebenfalls konzentrische Kreise sind, bei der aber die Umfangsgeschwindigkeiten $u_1 = a/r_1$ und $u_2 = a/r_2$ mit $a = \text{const}$ sind. Bildet man wieder die Zirkulation längs des Rands einer schraffierten Fläche wie in Abb. 5.6a, so wird $\Gamma = u_2 r_2 \varphi - u_1 r_1 \varphi = 0$. Das betrachtete Strömungsgebiet ist also drehungsfrei. Man stellt leicht fest, daß diese Überlegung für jeden beliebigen Linienzug ($A-B-C-D-A$) in Abb. 5.6b gilt, welcher den Mittelpunkt ausschließt. Bildet man dagegen die Zirkulation längs eines geschlossenen Kreises mit r_1 oder r_2, welcher den Mittelpunkt ($r = 0$) mit einschließt, so wird $\Gamma_0 = 2\pi u_1 r_1 = 2\pi u_2 r_2 = 2\pi a = \text{const}$. Diese Zirkulation ist unabhängig von r und gibt die physikalische Bedeutung der Konstanten $a = \Gamma_0/2\pi$ an. Da Γ_0 einen von null verschiedenen Wert hat, muß in der durch den Kreismittelpunkt 0 dargestellten Achse ein Wirbel vorhanden sein. Der Punkt $r = 0$ ist eine singuläre Stelle, für die u unendlich groß wird. Bei der besprochenen Strömungsform handelt es sich um eine Strömung mit konstanter Zirkulation (konstanter Drall).

5.2.4 Wirbelgleichungen der Fluidmechanik

5.2.4.1 Räumlicher Wirbelerhaltungssatz

Differentielle Form. In Analogie zur Kontinuitätsgleichung eines quellfreien Geschwindigkeitsfelds eines dichtebeständigen Fluids (2.26b) bzw. (2.25a) besteht auch für die Wirbelströmung ein Erhaltungssatz, der die sog. Quellfreiheit des Wirbelfelds beschreibt. Wegen div (rot $\boldsymbol{v}$) $\equiv 0$ wird unter Einsetzen von (5.1)

$$\operatorname{div} \boldsymbol{\omega} = 0, \qquad \frac{\partial \omega_x}{\partial x} + \frac{\partial \omega_y}{\partial y} + \frac{\partial \omega_z}{\partial z} = 0. \tag{5.9a, b}$$

Dies stellt den räumlichen Wirbelerhaltungssatz dar. Er entspricht dem (ersten) Helmholtzschen Wirbelsatz und ist eine rein kinematische Beziehung. Aus der Analogie zur Kontinuitätsgleichung (2.26b) lassen sich alle für die Strömung dichtebeständiger Fluide ausgesprochenen kinematischen Sätze sinngemäß auf die Wirbelströmungen übertragen. Es kann also gefolgert werden, daß eine Wirbellinie im Inneren eines Strömungsbereichs weder beginnen noch enden kann. Wäre dies der Fall, so könnte an dieser Stelle die Kontinuitätsbedingung nach (5.9) nicht erfüllt sein. Eine Wirbellinie oder ein Wirbelfaden muß sich also entweder bis an die Grenzen des Strömungsbereichs erstrecken oder in sich zurücklaufend einen geschlossenen Wirbelring bilden.

Integrale Form. Unter der Voraussetzung der Stetigkeit des Wirbelfelds liefert der Gaußsche Integralsatz für die Quellfreiheit des Wirbelfelds

$$\int_{(V)} \operatorname{div} \boldsymbol{\omega} \, dV = \oint_{(A)} \boldsymbol{\omega} \cdot d\boldsymbol{A} = 0, \qquad \Gamma = 0 \tag{5.10a, b, c}$$

mit Γ als Zirkulation nach (5.8b). Die über eine geschlossene Fläche A zu bildende Gesamtzirkulation Γ muß also verschwinden.

Wirbelfaden. Das Ergebnis von (5.10) sei für den in Abb. 5.2 dargestellten Wirbelfaden näher erläutert. Da auf der Mantelfläche (Wirbelröhre) Wirbelvektor $\boldsymbol{\omega}$ und Flächenvektor $d\boldsymbol{A}$ normal aufeinander stehen, ist dort überall $\boldsymbol{\omega} \cdot d\boldsymbol{A} = 0$. Es liefern also nur die Querschnittsflächen an den Stellen (*1*) und (*2*) Beiträge zum Flächenintegral über die Drehung. Nimmt man an, daß sich die Drehungen über die Flächen A_1 und A_2 gleichmäßig verteilen, so vereinfacht sich (5.10b) zu $\boldsymbol{\omega}_1 \cdot \boldsymbol{A}_2 + \boldsymbol{\omega}_2 \cdot \boldsymbol{A}_2 = 0$. Stehen die Wirbelvektoren normal auf den Querschnittsflächen, dann ist $\boldsymbol{\omega}_1 \cdot \boldsymbol{A}_1 = -\omega_1 A_1$ und $\boldsymbol{\omega}_2 \cdot \boldsymbol{A}_2 = \omega_2 A_2$, und es folgt

$$\omega_1 A_1 = \omega_2 A_2, \qquad \Gamma_1 = \Gamma_2. \qquad (5.11\text{a, b})$$

In der letzten Beziehung wurden die Zirkulationen jeweils über die Ein- und Austrittsfläche bei gleichsinnig gewähltem geschlossenen Integrationsweg (rechtsherum) mit $\Gamma_1 = 2\omega_1 A_1$ bzw. $\Gamma_2 = 2\omega_2 A_2$ eingeführt. Gl. (5.11) sagt aus, daß der Wirbelstrom ωA bzw. die Zirkulation Γ eines Wirbelfadens mit örtlich veränderlichem Querschnitt A längs des Wirbelfadens konstant ist.

5.2.4.2 Zeitlicher Wirbelerhaltungssatz

Während bei der Ableitung des räumlichen Wirbelerhaltungssatzes in Kap. 5.2.4.1 nur kinematische Gesichtspunkte zu beachten waren, sollen jetzt die auf den Strömungsverlauf einwirkenden Kräfte mitberücksichtigt werden, d. h. die Überlegungen erstrecken sich auf das kinetische Verhalten. Es werde nur der Fall eines dichtebeständigen Fluids bei reibungsloser Strömung betrachtet. Ohne auf die Ableitung einzugehen, folgt für die substantielle Änderung der Drehung bei ebener Strömung in der x,y-Ebene mit $v_x = u$ und $v_y = v$ sowie $\omega_z = \omega$

$$\frac{d\omega}{dt} = \frac{\partial \omega}{\partial t} + u\,\frac{\partial \omega}{\partial x} + v\,\frac{\partial \omega}{\partial y} = 0 \qquad (\text{eben}, \varrho = \text{const}). \qquad (5.12)$$

Dies Ergebnis läßt sich in verallgemeinerter Form folgendermaßen deuten: Jede Bewegung aus der Ruhe heraus ist drehungsfrei, da in der Ruhe $\omega = 0$ ist und wegen $d\omega/dt = 0$ auch für alle weiteren Zeiten $\omega = \text{const} = 0$ bleibt. Kein Fluidelement kommt in Drehung, welches nicht von Anfang an in Drehung begriffen ist. In der reibungslosen Strömung eines Fluids können Wirbel weder entstehen noch vergehen. Die gemachten Aussagen nennt man den zeitlichen Wirbelerhaltungssatz. Er entspricht dem (zweiten) Helmholtzschen Wirbelsatz.

5.2.4.3 Zeitlicher Erhaltungssatz der Zirkulation (Thomson)

Von der Zirkulation nach (5.7a) wird die substantielle Änderung $d\Gamma/dt$ gesucht, wobei die geschlossene Kurve $L(t)$, längs der zu integrieren ist, immer aus denselben strömenden Fluidelementen gebildet werden möge, d. h. eine fluidgebundene Linie sein soll. Ohne auch hier auf die Ableitung einzugehen, gilt bei reibungsloser Strömung

$$\frac{d\Gamma}{dt} = 0, \qquad \Gamma(t) = \text{const} \qquad (\text{reibungslos}). \qquad (5.13\text{a, b})$$

Dies ist der Thomsonsche Zirkulationssatz, häufig auch als Kelvinsches Theorem bezeichnet (Thomson = Lord Kelvin). Danach ist die Zirkulation von der Zeit unabhängig.

War eine Strömung wirbelfrei (drehungsfrei), die Zirkulation innerhalb des betreffenden Gebiets also gleich null, so bleibt sie auch im weiteren Verlauf wirbelfrei (drehungsfrei), da sich die Zirkulation nach dem obigen Satz nicht ändern kann. Umgrenzt die geschlossene Kurve einen Strömungsbereich, in welchem die Strömung zur Zeit $t = 0$ wirbelbehaftet (drehungsbehaftet) verläuft, so besitzt die Zirkulation einen von null verschiedenen Wert. Nach dem Thomsonschen Satz muß diese Strömung, da sich die Zirkulation nicht ändern kann, auch für alle darauffolgenden Zeiten wirbelbehaftet bleiben.

5.3 Potentialströmungen

5.3.1 Einführung

In Kap. 5.2.1 wurde ein den Raum erfüllendes Geschwindigkeitsfeld gemäß (5.2) in einen drehungsfreien und einen drehungsbehafteten Anteil aufgeteilt. Es sollen hier zunächst die stationären drehungs- und quellfreien Strömungen untersucht werden. Solche Potentialströmungen stellen nach Kap. 2.5.3.2, vgl. (2.63), Lösungen der Eulerschen Bewegungsgleichung (reibungslose Strömung) dar. Im Anschluß an Kap. 5.3.2 über einige grundlegende Beziehungen befaßt sich Kap. 5.3.3 ausführlich mit den Anwendungen zur Potentialtheorie.

5.3.2 Grundlegende Beziehungen

5.3.2.1 Geschwindigkeitspotential

Definition. Die Bedingung der Drehungsfreiheit für das Geschwindigkeitsfeld $\boldsymbol{v}(\boldsymbol{r})$ wird durch Einführen einer skalaren Potentialfunktion, auch (skalares) Geschwindigkeitspotential $\Phi(\boldsymbol{r})$ genannt, von selbst erfüllt. Nach (5.4) gilt

$$\boldsymbol{v} = \operatorname{grad} \Phi \qquad (\operatorname{rot} \boldsymbol{v} \equiv 0). \qquad (5.14\text{a, b})$$

Die Geschwindigkeitskomponenten in kartesischen rechtwinkligen Koordinaten lauten

$$v_x = \frac{\partial \Phi}{\partial x}, \qquad v_y = \frac{\partial \Phi}{\partial y}, \qquad v_z = \frac{\partial \Phi}{\partial z}; \qquad v_i = \frac{\partial \Phi}{\partial x_i} \qquad (i = 1, 2, 3). \qquad (5.15\text{a; b})$$

Für die ebene Strömung mit den Geschwindigkeitskomponenten $v_x = u = \partial\Phi/\partial x$ und $v_y = v = \partial\Phi/\partial y$ sowie mit der Drehung ω nach (5.6c)

$$\omega = \frac{1}{2}\left(\frac{\partial v}{\partial x} - \frac{\partial u}{\partial y}\right) = \frac{1}{2}\left(\frac{\partial^2 \Phi}{\partial x\, \partial y} - \frac{\partial^2 \Phi}{\partial y\, \partial x}\right) \equiv 0 \quad (\text{eben}) \qquad (5.16\text{a, b})$$

läßt sich die Erfüllung der Bedingung der Drehungsfreiheit einfach nachweisen.

Zusammenhang von Geschwindigkeitspotential und Zirkulation. Als eine wichtige kinematische Größe der Fluidmechanik wurde in Kap. 5.2.3.1 die Zirkulation gemäß (5.7) als Linienintegral der Geschwindigkeit längs einer geschlossenen Kurve eingeführt. Bei der vorliegenden Potentialströmung liefert ein Kurvenstück zwischen zwei Punkten (*1*) und (*2*) durch Einsetzen von (5.14a) in (5.7a) zur Zirkulation den Beitrag

$$\Gamma_{1\to 2} = \int_{(1)}^{(2)} \boldsymbol{v} \cdot d\boldsymbol{l} = \int_{(1)}^{(2)} \operatorname{grad} \Phi \cdot d\boldsymbol{l} = \int_{(1)}^{(2)} d\Phi = \Phi_2 - \Phi_1. \tag{5.17}$$

Dieser ist gleich der Differenz der Werte, welche die Potentialfunktion in den Punkten (*2*) und (*1*) besitzt (Potentialsprung). Er ist zwischen (*1*) und (*2*) unabhängig vom Integrationsweg und eindeutig bestimmt, sofern Φ selbst innerhalb des betrachteten Gebiets eindeutig und endlich ist. Es sei nach Abb. 5.3 eine geschlossene Kurve (L) angenommen, für welche die Voraussetzung gelten soll, daß der Strömungsbereich, in dem sie liegt, einen einfach zusammenhängenden Raum bildet. Mit anderen Worten heißt das: Die geschlossene Kurve soll nur Fluid und keinen festen Körper umschließen. Bildet man nun in einer drehungsfreien Strömung die Zirkulation längs der geschlossenen Kurve gemäß (5.17), dann muß $\Gamma_{1\to 2} = 0$ sein, da wegen des Zusammenfallens der Punkte (*1*) und (*2*) die Differenz $\Phi_2 - \Phi_1$ verschwindet. Es ergibt sich der wichtige Satz: In einem einfach zusammenhängenden Raum, in dem überall (drehungsfreie) Potentialströmung herrscht, ist die Zirkulation längs jeder geschlossenen Kurve gleich null. Die gemachte Einschränkung, daß die geschlossene Kurve einen einfach zusammenhängenden Bereich umschließen soll, ist notwendig, wenn das Geschwindigkeitspotential Φ in diesem Bereich eindeutig und endlich sein soll. Bei mehrfach zusammenhängenden Räumen ist das Potential Φ dagegen mehrdeutig, da man nach einem Umlauf auf der betreffenden geschlossenen Kurve nicht wieder zu demselben Wert wie am Anfang gelangt. Für diese gilt also der obige Satz nicht. Man vergleiche als Beispiel den ebenen Potentialwirbel, auf den in Kap. 5.4.2.2 eingegangen wird.

5.3.2.2 Geschwindigkeitsfeld

Bestimmungsgleichung. Führt man in (2.26b) den Ansatz für das Geschwindigkeitspotential nach (5.14a) ein, so erhält man für das quellfreie Strömungsfeld eines dichtebeständigen Fluids die Kontinuitätsgleichung in der Form

$$\operatorname{div} \boldsymbol{v} = \operatorname{div} (\operatorname{grad} \Phi) = 0, \qquad \Delta\Phi = 0 \qquad (\varrho = \text{const}) \tag{5.18a, b}$$

mit Δ als Laplace-Operator angewendet auf eine skalare Funktion. Man nennt (5.18b) die Laplacesche Potentialgleichung. Sie stellt die Bestimmungsgleichung für $\Phi(\boldsymbol{r})$ dar.

Hat man die Potentialfunktion $\Phi(\boldsymbol{r})$ berechnet, so findet man das Geschwindigkeitsfeld $\boldsymbol{v}(\boldsymbol{r})$ oder die Geschwindigkeitskomponenten $v_i(x_j)$ mittels (5.14a) bzw. (5.15). Aus der Kenntnis der Geschwindigkeitskomponenten lassen sich nach Kap. 2.3.2.2 jeweils die Stromlinienbilder ermitteln. Da es sich bei dem Beschriebenen um eine reibungslose Strömung handelt, kann nach Abb. 5.7 jede aus Stromlinien gebildete Stromfläche als feste Wand aufgefaßt werden.

Randbedingung. Bei der Lösung der Aufgabe sind nach Abb. 2.9 die Randbedingungen, z. B. an einer festen Wand (Körperoberfläche) oder an einer freien Oberfläche (Flüssigkeitsspiegel) zu beachten. Bei der Umströmung eines Körpers mit masseundurchlässiger Wand, bei dem die ungestörte Strömung in großem Abstand vom Körper parallel zur x-Achse mit der Geschwindigkeit u_∞ erfolgt, lauten die Randbedingungen entsprechend der kinematischen Randbedingung (2.15a)

$$x = \pm\infty: \quad u_\infty = \frac{\partial \Phi}{\partial x}, \; \frac{\partial \Phi}{\partial y} = 0 = \frac{\partial \Phi}{\partial z}; \quad n = 0: \quad v_n = \frac{\partial \Phi}{\partial n} = 0, \qquad (5.19\text{a; b})$$

wobei n nach Abb. 5.7 den Abstand normal von der Wand bedeutet. Bei der vorliegenden reibungslosen Strömung stellt sich die Geschwindigkeitskomponente in Wandrichtung $v_s = \partial\Phi/\partial s \neq 0$ mit s als Koordinate längs der Wand aus der Lösung für $\Phi(s, n)$ von selbst ein.

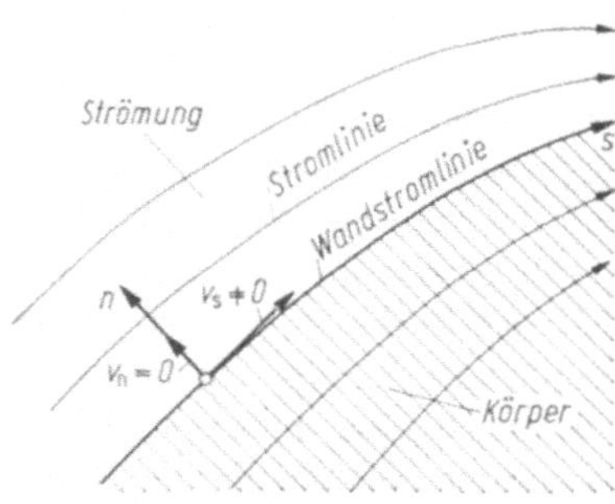

Abb. 5.7. Begriff der Wandstromlinie bei reibungsloser Strömung, vgl. Abb. 2.9a

5.3.2.3 Druckfeld

Aus dem Geschwindigkeitsfeld $\boldsymbol{v}(\boldsymbol{r})$ findet man mittels der Bernoullischen Druckgleichung (2.64) das Druckfeld $p(\boldsymbol{r})$. Für das dichtebeständige Fluid gilt bei stationärer Strömung für das ganze Strömungsfeld

$$p + \varrho g z + \frac{\varrho}{2}\boldsymbol{v}^2 = \text{const} \qquad (\boldsymbol{v} = \text{grad}\,\Phi). \qquad (5.20)$$

Hierin stellt z die nach oben positive Ortskoordinate dar.

5.3.3 Stationäre Potentialströmungen dichtebeständiger Fluide

5.3.3.1 Ausgangsgleichungen

Potentialgleichung. Für den Fall der Strömung eines dichtebeständigen Fluids (ϱ = const) lautet die Laplacesche Potentialgleichung nach (5.18b) in kartesischen Koordinaten

$$\Delta\Phi = \frac{\partial^2 \Phi}{\partial x^2} + \frac{\partial^2 \Phi}{\partial y^2} + \frac{\partial^2 \Phi}{\partial z^2} = 0 \qquad (\varrho = \text{const}). \qquad (5.21\text{a})$$

Diese Differentialgleichung hätte man auch sofort durch Einsetzen von (5.15a) in die Kontinuitätsgleichung (2.25a) mit $\varrho = \text{const}$ erhalten. Bei ebener Strömung ergibt sich, vgl. (2.27) in Verbindung mit (5.5a, b)

$$\frac{\partial u}{\partial x} + \frac{\partial v}{\partial y} = \frac{\partial^2 \Phi}{\partial x^2} + \frac{\partial^2 \Phi}{\partial y^2} = 0 \qquad \text{(eben).} \tag{5.21b}$$

Da die Potentialgleichung für das dichtebeständige Fluid allein aus der nur die Geschwindigkeit enthaltenden Kontinuitätsgleichung hergeleitet wurde, spielen für die Lösung der potentialtheoretischen Aufgabe weder die Schwere des Fluids noch der Druck in der Strömung eine Rolle.

Lösungsansatz für das Geschwindigkeitspotential. Die Laplacesche Potentialgleichung (5.21a) ist eine lineare Differentialgleichung zweiter Ordnung von elliptischem Typ. Sie besitzt eine Lösung für die Potentialfunktion in der Form

$$\Phi(x, y, z) = \exp(\alpha x + \beta y + \gamma z) \quad \text{mit} \quad \alpha^2 + \beta^2 + \gamma^2 = 0. \tag{5.22}$$

Von der Richtigkeit dieses Ansatzes überzeugt man sich leicht durch Einsetzen in (5.21a). Über die zu erfüllenden Randbedingungen, z. B. bei der Umströmung masseundurchlässiger fester Wände, wurde bereits in (5.19) berichtet.

Überlagerungsprinzip. Wegen der Linearität der Potentialgleichung (5.21) besteht ein lineares Superpositionsgesetz, das es ermöglicht, zwei oder mehrere bekannte Lösungen (Elementarströmungen), z. B. $\Phi_1, \Phi_2, \ldots, \Phi_n$, folgendermaßen zusammenzusetzen:

$$\Phi = a_1\Phi_1 + a_2\Phi_2 + \cdots + a_n\Phi_n \qquad \text{(lineare Überlagerung).} \tag{5.23}$$

Hierin können die Konstanten a_n beliebig gewählt und dem vorliegenden Problem angepaßt werden. Auf diese Weise lassen sich aus einfachen Strömungen durch Überlagerung verwickeltere Strömungen ableiten.

Geschwindigkeitsfeld. Kennt man das Potential, z. B. in der Form $\Phi(x, y, z)$, dann findet man entsprechend (5.15a) die Geschwindigkeitskomponenten $v_x(x, y, z)$, $v_y(x, y, z)$ und $v_z(x, y, z)$. Analog dem algebraischen Superpositionsgesetz für die Potentialfunktion nach (5.23) folgt das vektorielle Superpositionsgesetz für die Geschwindigkeit

$$\boldsymbol{v} = \operatorname{grad} \Phi = a_1\boldsymbol{v}_1 + a_2\boldsymbol{v}_2 + \cdots + a_n\boldsymbol{v}_n. \tag{5.24}$$

Die Geschwindigkeitskomponenten lassen sich jeweils linear überlagern.

Druckfeld. Hat man die Geschwindigkeit $\boldsymbol{v}(\boldsymbol{r})$ ermittelt, so erhält man hieraus die Druckverteilung im Strömungsfeld $p(\boldsymbol{r}) = p(x, y, z)$ mittels der Bernoullischen Druckgleichung (5.20).

5.3.3.2 Grundlagen der ebenen Potentialströmungen dichtebeständiger Fluide

Potential- und Stromfunktion. Spielen sich die Strömungen nur in parallelen x,y-Ebenen ab, so verschwinden alle Ableitungen normal zur Strömungsebene $\partial/\partial z = 0$ sowie die Geschwindigkeitskomponente $v_z = 0$. Für die Bestimmung der

Potentialfunktion $\Phi(x, y)$ und der Geschwindigkeitskomponenten $v_x = u$, $v_y = v$ wird nach (5.21b) bzw. (5.15a)

$$\Delta\Phi = \frac{\partial^2\Phi}{\partial x^2} + \frac{\partial^2\Phi}{\partial y^2} = 0; \qquad u = \frac{\partial\Phi}{\partial x}, \qquad v = \frac{\partial\Phi}{\partial y} \qquad (\operatorname{div} \boldsymbol{v} = 0). \qquad (5.25\text{a; b})$$

Gl. (5.25a) stellt gemäß (5.18) die Kontinuitätsgleichung (2.27) dar. Diese wird durch Einführung der Stromfunktion Ψ entsprechend den Ansätzen in (5.5a, b) wegen

$$\frac{\partial u}{\partial x} + \frac{\partial v}{\partial y} = \frac{\partial^2\Psi}{\partial x\,\partial y} - \frac{\partial^2\Psi}{\partial y\,\partial x} \equiv 0 \qquad \text{(eben)}$$

von selbst erfüllt.

Die Bedingung der Drehungsfreiheit (5.16a) liefert die Bestimmungsgleichung für die Stromfunktion $\Psi(x, y)$ in der Form

$$\Delta\Psi = \frac{\partial^2\Psi}{\partial x^2} + \frac{\partial^2\Psi}{\partial y^2} = 0; \qquad u = \frac{\partial\Psi}{\partial y}, \qquad v = -\frac{\partial\Psi}{\partial x} \qquad (\operatorname{rot} \boldsymbol{v} = 0). \quad (5.26\text{a; b})$$

Man erkennt, daß auch die Stromfunktion Ψ einer Laplaceschen Gleichung genügen muß. In Tab. 5.1 sind die Beziehungen für ebene Potentialströmungen eines dichtebeständigen Fluids in kartesischen rechtwinkligen Koordinaten und in Polarkoordinaten zusammengestellt, man vgl. Abb. 1.4a.

Potential- und Stromlinie. Denkt man sich jeweils alle Punkte in der x,y-Ebene, für welche die Potentialfunktion $\Phi(x, y)$ bzw. die Stromfunktion $\Psi(x, y)$ gleiche Werte haben, miteinander verbunden, d. h. $\Phi = a = \text{const}$ bzw. $\Psi = b = \text{const}$, so erhält man Linien gleichen Potentials (Äquipotentiallinien) oder auch kurz Potentiallinien genannt, bzw. Linien gleicher Stromfunktion, von denen im folgenden noch gezeigt wird, daß sie gleichbedeutend mit den Stromlinien sind. Den Zusammenhang zwischen den Potentiallinien ($d\Phi = 0$) und den Stromlinien ($d\Psi = 0$) findet man in einfacher Weise aufgrund der Zusammenhänge

$$d\Phi = (\partial\Phi/\partial x)\,dx + (\partial\Phi/\partial y)\,dy = u\,dx + v\,dy = 0 \qquad (\Phi = \text{const}),$$

$$d\Psi = (\partial\Psi/\partial x)\,dx + (\partial\Psi/\partial y)\,dy = -v\,dx + u\,dy = 0 \qquad (\Psi = \text{const}).$$

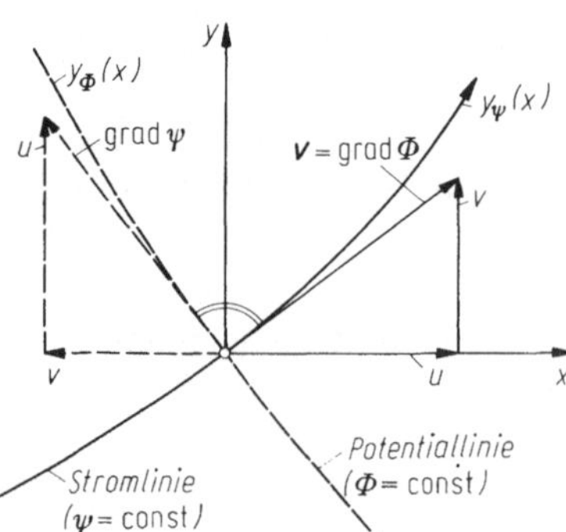

Abb. 5.8. Zusammenhang von Strom- und Potentiallinie, $\Psi = \text{const}$ bzw. $\Phi = \text{const}$, bei ebener Strömung

Hierin bedeuten dx und dy die Komponenten des Linienelements einer Potentiallinie bzw. diejenigen einer Stromlinie. Führt man für die Potentiallinie $y_\Phi(x)$ und für die Stromlinie $y_\Psi(x)$ ein, so findet man die Beziehungen, vgl. (2.14a),

$$\left(\frac{dy}{dx}\right)_{\Phi=\text{const}} = -\frac{u}{v}, \quad \left(\frac{dy}{dx}\right)_{\Psi=\text{const}} = \frac{v}{u}. \tag{5.27a, b}$$

In Abb. 5.8 ist dies Ergebnis dargestellt. Danach zeigt sich, daß sich Stromlinie und Potentiallinie normal schneiden. Verallgemeinert heißt das also, daß innerhalb des ganzen Strömungsbereichs Stromlinien und Potentiallinien zwei Scharen sich normal schneidender Kurven, d. h. orthogonale Kurvenscharen bilden.

Überlagerungs- und Vertauschungsprinzip. Das in (5.22) angegebene lineare Überlagerungsprinzip für die Potentialfunktion Φ gilt wegen der formalen Übereinstimmung von (5.25a) und (5.26a) in gleicher Weise auch für die Stromfunktion Ψ. Aus dem gleichen Grund können Potential- und Stromlinien hinsichtlich ihrer fluidmechanischen Deutung miteinander vertauscht werden, wobei es sich dann selbstverständlich um eine andere Strömung als im ursprünglichen Fall handelt.

Volumenstrom. Zwischen zwei nach Abb. 5.9 in der x,y-Ebene durch die Werte der Stromfunktionen Ψ_1 und Ψ_2 gekennzeichnete Stromlinien beträgt der Volumenstrom

$$\dot{V}_{1\to 2} = b \int_{(1)}^{(2)} (u\,dy - v\,dx) = b \int_{(1)}^{(2)} d\Psi = b(\Psi_2 - \Psi_1). \tag{5.28}$$

Zu diesem Ergebnis gelangt man, wenn man gemäß Abb. 5.9 zunächst die Teilvolumenströme durch die Teilflächen $b\,dy$ und $b\,dx$ mit b als Breite normal zur x,y-Ebene unter Beachtung der Vorzeichen für die ein- bzw. austretenden Volumenströme bestimmt, die Beziehungen (5.26b) einsetzt und zwischen (*1*) und (*2*) integriert.

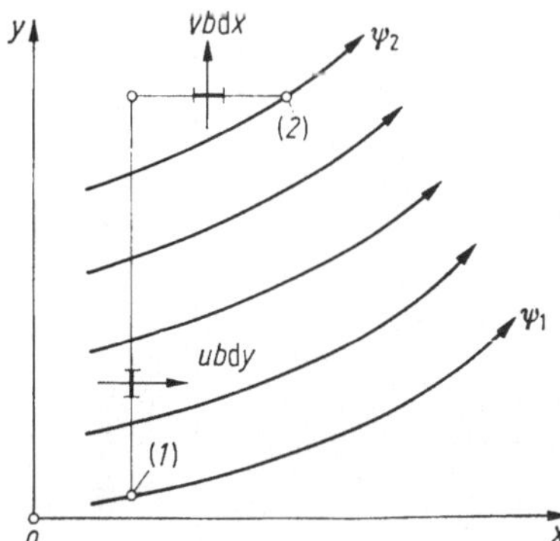

Abb. 5.9. Berechnung des Volumenstroms $\dot{V}_{1\to 2}$ bei ebener Strömung aus den Werten der Stromfunktion Ψ.

Tabelle 5.1. Grundgesetze ebener Potentialströmungen dichtebeständiger Fluide (kartesische Koordinaten $v_x = u$, $v_y = v$)

	$z = x + iy$ $= r(\cos\varphi + i\sin\varphi)$ $= r\exp(i\varphi)$ $x = r\cos\varphi$ $y = r\sin\varphi$	Potentialfunktion $\Phi(x, y)$, $\Phi(r, \varphi)$ $\operatorname{grad}\Phi = \boldsymbol{e}_x v_x + \boldsymbol{e}_y v_y$ $\boldsymbol{v} = \operatorname{grad}\Phi$	Stromfunktion $\Psi(x, y)$, $\Psi(r, \varphi)$ $\operatorname{grad}\Psi = -\boldsymbol{e}_x v_y + \boldsymbol{e}_y v_x$ $\boldsymbol{v} = \operatorname{rot}\boldsymbol{\Psi}'$, $\boldsymbol{\Psi}' = \boldsymbol{e}_z\Psi$	Komplexe Potentialfunktion $\underline{\Phi}(z) = \Phi + i\Psi$
Geschwindigkeits-komponenten	$v_x = v_r\cos\varphi - v_\varphi\sin\varphi$ $v_y = v_r\sin\varphi + v_\varphi\cos\varphi$	$v_x = \dfrac{\partial\Phi}{\partial x}$, $v_y = \dfrac{\partial\Phi}{\partial y}$	$v_x = \dfrac{\partial\Psi}{\partial y}$, $v_y = -\dfrac{\partial\Psi}{\partial x}$	$w_*(z) = \dfrac{d\underline{\Phi}}{dz}$ $= v_x - iv_y$
	$v_r = v_x\cos\varphi + v_y\sin\varphi$ $v_\varphi = -v_x\sin\varphi + v_y\cos\varphi$	$v_r = \dfrac{\partial\Phi}{\partial r}$, $v_\varphi = \dfrac{1}{r}\dfrac{\partial\Phi}{\partial\varphi}$	$v_r = \dfrac{1}{r}\dfrac{\partial\Psi}{\partial\varphi}$, $v_\varphi = -\dfrac{\partial\Psi}{\partial r}$	
Kontinuitäts-gleichung $\operatorname{div}\boldsymbol{v} = 0$	$\dfrac{\partial v_x}{\partial x} + \dfrac{\partial v_y}{\partial y} = 0$	$\dfrac{\partial^2\Phi}{\partial x^2} + \dfrac{\partial^2\Phi}{\partial y^2} = 0$	von selbst erfüllt $\operatorname{div}(\operatorname{rot}\boldsymbol{\Psi}') =$ $\operatorname{rot}(\operatorname{grad}\Psi) \equiv 0$	von selbst erfüllt
	$\dfrac{1}{r}\left(\dfrac{\partial(rv_r)}{\partial r} + \dfrac{\partial v_\varphi}{\partial\varphi}\right) = 0$	$\dfrac{\partial^2\Phi}{\partial r^2} + \dfrac{1}{r}\dfrac{\partial\Phi}{\partial r} + \dfrac{1}{r^2}\dfrac{\partial^2\Phi}{\partial\varphi^2} = 0$		
Drehungsfreiheit $\operatorname{rot}\boldsymbol{v} = 0$	$\dfrac{\partial v_y}{\partial x} - \dfrac{\partial v_x}{\partial y} = 0$	von selbst erfüllt $\operatorname{rot}(\operatorname{grad}\Phi) \equiv 0$	$\dfrac{\partial^2\Psi}{\partial x^2} + \dfrac{\partial^2\Psi}{\partial y^2} = 0$	
	$\dfrac{1}{r}\left(\dfrac{\partial(rv_\varphi)}{\partial r} - \dfrac{\partial v_r}{\partial\varphi}\right) = 0$		$\dfrac{\partial^2\Psi}{\partial r^2} + \dfrac{1}{r}\dfrac{\partial\Psi}{\partial r} + \dfrac{1}{r^2}\dfrac{\partial^2\Psi}{\partial\varphi^2} = 0$	

5.3.3.3 Lösungsansätze ebener Potentialströmungen dichtebeständiger Fluide

Lösungsansatz I. Für den Fall der ebenen Strömung liefert (5.22) eine Lösung für die Potentialfunktion $\Phi(x, y) = \exp(\alpha x + \beta y)$ mit $\alpha^2 + \beta^2 = 0$, d. h. $\beta = \pm i\alpha$ mit $i = \sqrt{-1}$ in der komplexen Darstellung

$$\Phi(x, y) = \exp[\alpha(x \pm iy)] = 1 + \alpha x + \frac{\alpha^2}{2}(x^2 - y^2) \pm i[\alpha y + \alpha^2 xy] + \cdots, \tag{5.29a, b}$$

wobei die zweite Beziehung aus einer Reihenentwicklung entsteht. Entsprechend dem Überlagerungsprinzip (5.23) stellen sowohl die reellen als auch die imaginären Glieder (jeweils mit α oder α^2 multipliziert) Lösungen der Laplaceschen Potentialgleichung (5.25a) dar, die im einzelnen in Kap. 5.3.3.4 noch besprochen werden.

Lösungsansatz II. In der komplexen Ebene nach Abb. 5.10 mit den komplexen bzw. konjugiert komplexen Veränderlichen

$$z = x \pm iy = r \exp(\pm i\varphi) = r(\cos\varphi \pm i \sin\varphi) \tag{5.30}$$

stellen

$$w = u + iv, \qquad w_* = u - iv \tag{5.31a, b}$$

die komplexe bzw. konjugiert komplexe Geschwindigkeit dar, wobei die Geschwindigkeit w durch Spiegelung von w_* an der reellen x-Achse entsteht. Die Geschwindigkeit w_* erhält man aus einem komplexen Geschwindigkeitspotential

$$\phi(z) = \phi(x + iy) = \Phi(x, y) + i\Psi(x, y) \qquad \text{(komplex)}, \tag{5.32}$$

welches aus der Summe der reellen Potentialfunktion und der imaginären Stromfunktion gebildet wird, vgl. Tab. 5.1.

Für die Änderung der komplexen Potentialfunktion gilt

$$d\phi = \frac{\partial\phi}{\partial x}dx + \frac{\partial\phi}{\partial y}dy = \left(\frac{\partial\Phi}{\partial x} + i\frac{\partial\Psi}{\partial x}\right)dx + \left(\frac{\partial\Phi}{\partial y} + i\frac{\partial\Psi}{\partial y}\right)dy$$
$$= (u - iv)\,dx + (v + iu)\,dy = (u - iv)(dx + i\,dy).$$

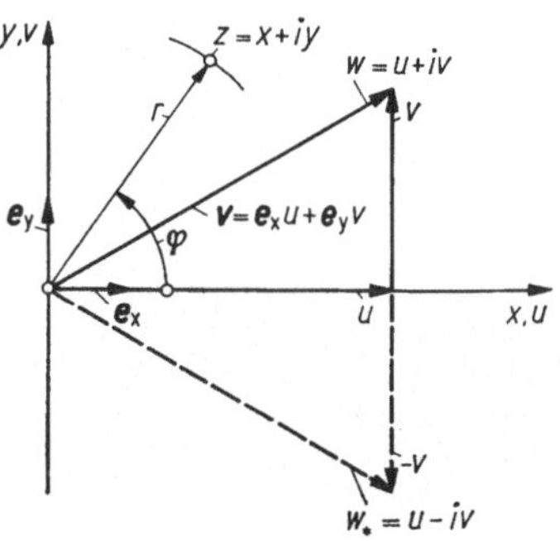

Abb. 5.10. Zur Erläuterung der komplexen und der konjugiert komplexen Geschwindigkeit w bzw. w_* in der komplexen Bildebene $z = x + iy$ sowie des Geschwindigkeitsvektors $\boldsymbol{v} = \boldsymbol{e}_x u + \boldsymbol{e}_y v$

Tabelle 5.2. Elementare ebene Potentialströmungen dichtebeständiger Fluide

	Bezeichnung	Stromlinienbild	Komplexe Potentialfunktion	Skalare Potentialfunktion	Skalare Stromfunktion
			$\underline{\Phi}(z)$	$\Phi(x, y)$	$\Psi(x, y)$
			$\underline{\Phi}(r, \varphi)$	$\Phi(r, \varphi)$	$\Psi(r, \varphi)$
a	Translationsströmung in x-Richtung	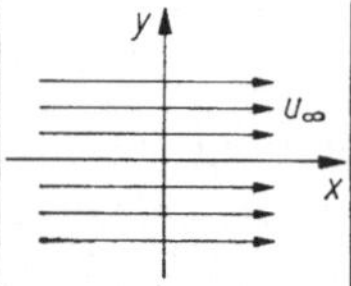	$u_\infty z$	$u_\infty x$	$u_\infty y$
			$u_\infty r \exp(i\varphi)$	$u_\infty r \cos\varphi$	$u_\infty r \sin\varphi$
b	Translationsströmung in y-Richtung	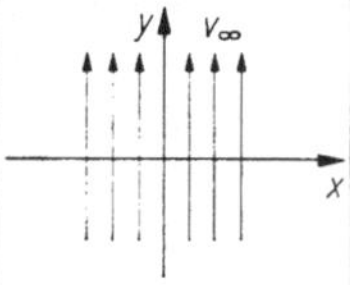	$-iv_\infty z$	$v_\infty y$	$-v_\infty x$
			$-iv_\infty r \exp(i\varphi)$	$v_\infty r \sin\varphi$	$-v_\infty r \cos\varphi$
c	Staupunkt-, Eckenströmung a reell > 0	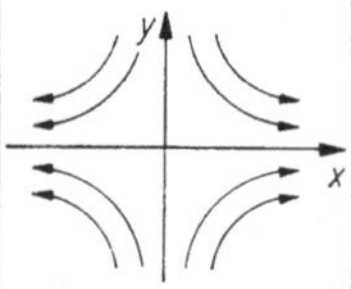	$\frac{a}{2} z^2$	$\frac{a}{2}(x^2 - y^2)$	axy
			$\frac{a}{2} r^2 \exp(i2\varphi)$	$\frac{a}{2} r^2 \cos(2\varphi)$	$\frac{a}{2} r^2 \sin(2\varphi)$
d	Quelle, Sinke Ergiebigkeit ($E \gtrless 0$)	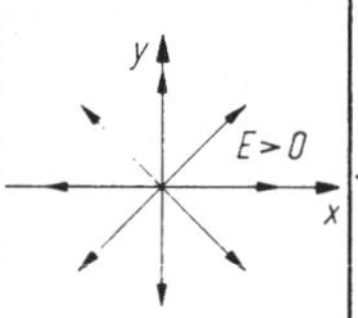	$\frac{E}{2\pi} \ln z$	$\frac{E}{2\pi} \ln \sqrt{x^2 + y^2}$	$\frac{E}{2\pi} \arctan\left(\frac{y}{x}\right)$
			$\frac{E}{2\pi}(\ln r + i\varphi)$	$\frac{E}{2\pi} \ln r$	$\frac{E}{2\pi} \varphi$
e	Potentialwirbel Zirkulation ($\Gamma \gtrless 0$)	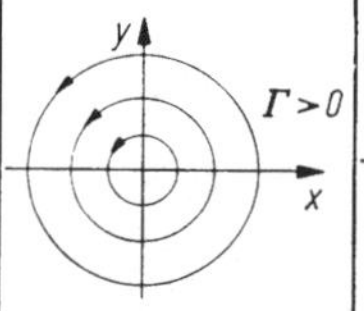	$-i \frac{\Gamma}{2\pi} \ln z$	$\frac{\Gamma}{2\pi} \arctan\left(\frac{y}{x}\right)$	$-\frac{\Gamma}{2\pi} \ln \sqrt{x^2 + y^2}$
			$-\frac{\Gamma}{2\pi}(i \ln r - \varphi)$	$\frac{\Gamma}{2\pi} \varphi$	$-\frac{\Gamma}{2\pi} \ln r$
f	Dipol Dipolachse: x-Achse Dipolmoment: ($M \gtrless 0$)	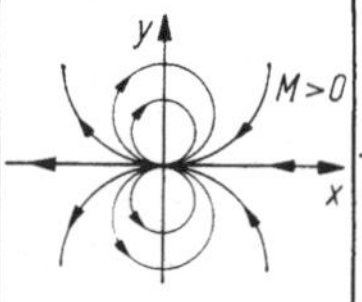	$\frac{M}{2\pi} \frac{1}{z}$	$\frac{M}{2\pi} \frac{x}{x^2 + y^2}$	$-\frac{M}{2\pi} \frac{y}{x^2 + y^2}$
			$\frac{M}{2\pi} \frac{1}{r} \exp(-i\varphi)$	$\frac{M}{2\pi} \frac{\cos\varphi}{r}$	$-\frac{M}{2\pi} \frac{\sin\varphi}{r}$
g	Dipol Dipolachse: y-Achse Dipolmoment: ($M \gtrless 0$)	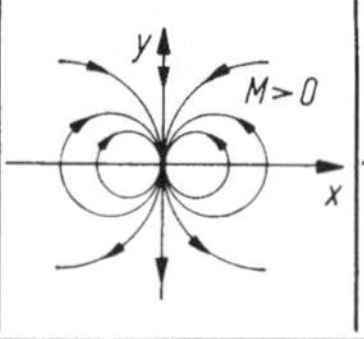	$i \frac{M}{2\pi} \frac{1}{z}$	$\frac{M}{2\pi} \frac{y}{x^2 + y^2}$	$\frac{M}{2\pi} \frac{x}{x^2 + y^2}$
			$i \frac{M}{2\pi} \frac{1}{r} \exp(-i\varphi)$	$\frac{M}{2\pi} \frac{\sin\varphi}{r}$	$\frac{M}{2\pi} \frac{\cos\varphi}{r}$

(kartesische Koordinaten $v_x = u$, $v_y = v$), vgl. Tab. 5.1

Geschwindigkeitskomponenten

$v_x(x, y)$	$v_y(x, y)$	$v_r(x, y)$	$v_\varphi(x, y)$
$v_x(r, \varphi)$	$v_y(r, \varphi)$	$v_r(r, \varphi)$	$v_\varphi(r, \varphi)$
u_∞	0	$u_\infty \frac{x}{\sqrt{x^2 + y^2}}$	$-u_\infty \frac{y}{\sqrt{x^2 + y^2}}$
u_∞	0	$u_\infty \cos \varphi$	$-u_\infty \sin \varphi$
0	v_∞	$v_\infty \frac{y}{\sqrt{x^2 + y^2}}$	$v_\infty \frac{x}{\sqrt{x^2 + y^2}}$
0	v_∞	$v_\infty \sin \varphi$	$v_\infty \cos \varphi$
ax	$-ay$	$a \frac{x^2 - y^2}{\sqrt{x^2 + y^2}}$	$-a \frac{2xy}{\sqrt{x^2 + y^2}}$
$a\, r \cos \varphi$	$-a\, r \sin \varphi$	$a\, r \cos (2\varphi)$	$-a\, r \sin (2\varphi)$
$\frac{E}{2\pi} \frac{x}{x^2 + y^2}$	$\frac{E}{2\pi} \frac{y}{x^2 + y^2}$	$\frac{E}{2\pi} \frac{1}{\sqrt{x^2 + y^2}}$	0
$\frac{E}{2\pi} \frac{\cos \varphi}{r}$	$\frac{E}{2\pi} \frac{\sin \varphi}{r}$	$\frac{E}{2\pi} \frac{1}{r}$	0
$-\frac{\Gamma}{2\pi} \frac{y}{x^2 + y^2}$	$\frac{\Gamma}{2\pi} \frac{x}{x^2 + y^2}$	0	$\frac{\Gamma}{2\pi} \frac{1}{\sqrt{x^2 + y^2}}$
$-\frac{\Gamma}{2\pi} \frac{\sin \varphi}{r}$	$\frac{\Gamma}{2\pi} \frac{\cos \varphi}{r}$	0	$\frac{\Gamma}{2\pi} \frac{1}{r}$
$-\frac{M}{2\pi} \frac{x^2 - y^2}{(x^2 + y^2)^2}$	$-\frac{M}{2\pi} \frac{2xy}{(x^2 + y^2)^2}$	$-\frac{M}{2\pi} \frac{x}{(x^2 + y^2)^{3/2}}$	$-\frac{M}{2\pi} \frac{y}{(x^2 + y^2)^{3/2}}$
$-\frac{M}{2\pi} \frac{\cos (2\varphi)}{r^2}$	$-\frac{M}{2\pi} \frac{\sin (2\varphi)}{r^2}$	$-\frac{M}{2\pi} \frac{\cos \varphi}{r^2}$	$-\frac{M}{2\pi} \frac{\sin \varphi}{r^2}$
$-\frac{M}{2\pi} \frac{2xy}{(x^2 + y^2)^2}$	$\frac{M}{2\pi} \frac{x^2 - y^2}{(x^2 + y^2)^2}$	$-\frac{M}{2\pi} \frac{y}{(x^2 + y^2)^{3/2}}$	$\frac{M}{2\pi} \frac{x}{(x^2 + y^2)^{3/2}}$
$-\frac{M}{2\pi} \frac{\sin (2\varphi)}{r^2}$	$\frac{M}{2\pi} \frac{\cos (2\varphi)}{r^2}$	$-\frac{M}{2\pi} \frac{\sin \varphi}{r^2}$	$\frac{M}{2\pi} \frac{\cos \varphi}{r^2}$

Hierin ist $w_* = u - iv$ und $dz = dx + i\,dy$. Mithin folgt für die konjugiert komplexe Geschwindigkeit

$$w_*(z) = u - iv = \frac{d\Phi}{dz} \quad \text{(konjugiert komplexe Geschwindigkeit).} \qquad (5.33)$$

Der Betrag der konjugiert komplexen Geschwindigkeit $|w_*|$ ist gleich dem Betrag der resultierenden Geschwindigkeit $|w| = |\boldsymbol{v}|$, wenn $\boldsymbol{v} = \boldsymbol{e}_x u + \boldsymbol{e}_y v$ ist. Die Geschwindigkeitskomponenten an jeder Stelle des betrachteten Strömungsbereichs lassen sich also berechnen, sobald die komplexe Funktion $\Phi = \Phi(z)$ gegeben ist. Man braucht diese nur nach der komplexen Veränderlichen z zu differenzieren und das Ergebnis in den Real- und Imaginärteil aufzuspalten.

Das schon früher für die Potential- und gleichermaßen auch für die Stromfunktion erläuterte Überlagerungsprinzip (5.22) gilt auch für das komplexe Geschwindigkeitspotential

$$\Phi(z) = a_1\Phi_1(z) + a_2\Phi_2(z) + \cdots \quad \text{(lineare Überlagerung).} \qquad (5.34)$$

Hierin können die Konstanten $a_1, a_2, \ldots$ auch komplexe Zahlen sein.

Methode der konformen Abbildung. Der besprochene Zusammenhang zwischen der Potential- und der Stromfunktion einer ebenen, drehungsfreien Strömung einerseits und der Theorie komplexer Funktionen andererseits ermöglicht die Anwendung der in der Funktionstheorie entwickelten Methode der konformen Abbildung auf ebene Strömungsprobleme.

5.3.3.4 Beispiele ebener Potentialströmungen dichtebeständiger Fluide

a) Ebene Winkel- und Eckenströmung

a.1) Ansatz. Die Methode der Anwendung komplexer Funktionen zur Beschreibung ebener Potentialströmungen sei am Beispiel der komplexen Potentialfunktion in Form eines Potenzansatzes

$$\Phi(z) = \frac{a}{n} z^n = \frac{a}{n}(x + iy)^n = \frac{a}{n} r^n[\cos(n\varphi) + i \sin(n\varphi)] \qquad (5.35)$$

erläutert. Hierin sei n eine reelle Zahl, während $a = a_1 \mp ia_2$ auch eine komplexe Zahl sein kann. Je nach der Wahl von n und a ergeben sich sehr unterschiedliche Ergebnisse, die nachstehend besprochen werden. Wird der Faktor a als reelle Zahl angenommen, so liefert (5.35) durch Aufspalten in Real- und Imaginärteil sofort die Potential- und Stromfunktion zu

$$\Phi = \frac{a}{n} r^n \cos(n\varphi), \qquad \Psi = \frac{a}{n} r^n \sin(n\varphi) \qquad (a = \text{reell}). \qquad (5.36\text{a, b})$$

Die Stromlinien $\Psi = \text{const}$ sind durch $r^n \sin(n\varphi) = C$ gegeben. Diese kann man für verschiedene Werte der Konstanten C ermitteln und in der Ebene $r(\varphi)$ darstellen. Verschwindet die Konstante, dann muß $\sin(n\varphi) = 0$ sein, was bei $\varphi = \varphi_n = k(\pi/n)$ mit $k = 0, 1, 2, \ldots$ der Fall ist. Dies sind Geraden durch den Ursprung mit den Winkeln φ_n, welche man auch als feste Begrenzungen auffassen kann. Der durch zwei ebene Wände mit den Werten $k = 0$ und $k = 1$ gebildete Winkelraum wird nach Abb. 5.11a durch den Winkel $\varepsilon = \pi/n$ mit $n \geqq 2$ beschrieben. Weiterhin gilt für den Ergänzungswinkel $\vartheta = \pi - \varepsilon = [(n-1)/n]\,\pi$. Für $2 > n > 1$ entstehen nach Abb. 5.11b Strömungen in konkaven Ecken mit Umlenkwinkeln $\vartheta > 0$. Für $1 > n > 1/2$ liegen nach Abb. 5.11c

Strömungen um konvexe Ecken mit Umlenkwinkeln $\vartheta < 0$ vor. Werte $n < 1/2$ stellen keine Winkel- oder Eckenströmung dar, vgl. Beispiel d.2 mit $n = -1$. Die konjugiert komplexe Geschwindigkeit erhält man nach (5.33) zu $w_*(z) = az^{n-1}$ und für den Betrag der Geschwindigkeit folgt hieraus

$$|\boldsymbol{v}| = |a|\, r^{n-1}; \qquad |\boldsymbol{v}| \sim r^{n-1}\,(n > 1), \qquad |\boldsymbol{v}| \sim \frac{1}{r^{1-n}}\,(n < 1). \qquad (5.37\text{a; b})$$

Im Ursprung wird bei konkav umgelenkter Strömung mit $n > 1$ die Geschwindigkeit null, d. h. es bildet sich dort ein Staupunkt aus, während bei konvex umgelenkter Strömung mit $1/2 < n < 1$ der Ursprung mit unendlich großer Geschwindigkeit umströmt wird.

$$r = 0\colon \quad |\boldsymbol{v}| = 0 \quad (\text{konkav}), \qquad |\boldsymbol{v}| = \infty \quad (\text{konvex}). \qquad (5.38)$$

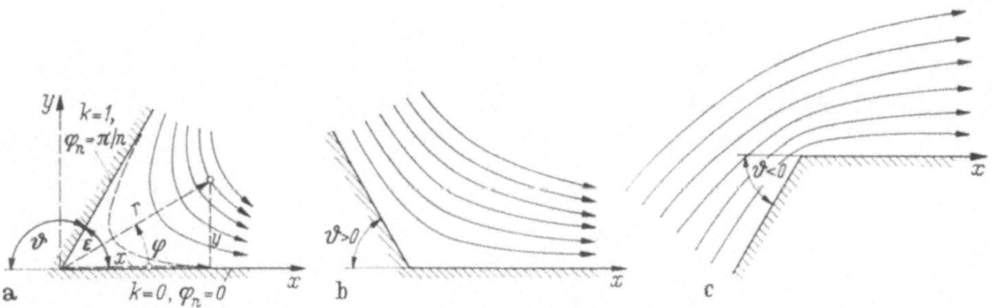

Abb. 5.11. Ebene reibungslose Winkel- und Eckenströmung eines dichtebeständigen Fluids nach (5.36) mit $a > 0$. **a** Spitzer Winkel, $n = 3$, $\varepsilon = 60°$; **b** konkave Ecke $\vartheta > 0$, $n = 3/2$, $\vartheta = 60°$; **c** konvexe Ecke $\vartheta < 0$, $n = 3/4$, $\vartheta = -60°$

Die resultierende Geschwindigkeit $|\boldsymbol{v}(r)|$ ist auf konzentrischen Zylinderflächen ($r = \text{const}$) gleich groß.

Für die Druckverteilung gilt bei verschwindendem Schwereinfluß nach (5.20)

$$p = p_0 - \frac{\varrho}{2}\,\boldsymbol{v}^2 = p_0 - \frac{\varrho}{2}\,a^2 r^{2(n-1)}. \qquad (5.39)$$

In gleicher Weise wie bei der resultierenden Geschwindigkeit ist auch der Druck $p - p_0$ auf den konzentrischen Zylinderflächen konstant.

a.2) Ebene Translationsströmung. Für $n = 1$ ergibt sich mit $\varepsilon = \pi$ nach Abb. 5.12a keine Umlenkung der Strömung, d. h. hierfür liegt eine geradlinig verlaufende Parallelströmung mit $F(z) = az$ und $w_* = a$ vor. Mit $z = x + iy$ und $a = a_1 - ia_2$ folgt hieraus für die Potential- und Stromfunktion sowie die Geschwindigkeitskomponenten, vgl. Tab. 5.2(a, b),

$$\Phi = a_1 x + a_2 y, \qquad \Psi = a_1 y - a_2 x; \qquad u = a_1, \qquad v = a_2. \qquad (5.40\text{a; b})^{15}$$

Dies Ergebnis ist in Übereinstimmung mit den in x und y linearen Gliedern von (5.29b). Die dargestellte Strömung besitzt nach (5.37a) mit $n = 1$ eine konstante Geschwindigkeit vom Betrag $|\boldsymbol{v}| = |a|$. Für $a = \text{reell}$ ($a_1 > 0$, $a_2 = 0$) stellt $a_1 = u = u_\infty$ die zur x-Richtung parallele Geschwindigkeit dar, während für $a = \text{imaginär}$ ($a_1 = 0$, $a_2 > 0$) die Geschwindigkeit mit $a_2 = v = v_\infty$ in y-Richtung verläuft.

15 Lediglich aus Gründen der zweckmäßigeren Darstellung wird der Imaginärteil von a negativ angenommen.

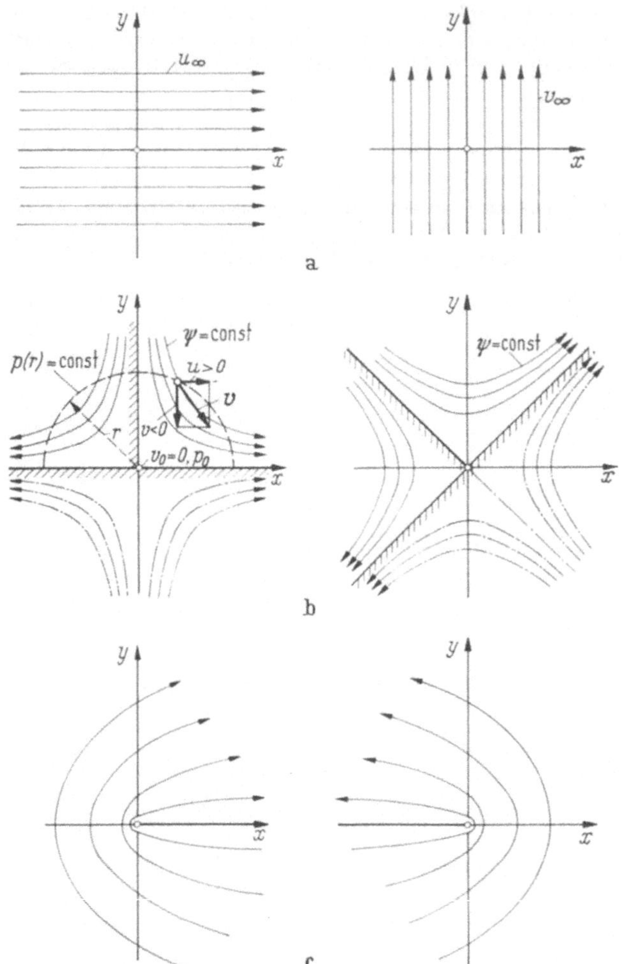

Abb. 5.12. Ebene Potentialströmungen eines dichtebeständigen Fluids nach (5.36). *Links*: a = reell, ***rechts***: a = imaginär. **a** Translationsströmung, $n = 1$, vgl. Tab. 5.2(a, b). **b** Staupunktströmung oder rechtwinkliger Raum, $n = 2$, vgl. Tab. 5.2(c). **c** Randumströmung, $n = 1/2$

a.3) Ebene Staupunktströmung. Für $n = 2$ erhält man mit $\varepsilon = \pi/2$ und $\underline{\Phi}(z) = (a/2)\, z^2$ nach Abb. 5.12b (links) im ersten Quadranten die Strömung in einem durch zwei normal aufeinanderstehende ebene Wände gebildeten rechtwinkligen Raum. Nimmt man auch die Strömung in dem zweiten Quadranten mit hinzu, so handelt es sich um die ebene Strömung gegen eine normal stehende Wand. Diese bezeichnet man auch als Staupunktströmung, da sich bei ihr die Strömung im Ursprung teilt und wegen der dort verschwindenden Geschwindigkeit aufstaut. Unter Beachtung von (5.32) lautet die Potential- und Stromfunktion, vgl. Tab. 5.2(c),

$$\Phi = \frac{a}{2}\,(x^2 - y^2), \qquad \Psi = axy \qquad (a = \text{reell}). \qquad (5.41\,\text{a, b})$$

Das Ergebnis für Φ ist in Übereinstimmung mit den in x und y quadratischen Gliedern von (5.29b), während das Ergebnis für Ψ entsprechend dem Vertauschungsprinzip durch das gemischte Glied xy bestätigt wird. Die Stromlinien $\Psi = xy =$ const bilden eine Schar gleichseitiger Hyperbeln mit der x- und y-Achse als Asymptoten, wenn a reell ist. Dies Ergebnis kann man auch aus der Stromliniengleichung (5.27b) herleiten. Wegen $u = \partial\Phi/\partial x = ax$ und $v = \partial\Phi/\partial y = -ay$ wird $dy/dx = -y/x$, was nach Trennen der Veränderlichen und Ausführen der Integration ebenfalls zu $xy =$ const führt. Die Richtung der Stromlinien findet man, wenn man beachtet, daß im ersten Quadranten ($x > 0, y > 0$) für die Geschwindigkeitskomponenten ($u > 0$, $v < 0$) gilt. Entsprechend (5.37) und (5.39) verlaufen die Isotachen bzw. die Isobaren auf konzentrischen Kreisen um den Ursprung. Herrscht dort der Druck p_0, dann wird nach (5.39) der Druck an einer beliebigen Stelle $p(r) = p_0 - (\varrho/2)\, a^2 r^2$. Gegenüber dem größten Druck im Staupunkt ($r = 0$) nimmt der Druck verhältnismäßig schnell mit wachsendem Abstand r ab.

a.4) Ebene Randumströmung. Für $n = 1/2$ findet man mit $\varepsilon = 2\pi$ bzw. $\vartheta = -\pi$ die Randumströmung nach Abb. 5.12c. Bei diesem Fall wird nach (5.37a) der Betrag der resultierenden Geschwindigkeit $|\boldsymbol{v}| = |a|/\sqrt{r} \sim 1/\sqrt{r}$. Die Umströmung der Kante $r \to 0$ erfolgt mit unendlich großer Geschwindigkeit. Diese Wurzelsingularität tritt bei der Strömung dichtebeständiger Fluide mit vollständiger Umlenkung um scharfe Kanten stets auf.

b) Ebene Quell- oder Sinkenströmung

Für die komplexe Potentialfunktion und damit nach Zerlegen in Real- und Imaginärteil für die Potential- und Stromfunktion gemäß (5.32) sei der Ansatz, vgl. Tab. 5.2(d),

$$\phi(z) = a \ln z; \qquad \Phi = a \ln r, \qquad \Psi = a\varphi \qquad (a = E/2\pi = \text{reell}) \qquad (5.42\text{a; b, c})$$

gemacht. Die Stromlinien sind nach Abb. 5.13a die Strahlen $\Psi =$ const vom Ursprung aus und die Potentiallinien die Kreise $\Phi =$ const um den Ursprung. Die konjugiert komplexe Geschwindigkeit ist $w_*(z) = a/z$ mit den Komponenten $v_r = a/r$ und $v_\varphi = 0$. Es handelt sich also um eine sich radial ausbreitende Strömung. Ist $a > 0$, so ist sie nach außen gerichtet und wird eine ebene Quellströmung, auch Stabquelle genannt. Ist dagegen $a < 0$, so verlaufen die Stromlinien nach innen; eine solche Strömung nennt man eine ebene Sinkenströmung. Die Größe a ist ein Maß für die Stärke der Quelle oder Sinke.

Der aus der Quelle der Breite b austretende Volumenstrom in m³/s ergibt sich entweder nach (5.28) mit $\varphi_2 = \varphi_1 + 2\pi$ oder aus dem zeitlich durch die Zylinderfläche $2\pi br$ mit der Geschwindigkeit $v_r = a/r$ tretenden Volumen zu

$$\dot{V} = b(\psi_2 - \psi_1) = ab(\varphi_2 - \varphi_1) = 2\pi brv_r = 2\pi ab = bE .$$

Mit $E = 2\pi a$ wird die auf die Breite b bezogene Ergiebigkeit der Quelle in m³/s m bezeichnet. Damit wird der zunächst noch nicht definierten Konstanten $a = E/2\pi$ eine anschauliche physikalische Bedeutung gegeben.

Für die längs jeder Stromlinie herrschende Radialgeschwindigkeit v_r, welche zugleich die resultierende Geschwindigkeit ist, gilt somit

$$v_r = \frac{E}{2\pi r} \sim \frac{1}{r}, \qquad v_\varphi = 0 \qquad \text{(Stabquelle)} \qquad (5.43\text{a, b})$$

mit $r = \sqrt{x^2 + y^2}$. Es ist $E > 0$ für die Quell- und $E < 0$ für die Sinkenströmung. Die Geschwindigkeit nimmt wie $1/r$ nach außen ab. Im Ursprung selbst geht die Geschwindigkeit gegen unendlich, d. h. es handelt sich hier um eine singuläre Stelle. Vom physikalischen Standpunkt aus gesehen ist also eine kleine Umgebung um den Ort der Quelle oder Sinke ($r \to 0$) als Stabquelle auszunehmen. Damit sich eine Quell- oder Sinkenströmung tatsächlich einstellen kann, ist im Ursprung 0 ein ständiger Zu- oder Abstrom erforderlich.

c) Ebener Potentialwirbel

Nach dem in Kap. 5.3.3.2 angegebenen Vertauschungsprinzip können Strom- und Potentiallinien in ihrer fluidmechanischen Deutung vertauscht werden. Angewendet auf das besprochene Beispiel der Quellströmung folgt hieraus, daß die Stromlinien nach Abb. 5.13b jetzt Kreise um den Ursprung und die Potentiallinien entsprechend Geraden durch den Ursprung sind. In der komplexen Darstellung bedeutet dies, daß in (5.42) die Größe a jetzt imaginär anzunehmen ist. Es sei also $a = -ic$ gesetzt, wobei c eine reelle Zahl ist.

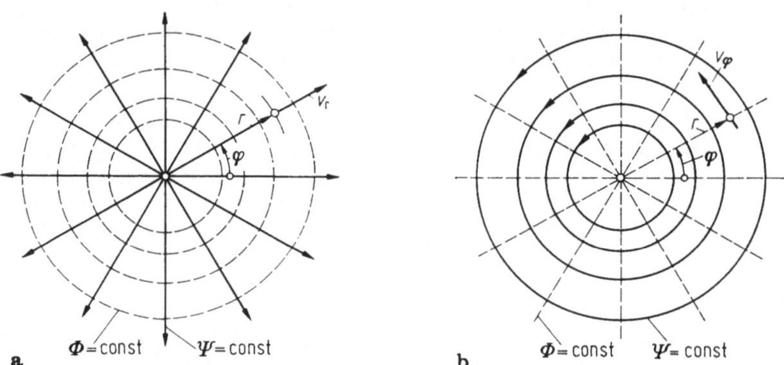

Abb. 5.13. Ebene Potentialströmung eines dichtebeständigen Fluids mit Singularität im Ursprung (Strom- und Potentiallinien). **a** Quelle, Sinke (Stabquelle), **b** Potentialwirbel (Stabwirbel)

Dies führt dann zu folgenden Ausdrücken für die komplexe Potentialfunktion sowie für die Potential- und Stromfunktion, vgl. Tab. 5.2(e),

$$\Phi(z) = -ic \ln z; \qquad \Phi = c\varphi, \qquad \Psi = -c \ln r \qquad (c = \Gamma/2\pi = \text{reell}) \quad (5.44\text{a; b, c})$$

mit den Geschwindigkeitskomponenten $v_r = 0$ und $v_\varphi = c/r$. Es herrscht also nur eine Umfangskomponente der Geschwindigkeit, d. h. eine kreisende Bewegung. Die Größe c ist ein Maß für die Stärke der Drehbewegung. Zu ihrer Erfassung kann man die Zirkulation Γ nach Kap. 5.2.3.1 heranziehen. Diese ergibt sich nach (5.7) aus dem Linienintegral der Geschwindigkeit. Ist die Kurve (L), längs der die Integration ausgeführt werden soll, ein Kreis vom Radius r, dann erhält man mit $L = 2\pi r$ und $v_l = v_\varphi = c/r$ die Zirkulation (linksdrehend positiv) zu $\Gamma = 2\pi c$. Die Konstante c in (5.44) besitzt also die Bedeutung $c = \Gamma/2\pi$. Mithin gilt für das Geschwindigkeitsfeld der kreisenden Bewegung

$$v_r = 0, \qquad v_\varphi = \frac{\Gamma}{2\pi r} \sim \frac{1}{r} \qquad \text{(Stabwirbel)}. \qquad (5.45\text{a, b})$$

Wegen $v_r = 0$ und $v_\varphi = v_\varphi(r)$ errechnet man die Komponente der Drehung um Achsen normal zur Strömungsebene zu, vgl. Tab. 5.1,

$$\omega = \omega_z = \frac{1}{2}\,(\text{rot}\,\boldsymbol{v})_z = \frac{1}{2r}\left[\frac{\partial(rv_\varphi)}{\partial r} - \frac{\partial v_r}{\partial \varphi}\right] = \frac{1}{2r}\,\frac{d(rv_\varphi)}{dr}.$$

Solange $r \neq 0$ ist, wird wegen $rv_\varphi = \Gamma/2\pi = \text{const}$ die Drehung $\omega_z = 0$. Für $r = 0$ ergibt sich für ω zunächst ein unbestimmter Ausdruck 0/0. Daß dieser Wert zu $\omega \neq 0$ führt, läßt sich aufgrund des Stokesschen Zirkulationssatzes nach (5.8a) zeigen, wonach das Vorhandensein einer Zirkulation notwendigerweise eine Drehung voraussetzt. Auf das hier vorliegende Beispiel angewendet bedeutet dies, daß sich im Ursprung normal zur Strömungsebene ein gerader Wirbelfaden (Wirbellinie) mit infinitesimalem Querschnitt, auch Stabwirbel genannt, befindet. Da man eine drehungsfreie Strömung als skalare Potentialströmung und eine drehungsbehaftete Strömung als Wirbelströmung bezeichnet, hat man den geraden Wirbelfaden auch ebenen Potentialwirbel genannt. Hierauf sowie auf weitere Potentialwirbelströmungen wird in Kap. 5.4.2 ausführlich eingegangen.

d) Ebene Quell-Sinkenströmung

Als erstes Beispiel des Überlagerungsprinzips nach (5.23) sei das Zusammenwirken einer ebenen Quell- und einer Sinkenströmung beschrieben.

d.1) Quell-Sinken-Paar. In Abb. 5.14 seien auf der x-Achse eine Quelle im Abstand $x = -l$ und eine Sinke im Ursprung $x = 0$ jeweils mit gleich starker Ergiebigkeit $\pm E$ angeordnet. Die resultierende Stromfunktion erhält man aus (5.42c) zu $\Psi = (E/2\pi)(\varphi_1 - \varphi_2)$. Die Stromlinien $\Psi = \text{const}$ sind Kurven $(\varphi_2 - \varphi_1) = \text{const}$, was nach Abb. 5.14 eine Schar von Kreisen darstellt, deren Mittelpunkt in Richtung der y-Achse bei $x = -l/2$ derart verschoben sind, daß alle durch den Quell- und Sinkenpunkt gehen. Die Potentiallinien stellen in ähnlicher Weise Kreise dar, deren Mittelpunkte auf der x-Achse liegen.

d.2) Ebene Dipolströmung. Eine spezielle Lösung für das Quell-Sinken-Paar erhält man, wenn man den Abstand l gegen null gehen läßt und gleichzeitig die Ergiebigkeit E umgekehrt proportional zum Abstand l steigert, derart, daß $M = El = \text{const}$ bleibt. In diesem Fall bleibt wegen $l = 0$ und $E = \infty$ eine Wirkung nach außen übrig. Man bezeichnet die hieraus hervorgehende Strömung als Dipolströmung mit M als Dipolmoment. Die Strecke, auf der sich die Quelle und Sinke einander genähert haben, nennt man die Dipolachse. Ausgehend von (5.42a) gilt für die komplexe Potentialfunktion des Dipols, vgl. Tab. 5.2(f),

$$\Phi(z) = \frac{M}{2\pi} \lim_{l \to 0} \frac{\ln(z + l) - \ln z}{l} = \frac{M}{2\pi z} = \frac{M}{2\pi} \frac{x - iy}{r^2} \quad \text{(ebener Dipol)} \qquad (5.46\text{a, b})$$

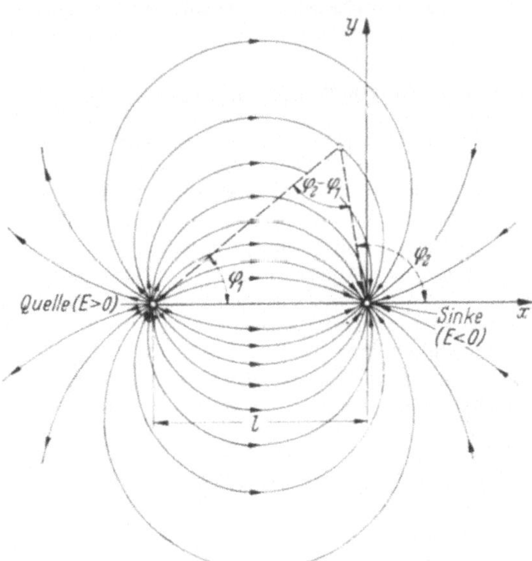

Abb. 5.14. Stromlinienbild eines ebenen Quell-Sinken-Paars bei Potentialströmung eines dichtebeständigen Fluids

mit $r^2 = x^2 + y^2$ sowie $x = r\cos\varphi$ und $y = r\sin\varphi$. Aus dem Real- und Imaginärteil erhält man entsprechend (5.32) unmittelbar die Ausdrücke für die Potential- und Stromfunktion. Die Stromlinien $\Psi = \text{const}$ der hier beschriebenen Dipolströmung sind nach Abb. 5.15a durch die Kreisschar (Zylinderflächen) gegeben, welche bei reellem Wert von M die x-Achse (Dipolachse) im Ursprung tangiert. Dies kann man sich an Hand von Abb. 5.14 klar machen, wenn man dort $l \to 0$ gehen läßt. Will man die y-Achse zur Dipolachse machen, so braucht man M in (5.46) nur imaginär durch iM zu ersetzen. Das zugehörige Stromlinienbild ist in Abb. 5.15b dargestellt, vgl. Tab. 5.2(g).

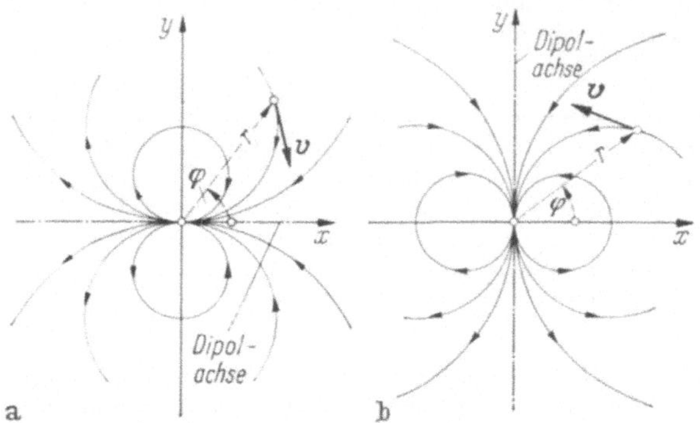

Abb. 5.15. Stromlinienbilder eines ebenen Dipols bei Potentialströmung eines dichtebeständigen Fluids. **a** Dipolachse = x-Achse, reelle Lösung. **b** Dipolachse = y-Achse, imaginäre Lösung

Die konjugiert komplexe Geschwindigkeit und der Geschwindigkeitsvektor betragen für den Dipol nach Abb. 5.15a gemäß (5.33) in Verbindung mit (5.31b) $w_* = d\Phi/dz = u - iv = -M/2\pi z^2$ bzw. $\boldsymbol{v} = \boldsymbol{e}_x u + \boldsymbol{e}_y v$. In Polarkoordinaten ergibt sich mit $u = v_x$ und $v = v_y$ mittels Tab. 5.2(f) für den Vektor und den Betrag der resultierenden Geschwindigkeit

$$\boldsymbol{v} = -\frac{M}{2\pi r^2}\left[\boldsymbol{e}_x \cos(2\varphi) + \boldsymbol{e}_y \sin(2\varphi)\right], \qquad |\boldsymbol{v}| = \frac{M}{2\pi r^2} \sim \frac{1}{r^2}. \qquad (5.47\text{a, b})$$

Während bei der ebenen Quelle und Sinke der Geschwindigkeitsbetrag nach (5.43a) nach außen mit $1/r$ abnimmt, ändert er sich beim ebenen Dipol erheblich stärker, nämlich wie $1/r^2$. Wie bei der Strömung der Quelle oder Sinke sowie der Strömung des Potentialwirbels stellt $r = 0$ wieder eine singuläre Stelle in der Strömung dar.

e) Umströmung zylindrischer Körper

Das Überlagerungsprinzip läßt sich sehr vorteilhaft auch zur Beschreibung der reibungslosen Umströmung ebener Körper verwenden, die sich in einer zunächst ungestörten Parallelströmung (Translationsströmung) befinden.

e.1) Ebener Halbkörper. Fügt man eine Translationsströmung der Geschwindigkeit u_∞ mit einer ebenen Quellströmung der Ergiebigkeit E zusammen, so erhält man nach Abb. 5.16a einen vorn abgerundeten und hinten bis ins Unendliche parallel der Anströmrichtung verlaufenden offenen Körper. Die im Inneren des Körpers sich einstellende Strömung hat im allgemeinen keine Bedeutung.

Die Lage des auf der x-Achse liegenden Staupunkts berechnet sich wegen der dort verschwindenden Geschwindigkeit $u_0 = 0$ für $x = x_0$, $y = 0$ aus $u_\infty + E/2\pi x_0 = 0$. Die Höhe des Halbkörpers folgt aus der Bedingung, daß sehr weit hinter der Quelle ($x = \infty$) für den Volumenstrom $u_\infty 2bh = bE$ ist. Für die geometrischen Parameter des durch eine Einzelquelle erzeugten ebenen Halbkörpers gelten somit die Zusammenhänge

$$x_0 = -\frac{E}{2\pi u_\infty} = -\frac{h}{\pi} < 0, \qquad h = \frac{E}{2u_\infty} \sim E\,\frac{1}{u_\infty} \quad \text{(ebener Halbkörper)}. \qquad (5.48\text{a, b})$$

e.2) Geschlossener ovaler Körper. Ordnet man nach Abb. 5.16b neben der Quelle stromabwärts in einem bestimmten Abstand in Anströmrichtung noch eine Sinke gleicher Ergiebigkeit an, so stellt sich eine geschlossene Stromlinienfläche ein, die man entsprechend Abb. 5.7 als Begrenzung eines festen Körpers auffassen kann. Diese Methode wurde von Rankine entwickelt. Die Form des so entstandenen ovalen ebenen Körpers, besonders seine Schlankheit, hängt dabei wesentlich von der Stärke der gewählten Einzelströmungen (Translationsströmung u_∞, Quell-Sinkenpaar $E \lessgtr 0$) ab. Geht das ebene Quell-Sinken-Paar in den ebenen Dipol über, so erhält man die reibungslose Umströmung eines Kreiszylinders, über die nachstehend ausführlicher berichtet wird.

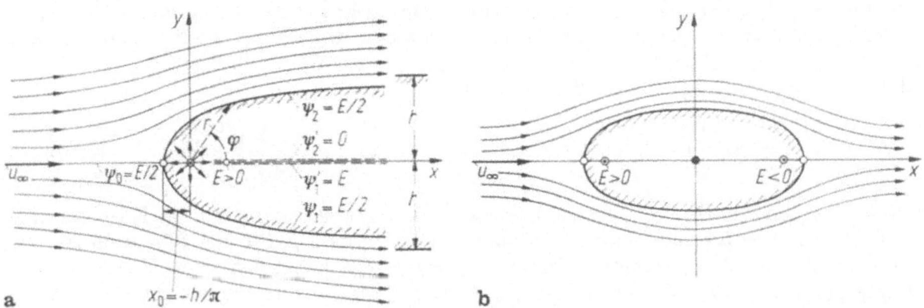

Abb. 5.16. Umströmte Körper in ebener Potentialströmung eines dichtebeständigen Fluids. **a** Ebener Halbkörper, **b** ebener ovaler Körper

e.3) Kreiszylinder bei symmetrischer Umströmung. Einer ebenen Translationsströmung mit der Geschwindigkeit u_∞ wird eine ebene Dipolströmung mit dem Dipolmoment M überlagert, wobei die Anströmrichtung und die Dipolachse (x-Achse) zusammenfallen sollen. Unter Zuhilfenahme von Tab. 5.2(a) und (f) findet man die zusammengesetzte Stromfunktion in Polarkoordinaten zu

$$\Psi = \left(u_\infty - \frac{M}{2\pi r^2}\right) r \sin\varphi = u_\infty \left[1 - \left(\frac{R}{r}\right)^2\right] r \sin\varphi . \qquad (5.49\text{a, b})$$

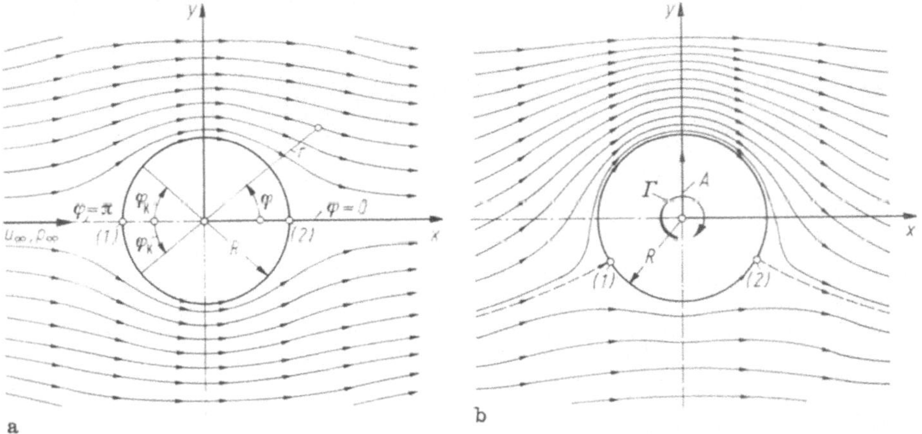

Abb. 5.17. Stromlinienbild eines in x-Richtung mit der Geschwindigkeit u_∞ angeströmten Kreiszylinders bei Potentialströmung eines dichtebeständigen Fluids. **a** Symmetrische Umströmung ohne Zirkulation, $\Gamma = 0$. **b** Unsymmetrische Umströmung mit Zirkulation, $\Gamma = 2\pi R u_\infty$

Zu der zweiten Beziehung kommt man durch nachstehende Überlegung: Für die Stromlinie $\Psi = \text{const} = 0$ verschwindet der Klammerausdruck in (5.49a), was bedeutet, daß es sich hierbei um eine kreisförmige Stromlinie vom Halbmesser $r = R$ handelt. Zwischen der Anströmgeschwindigkeit u_∞ und dem Dipolmoment M besteht dann der feste Zusammenhang $M = 2\pi u_\infty R^2$. Das Verschwinden des Faktors $r \sin\varphi$ in (5.49) für $\Psi = 0$ bedeutet, daß die durch $\varphi = 0$ und $\varphi = \pi$ gegebenen Geraden ebenfalls mit zur Stromlinie $\Psi = 0$ gehören. Ein ausgezeichnetes Stromlinienbild besteht somit aus einer Geraden, die sich an der Stelle $x = -R$, $y = 0$ teilt, um zwei halbkreisförmige Kurven zu beschreiben, und sich dann an der Stelle $x = R$, $y = 0$ wieder zu einer Geraden vereinigt. Faßt man den kreisförmigen Teil der Stromlinie entsprechend Abb. 5.7 als feste Begrenzung auf, dann stellt die Überlagerung der zugrunde gelegten Translations- und Dipolströmung die Umströmung eines Kreiszylinders vom Radius R mit der Anströmgeschwindigkeit u_∞ dar. Die Geschwindigkeitskomponenten ergeben sich nach Tab. 5.1 mit $v_r = (1/r)(\partial\Psi/\partial\varphi)$ und $v_\varphi = -\partial\Psi/\partial r$ zu, vgl. Tab. 5.2(a) und (f),

$$v_r = u_\infty\left[1 - \left(\frac{R}{r}\right)^2\right]\cos\varphi, \qquad v_\varphi = -u_\infty\left[1 + \left(\frac{R}{r}\right)^2\right]\sin\varphi. \qquad (5.50\text{a, b})$$

Im folgenden seien noch die Geschwindigkeits- und Druckverteilung auf der Körperkontur berechnet. Für $r = R$ erhält man $v_r = 0$ und $v_\varphi = -2u_\infty \sin\varphi$. Für die Geschwindigkeitsverteilung auf der Körperkontur (Index K), gemessen in tatsächlicher Umströmungsrichtung $\varphi_K = \pi - \varphi$ im Bereich $0 \leqq \varphi \leqq \pi$ bzw. $\varphi_K = \varphi - \pi$ im Bereich $\pi \leqq \varphi \leqq 2\pi$, sei $v_K = -v_\varphi(r = R)$ bzw. $v_K = +v_\varphi(r = R)$ gesetzt, d. h.

$$v_K = 2u_\infty \sin\varphi_K \quad (0 \leqq \varphi_K \leqq \pi), \qquad v_{K\,\max} = 2u_\infty \qquad \text{(Zylinder)}. \qquad (5.51\text{a, b})$$

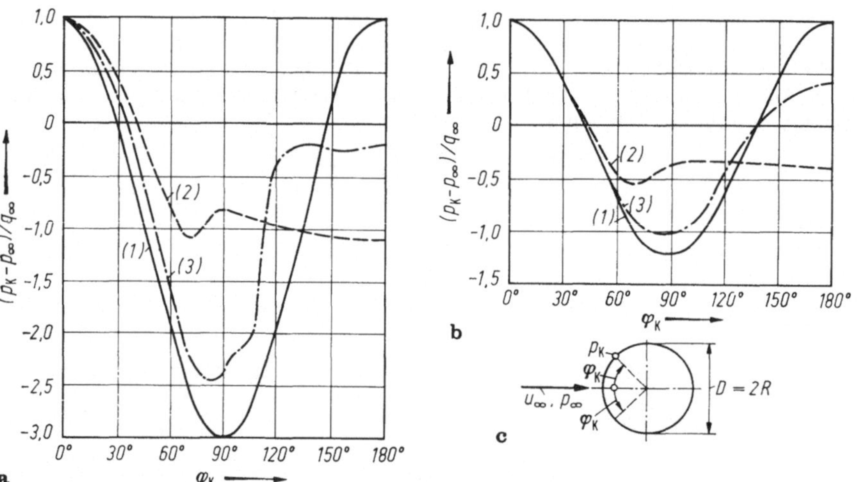

Abb. 5.18. Druckverteilung auf der Oberfläche eines Körpers mit kreisförmigem Querschnitt bei Strömung eines dichtebeständigen Fluids. **a** Kreiszylinder (ebenes Problem), **b** Kugel (räumliches Problem), **c** Geometrie. (*1*) potentialtheoretisch (reibungslos), (5.52), (5.63); (*2*) mit laminarem Reibungseinfluß (unterkritisch), $Re = u_\infty D/\nu = 1{,}86 \cdot 10^5$ bzw. $Re = 1{,}63 \cdot 10^5$; (*3*) mit turbulentem Reibungseinfluß (überkritisch), $Re = 6{,}7 \cdot 10^5$ bzw. $Re = 4{,}35 \cdot 10^5$

An den Stellen $\varphi_K = 0$ und $\varphi_K = \pi$ wird $v_K = v_{K0} = 0$, dort stellen sich also potentialtheoretisch ein vorderer bzw. ein hinterer Staupunkt ein. Die größte Umströmungsgeschwindigkeit $v_K = v_{K\,\max}$ ergibt sich nach (5.51b) bei $\varphi_K = \pi/2$, d. h. dort, wo der Körper die größte Ausdehnung quer zur Anströmrichtung hat. Die Druckverteilung längs der Körperkontur liefert die Bernoullische Druckgleichung (5.20) zu $p_K + (\varrho/2)\, v_K^2 = p_\infty + (\varrho/2)\, u_\infty^2$. Bezieht man auf den Geschwindigkeitsdruck der Anströmung $q_\infty = (\varrho/2)\, u_\infty^2$, so erhält man den potentialtheoretisch ermittelten Druckbeiwert zu

$$\frac{p_K - p_\infty}{q_\infty} = 1 - \left(\frac{v_K}{u_\infty}\right)^2 = 1 - 4\sin^2\varphi_K, \qquad \left(\frac{p_K - p_\infty}{q_\infty}\right)_{\min} = -3. \tag{5.52a, b}$$

In Abb. 5.18a ist die hiernach errechnete Druckverteilung über dem abgewickelten Umfang als Kurve (*1*) aufgetragen. In den Staupunkten ($\varphi_K = 0, \pi$) ergibt sich der größte Überdruck zu $p_{K\,\max} - p_\infty = q_\infty$ und an der Peripherie der größte Unterdruck zu $p_{K\,\min} - p_\infty = -3q_\infty$. Die resultierende Kraft in Strömungsrichtung ist wegen der Symmetrie der Druckverteilung zu $\varphi_K = \pi/2$ null. Wie aus Abb. 5.18a hervorgeht, zeigen die tatsächlichen Druckverteilungen der Kurven (*2*) und (*3*) starke Abweichungen von der potentialtheoretischen Verteilung. Dies Verhalten rührt daher, daß auf der Rückseite das wirkliche Strömungsbild erheblich anders aussieht, als es hier von der reibungslosen Strömung geliefert wird. Infolge der Reibungseinflüsse tritt auf der Rückseite eine Ablösung der Strömung vom Körper und damit eine Umgestaltung der Druckverteilung ein, die mit einem großen Widerstand (Druckwiderstand) W verbunden ist.

Es ist üblich, die Widerstandskraft W auf den Geschwindigkeitsdruck der Anströmung $q_\infty = (\varrho/2)\, u_\infty^2$ und eine in bestimmter Weise definierte Bezugsfläche A zu beziehen. Mithin schreibt man für den dimensionslosen Widerstandsbeiwert

$$c_W = \frac{W}{q_\infty A} \quad \text{(Widerstandsbeiwert)}. \tag{5.53}$$

Bei vorn und hinten abgerundeten Körpern ist der Widerstandsbeiwert im allgemeinen eine Funktion der Reynolds-Zahl. Dies hängt damit zusammen, daß die Strömung bei einer bestimmten Reynolds-Zahl vom laminaren in den turbulenten Strömungszustand umschlägt. In Abb. 1.6 wurden bereits Widerstandsbeiwerte von elliptischen Zylindern mit verschiedenen Dickenverhältnissen in Abhängigkeit von der Reynolds-Zahl wiedergegeben. Weiterhin sind in Abb. 5.19 die Widerstandsbeiwerte für einen Kreiszylinder, der quer zu seiner Achse angeströmt wird (ebene Strömung) und für eine angeströmte Kugel (räumlich

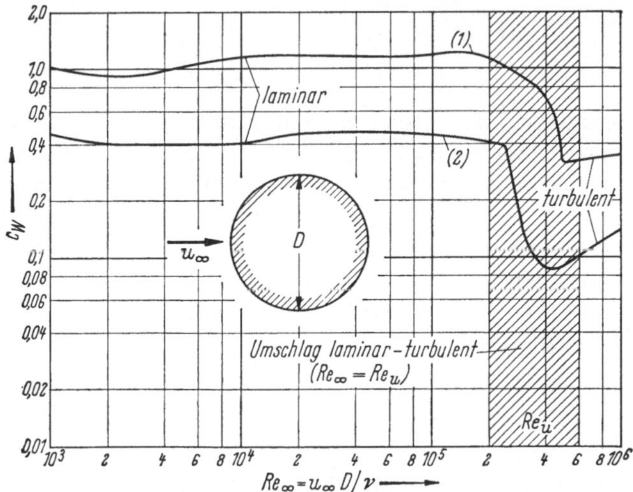

Abb. 5.19. Widerstandsbeiwerte querangeströmter Kreiszylinder (*1*) und angeströmter Kugeln (*2*), $c_W = W/q_\infty A$ mit q_∞ als Geschwindigkeitsdruck und $A = bD$ bzw. $A = (\pi/4)\, D^2$ als Stirnfläche (b Zylinderbreite, D Körperdurchmesser) in Abhängigkeit von der Reynolds-Zahl $Re_\infty = u_\infty D/\nu$

Strömung) über der Reynolds-Zahl $Re_\infty = u_\infty D/\nu$ mit D als Körperdurchmesser als Kurve (*1*) bzw. (*2*) dargestellt. Der erwähnte laminar-turbulente Umschlag findet in dem schraffiert gezeichneten Reynolds-Zahl-Bereich statt. Sowohl für $Re_\infty < Re_u$ als auch für $Re_\infty > Re_u$ sind die Widerstandsbeiwerte c_W nahezu konstant, und zwar ist c_W bei turbulenter Strömung kleiner als bei laminarer Strömung, vgl. Kap. 6.3.4.2 Abschn. b.

f) Prinzip der Spiegelung

Überlagert man einer Strömung ihr Spiegelbild bezüglich einer Ebene, so wird die Spiegelungsebene zur Symmetrieebene und kann z. B. als feste Wand aufgefaßt werden. Umgekehrt kann die Wirkung einer ebenen Wand durch Überlagern der an der Wand gespiegelten Strömung dargestellt werden. In Abb. 5.20 ist die Spiegelung einer Quellströmung an einer Wand, deren Ursprung von der Wand den normalen Abstand $y = a$ besitzt, gezeigt. Quellen sind als Quellen, Sinken als Sinken und Potentialwirbel als entgegengesetzt drehende Potentialwirbel zu spiegeln.

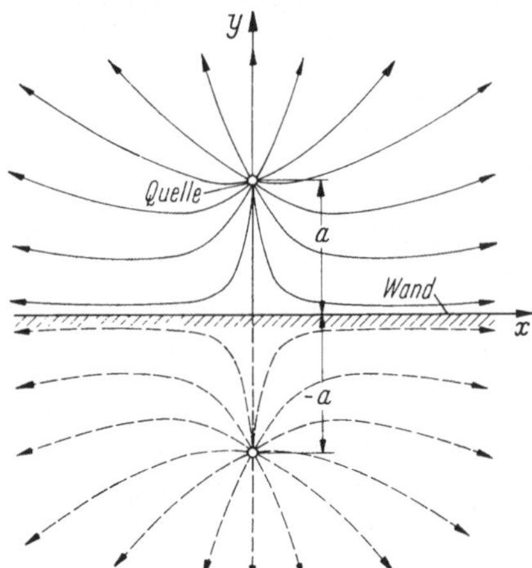

Abb. 5.20. Spiegelung der ebenen Quellströmung eines dichtebeständigen Fluids an einer geraden Wand

5.3.3.5 Grundlagen der räumlichen Potentialströmungen dichtebeständiger Fluide

Allgemeines. Die bisher in den Kap. 5.3.3.2 bis 5.3.3.4 besprochenen ebenen Strömungen sind einer rechnerischen Erfassung sehr viel leichter zugänglich als die räumlichen Strömungen. Dies hängt in besonderem Maß damit zusammen, daß bei einer Abhängigkeit des Strömungsvorgangs von zwei Ortskoordinaten x, y oder r, φ in den analytischen Funktionen des komplexen Arguments ein sehr weittragendes mathematisches Hilfsmittel zur Verfügung steht. Eine Lösung der dreidimensionalen Laplaceschen Potentialgleichung in kartesischen Koordinaten (5.21a) und (5.15a)

$$\Delta\Phi = \frac{\partial^2\Phi}{\partial x^2} + \frac{\partial^2\Phi}{\partial y^2} + \frac{\partial^2\Phi}{\partial z^2} = 0 \qquad (5.54\,\mathrm{a})$$

mit

$$v_x = \frac{\partial\Phi}{\partial x}, \qquad v_y = \frac{\partial\Phi}{\partial y}, \qquad v_z = \frac{\partial\Phi}{\partial z} \qquad (5.54\,\mathrm{b})$$

wurde bereits in (5.22) angegeben. Dabei gestaltet sich allerdings die praktische Auswertung recht schwierig.

Kugelsymmetrische Strömung. Ein besonders einfacher Fall einer räumlichen Strömung ergibt sich, wenn die Strömung nur von einer Kugelkoordinate, nämlich dem Radius $r_0 = \sqrt{x^2 + y^2 + z^2}$ abhängt. Für diese eindimensionale Strömung gilt $\Phi(r_0)$. Die Laplacesche Potentialgleichung sowie die Beziehung zur Berechnung der Geschwindigkeit lauten für $r_0 > 0$

$$\Delta\Phi = \frac{\partial^2\Phi}{\partial r_0^2} + \frac{2}{r_0}\frac{\partial\Phi}{\partial r_0} = \frac{1}{r_0^2}\frac{d}{dr_0}\left(r_0^2\frac{d\Phi}{dr_0}\right) = 0; \qquad v_{r_0} = \frac{\partial\Phi}{\partial r_0} = \frac{d\Phi}{dr_0}. \qquad (5.55\text{a; b})$$

Gl. (5.55a) wird durch den Ansatz $r_0^2(d\Phi/dr_0) = a = \text{const}$ befriedigt, was zu

$$\Phi = -\frac{a}{r_0}; \qquad v_{r_0} = \frac{a}{r_0^2} \qquad (5.56\text{a; b})$$

führt. Wegen weiterer Aussagen sei auf Beispiel c in Kap. 5.3.3.6 (räumliche Quelle) verwiesen.

Drehsymmetrische Strömung. Zu den räumlichen Strömungen soll auch die drehsymmetrische (rotationssymmetrische) Strömung gerechnet werden. Dabei handelt es sich um eine zweidimensionale Strömung in der Meridianebene mit den Zylinderkoordinaten r, z und den Geschwindigkeitskomponenten $v_r(r, z)$, $v_z(r, z)$, man vgl. Abb. 1.4b. Für solche Strömungen lautet die Laplacesche Potentialgleichung sowie die Beziehung für die Geschwindigkeitskomponenten

$$\Delta\Phi = \frac{\partial^2\Phi}{\partial r^2} + \frac{1}{r}\frac{\partial\Phi}{\partial r} + \frac{\partial^2\Phi}{\partial z^2} = 0; \qquad v_r = \frac{\partial\Phi}{\partial r}, \qquad v_z = \frac{\partial\Phi}{\partial z}. \quad (5.57\text{a; b})$$

5.3.3.6 Beispiele räumlicher Potentialströmungen dichtebeständiger Fluide

Die Behandlung stationärer räumlicher Potentialströmungen sei in folgender Weise vorgenommen: Von einer vorgegebenen Funktion $\Phi(\boldsymbol{r})$ wird zunächst geprüft, ob es sich um eine drehungsfreie Strömung handelt, d. h. ob die Laplacesche Potentialgleichung $\Delta\Phi = 0$ erfüllt ist. Ist dies der Fall, wird das zugehörige Geschwindigkeitsfeld $\boldsymbol{v}(\boldsymbol{r}) = \text{grad}\,\Phi$ ermittelt und die so erhaltene Lösung physikalisch gedeutet, indem die Stromlinien gemäß Kap. 2.3.2.2 berechnet werden.

a) Translationsströmung

Ein linearer Ansatz für die Potentialfunktion mit beliebigen Werten der Konstanten a, b, c ist eine Lösung der Laplaceschen Potentialgleichung $\Delta\Phi = 0$ und besitzt jeweils im ganzen Raum konstante Geschwindigkeitskomponenten

$$\Phi = ax + by + cz; \quad v_x = a, \quad v_y = b, \quad v_z = c; \quad |\boldsymbol{v}| = \sqrt{a^2 + b^2 + c^2}. \quad (5.58\text{a; b; c})$$

Der Geschwindigkeitsvektor ist nach Größe und Richtung ungeändert. Es handelt sich um eine Parallelströmung (Translationsströmung), mit dem Geschwindigkeitsbetrag nach (5.58c).

b) Räumliche Staupunktströmung

Macht man für die Potentialfunktion den drehsymmetrischen Ansatz

$$\Phi(r, z) = \frac{a}{2}(r^2 - 2z^2), \qquad (5.59\text{a})$$

so liefert dieser nach (5.57b) die Geschwindigkeitskomponenten

$$v_r = ar, \qquad v_z = -2az. \tag{5.59b}$$

Die Projektion der Stromlinien auf Ebenen normal zur z-Achse bildet Scharen von Geraden durch den Ursprung $r = 0$. Für die Projektion der Stromlinien auf die Meridianebene (r, z-Ebene) ergibt sich eine Schar kubischer Hyperbeln. Abb. 5.21 zeigt das Stromflächenbild dieser Strömung; es ist drehsymmetrisch um die z-Achse. Der Koordinatensprung $r = 0 = z$ ist wegen $v_r = 0 = v_z$ ein Staupunkt. Es handelt sich um die räumliche Staupunktströmung im Gegensatz zur ebenen Staupunktströmung von Kap. 5.3.3.4 Beispiel a.3.

c) Räumliche Quell- oder Sinkenströmung

Die in Kap. 5.3.3.5 für eine kugelsymmetrische Strömung angegebenen Beziehungen liefern mit $a = E/4\pi$ die räumliche Quell- oder Sinkenströmung im Vergleich zur ebenen Quell- oder Sinkenströmung von Kap. 5.3.3.4 Beispiel b

$$\Phi = -\frac{E}{4\pi r_0}; \quad v_{r_0} = \frac{E}{4\pi r_0^2} \sim \frac{1}{r_0^2} \quad \text{(Punktquelle)}, \tag{5.60a; b}$$

wobei E die Ergiebigkeit der Quelle ($E > 0$) bzw. Sinke ($E < 0$) in m³/s ist. Der durch die Kugelfläche $4\pi r_0^2$ tretende Volumenstrom (= Ergiebigkeit E in m³/s) beträgt $E = 4\pi r_0^2(a/r_0^2) = 4\pi a$. Die Geschwindigkeit nimmt im räumlichen Fall nach außen schneller ab als im ebenen Fall, nämlich wie $1/r_0^2$ statt $1/r$. Der Ursprung der räumlichen Quelle oder Sinke ($r_0 = 0$) stellt wie der Ursprung der ebenen Quelle oder Sinke wieder eine singuläre Stelle dar.

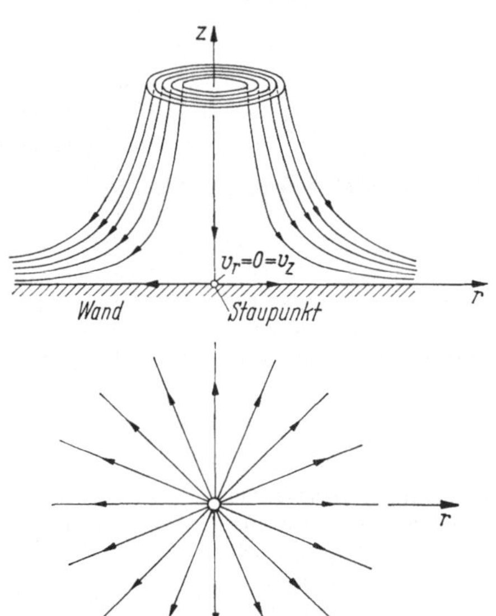

Abb. 5.21. Räumliche Staupunktströmung eines dichtebeständigen Fluids

d) Räumliche Dipolströmung

In ähnlicher Weise wie in Kap. 5.3.3.4 Beispiel d.2 für den ebenen Fall läßt sich aus einem räumlichen Quell-Sinken-Paar der räumliche Dipol entwickeln. Fällt die Dipolachse mit der x-Achse zusammen, dann liefert die Rechnung für die Potentialfunktion den Ausdruck

$$\Phi(r, x) = \frac{M}{4\pi}\frac{x}{r_0^3} \qquad \text{(räumlicher Dipol)} \tag{5.61a}$$

mit $r_0 = \sqrt{r^2 + x^2}$ und $r = \sqrt{y^2 + z^2}$ entsprechend Abb. 5.22. $M = El = \text{const}$ ist das räumliche Dipolmoment. Bei der räumlichen Dipolströmung handelt es sich um eine drehsymmetrische Strömung, bei der in den r,x-Ebenen (Meridianebene = Drehfläche) jeweils gleiches Strömungsverhalten herrscht. Bemerkenswert ist, daß die Stromlinien in der Meridianebene im Gegensatz zur ebenen Dipolströmung nach Abb. 5.15a keine Kreise sind. Die Stromflächen stellen torusförmige Ringkörper dar (Torus = Ringfläche). Durch Anwenden von (5.57b) findet man unter Vertauschen von x mit z die Geschwindigkeitskomponenten in drehsymmetrischen Koordinaten

$$v_r = -\frac{3M}{4\pi r_0^3}\frac{xr}{r_0^2}, \qquad v_x = \frac{M}{4\pi r_0^3}\left[1 - 3\left(\frac{x}{r_0}\right)^2\right]. \tag{5.61b}$$

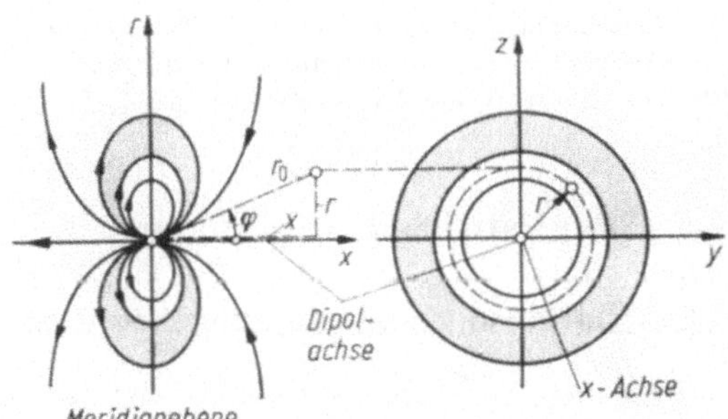

Abb. 5.22. Räumliche Dipolströmung eines dichtebeständigen Fluids, x-Achse = Dipolachse

e) Umströmung drehsymmetrischer Körper

Ähnlich wie für den ebenen Fall in Kap. 5.3.3.4 Beispiel e läßt sich auch im räumlichen, hier drehsymmetrischen Fall das Überlagerungsprinzip zur Beschreibung der Umströmung von drehsymmetrischen Körpern, die in Richtung ihrer Drehachse angeströmt werden. anwenden.

e.1) Drehsymmetrischer Halbkörper. Die Überlagerung einer Translationsströmung mit einer räumlichen Quellströmung liefert den vorn abgerundeten und nach hinten bis ins Unendliche parallel zur Anströmrichtung verlaufenden offenen Körper (Nabenkörper). Der entsprechende ebene Halbkörper wurde in Abb. 5.16a gezeigt.

e.2) Kugelumströmung. Die Überlagerung einer Translationsströmung mit einer räumlichen Dipolströmung, bei welcher die Dipolachse mit der Anströmrichtung zusammenfällt, ergibt die potentialtheoretische Umströmung einer Kugel, man vgl. die potentialtheoretische Umströmung eines Kreiszylinders nach Kap. 5.3.3.4 Beispiel e.3. Die Anströmung erfolge in x-Richtung (= Drehachse) mit der Geschwindigkeit u_∞. Auf die Behandlung dieser Aufgabe wird verzichtet.

Für die Geschwindigkeit auf der Körperkontur v_K, gemessen in tatsächlicher Umströmungsrichtung, vgl. Abb. 5.17a, gilt

$$v_K = \frac{3}{2} u_\infty \sin\varphi_K \quad (0 \leqq \varphi_K \leqq \pi), \qquad v_{K\,\max} = \frac{3}{2} u_\infty \quad \text{(Kugel)}. \tag{5.62a, b}$$

An den Stellen $\varphi_K = 0$ und $\varphi_K = \pi$ wird $v_K = v_{K0} = 0$; dort stellen sich also potentialtheoretisch ein vorderer bzw. ein hinterer Staupunkt ein. Die größte Umströmungsgeschwindigkeit $v_K = v_{K\,\max}$ ergibt sich nach (5.62b) bei $\varphi_K = \pi/2$, d. h. dort, wo der Körper die größte Ausdehnung quer zur Anströmrichtung hat. Daß $v_{K\,\max}$ bei der Kugelumströmung kleiner als bei der Zylinderumströmung mit $v_{K\,max} = 2u_\infty$ nach (5.51b) ist, erklärt sich daraus, daß bei der Kugel das ankommende Fluid nach allen Seiten hin ausweicht, während beim Zylinder das Fluid diesen nur in Ebenen quer zur Zylinderachse umströmen kann. Den Druckbeiwert berechnet man in Analogie zu (5.52):

$$\frac{p_K - p_\infty}{q_\infty} = 1 - \frac{9}{4}\sin^2\varphi_K\,, \qquad \left(\frac{p_K - p_\infty}{q_\infty}\right)_{min} = -\frac{5}{4}\,. \qquad (5.63\,a,\,b)$$

Diese Druckverteilung ist in Abb. 5.18b dargestellt. Gegenüber der Umströmung des Kreiszylinders ist der größte Unterdruck bei der Umströmung der Kugel wegen der geringeren Übergeschwindigkeit am Ort der größten Querausdehnung erheblich geringer. Die bei der Kreiszylinderumströmung gemachte Bemerkung über das Abweichen der potentialtheoretisch berechneten Druckverteilung von der gemessenen Druckverteilung trifft bei der Kugelumströmung in gleichem Maß zu, vgl. Abb. 5.18b. In Abb. 5.19 ist der Widerstandsbeiwert der angeströmten Kugel mit dem des angeströmten Kreiszylinders verglichen, vgl. Kap. 6.3.4.2 Abschn. b.

5.4 Potentialwirbelströmungen

5.4.1 Einführung und grundlegende Beziehungen

Allgemeines. In Kap. 5.2.1 wurde ein den ganzen Raum erfüllendes stationäres Geschwindigkeitsfeld gemäß (5.2) in einen drehungsfreien und in einen drehungsbehafteten Anteil aufgeteilt. Die drehungsfreien Bewegungen lassen sich nach (5.3a, b) mittels eines skalaren Geschwindigkeitspotentials (Quellpotential) Φ und die drehungsbehafteten Bewegungen mittels eines vektoriellen Geschwindigkeitspotentials (Wirbelpotential) $\boldsymbol{\Psi}$ darstellen. Über die erstgenannten Strömungen — im allgemeinen als Potentialströmungen bezeichnet — wurde ausführlich in Kap. 5.3 berichtet. In diesem Kapitel sollen Strömungen untersucht werden, bei denen sich in einer sonst drehungsfreien Strömung ($\boldsymbol{\omega} = 0$) bestimmte Bereiche drehungsbehafteter Strömung ($\boldsymbol{\omega} \neq 0$) befinden. Dabei soll es sich wie in Kap. 5.3 um stationäre, quellfreie und reibungslose Strömungen handeln. Diese seien als Potentialwirbelströmungen bezeichnet. Einen wichtigen Sonderfall stellt der ebene Potentialwirbel dar, über den in Kap. 5.3.3.4 Beispiel c bereits einige Angaben gemacht wurden.

Bei den folgenden Untersuchungen spielen die Ausführungen in Kap. 5.2.2 bis 5.2.4 eine Rolle. Als wesentliche Größen zur Beschreibung einer drehungsbehafteten Strömung wurden als kinematische Größen in Kap. 5.2.3 die Drehung $\boldsymbol{\omega}$ und die Zirkulation Γ eingeführt.

Wirbelfeld. Die Abhängigkeit des Vektors der Drehung (Wirbelvektor) $\boldsymbol{\omega}(\boldsymbol{r})$ und seiner Komponenten in kartesischen Koordinaten vom Geschwindigkeitsvektor $\boldsymbol{v}(\boldsymbol{r})$ ist durch (5.6) gegeben. Es gilt

$$\boldsymbol{\omega} = \frac{1}{2}\,\mathrm{rot}\,\boldsymbol{v}\,, \qquad \omega = \frac{1}{2}\left(\frac{\partial v}{\partial x} - \frac{\partial u}{\partial y}\right) \quad \text{(eben)}. \qquad (5.64\,a,\,b)$$

Zirkulation. Der Begriff der Zirkulation Γ als Linienintegral der Geschwindigkeit ist durch (5.7) und als Flächenintegral über die Drehung $\boldsymbol{\omega}$ durch (5.8) gegeben.

Es gilt

$$\Gamma = \oint_{(L)} v_l \, dl, \qquad \Gamma = 2 \int_{(A)} \omega \, dA \qquad \text{(eben)}. \tag{5.65a, b}$$

Nach dem räumlichen Wirbelerhaltungssatz (5.11) ist die Zirkulation längs eines Wirbelfadens konstant.

5.4.2 Stationäre Potentialwirbelströmungen dichtebeständiger Fluide

5.4.2.1 Ausgangsgleichungen (Biot, Savart)

Gekrümmter Wirbelfaden. In einer sonst drehungsfreien Strömung eines dichtebeständigen Fluids befinde sich ein beliebig geformter Wirbelfaden. Er besitze die unveränderliche rechtsdrehende Zirkulation Γ. Für das von dem Wirbelfaden in einer Umgebung induzierte Geschwindigkeitsfeld gilt

$$\boldsymbol{v}(\boldsymbol{r}) = -\frac{\Gamma}{4\pi} \oint_{(l)} \frac{\boldsymbol{a} \times \boldsymbol{ds}'}{a^3} \qquad \text{(Wirbelfaden)}. \tag{5.66}$$

Mit $a = |\boldsymbol{a}|$ wird nach Abb. 5.23a der Abstand des Aufpunkts vom Linienelement ds' bezeichnet. Die Integration ist über die gesamte Länge des Wirbelfadens l zu erstrecken. Mit Rücksicht auf den räumlichen Wirbelerhaltungssatz nach Kap. 5.2.4.1 muß der Wirbelfaden eine geschlossene Kurve bilden.

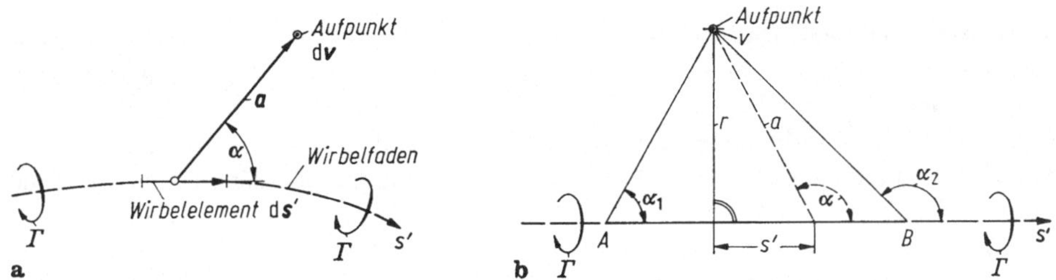

Abb. 5.23. Zur Berechnung des Geschwindigkeitsfelds von Wirbelfäden (Potentialwirbel) **a** Wirbelelement, **b** gerades Wirbelstück als Teil eines geschlossenen Wirbelfadens

Die einzelnen Beiträge zur Geschwindigkeit $\boldsymbol{dv}$ stehen jeweils normal auf der von $\boldsymbol{ds}'$ und $\boldsymbol{a}$ gebildeten Ebene und sind so gerichtet, daß $\boldsymbol{ds}'$, $\boldsymbol{a}$ und $\boldsymbol{dv}$ ein Rechtssystem im Raum beschreiben. Nach Abb. 5.23a zeigt somit $\boldsymbol{dv}$ aus der Zeichenebene heraus. Es ist $|\boldsymbol{a} \times \boldsymbol{ds}'| = a \sin\alpha \, ds'$ mit α als Winkel zwischen $\boldsymbol{ds}'$ und $\boldsymbol{a}$, so daß sich der Betrag der Teilgeschwindigkeit zu

$$dv = |\boldsymbol{dv}| = \frac{\Gamma}{4\pi} \frac{\sin\alpha}{a^2} \, ds' \qquad \text{(Wirbelelement)} \tag{5.67}$$

ergibt. Die Beziehungen (5.66) und (5.67) sind rein kinematischer Natur. Diese Ausdrücke stellen das fluidmechanische Analogon zum Biot-Savartschen Gesetz der Elektrodynamik dar.

Wirbelring. Ist der Wirbelfaden mit der Zirkulation $\Gamma = \text{const}$ kreisförmig gebogen (Kreisradius R), dann erhält man die induzierte Geschwindigkeit im Kreismittelpunkt $a = R$ mit $\alpha = \pi/2 = \text{const}$ und $\oint ds' = 2\pi R$ zu $v = \Gamma/2R$.

Gerader Wirbelfaden. Für ein gerades Wirbelstück von der endlichen Länge $\overline{AB}$ nach Abb. 5.23b ist die induzierte Geschwindigkeit zu berechnen. Wegen $r = a \sin \alpha = \text{const}$, $s' = -r \cot \alpha$ und daraus $ds' = (r/\sin^2 \alpha)\, d\alpha = (a^2/r)\, d\alpha$ erhält man ausgehend von (5.67) zunächst $dv = (\Gamma/4\pi r) \sin \alpha \, d\alpha$, wobei r den Abstand des Aufpunkts normal zur Wirbelachse bezeichnet. Da im vorliegenden Fall alle Wirbelelemente ds' in der durch den Wirbelfaden und den Abstand r bestimmten Ebene liegen, sind alle Elementarbeiträge dv gleichgerichtet. Um die zu einem Wirbelfadenstück gehörige Geschwindigkeit v im Aufpunkt zu bekommen, kann man also den obigen Ausdruck skalar zwischen den Stellen A und B, d. h. von α_1 bis α_2, integrieren. Man erhält für die induzierte Geschwindigkeit

$$v = \frac{\Gamma}{4\pi r} (\cos \alpha_1 - \cos \alpha_2) \qquad \text{(Wirbelfadenstück).} \qquad (5.68)$$

Es sei besonders hervorgehoben, daß es einen Wirbelfaden endlicher Länge an sich nicht gibt. Man kann ihn nur als Teil eines geschlossenen Wirbelfadens ansehen.

5.4.2.2 Einzelner ebener Potentialwirbel (Stabwirbel)

Geschwindigkeitsfeld. Das stationäre Strömungsfeld eines ebenen Potentialwirbels unendlicher Länge wurde in Kap. 5.3.3.4 als Beispiel c durch Vertauschen der Strom- und Potentiallinien aus einer ebenen Quellströmung gewonnen, vgl. Abb. 5.13b. Das induzierte Geschwindigkeitsfeld des ebenen Potentialwirbels gehört hiernach zu den skalaren Potentialströmungen, bei denen sich in einer sonst drehungsfreien Strömung eine drehungsbehaftete singuläre Stelle befindet. Die Achse normal durch diese Stelle stellt eine gerade Wirbellinie mit infinitesimal kleinem Querschnitt dar. Aus dem Gesagten wird verständlich, warum das beschriebene Strömungsmodell als Potentialwirbel bezeichnet wird.

Für den geraden und unendlich langen Wirbelfaden erhält man aus (5.68) mit $\alpha_1 = 0$ und $\alpha_2 = \pi$ die induzierte Geschwindigkeit des ebenen Potentialwirbels in Übereinstimmung mit (5.45b) zu

$$v = \frac{\Gamma}{2\pi r} \qquad \text{(ebener Potentialwirbel).} \qquad (5.69)$$

Alle Punkte im gleichen Abstand r von der Wirbelfadenachse haben gleich große Geschwindigkeiten. Die den Wirbelfaden bildende Strömung besitzt nach Abb. 5.13b kreisförmige Stromlinien um den Faden, deren Ebenen normal zur Wirbelfadenachse stehen. Während die Geschwindigkeit für $r \to 0$ dem Wert $v \to \infty$ zustrebt (singuläre Stelle), nimmt sie mit wachsendem Abstand wie $1/r$ nach außen ab. Die Ausdrücke für die Geschwindigkeitskomponenten v_x, v_y sind Tab. 5.2(e) zu entnehmen.

Geschwindigkeitspotential. Das Feld des unendlich langen geraden Wirbelfadens ist außerhalb des Wirbelfadens quell- und drehungsfrei und läßt sich dort gemäß (5.44 b) mittels eines skalaren Geschwindigkeitspotentials

$$\Phi = \frac{\Gamma}{2\pi}(\varphi + 2\pi k) \quad \text{mit} \quad k = 0, \pm 1, \pm 2, \ldots \tag{5.70}$$

in verallgemeinerter Form darstellen. Da einem beliebigen Punkt $\varphi + 2\pi k$ des Strömungsfelds beliebig viele Werte Φ entsprechen können, ist die Potentialfunktion durch die Wahl von k mehrdeutig. Im Gegensatz dazu besitzt die Geschwindigkeit $v = (1/r)\,(\partial\Phi/\partial\varphi) = \Gamma/2\pi r$ in Übereinstimmung mit (5.69) einen eindeutigen Wert.

Anwendungen

a) Zirkulationsströmung um Kreiszylinder. Faßt man nach Abb. 5.13 b einen der Stromlinienkreise des Potentialwirbels als Querschnitt eines Kreiszylinders auf, so erhält man eine ebene Strömung mit Zirkulation, die in konzentrischen Kreisen um diesen Kreiszylinder vor sich geht. Eine solche Strömung wird als Zirkulationsströmung bezeichnet. Daß sie außerhalb des Kreiszylinders drehungsfrei, also eine Potentialströmung im Sinn von Kap. 5.3.3 ist, wurde bereits gezeigt.

b) Kreiszylinder bei unsymmetrischer Umströmung. Überlagert man der in Kap. 5.3.3.4 Beispiel e.3 besprochenen und in Abb. 5.17 a dargestellten symmetrischen Kreiszylinderumströmung (Potentialströmung) die Zirkulationsströmung eines ebenen Potentialwirbels, dessen Achse (Ursprung) mit der Zylinderachse zusammenfällt, so entsteht die in Abb. 5.17 b gezeigte Kreiszylinderumströmung (Potentialwirbelströmung). Mit u_∞ als Anströmgeschwindigkeit in x-Richtung und Γ als rechtsdrehender Zirkulation findet man die Geschwindigkeitsverteilung auf der Zylinderkontur $v_\varphi(r = R)$ nach (5.50 b) und (5.69) zu

$$v_\varphi(r = R) = -2u_\infty \sin\varphi - \frac{\Gamma}{2\pi R}. \tag{5.71}$$

Der Verlauf der Stromlinien ist wesentlich abhängig vom Verhältnis der Zirkulation Γ zur Anströmgeschwindigkeit u_∞. Insbesondere verschieben sich mit wachsender Zirkulation die Staupunkte (*1*) und (*2*) immer mehr nach unten. Ihre Lagen ergeben sich aus (5.71) wegen $v_\varphi = 0$ zu $\sin\varphi_{1,2} = -\Gamma/4\pi R u_\infty$.

Durch die Zirkulation wird die Geschwindigkeit der ankommenden Parallelströmung auf der Oberseite des Zylinders vergrößert, auf der Unterseite dagegen verkleinert. Aus der Bernoullischen Druckgleichung (5.20) folgt bei Vernachlässigung des Schwereinflusses mit $\varrho g z = 0$, daß auf der Unterseite ein größerer Druck auftritt als auf der Oberseite, so daß als resultierende Gesamtdruckkraft ein Auftrieb entsteht, der den Zylinder zu heben sucht. Bei der einfachen Parallelströmung der Abb. 5.17 a ist ein solcher Auftrieb wegen der bestehenden Symmetrie der Druckverteilung nicht vorhanden. Man erkennt daraus, daß die Zirkulation in Verbindung mit einer Parallelströmung den Auftrieb eines Körpers bewirkt, der sich nach der Kutta-Joukowskyschen Formel (2.45 a) zu $A = \varrho b u_\infty \Gamma$ errechnet, wobei b die Breite des Zylinders ist.

c) Wirbelquelle. Die Überlagerung eines ebenen Potentialwirbels mit einer ebenen Quelle, die sich beide im gleichen Ursprung befinden, führt zur ebenen Wirbelquellströmung. Die Stromlinien sind logarithmische Spiralen.

d) Spiegelung eines ebenen Potentialwirbels.[16] Denkt man sich in Abb. 5.24 a die Mittelebene zwischen den beiden Wirbeln eines Wirbelpaars durch eine feste gerade Wand

16 Auf die Spiegelungsaufgabe einer ebenen Quellströmung in Kap. 5.3.3.4 Beispiel f sei hingewiesen.

ersetzt und betrachtet nur den rechten Teil der Abbildung, so erhält man das momentane Stromlinienbild eines Wirbelfadens, der sich im Abstand l parallel einer geraden festen Wand mit der Geschwindigkeit $v = \Gamma/4\pi l$ bewegt. Diese Strömung ist nichtstationär, da die gezeichneten Stromlinien der relativen Bewegung um den Wirbel entsprechen, der sich selbst noch mit der angegebenen Geschwindigkeit bewegt. Die Stromlinien sind Kreise mit $a = 2l/(c^2 - 1)$, $r = 2cl/(c^2 - 1)$ bei vorgegebenen Werten von $c > 0$.

Faßt man eine kreisförmige Stromlinie als feste Berandung auf, so entspricht dies der Aufgabe der Spiegelung eines geraden Wirbelfadens an einem festen Kreiszylinder. Legt man nach Abb. 5.24b den Koordinatenursprung in den Kreismittelpunkt, dann wird ein Wirbel der Stärke $-\Gamma$ im Abstand e vom Kreismittelpunkt durch einen Wirbel der Stärke $+\Gamma$, der sich im Abstand $e = R^2/e$ im Inneren des Kreises befindet, gespiegelt. Das Strömungsbild eines axialen Wirbelfadens in einem Kreisrohr vom Radius $r = R$ an einer Stelle $r = a$ erhält man also, wenn man außerhalb des Kreisrohrs einen Wirbel gleicher Stärke aber entgegengesetzter Drehrichtung im Abstand $e = R^2/a$ vom Kreismittelpunkt auf der Verbindungsgeraden durch den Kreismittelpunkt und den Wirbelpunkt spiegelt.

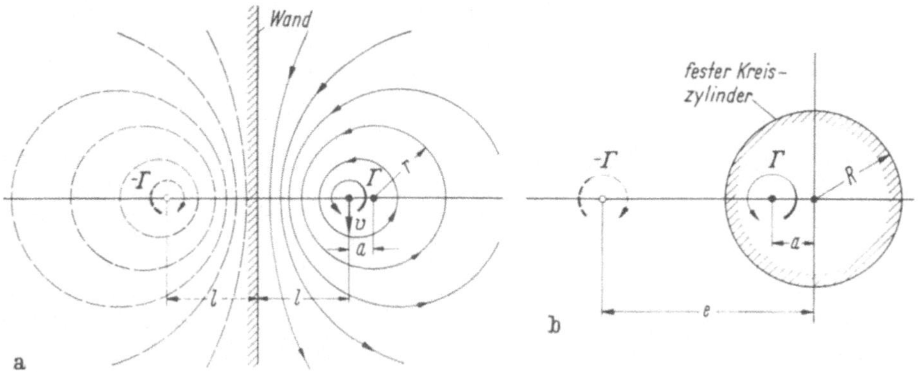

Abb. 5.24. Spiegelung von Potentialwirbeln. **a** an fester gerader Wand, vgl. Abb. 5.20. **b** an festem Kreiszylinder, axialer Wirbel in einem Kreisrohr

5.4.2.3 Potentialwirbelschichten

Trennungsflächen können bei Strömungen auftreten, wenn sich bestimmte Strömungsgrößen sprunghaft ändern. Solche Vorgänge können in Flächen vorkommen, bei denen die Beträge der Geschwindigkeiten, nicht aber ihre Richtungen beim Übergang von der einen zur anderen Seite unstetig sind. So definierte Unstetigkeitsflächen treten im allgemeinen als Wirbelschichten auf. Im folgenden sollen ebene Strömungen behandelt werden.

a) Translationsströmung mit Trennungsfläche. Gegeben sei nach Abb. 5.25a eine ebene Translationsströmung parallel zur x-Achse, die für $y < 0$ die Geschwindigkeit u_1 und für $y > 0$ die Geschwindigkeit $u_2 > u_1$ besitzt. Es ist also die x,z-Ebene eine Trennungsfläche mit dem Geschwindigkeitssprung $u_2 - u_1$. Während jede Parallelströmung u_1 bzw. u_2 für sich drehungs- und zirkulationsfrei ist, d. h. eine Potentialströmung im Sinn von Kap. 5.3.3 ist mit $\Phi_1 = u_1 x$ bzw. $\Phi_2 = u_2 x$, gilt diese Aussage nicht für die gesamte Strömung mit der Trennungsfläche.

Die Zirkulation Γ erhält man als Linienintegral der Geschwindigkeit längs der mit (L) gekennzeichneten im Uhrzeigersinn positiv gewählten rechteckigen Kurve. Mit (5.65a) wird sie durch Summation der Einzelbeträge über die vier Rechteckseiten ausgehend vom Punkt A zu $\Gamma = 0 + u_2 l + 0 - u_1 l = (u_2 - u_1)\, l \neq 0$. Die Zirkulation ist also von null verschieden. Aus dem Stokesschen Zirkulationssatz (5.65b) folgt, da für $|y| \neq 0$ das Strömungsfeld drehungsfrei ist, daß die Trennungsfläche der Strömungsbereiche ($y = \pm 0$) diejenige Stelle ist, wo die Drehung $\omega \neq 0$ ist; man beachte, daß für $y = 0$ die Geschwindigkeitsänderung $\partial u/\partial y = \infty$ und damit nach (5.64b) die Drehung $|\omega| = \infty$ ist. Die Trennungsfläche stellt also fluidmechanisch gesehen eine Wirbelschicht dar.

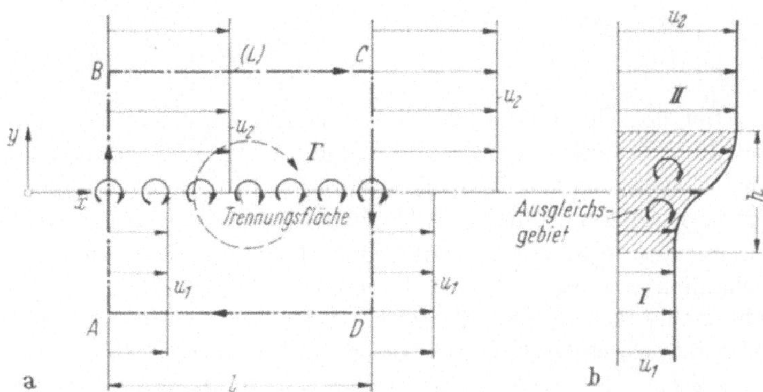

Abb. 5.25. Translationsströmung mit Trennungsfläche. **a** Unstetige Geschwindigkeitsverteilung (in reibungsloser Strömung), **b** stetige Geschwindigkeitsverteilung (in reibungsbehafteter Strömung)

Ein Geschwindigkeitssprung nach Abb. 5.25a kann nur in einer reibungslosen Strömung bestehen. In einer reibungsbehafteten Strömung bildet sich nach Abb. 5.25b ein Ausgleichsgebiet der Geschwindigkeitsverteilung $u(y)$ aus. Zwischen den beiden Gebieten (I) und (II) ist dann ein Streifen endlicher Höhe h vorhanden, in welchem der Geschwindigkeitsgradient $\partial u/\partial y$ und damit auch die Drehung endlich und von null verschieden sind. Über die reibungsbehaftete Trennungsschicht wird in Kap. 6.4.2.1 berichtet.

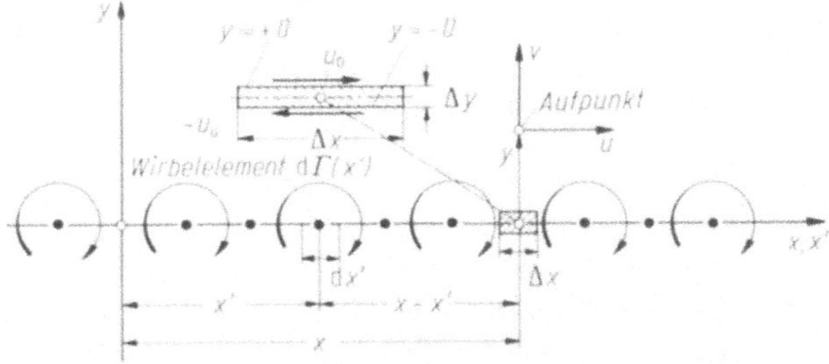

Abb. 5.26. Gerade Wirbelschicht mit kontinuierlich verteilter Zirkulationsdichte $\gamma(x') = d\Gamma(x')/dx'$. Zur Berechnung der induzierten Geschwindigkeitskomponenten

b) Kontinuierliche Schicht ebener Potentialwirbel. Nach Abb. 5.26 möge die normal zur Bildebene unendlich ausgedehnte Wirbelschicht mit der x-Achse zusammenfallen und sich über die gesamte Länge von $-\infty < x' < \infty$ erstrecken, wobei x' die laufende Koordinate bezeichnet. An einer Stelle x' sei die auf das Längenelement der Schicht dx' bezogene Zirkulation, d. h. die Zirkulationsdichte (Wirbeldichte) $\gamma(x') = d\Gamma(x')/dx'$ in m/s. Durch Anwendung des Biot-Savartschen Gesetzes (5.69) auf einen unendlich langen rechtsdrehenden ebenen Potentialwirbel mit der Zirkulation $d\Gamma(x') = \gamma(x')\,dx'$ und dem Abstand $r = x - x'$ erhält man die von der Wirbelschicht herrührenden Geschwindigkeitskomponenten in x- und y-Richtung an einem Aufpunkt x, $y = \pm 0$ zu

$$u(x, \pm 0) = \pm \frac{1}{2}\,\gamma(x), \qquad v(x, 0) = -\frac{1}{2\pi} \oint_{-\infty}^{\infty} \frac{\gamma(x')\,dx'}{x - x'} \quad (y = \pm\, 0). \quad (5.72\text{a, b})$$ [17]

Bei der Geschwindigkeitskomponente u bezieht sich das obere Vorzeichen auf Punkte dicht oberhalb und das untere Vorzeichen auf Punkte dicht unterhalb der Wirbelschicht, d. h. $u_o(x) = u(x, y = +0) > 0$ und $u_u(x) = u(x, y = -0) < 0$. Beim Durchgang durch die Wirbelschicht tritt also der Geschwindigkeitssprung $\Delta u(x) = u_o - u_u = \gamma(x)$ auf. Dies Ergebnis kann man folgendermaßen anschaulich gewinnen: In der Umgebung des Punkts x, $y = 0$ sei nach Abb. 5.26 ein flaches rechteckiges Element mit den Kantenlängen Δx und $\Delta y \to 0$ betrachtet. Für die Geschwindigkeiten ober- und unterhalb der Wirbelschicht gilt $u_u(x) = -u_o(x)$. Berechnet man ähnlich wie in Abb. 5.4 die Zirkulation, dann ist, $\Delta\Gamma = (u_o - u_u)\,\Delta x = 2u_o\Delta x = -2u_u\Delta x$, was mit $\Delta\Gamma = \gamma\Delta x$ zu dem Ergebnis (5.72a) führt.

5.4.3 Tragflügeltheorie dichtebeständiger Fluide

5.4.3.1 Grundlagen der Theorie des Auftriebs

Über die Theorie des Auftriebs angeströmter ebener Körper bei reibungsloser Strömung eines dichtebeständigen Fluids wurde bereits in Kap. 2.5.2.3 Beispiel b berichtet. Dabei zeigte sich, daß eine Auftriebskraft an einem Körper nur bei Vorhandensein einer den Körper einschließenden zirkulatorischen Strömung möglich ist. Der Zusammenhang zwischen der Auftriebskraft F_A und der Zirkulation Γ wird durch den Kutta-Joukowskyschen Auftriebssatz angegeben. Wird ein beliebig geformter prismatischer Körper, im vorliegenden Fall ein Tragflügelprofil der Breite b in ebener Strömung mit der Geschwindigkeit w_∞ angeströmt, so gilt nach (2.45a, b) mit $A \equiv F_A$ und $u_\infty \equiv w_\infty$

$$F_A = \varrho b \Gamma w_\infty, \qquad F_A \perp w_\infty \qquad \text{(Auftriebssatz)} \qquad (5.73\text{a, b})$$

mit ϱ als Dichte des Fluids und Γ als Zirkulation um das Profil. Die Auftriebskraft (= Querkraft) steht normal auf der durch die Geschwindigkeit w_∞ be-

17 Von (5.72b) ist der Cauchysche Hauptwert zu nehmen, nach dem bei der Integration die singuläre Stelle bei $x' = x$ auszulassen ist.

stimmten Anströmrichtung. Zur Erzeugung der für das Auftreten eines Auftriebs notwendigen Zirkulation muß der Querschnitt des Tragflügels eine entsprechende Profilform erhalten. Während diese im allgemeinen vorn an der Flügelnase gut abgerundet ist, besitzt sie nach Abb. 5.27 eine mehr oder weniger scharf zugespitzte Hinterkante. Der Flügelschnitt sei gegen die ungestörte Parallelströmung angestellt. Nach der Potentialtheorie drehungsfreier Strömung von Kap. 5.3 ergibt sich ein Stromlinienbild mit einem hinteren Staupunkt S auf der Flügeloberseite gemäß Abb. 5.27a. Die scharfe Hinterkante wird dabei von unten her mit unendlich großer Geschwindigkeit umströmt. Eine resultierende Einzelkraft auf den Flügel wird durch diese Potentialströmung nicht erzeugt. Damit überhaupt ein Auftrieb entstehen kann, muß nach (5.73a) eine rechtsdrehende Zirkulationsströmung überlagert werden.

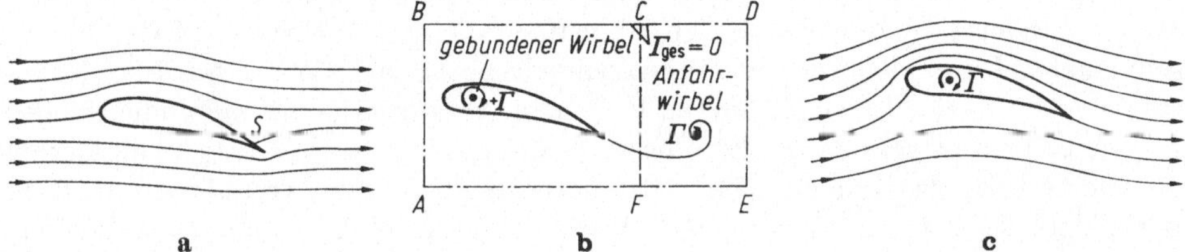

Abb. 5.27. Zur Entstehung der Zirkulation bei einem hinten scharfkantigen Tragflügelprofil. **a** Strömung ohne Zirkulation, S = hinterer Staupunkt; **b** Anwendung des Thomsonschen Zirkulationssatzes; **c** Strömung mit Zirkulation, Abströmbedingung an der Hinterkante erfüllt

Über die Größe der Zirkulation Γ, die wesentlich von der Profilform und dem Anstellwinkel abhängt, vermag der Kutta-Joukowskysche Satz selbst nichts auszusagen. Ihre Entstehung läßt sich nur erklären, wenn man die Reibung des strömenden Fluids mit in Betracht zieht.

Bei Beginn der Bewegung stellt sich, wie bereits erwähnt, die Potentialströmung nach Abb. 5.27a ein, und auch bei der reibungsbehafteten Strömung eines Fluids mit nur geringer Viskosität kann man im ersten Augenblick ein starkes Umströmen der Flügelhinterkante beobachten. Da die Geschwindigkeit von der Hinterkante bis zum Staupunkt S sehr schnell auf den Wert null abfällt, herrscht in diesem Bereich nach der Bernoullischen Druckgleichung ein sehr starker Druckanstieg, den die verzögert strömende, wandnahe Reibungsschicht nicht zu überwinden vermag, vgl. Kap. 6.2.2.1 und 6.3.2.2. Sie löst sich also an der Hinterkante vom Flügel ab und wickelt sich entsprechend Abb. 5.27b zu einem starken Einzelwirbel, dem sog. Anfahrwirbel auf. Denkt man sich nun in Abb. 5.27b um den Flügel in hinreichend großem Abstand eine geschlossene Kurve (Fläche) $(A-B-D-E-A)$ gelegt, welche diesen samt dem abgehenden Anfahrwirbel umfaßt, so ist die Zirkulation längs dieser Kurve, in deren Bereich reibungslose Strömung angenommen wird, nach dem Thomsonschen Zirkulationssatz (5.13) gleich null, da sie anfangs, d. h. im Ruhezustand, gleich null war. Da nun im Gebiet $(C-D-E-F-C)$ ein linksdrehender Wirbel mit der Zirkulation $-\Gamma$ vorhanden ist, muß sich zum Ausgleich im Gebiet $(A-B-C-F-A)$ eine Zirkulation um den Tragflügel von entgegengesetzt gleicher Stärke $+\Gamma$ ausbilden. Der Anfahrwirbel wächst so lange, und zwar rasch, bis die Geschwindigkeiten auf Ober- und Unterseite des Flügelprofils an der Hinterkante gleich groß geworden sind, so daß ein Umströmen der Kante nicht mehr stattfindet. Man nennt dies die Kutta-Joukowskysche Abströmbedingung. Der Staupunkt S in Abb. 5.27a wird dadurch gerade in die Flügelhinterkante verschoben, Abb. 5.27c. Dies Verhalten der Strömung liefert somit eine Bedingung, mit deren Hilfe die Flügelzirkulation bei gegebener Profilform, Anstellung und Anströmgeschwindigkeit berechnet werden kann. Nach einiger Entfernung des Anfahrwirbels, der weiter stromabwärts vom Flügel wandert, stellt sich am Tragflügel ein nahezu stationärer Zustand ein, bestehend aus einer Parallelströmung mit Zirkulation, durch welche der Flügelauftrieb zustande kommt.

Man kann die Auftriebswirkung des Flügelprofils näherungsweise durch einen einzigen Wirbelfaden mit der Zirkulation Γ ersetzen, dessen Achse parallel der Flügelquerachse ist und durch den Angriffspunkt des Auftriebs auf der Profilsehne geht. Dieser den Tragflügel ersetzende hypothetische Wirbel wird im Gegensatz zu dem in der freien Strömung liegenden Anfahrwirbel als gebundener oder tragender Wirbel bezeichnet. Eine bessere Annäherung für den tragenden Wirbel stellt eine über das Flügelprofil kontinuierliche Zirkulationsverteilung dar, d. h. der Flügel wird durch eine tragende Wirbelfläche ersetzt. Nimmt man die Verteilung wie bei einer geraden Wirbelschicht nach Kap. 5.4.2.3 Beispiel b vor, dann gilt für die Zirkulationsdichte $\gamma(x) = d\Gamma/dx$, wobei sich die Elementarwirbel $d\Gamma(x)$ über die ganze Flügeltiefe $0 \leqq x \leqq l$ erstrecken. Beim Tragflügel endlicher Spannweite ist γ auch noch von der Spannweitenerstreckung abhängig. Die durch die Wirbelverteilung am Ort der Wirbelfläche in Anströmrichtung hervorgerufene Zusatzgeschwindigkeit erhält man in sinngemäßer Anwendung von (5.72a) zu $u(x) = \pm\gamma(x)/2$. Damit nun an der Hinterkante glattes Abströmen herrscht, muß dort $u(x = l) = 0$ sein. Daraus folgt dann für die Zirkulationsdichte an der Hinterkante, d. h. für die Kutta-Joukowskysche Abströmbedingung

$$u(x = l) = 0, \qquad \gamma(x = l) = \frac{d\Gamma(x = l)}{dx} = 0 \quad \text{(Abströmbedingung).} \qquad (5.74\,\text{a, b})$$

Diese Beziehung gilt für Flügel mit sehr kleiner Profildicke und sehr scharfer Hinterkante (theoretisch mit verschwindendem Hinterkantenwinkel).

Grenzen der Tragflügeltheorie. Aufgrund obiger Überlegungen wurden verschiedene Verfahren zur Berechnung des Auftriebs von Tragflügeln beliebiger Gestalt entwickelt. Danach werden die theoretisch ermittelten Werte — abgesehen von nicht erfaßten Reibungseinflüssen — von den Versuchswerten bestätigt, solange bei gut geformten Flügelprofilen und kleinen Anstellwinkeln die Strömung gut anliegt. Man spricht in diesem Fall von einer gesunden Strömung. Bei größeren Anstellwinkeln bildet sich auf der Flügeloberseite ein breites Wirbelgebiet aus, wodurch gleichzeitig der Auftrieb stark abnimmt. Es entsteht eine abgelöste Strömung. In diesem von der Profil- und auch von der Flügelgrundrißform abhängigen Anstellwinkelbereich verliert die obige Zirkulationstheorie zur Berechnung des Tragflügelauftriebs ihre Gültigkeit.

5.4.3.2 Tragflügel unendlicher Spannweite (Profiltheorie)

Singularitätenverfahren. Um das Auftriebsproblem lösen zu können, sind als Singularitäten kontinuierlich verteilte ebene Potentialwirbel im Sinn von Kap. 5.4.2.2 heranzuziehen.

Skelett-Theorie. Im folgenden sollen nur sehr dünne gewölbte Profile, sog. Skelettprofile, besprochen werden. Solche gewölbten Platten stellen mit Zirkulation behaftete Wirbelschichten im Sinn von Kap. 5.4.2.3 Beispiel b dar.

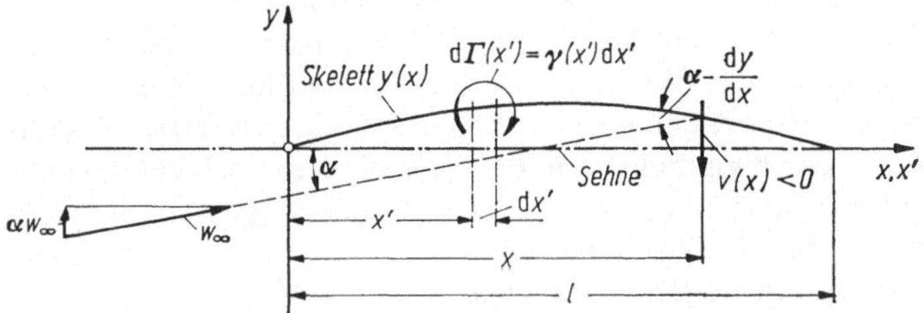

Abb. 5.28. Zur Anwendung des Singularitätenverfahrens bei dünnen gewölbten Skelett-Profilen (gewölbte Platten)

Der Grundgedanke der Skelett-Theorie beruht darauf, das Flügelprofil nach Abb. 5.28 entsprechend dem Singularitätenverfahren durch eine Schicht von gebundenen ebenen Potentialwirbeln zu ersetzen und deren Zirkulationsstärke $d\Gamma(x') = \gamma(x')\,dx'$ so zu wählen, daß die resultierende Geschwindigkeit aus der Anströmgeschwindigkeit w_∞ und der Zusatzgeschwindigkeit der Wirbelbelegung an jeder Stelle in die Richtung der Tangente des Flügelskeletts fällt.

Es wird ein rechtwinkliges Koordinatensystem x, y mit dem Koordinatenursprung in der Profilvorderkante zugrunde gelegt, wobei die x-Achse mit der Profilsehne zusammenfällt und das Profil die Tiefe l hat. Die Wölbungshöhe des Skeletts wird als klein gegenüber der Profiltiefe vorausgesetzt. Die Sehne des Profils sei gegenüber der Anströmrichtung um den Anstellwinkel α angestellt, der ebenfalls als klein angesehen werden soll. Wegen der angenommenen geringen Wölbung des Skeletts kann man sich, ohne einen größeren Fehler zu begehen, die Wirbelschicht statt am Ort des Skeletts $y = y(x')$ auch am Ort der Sehne $y = 0$, d. h. auf der x-Achse im Bereich $0 \leq x' \leq l$ angeordnet denken.

Die gesamte Zirkulation um das Profil beträgt

$$\Gamma = \int_0^l \gamma(x')\,dx', \qquad \gamma(x = l) = 0. \tag{5.75a, b}$$

Die zweite Beziehung stellt die Abströmbedingung nach (5.74) dar.

Die von der Wirbelschicht $\gamma(x')$ am Ort $x, y = \pm 0$ induzierten Geschwindigkeitskomponenten $u(x, \pm 0)$ und $v(x, 0)$ erhält man aus (5.72a) bzw. (5.72b), wenn man statt $-\infty$ bis ∞ als Integrationsgrenzen 0 bis l einsetzt. Diese Störgeschwindigkeiten stellen bis auf kleine Größen höherer Ordnung auch die Störgeschwindigkeiten an dem entsprechenden Punkt des Profilskeletts $y(x)$ dar. Da die resultierende Geschwindigkeit aus der Anströmgeschwindigkeit w_∞ sowie den Störgeschwindigkeiten $u(x)$ und $v(x)$ an jeder Stelle des Profils die Richtung der Profiltangente haben muß, ergeben sich aus der Gleichung für die Stromlinie (5.27b) nach Abb. 5.28 für die Profilkontur $y(x)$

$$\alpha - \frac{dy(x)}{dx} = \frac{-v(x)}{w_\infty + u(x)} \approx \frac{-v(x)}{w_\infty}, \qquad \frac{v(x)}{w_\infty} = -\frac{1}{2\pi w_\infty} \oint_{x'=0}^{l} \frac{\gamma(x')\,dx'}{x - x'}. \quad (5.76\text{a, b})$$

Diese Beziehungen reichen in Verbindung mit (5.75b) zur Lösung der Aufgabe aus.

Da das Skelettprofil als Wirbelschicht dargestellt wird, besteht nach (5.72a) ein Sprung der Geschwindigkeit in x-Richtung zwischen der Profilober- und -unterseite. Wegen der vorausgesetzten Kleinheit von Wölbung und Anstellwinkel kann die resultierende Tangentialgeschwindigkeit am Profil gleich der Geschwindigkeitskomponente in x-Richtung $\bar{u}(x) = w_\infty + u(x) = w_\infty \pm \gamma(x)/2$ gesetzt werden, wobei das obere Vorzeichen für die Profiloberseite (Index o) mit $\bar{u} = \bar{u}_o$ und das untere Vorzeichen für die Unterseite (Index u) mit $\bar{u} = \bar{u}_u$ gilt.

Durch Anwenden der Bernoullischen Druckgleichung (5.20) erhält man die Lastverteilung (Druckverteilung) über die Plattentiefe zu $\Delta p = p_u - p_o = (\varrho/2)(\bar{u}_o^2 - \bar{u}_u^2)$. Diese Druckdifferenz bezieht man auf den Geschwindigkeitsdruck der Anströmung $q_\infty = (\varrho/2)\,w_\infty^2$ und erhält so den dimensionslosen Druckbeiwert der Lastverteilung

$$\Delta c_p(x) = \frac{p_u - p_o}{q_\infty} = \left(\frac{\bar{u}_o}{w_\infty}\right)^2 - \left(\frac{\bar{u}_u}{w_\infty}\right)^2 = 2\,\frac{\gamma(x)}{w_\infty}. \qquad (5.77\text{a, b})$$

Hierdurch ist bei bekannter Verteilung der Zirkulationsdichte $\gamma(x)$ die Druckverteilung unmittelbar gegeben. Die Auftriebskraft F_A eines Profils der Breite b ergibt sich durch Integration der Druckverteilung über die Profiltiefe zu

$$F_A = b \int_0^l (p_u - p_o)\,dx = \varrho b w_\infty \int_0^l \gamma(x)\,dx = \varrho b \Gamma w_\infty \qquad (5.78\text{a, b, c})$$

in Übereinstimmung mit dem Kutta-Joukowskyschen Auftriebssatz (5.73a).

Beispiele. Die Anwendung des Singularitätenverfahrens im Rahmen der Skelett-Theorie soll für zwei einfache Tragflügelprofile, nämlich die angestellte ebene Platte ($\alpha \neq 0$, $y = 0$) und das sehnenparallel angeströmte gewölbte Parabelprofil ($\alpha = 0$, $y \neq 0$) erläutert werden. Die hierbei gewonnenen Ergebnisse stimmen bei kleinem Anstellwinkel bzw. kleiner Wölbung mit denjenigen der Methode der komplexen Funktion und der konformen Abbildung exakt überein.

a) Angestellte ebene Platte. Mit $y(x) = 0$ für $0 \leq x \leq l$ liefert (5.76a, b) in Verbindung mit (5.75b) als Lösung der Integralgleichung die Zirkulationsverteilung

$$\frac{\gamma(x)}{w_\infty} = 2\alpha \sqrt{\frac{l - x}{x}}, \qquad \Delta c_p(x) = 4\alpha \sqrt{\frac{1 - x/l}{x/l}} \qquad (0 \leq x/l \leq 1). \qquad (5.79\text{a, b})$$

Die Beziehung für den Druckbeiwert folgt durch Einsetzen von (5.79a) in (5.77b).

Die Lastverteilung ist in Abb. 5.29b über der Plattentiefe dargestellt. Die normal auf die Plattenoberfläche der Breite b wirkenden Drücke erzeugen die Normalkraft

$$F_N = b \int_0^l (p_u - p_o)\, dx = \pi \varrho b w_\infty^2 l \alpha \qquad (\alpha \ll 1). \tag{5.80a}$$

Nach der Kutta-Joukowskyschen Auftriebsformel (5.73b) wirkt die Auftriebskraft der angestellten ebenen Platte F_A normal zur Anströmrichtung. Da bei der zugrunde gelegten reibungslosen ebenen Strömung die Auftriebskraft zugleich die resultierende Kraft ist, tritt im vorliegenden Fall keine Kraftkomponente in Anströmrichtung, d. h. keine Widerstandskraft, auf. Zwischen F_N und F_A besteht nach Abb. 5.29a der Zusammenhang

$$F_N = F_A \cos\alpha \approx F_A \qquad (\alpha \ll 1). \tag{5.80b}$$

Damit F_A normal auf der Anströmrichtung steht, muß also noch eine nach vorn gerichtete Kraftkomponente tangential zur Platte vorhanden sein, und zwar nach Abb. 5.29a $F_T = -F_A \sin\alpha$. Die Tangentialkraft wird auch Saugkraft $F_S = -F_T$ genannt. Sie entsteht durch das Umströmen der unendlich dünnen Vorderkante mit der theoretisch berechneten unendlich großen Geschwindigkeit.

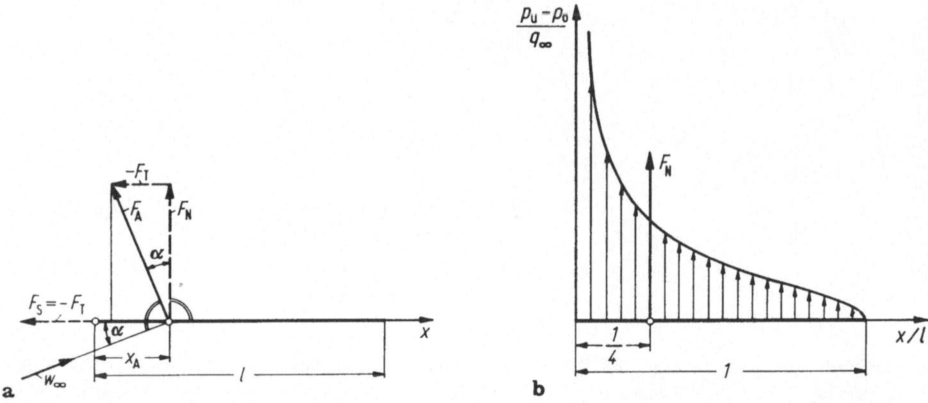

Abb. 5.29. Angestellte ebene Platte bei reibungsloser Strömung eines dichtebeständigen Fluids (Potentialwirbelströmung). **a** Bezeichnungen, Kräfte. **b** Resultierende Druckverteilung (Lastverteilung) längs Plattentiefe

Aus (5.80) findet man für den Auftriebsbeiwert $c_A = F_A/q_\infty S$ mit $q_\infty = (\varrho/2)\, w_\infty^2$ und $S = bl$

$$c_A = 2\pi\alpha, \qquad \frac{dc_A}{d\alpha} = 2\pi; \qquad \frac{x_A}{l} = \frac{1}{4} \qquad (\alpha \lesseqgtr 0). \tag{5.81a, b; c}$$

Die Größe $dc_A/d\alpha$ bezeichnet man als den Auftriebsanstieg der angestellten ebenen Platte. Dieser Wert gilt in erster Näherung auch für schlanke Flügelprofile. Die Lage des Angriffpunkts der Auftriebskraft (Normalkraft) x_A erhält man aus dem Moment der Lastverteilung um die Plattenvorderkante. Nach (5.81c) greift F_N im sog. Einviertelpunkt des Profils an. Man nennt den anstellwinkelunabhängigen Angriffspunkt der Auftriebskraft den Neutralpunkt des Profils.

b) Parabelskelett. Die Funktion $y(x) = 4(f/l)\,(x/l)\,(1 - x/l)$ stellt ein Parabelskelett mit der Wölbungshöhe $f = y(x = l/2)$ dar. Wird dies in Sehnenrichtung (x-Richtung) angeströmt, dann ist $\alpha = 0$. Die Lösung von (5.76) ergibt in Verbindung mit (5.75b) und

(5.77b) die Lastverteilung (Druckverteilung)

$$\Delta c_p(x) = 32\frac{f}{l}\sqrt{\frac{x}{l}\left(1-\frac{x}{l}\right)}; \qquad c_A = 4\pi\frac{f}{l}; \qquad \frac{x_A}{l} = \frac{1}{2} \quad (\alpha = 0). \qquad (5.82\,\text{a; b; c})$$

Diese nimmt sowohl an der Vorderkante als auch an der Hinterkante jeweils den Wert null an. Während dies Ergebnis an der Hinterkante die Erfüllung der Abströmbedingung bedeutet, spricht man bei der Vorderkante, die im Gegensatz zur angestellten ebenen Platte jetzt nicht umströmt wird, von der umströmungsfreien Zuströmung. In (5.82b; c) sind in Analogie zu (5.81a; c) der Auftriebsbeiwert und die Lage des Angriffspunkts der Auftriebskraft wiedergegeben.

c) Angestelltes Profil. Die beiden gebrachten Beispiele der angestellten ebenen Platte und des Parabelskeletts können linear überlagert werden, wodurch man den Fall eines angestellten Parabelprofils erhält. Der Einfluß der Profildicke ist dann noch zusätzlich zu erfassen.

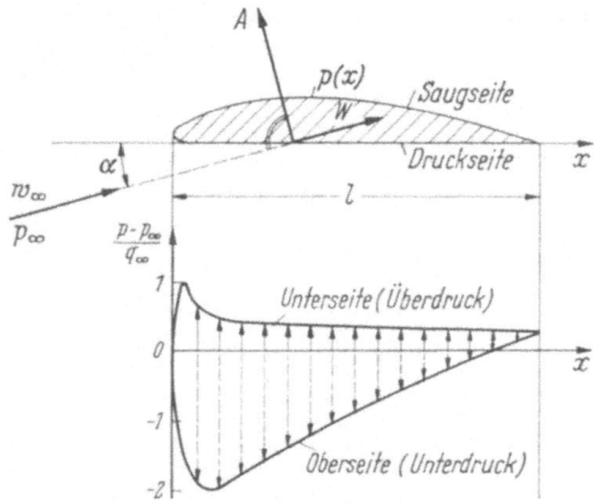

Abb. 5.30. Gemessene Druckverteilung um ein Flügelprofil, $q_\infty = (\varrho/2)w_\infty^2$ = Geschwindigkeitsdruck der Anströmung

Infolge der Anstellung des Tragflügels und infolge der im allgemeinen stärkeren Krümmung der Flügeloberseite gegenüber der Unterseite stellen sich auf ersterer, abgesehen von einem kleinen Gebiet in unmittelbarer Nähe der Hinterkante, Unterdrücke und auf letzterer dagegen Überdrücke ein. Abb. 5.30 zeigt für mittelgroße Anstellwinkel (gesunde Strömung) eine über die Flügeltiefe $0 \leq x \leq l$ aufgetragene gemessene Druckverteilung. Man erkennt daraus, daß die Unterdrücke absolut genommen wesentlich größer sind als die Überdrücke. Der Flächeninhalt des dargestellten Druckdiagramms ist ein Maß für die Größe des Auftriebs.

5.4.3.3 Tragflügel endlicher Spannweite (räumliche Tragflügeltheorie)

Wirbelschicht hinter einem Flügel endlicher Spannweite. Die bei der Profiltheorie behandelten Vorgänge betreffen ebene Strömungen, d. h. sie beziehen sich auf den unendlich langen Flügel.[18] Dabei zeigt sich, daß durch Überlagerung einer Parallel- und einer Zirkulationsströmung an der Flügeloberseite Unterdruck, an der Unterseite dagegen Überdruck, und somit als resultierende Kraft Auftrieb entsteht. Beim Tragflügel endlicher Spannweite bewirken diese Druckunter-

18 Für den Tragflügel endlicher Spannweite wird das Koordinatensystem folgendermaßen festgelegt: x-Achse = in Richtung der Symmetrieebene nach hinten, y-Achse = in Spannweitenrichtung nach rechts, z-Achse = normal auf Flügelfläche nach oben.

schiede ein Umströmen der seitlichen Flügelenden in dem aus Abb. 5.31a und b ersichtlichen Sinn. Die Folge davon ist das Entstehen einer räumlichen Strömung mit einer Verminderung der Druckunterschiede nach den seitlichen Flügelenden hin. An den Enden selbst verschwindet dieser Druckunterschied. Demnach muß auch der örtlich über die Spannweite b veränderliche Auftrieb (Zirkulation) nach

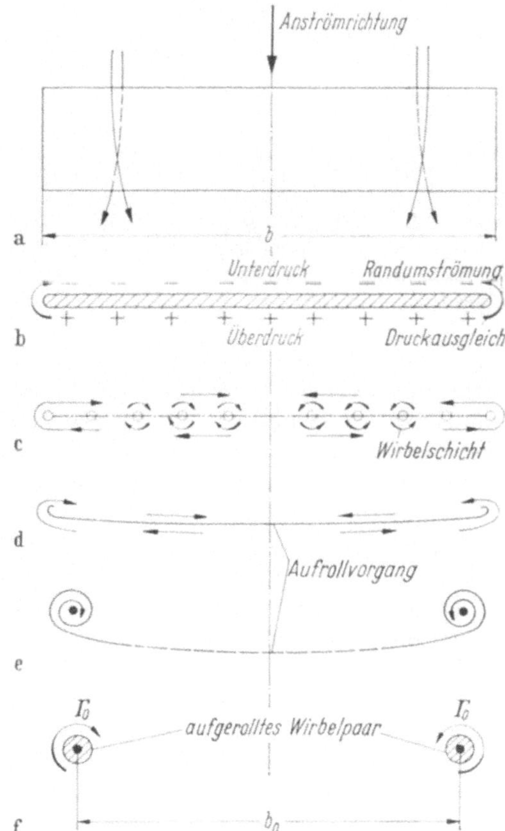

Abb. 5.31. Zur Entstehung der freien Wirbelschicht und der aufgerollten Einzelwirbel hinter einem Tragflügel endlicher Spannweite. **a**, **b** Flügelgrundriß, Ansicht von hinten; **c**, **d**, **e** Wirbelschicht, Aufrollvorgang; **f** aufgerolltes Wirbelpaar

einem zunächst noch unbekannten Gesetz von der Mitte nach den Enden hin stetig bis auf den Wert null abfallen, vgl. Abb. 5.32a. Die durch die seitliche Strömung bedingte Sekundärströmung, welche sich der Hauptströmung überlagert, hält auch dann noch an, wenn das strömende Fluid den Tragflügel bereits wieder verlassen hat, so daß hinter dem Flügel zwei Strömungsschichten vorhanden sind, die mit verschiedenen Geschwindigkeiten aneinander vorbeiströmen. Es entsteht somit eine Trennungsfläche, die man nach Kap. 5.4.2.3 als freie Wirbelschicht auffassen kann, deren Elementarzirkulationen nach Abb. 5.31c links und rechts der Flügelmitte entgegengesetzten Drehsinn haben.

Aufrollvorgang hinter einem Tragflügel. Die Wirbelschicht hinter dem Flügel wird bei der Vorwärtsbewegung des Tragflügels ständig in voller Breite der Flügelspannweite neu gebildet. Sie ist indessen nicht stabil, sondern rollt sich

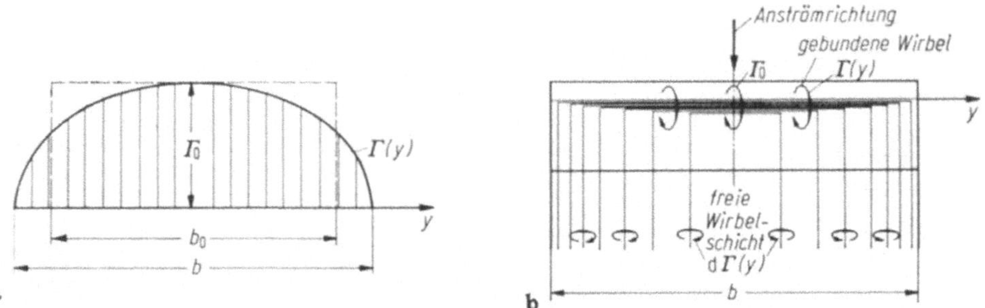

Abb. 5.32. Das Wirbelsystem hinter einem Tragflügel endlicher Spannweite (schematisch). **a** Zirkulationsverteilung über Spannweite, **b** nicht aufgerollte Wirbelschicht (bestehend aus einzelnen Hufeisenwirbeln, deren tragende Teile sich auf ein Viertel der örtlichen Flügeltiefe befinden)

hinter dem Flügel von den seitlichen Enden her, wie in Abb. 5.31d und e gezeigt, spiralartig auf, bis schließlich entsprechend Abb. 5.31f bei symmetrischer Auftriebsverteilung über Spannweite allein zwei einzelne Wirbel mit nach innen drehender Zirkulation übrigbleiben. Es entsteht auf diese Weise in einiger Entfernung hinter dem Flügel ein Wirbelpaar, das sich theoretisch bis ins Unendliche erstreckt. Da in reibungsloser Strömung Zirkulation nach dem Thomsonschen Zirkulationssatz (5.13) nicht verlorengehen kann, ist die Zirkulation jedes der beiden gegenläufigen Wirbel gleich der Zirkulation Γ_0 einer Hälfte der Trennungsfläche, aus der sie entstehen.

Wirbelsysteme der räumlichen Tragflügeltheorie. Es wurde bei der Profiltheorie bereits gezeigt, daß man den Flügel durch einen tragenden Wirbel von der Zirkulation Γ ersetzen kann. Ein solcher Wirbelfaden kann im Innern der Strömung gemäß dem räumlichen Wirbelerhaltungssatz von Kap. 5.2.4.1 weder beginnen noch enden. Er muß sich also entweder wie beim Tragflügel unendlicher Spannweite bis an die Grenze des Strömungsraums erstrecken oder, in sich zusammenlaufend, einen geschlossenen Wirbelfaden bilden. Im folgenden bleibe der Aufrollvorgang unberücksichtigt. Nimmt man beim Tragflügel endlicher Spannweite zunächst eine über Spannweite konstant verteilte Zirkulation an, so findet der tragende Wirbel nach hinten seine Fortsetzung in Gestalt der beiden Randwirbel, die von den seitlichen Flügelenden ausgehen. Man nennt diese Wirbel auch freie Wirbel. Bei endlicher Zeit nach der Anfahrt bilden der tragende Wirbel und die beiden Randwirbel zusammen mit dem Anfahrwirbel nach Abb. 5.33 ein geschlossenes Wirbelgebilde. Bei unendlich langer Zeit nach der Anfahrt verliert der Anfahrwirbel für das Strömungsverhalten am Tragflügel an Bedeutung, und die Randwirbel enden im Unendlichen. Es entsteht dann ein sog. Hufeisenwirbel. Nach dem Wirbelerhaltungssatz folgt, daß die Zirkulationen der Randwirbel gleich der Zirkulation des tragenden Wirbels und gegebenenfalls des Anfahrwirbels sind. Dabei ist der jeweilige Drehsinn zu beachten. In Abb. 5.32a ist die den beiden aufgerollten Einzelwirbeln von Abb. 5.31f mit der Zirkulation Γ_0 zugeordnete über die Spannweite konstante Zirkulationsverteilung $\Gamma(y) = \Gamma_0 = \text{const}$ für $-b_0/2 \leqq y \leqq b_0/2$ gestrichelt dargestellt.

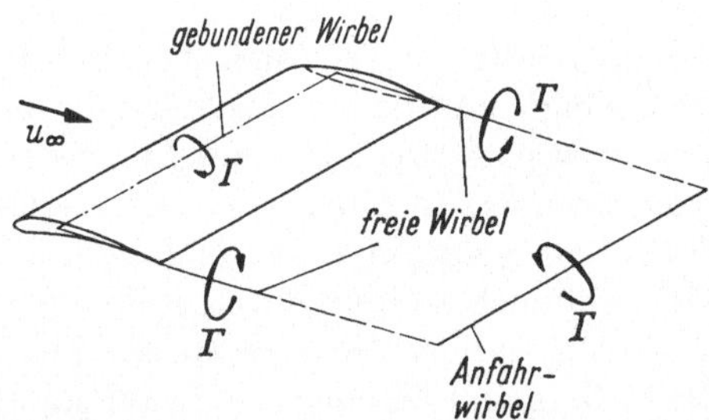

Abb. 5.33. Wirbelsystem der räumlichen Tragflügeltheorie. Tragflügel endlicher Spannweite mit konstanter Zirkulationsverteilung über Spannweite, Hufeisenwirbel bestehend aus gebundenem (tragendem) Wirbel und zwei freien Wirbeln

In Wirklichkeit liegen die Verhältnisse nicht so einfach wie vorstehend geschildert, da der Auftrieb und mit ihm die Zirkulation bei endlicher Flügelspannweite nicht konstant, sondern ähnlich wie in Abb. 5.32a etwa elliptisch über die Spannweite verteilt ist. Dementsprechend werden sich unmittelbar hinter dem Flügel nicht nur die beiden oben erwähnten Randwirbel ausbilden, die ja die Fortsetzung der plötzlich aufhörenden Flügelzirkulation darstellen, sondern es wird ein ganzes System paralleler freier Wirbel hinter dem Flügel entstehen, deren Verteilung und Stärke von der Verteilung der Zirkulation längs der Spannweite des Tragflügels abhängig sein wird, da jeder Änderung der Zirkulation ein vom Flügel nach hinten abgehender Wirbelfaden entsprechen muß. Man kann sich von diesem Wirbelsystem eine Vorstellung machen, wenn man sich gemäß Abb. 5.32b mehrere Hufeisenwirbel überlagert denkt, was einer stufenartigen Verteilung der Zirkulation längs der Flügelspannweite entsprechen würde. Bei stetiger Änderung der Zirkulation bilden die abgehenden Wirbelfäden die eingangs bereits erwähnte Wirbelschicht. Aus der Darstellung von Abb. 5.32b kann geschlossen werden, daß jede Änderung der Zirkulation $\Gamma = \Gamma(y)$ am Ort y um die Größe $d\Gamma(y)$ längs des Elements dy der Flügelspannweite einen nach hinten abgehenden Wirbelfaden von der Zirkulation $d\Gamma(y)$ zur Folge hat. Ist also das Verteilungsgesetz $\Gamma = \Gamma(y)$ bekannt, so kann auch die Stärke der Wirbelschicht hinter dem Tragflügel angegeben werden. Zwischen der Zirkulation $\Gamma(y)$ und der Auftriebsverteilung längs der Spannweite besteht analog (5.73a) der Zusammenhang

$$dA(y) = \varrho u_\infty \Gamma(y)\, dy \tag{5.83}$$

mit dA als Teilauftrieb auf ein Flügelstück der Breite dy und u_∞ als Anströmgeschwindigkeit.

Die gemachten Betrachtungen setzen voraus, daß es sich um Flügel großen Seitenverhältnisses (= Spannweite/mittlere Flügeltiefe) handelt und die Anströmung normal zur tragenden Linie erfolgt. Kennzeichnend für diese Theorie ist der Ersatz des Tragflügels durch die an den Flügel gebundenen, geraden tragenden Wirbel von veränderlicher Zirkulation $\Gamma(y)$ und die Einführung eines von der Flügelhinterkante nach hinten annähernd in Anströmrichtung verlaufenden Systems freier Wirbel.

Induzierter Widerstand. Die in Abb. 5.31 beschriebene Wirbelschicht hinter dem Flügel und der daraus folgende Aufrollvorgang der freien Wirbel werden bei der Vorwärtsbewegung eines Flügels endlicher Spannweite ständig neu gebildet, was naturgemäß einen entsprechenden Arbeitsaufwand notwendig macht. Der Flügel muß also auch bei reibungsloser Strömung einen Widerstand überwinden, der zusätzlich zu dem durch Reibung erzeugten Profilwiderstand auftritt. Dieser durch die endliche Spannweite des Flügels bedingte Widerstand wird als induzierter Widerstand W_i oder Randwiderstand bezeichnet und bildet zusammen mit dem Profilwiderstand den Gesamtwiderstand des Tragflügels. Der induzierte Widerstand läßt sich mittels der skizzierten Tragflügeltheorie erklären und berechnen.

Für eine über Flügelspannweite elliptische Zirkulationsverteilung, vgl. Abb. 5.32a, ergeben sich zwischen dem induzierten Widerstand W_i und dem Auftrieb A bzw. zwischen deren Beiwerten $c_{Wi} = W_i/q_\infty S$ und $c_A = A/q_\infty S$ mit $q_\infty = (\varrho/2)\, u_\infty^2$ als Geschwindigkeitsdruck der Anströmung und S als Flügelgrundrißfläche die zuerst von Prandtl angegebenen Zusammenhänge

$$W_i = \frac{A^2}{\pi q_\infty b^2}, \qquad c_{Wi} = \frac{c_A^2}{\pi \Lambda}. \tag{5.84 a, b}$$

Als Abkürzung wurde das Flügelseitenverhältnis (Streckung) $\Lambda = b^2/S = b/l_m$ mit $l_m = S/b$ als mittlerer Tiefe und b als Spannweite eingesetzt.

Der gesamte Widerstandsbeiwert c_W setzt sich zusammen aus demjenigen für den Profilwiderstand c_{Wp} und demjenigen für den induzierten Widerstand c_{Wi}, weshalb

$$c_W = c_{Wp} + c_{Wi} = c_{Wp} + \frac{c_A^2}{\pi \Lambda} \qquad (\Lambda = b^2/S) \tag{5.85}$$

gesetzt werden kann. Es hängt c_{Wi} wesentlich vom Seitenverhältnis des Flügels Λ ab, während $c_{Wp} \approx$ const als Folge von Reibungseinflüssen erfahrungsgemäß fast ausschließlich von der Profilform abhängig ist. Gl. (5.85) beschreibt die sog. Widerstandspolare $c_W(c_A)$, deren Darstellung wohl erstmalig von Lilienthal benutzt wurde. In Abb. 5.34 ist die aus einer Kraftmessung gewonnene Widerstandspolare dargestellt. Danach wird die Beziehung für den Beiwert des induzierten Widerstandsbeiwerts nach (5.84 b) im Bereich kleiner und mittlerer Auftriebswerte sehr gut bestätigt.

Die Güte eines Tragflügels wird durch das Verhältnis von Widerstand zu Auftrieb bestimmt. Man bezeichnet dies häufig als Gleitzahl

$$\varepsilon = \frac{W}{A} = \frac{c_W}{c_A} \ll 1. \tag{5.86}$$

Sie hängt außer von der Flügelform (Flügelprofil, Flügelgrundriß) wesentlich vom Anstellwinkel (Auftriebsbeiwert) ab, unter dem der Tragflügel angeströmt wird. Je kleiner ε ist, desto besser ist der Tragflügel für die ihm zufallende Aufgabe, nämlich einen Auftrieb zu erzeugen, geeignet.

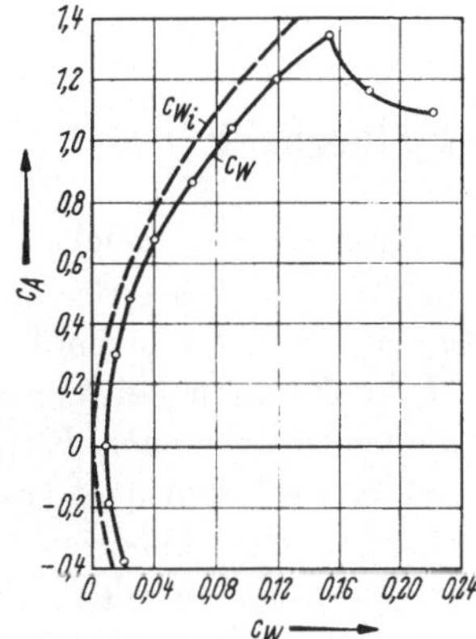

Abb. 5.34. Gemessene Widerstandspolare an einem Rechteckflügel (Seitenverhältnis = Spannweite/mittlere Tiefe $\Lambda = 5$,- Profil NACA 2412), c_{Wi} nach (5.84b)

Tragflügeltheorie. Die theoretischen Methoden zur Beschreibung der Strömung um Tragflügel sind sehr weit ausgebaut. Sowohl für den Tragflügel unendlicher Spannweite (Tragflügelprofil) als auch für den Tragflügel endlicher Spannweite (Tragflügelgrundriß) lassen sich die Druck- und Auftriebsverteilungen an der Flügelober- und -unterseite bei reibungsloser und in neuerer Zeit auch bei reibungsbehafteter anliegender Strömung mit großer Genauigkeit ermitteln. Neben der Profiltheorie stehen ausgehend von der Prandtlschen Auffassung über das Wirbelsystem von Tragflügeln die einfache Traglinientheorie für ungepfeilte Tragflügel großen Seitenverhältnisses und die erweiterte Traglinientheorie sowie die Tragflächentheorie für Flügel mit beliebigem Grundriß zur Verfügung.

6 Grenzschichtströmungen

6.1 Überblick

Über die Kräfte, welche auf einen umströmten Körper ausgeübt werden, kann man folgende Feststellung treffen: Solange die Strömung vom Körper nicht ablöst, läßt sich die normal zur Anströmrichtung wirkende Kraft (Querkraft, Auftriebskraft) auch bei Vernachlässigung der Reibung recht zuverlässig durch die Potentialtheorie nach Kap. 5.3 und 5.4 ermitteln. Über die für das Auftriebsproblem am Tragflügel entwickelten Berechnungsmethoden wurde in Kap. 5.4.3 berichtet. Die Theorie der reibungslosen Strömung eines dichtebeständigen Fluids vermag im allgemeinen das Vorhandensein einer in Anströmrichtung wirkenden Widerstandskraft nicht zu erklären, bekannt als d'Alembertsches Paradoxon (2.39b). Eine vollständige physikalische Erklärung des Widerstandsproblems läßt sich jedoch nur geben, wenn auch die Reibung in der Strömung berücksichtigt wird.

Für die bei der reibungsbehafteten Strömung in Wandnähe und bei einem Freistrahl oder einer Nachlaufdelle auftretenden Probleme ist die Prandtlsche Grenzschicht-Theorie zum Ausgangspunkt eines besonderen Zweigs der Fluidmechanik geworden. Dieser hat neben der theoretischen und experimentellen Aufklärung vieler bis dahin nicht lösbarer Fragen in besonderer Weise für den technischen Anwendungsbereich eine entscheidende Bedeutung erlangt. Die Grenzschicht-Theorie dient der Berechnung von Strömungsgrenzschichten (Reibungsschichten) und ist so als asymptotische Lösung der Navier-Stokesschen Bewegungsgleichung für die laminare Strömung eines normalviskosen Fluids bei großer Reynolds-Zahl anzusehen. Wie bei der Rohrströmung in Kap. 3.4 tritt auch in Grenzschichten sowohl der laminare als auch der turbulente Strömungszustand auf.

In Kap. 6.2 werden zunächst allgemeine Aussagen über das Verhalten von Grenzschichten gemacht und die Grundzüge der Grenzschicht-Theorie für die stationäre Strömungsgrenzschicht dargelegt. Mit der laminaren und turbulenten Grenzschichtströmung an festen Wänden, insbesondere der längsangeströmten ebenen Platte, befaßt sich Kap. 6.3, während die Grenzschichtströmung ohne feste Begrenzung, d. h. der Freistrahl und die Nachlaufströmung, in Kap. 6.4 beschrieben wird. Die Darstellungen erstrecken sich nahezu ausschließlich auf die ebene Grenzschichtströmung eines homogenen Fluids (dichtebeständig $\varrho = \text{const}$, gleichbleibende Viskosität $\eta = \text{const}$). Weiterhin bleibt der Einfluß der Schwere unberücksichtigt ($\boldsymbol{f}_B = 0$, $u_B = 0$).

6.2 Grundzüge der Grenzschicht-Theorie (Prandtl)

6.2.1 Einführung

Aus der Erfahrung ist bekannt, daß ein fester Körper in reibungsbehafteter Strömung einen Widerstand zu überwinden hat. Dieser sei Reibungswiderstand genannt. Er setzt sich zusammen aus den Beiträgen der Schubspannungskräfte (Schubspannungswiderstand) und den durch die Reibung beeinflußten Druckspannungskräften (Druckwiderstand infolge Reibung). Wie in Abb. 1.6 für den Widerstandsbeiwert querangeströmter elliptischer Zylinder sowie in Abb. 5.19 für den querangeströmten Kreiszylinder und für die angeströmte Kugel gezeigt wurde, hängt dieser stark ab von der Reynolds-Zahl $Re = Ul/\nu$ bzw. UD/ν mit U als Anströmgeschwindigkeit, l als Körperlänge, D als Kreis- oder Kugeldurchmesser und ν als kinematischer Viskosität, vgl. (1.21b). Bei der Strömung dichteveränderlicher Fluide spielt neben der Reynolds-Zahl auch die Mach-Zahl $Ma = U/c$ mit U als Anströmgeschwindigkeit und c als Schallgeschwindigkeit eine wichtige Rolle, vgl. (1.21d). Abb. 6.1 zeigt Messungen von Widerstandsbeiwerten c_W an Kugeln in Abhängigkeit von der Reynolds- und Mach-Zahl; es ist $c_W = W/qA$ mit W als Widerstandskraft, $q = (\varrho/2)\,U^2$ als Geschwindigkeitsdruck der Anströmung und $A = (\pi/4)\,D^2$ als Bezugsfläche. Bei kleinen Mach-Zahlen ist der Widerstandsbeiwert fast nur eine Funktion der Reynolds-Zahl $c_W(Re, Ma) \approx c_W(Re)$. Die plötzliche starke Verminderung des Widerstandsbeiwerts im Bereich $2 \cdot 10^5 < Re < 6 \cdot 10^5$ ist auf den Umschlag von laminarer in turbulente Strömung zurückzuführen. Auf ein solches fluidmechanisches Verhalten wurde in Kap. 1.3.3.2 schon kurz hingewiesen, vgl. Kap. 5.3.3.6 Beispiel e.2 und Kap. 6.3.4.2 Abschn. b.

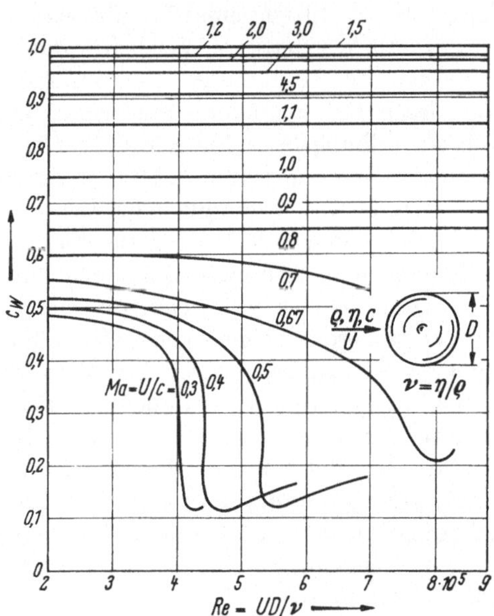

Abb. 6.1. Widerstandsbeiwerte von Kugeln $c_W = W/qA$ in Abhängigkeit von der Reynolds-Zahl $Re = UD/\nu$ und von der Mach-Zahl $Ma = U/c$, nach Messungen (Luft)

Die vollständige theoretische Erfassung des Reibungswiderstands umströmter Körper ist, insbesondere wenn die Strömung bereits Ablösungsgebiete besitzt, nur näherungsweise möglich. Kap. 2.5.2.3 Beispiel c berichtet über die theoretische Ermittlung des Reibungswiderstands aus dem Impulsverlust hinter einem angeströmten Körper in einem dichtebeständigen Fluid. Im folgenden wird gezeigt, wie man durch Einführen einer sog. wandnahen Strömungsgrenzschicht eine Möglichkeit zur Berechnung der reibungsbehafteten Strömung an umströmten Körpern gewinnt.

6.2.2 Formulierung der Grenzschicht-Theorie

6.2.2.1 Begriff der Grenzschicht und ihr grundsätzliches Verhalten

Allgemeines. Eine vollständige Lösung der Navier-Stokesschen Bewegungsgleichung (Impuls- und Kontinuitätsgleichung) sowohl für die zähigkeitsbehaftete laminare Strömung als auch für die zähigkeitsbehaftete turbulente Strömung (Reynoldssche Bewegungsgleichung) ist bis jetzt noch nicht gelungen. Insbesondere gilt dies für den Fall, wenn die Zähigkeits- und Trägheitskräfte im ganzen Strömungsfeld von gleicher Größenordnung sind, so daß keine Kraftart gegen die andere vernachlässigt werden darf. Eine solche Grenzschichtströmung ist durch sehr große Reynolds-Zahl

$$Re = \frac{Ul}{\nu} \quad \text{(Reynolds-Zahl)} \tag{6.1}$$

gekennzeichnet. Hierin bedeutet U eine charakteristische Bezugsgeschwindigkeit, z. B. die Anströmgeschwindigkeit bei umströmten Körpern, l eine charakteristische Körperabmessung, etwa den Durchmesser eines Kreiszylinders oder einer Kugel, die Profiltiefe eines Tragflügels oder eine sonstwie festgelegte Länge, und $\nu = \eta/\varrho$ die kinematische Viskosität des Fluids, vgl. Tab. 1.1.

Von einem Fluid mit geringer Viskosität (Wasser, Luft) darf angenommen werden, daß es sich in größerer Entfernung von einer umströmten festen Wand nahezu wie ein reibungsloses Fluid verhält. Ist nämlich die Viskosität η sehr klein, so kann die Reibung wegen (2.70b, c) nur dann einen merklichen Einfluß ausüben, wenn große Geschwindigkeitsgradienten, insbesondere quer zur Strömungsrichtung, vorhanden sind. In der freien Strömung ist das im allgemeinen nicht der Fall, wohl aber in unmittelbarer Nähe einer umströmten festen Wand. An dieser haftet nach Abb. 1.5b das Fluid, hat also dort die relative Geschwindigkeit null. Dagegen besitzt es bereits in geringem Abstand von der Wand annähernd den Wert der äußeren reibungslosen Strömung. Zwischen der Wand einerseits und der äußeren Strömung andererseits befindet sich also eine dünne Übergangsschicht, die sogenannte Reibungs- oder Grenzschicht, in welcher ein starker Geschwindigkeitsanstieg vom Wert null an der Wand auf den Wert der äußeren Strömung stattfindet. Danach kann das vom Fluid durchströmte Gebiet nach Prandtl in zwei, allerdings nicht scharf trennbare Bereiche eingeteilt werden: den äußeren Bereich, in dem angenähert reibungslose Strömung herrscht und in dem die Gesetze der Potentialströmung nach Kap. 5.3 und 5.4 gelten sowie den inneren Bereich, d. h.

die Strömungsgrenzschicht, für welche die Gesetze des reibungsbehafteten Fluids maßgebend sind.

Physikalisch kann man sich die Entstehung der wandnahen Strömungsgrenzschicht klarmachen, wenn man die Strömung um einen prismatischen Körper nach Abb. 6.2 betrachtet, der in einem wenig viskosen Fluid festgehalten ist und, wie gezeigt, mit der Geschwindigkeit u_∞ angeströmt wird. Im Punkt *0* findet eine Verzweigung der zugehörigen Stromlinie nach der Ober- und Unterseite des Körpers statt. Die x-Richtung verlaufe längs der Körperoberfläche (Lauflänge) und die y-Richtung normal dazu (Wandabstand). Entsprechend gelte für die Geschwindigkeitskomponenten innerhalb der Grenzschicht $u(x, y)$ bzw. $v(x, y)$. Während an der Körperoberfläche (feste Wand, Index w) die Geschwindigkeit infolge der Randbedingungen nach (2.71) verschwindet, $u_w = 0 = v_w$, herrscht bereits in geringem Abstand vom Körper nahezu reibungslose Außenströmung (Index a) mit der Geschwindigkeit $u_a(x)$. Die sehr starke Geschwindigkeitsänderung vom Wandwert null auf den Wert der Außenströmung vollzieht sich in der schmalen Grenzschicht $\delta(x)$, deren Dicke im Punkt *0* null ist und im weiteren Verlauf allmählich zunimmt. Der Übergang von der Grenzschicht- zur Außenströmung ist jedoch nicht scharf begrenzt, er erfolgt vielmehr asymptotisch. Zur Definition der Grenzschichtdicke ist deshalb im allgemeinen eine bestimmte Festsetzung erforderlich. So wird häufig als Dicke der Strömungsgrenzschicht $\delta(x)$ derjenige Wert in y-Richtung angenommen, für welchen die Geschwindigkeit $u(x, y)$ der Grenzschicht nur noch um 1% kleiner als die Geschwindigkeit der äußeren reibungslosen Strömung $u_a(x)$ ist, $u(x, y = \delta) = 0{,}99\, u_a(x)$.

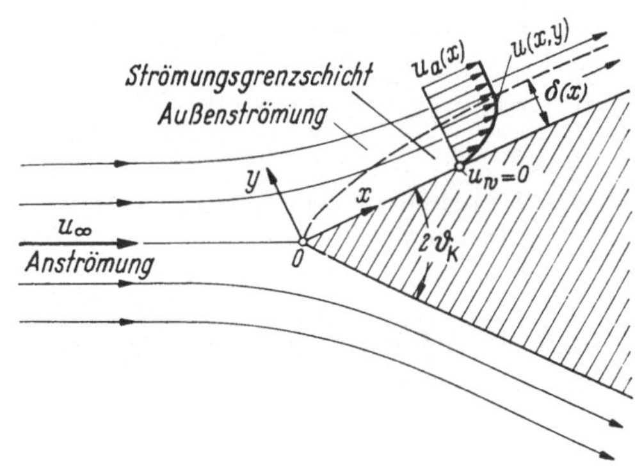

Abb. 6.2. Ausbildung der Strömungsgrenzschicht an einem prismatischen Körper mit dem Keilwinkel $2\vartheta_K$, Koordinaten x, y längs bzw. normal zur Körperoberfläche (feste Wand)

Strömungszustand in der Grenzschicht. Durch Vergleich von experimentell gefundenen Ergebnissen mit entsprechenden theoretischen Überlegungen hat sich gezeigt, daß in Grenzschichten sowohl die laminare als auch die turbulente Strömungsart vorkommen kann. Bei der laminaren Strömung sind die Vorgänge durch die Viskosität und die Trägheit bestimmt und damit nach Kap. 2.5.3.3 physikalisch vollkommen übersehbar. Bei der turbulenten Strömung treten neben statistisch gemittelten Werten der Geschwindigkeit und des Drucks noch zusätzliche durch die Turbulenz bedingte sog. turbulente Reibungsspannungen auf.

Umschlag laminar-turbulent. Der laminar-turbulente Umschlag in der Grenzschicht eines umströmten Körpers wird von vielen Parametern beeinflußt, von denen außer der Reynolds-Zahl die wichtigsten der Druckverlauf der Außenströmung, die Wandbeschaffenheit (Rauheit) und die Störungsfreiheit der Außenströmung (Turbulenzgrad) sind. Es erhebt sich also die Frage, an welcher Stelle des umströmten Körpers die laminare in die turbulente Strömungsgrenzschicht übergeht, falls sich die laminare Grenzschicht nicht bereits vorher abgelöst hat. Es ist im allgemeinen nicht so, daß die Grenzschicht längs der Berandung eines festen Körpers (Zylinder, Tragflügel usw.) bereits vom vorderen Staupunkt ab entweder laminar oder turbulent strömt. Sie wird vielmehr anfangs, d. h. bei geringer Lauflänge x, immer laminar sein und bei größer werdendem Abstand x unter gegebenen Voraussetzungen turbulent werden. In Abb. 6.3 ist dieser Tatbestand schematisch dargestellt. An welcher Stelle $x = x_u$ der Umschlag mit der zugehörigen Reynolds-Zahl des Umschlagpunkts $Re_u = Ux_u/\nu$ erfolgt, kann zunächst nicht ohne weiteres angegeben werden. Im allgemeinen ist es auch hier wie bei der Rohrströmung so, daß sich bei kleinen Reynolds-Zahlen $Re < Re_u$ die laminare und bei $Re > Re_u$ dagegen die turbulente Strömungsart einstellt. Als ungefährer Anhaltspunkt gilt, daß der Umschlagpunkt angenähert mit der Stelle des Druckminimums der Außenströmung zusammenfällt.

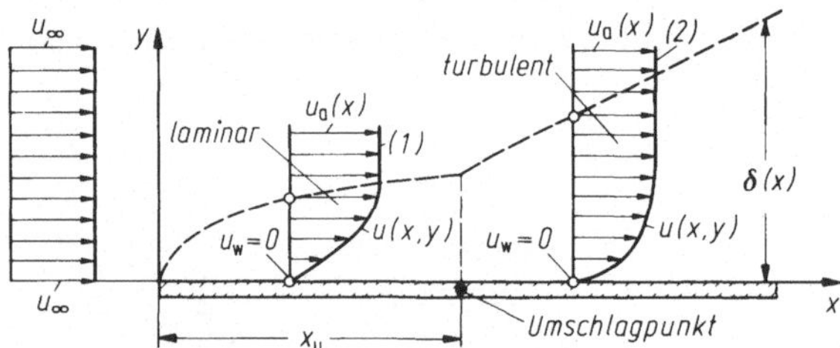

Abb. 6.3. Verhalten in der Grenzschicht schematisch dargestellt. Strömungsgrenzschicht mit Umschlagpunkt, (*1*) laminar $Re < Re_u$, (*2*) turbulent $Re > Re_u$

Ablösung der Strömungsgrenzschicht. Das sich in der Grenzschicht bewegende Fluid erfährt infolge der Wandreibung eine ständige Verzögerung und damit eine Verminderung seiner Geschwindigkeitsenergie. Herrscht in Strömungsrichtung x ein Druckabfall, so wirkt dies antreibend auf die Grenzschichtbewegung in Längsrichtung. Bei Druckanstieg dagegen wird die Verzögerung des Grenzschichtmaterials weiter verstärkt. Das so abgebremste Fluid wird zunächst von der äußeren Strömung noch mitgeschleppt, wobei die Grenzschicht ständig an Dicke zunimmt; bei weiter steigendem Druck kann es zum Stillstand gelangen und sogar zur Umkehr gezwungen werden. Diese rückläufige Strömung schiebt sich zwischen Körperoberfläche und Grenzschicht, wodurch die Außenströmung vom Körper abgedrängt und sich an einer bestimmten Stelle des um- oder durchströmten Körpers ablöst. Weitere Aussagen über das Auftreten von Ablösung bei Strömungsgrenzschichten werden in Kap. 6.3.4 noch gemacht.

6.2.2.2 Grenzschichtvereinfachungen

Die Prandtlschen Grenzschichtvereinfachungen sollen für die stationäre ebene Strömung besprochen werden. Wenn die x-Achse in die Wandrichtung fällt und die y-Achse normal dazu steht, bedeutet die Verwendung der kartesischen Koordinaten x, y zunächst, daß die Wand ungewölbt, d. h. eine gerade Begrenzungsfläche ist. Die folgenden Betrachtungen zur Grenzschicht-Theorie lassen sich, sofern die Grenzschichtdicke als klein gegen den Krümmungsradius der Wand angesehen werden darf, im Rahmen einer Theorie erster Ordnung auch auf gekrümmte Begrenzungsflächen übertragen. Man führt dazu nach Abb. 6.4 ein krummliniges Koordinatensystem ein, bei dem als x-Koordinate die Bogenlänge der Wand gewählt wird, während die y-Koordinate jeweils normal zur Wand steht. Die Geschwindigkeitskomponenten werden mit $v_x = u$ und $v_y = v$ bezeichnet.

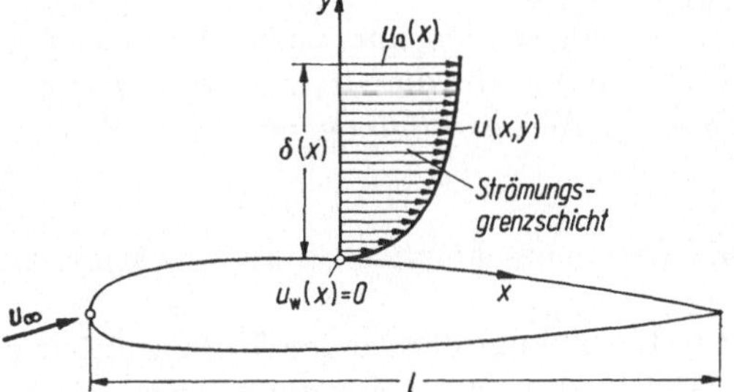

Abb. 6.4. Zur Berechnung der Strömungsgrenzschicht an mäßig gekrümmter Körperoberfläche (mit Ausnahme der Umgebung $x/l \ll 1$), z. B. profilierter Körper; Wahl des krummlinigen Koordinatensystems x, y (Geschwindigkeitsprofil stark überhöht gezeichnet)

Randbedingungen der Grenzschicht. Für die Strömungsgrenzschicht $0 \leqq y \leqq \delta(x)$ gelten an einer festen Wand sowie am äußeren Rand der Grenzschicht die Randbedingungen

$$y = 0: u = u_w(x) = 0, \qquad y = \delta(x): u = u_a(x) \qquad \text{(Geschwindigkeit)}. \qquad (6.2\text{a, b})$$

Der Index w soll die Werte an der Wand $y = 0$ und der Index a diejenigen am Rand der Grenzschicht $y = \delta$ kennzeichnen. Die Randbedingung an der Wand bezeichnet man als Wandbedingung (Haftbedingung) und diejenige am Rand der Grenzschicht, d. h. dort wo die Grenzschicht in die Außenströmung übergeht, als Übergangsbedingung.

Grenzschichtvereinfachungen. Da sich die Geschwindigkeit in der Grenzschicht $u(x, y)$ sehr viel stärker normal zur Wand (y-Richtung) als längs der Wand (x-Richtung) ändert, kann man für ihre Ableitungen setzen

$$\left|\frac{\partial u}{\partial y}\right| \gg \left|\frac{\partial u}{\partial x}\right| \qquad (0 \leqq y \leqq \delta). \qquad (6.3)$$

Wegen der sehr geringen Grenzschichtdicke kann man nach Prandtl annehmen, daß sich innerhalb der Grenzschicht an einem festgehaltenen Schnitt x der Druck p nicht wesentlich ändert, d. h. dort $p(x, y) \approx p(x) \approx p_a(x)$ ist. Dabei ist $p_a(x)$ der Druck am Außenrand der Grenzschicht $y = \delta(x)$. Man sagt, der Druck wird der

Grenzschicht von der reibungslosen Außenströmung aufgeprägt. Wegen $p(x, y) = p_a(x)$ gilt also die Druckbedingung

$$\frac{\partial p}{\partial x} = \frac{dp}{dx} = \frac{dp_a}{dx} \qquad (0 \leq y \leq \delta). \tag{6.4}$$

Nach der Bernoullischen Druckgleichung (5.20) besteht bei dichtebeständigem Fluid (ϱ = const) zwischen der stationären reibungslosen Außenströmung $u_a(x)$ und dem Druck $p_a(x)$ bei Vernachlässigung des Schwereinflusses die Beziehung $p_a + (\varrho/2)\, u_a^2 = \text{const}$ und hieraus

$$\frac{dp_a}{dx} = -\varrho u_a \frac{du_a}{dx} \qquad \text{(stationär)}. \tag{6.5}$$

In x-Richtung herrschen bei beschleunigter Strömung $du_a/dx > 0$ Druckabfall $dp_a/dx < 0$ und bei verzögerter Strömung $du_a/dx < 0$ Druckanstieg $dp_a/dx > 0$.

Im allgemeinen sind $u_a(x)$ oder $p_a(x)$ gegebene Größen und stellen damit keine Unbekannten für die Grenzschichtströmung dar. Als Unbekannte treten nur die Geschwindigkeitskomponenten $u(x, y)$ und $v(x, y)$ auf.

6.2.2.3 Grenzschichtgleichung der ebenen Strömung

Zur Ermittlung der beiden Unbekannten u und v werden zwei Gleichungen benötigt, und zwar die Kontinuitätsgleichung (2.27) und die Impulsgleichung (2.51a) in x-Richtung $a_x = f_{Bx} + f_{Px} + f_{Rx}$ mit $f_{Bx} = 0$. Unter Zugrundelegen von Abb. 6.5a, b lauten die gesuchten Beziehungen[19]

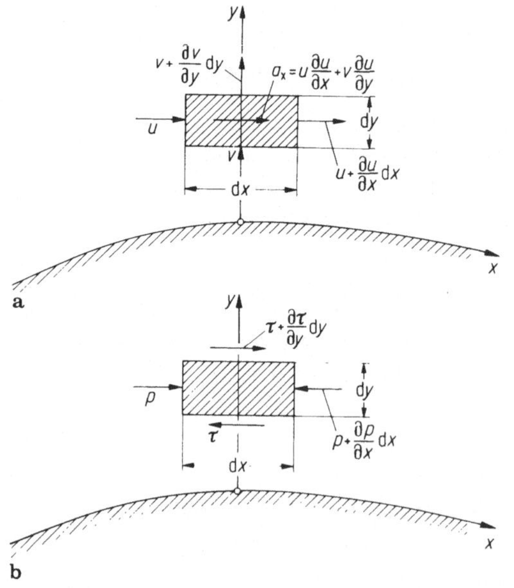

Abb. 6.5. Fluidelement in einer Strömungsgrenzschicht. **a** Geschwindigkeitskomponente. **b** Druck- und Schubspannungen

[19] Man vergleiche (2.70a, b) mit $u_B = 0$, $\nu = \eta/\varrho$, $|\partial^2 u/\partial y^2| \gg |\partial^2 u/\partial x^2|$ und $\tau = \eta(\partial u/\partial y)$.

$$\text{(I)}\quad \frac{\partial u}{\partial x} + \frac{\partial v}{\partial y} = 0 \qquad (\varrho = \text{const}), \tag{6.6a}$$

$$\text{(II)}\quad \varrho\left(u\frac{\partial u}{\partial x} + v\frac{\partial u}{\partial y}\right) = -\frac{\partial p}{\partial x} + \frac{\partial \tau}{\partial y} \quad \text{mit} \quad \frac{\partial p}{\partial x} = -\varrho u_a \frac{du_a}{dx}. \tag{6.6b}$$

Es stellen in (6.6b) die einzelnen Glieder der Reihe nach die negative Trägheitskraft sowie die Druck- und Schubspannungskraft in x-Richtung dar.

An der Wand ($y = 0$) und am Rand der Grenzschicht ($y = \delta$) müssen die Haft- und Stromlinienbedingung (Geschwindigkeitskomponenten in Richtung der Wand und normal dazu müssen verschwinden) bzw. die Übergangsbedingung (Geschwindigkeits- und Schubspannungsverteilung sollen ohne Knicke in die reibungslose Außenströmung übergehen) erfüllt werden. Unter Beachtung von (6.2a, b) folgt:

$$\text{Wand}\,(y = 0)\ :\ u = 0 = v, \tag{6.7a}$$

$$\text{Außenströmung}\ (y = \delta):\ u = u_a, \qquad \left(\frac{\partial u}{\partial y}\right)_a = 0, \qquad \left(\frac{\partial \tau}{\partial y}\right)_a = 0. \tag{6.7b}$$

Über Lösungen des Gleichungssystems (6.6a, b) wird für die laminare Strömung in Kap. 6.3.2 und für die turbulente Strömung in Kap. 6.3.3 berichtet.

6.2.2.4 Impulsverfahren der Grenzschicht-Theorie

Multipliziert man die Kontinuitätsgleichung (6.6a) mit der Geschwindigkeitsfunktion $\varrho(u_a - u)$ und subtrahiert von der so gewonnenen Gleichung die Impulsgleichung (6.6b), so erhält man nach elementarer Umformung mit $u_a = u_a(x)$

$$\frac{\partial}{\partial x}\,[u(u_a - u)] + \frac{\partial}{\partial y}\,[v(u_a - u)] + (u_a - u)\,\frac{du_a}{dx} = -\frac{1}{\varrho}\,\frac{\partial \tau}{\partial y}. \tag{6.8a}$$

Die angegebenen Klammerausdrücke [...] verschwinden am Rand und außerhalb der Grenzschicht $y \geqq \delta$ wegen $u = u_a$. Es ist also $[\ldots] = 0$ für jeden Abstand $\delta_\infty = \text{const}$, der die Bedingung $\delta_\infty > \delta(x)$ erfüllt. Integriert man (6.8a) für einen bestimmten Schnitt $x = \text{const}$ über $0 \leqq y \leqq \delta_\infty$, so erhält man zunächst

$$\int_0^{\delta_\infty} \frac{\partial}{\partial x}\,[u(u_a - u)]\,dy + \int_0^{\delta_\infty} \frac{\partial}{\partial y}\,[v(u_a - u)]\,dy + \frac{du_a}{dx}\int_0^{\delta_\infty} (u_a - u)\,dy$$

$$= -\frac{1}{\varrho}\int_0^{\delta_\infty} \frac{\partial \tau}{\partial y}\,dy. \tag{6.8b}$$

In dem ersten Term kann $\partial/\partial x$ vor das Integral gezogen und $\partial/\partial x = d/dx$ gesetzt werden. Da für $\delta(x) \leqq y \leqq \delta_\infty$ die Klammer $[\ldots] = 0$ ist, kann jetzt $\delta(x)$ anstelle von δ_∞ eingeführt werden. Nach Ausführen der Integration beim zweiten Term verschwindet dieser wegen $v = 0$ für $y = 0$ und $u = u_a$ für $y = \delta_\infty$. Der Term auf der rechten Seite liefert nach Ausführen der Integration wegen $\tau = 0$ für $y = \delta_\infty$ und τ_w für $y = 0$ den Ausdruck τ_w/ϱ. Unter Beachtung dieser Bemerkungen geht (6.8b) über in die Integralbeziehung der Strömungsgrenzschicht

$$\frac{1}{u_a^2}\frac{d}{dx}(u_a^2\delta_2) + \frac{\delta_1}{u_a}\frac{du_a}{dx} = \frac{\tau_w}{\varrho u_a^2}. \tag{6.9}$$

Hierbei wurden die Abkürzungen

$$\delta_1 = \int_0^\delta \left(1 - \frac{u}{u_a}\right) dy \quad \text{(Verdrängungsdicke)}, \tag{6.10a}$$

$$\delta_2 = \int_0^\delta \frac{u}{u_a}\left(1 - \frac{u}{u_a}\right) dy \quad \text{(Impulsverlustdicke)} \tag{6.10b}$$

eingeführt. Diese stellen in bestimmter Weise definierte Grenzschichtdicken dar und lassen sich bei bekannter Geschwindigkeitsverteilung in der Grenzschicht $u/u_a = f(y/\delta)$ unmittelbar ermitteln.

Zum Begriff der Verdrängungsdicke δ_1 kommt man durch folgende Überlegung: Infolge der Reibungswirkung in der Grenzschicht vermindert sich der durch einen Querschnitt $x = \text{const}$ tretende Volumenstrom gegenüber dem Fall, bei dem der Reibungseinfluß nicht berücksichtigt ist, um die über $0 \leq y \leq \delta$ integrierten Teilvolumenströme $d\dot{V} = (u_a - u)\, b\, dy$ mit b als Breite des umströmten Körpers. Setzt man diesen Ausdruck gleich $u_a b \delta_1$, so kann δ_1 als diejenige Querkoordinate aufgefaßt werden, um welche die Außenströmung infolge der Grenzschichtwirkung von der Wand abgedrängt wird, vgl. Abb. 6.9. Zum Verständnis des Begriffs der Impulsverlustdicke sei auf die Ausführung zu (2.47) verwiesen.

Durch die vorgenommenen Umformungen werden die beiden partiellen Differentialgleichungen (6.6a, b) zu einer totalen Differentialgleichung (6.9) zusammengefaßt. Aufbauend auf (6.9) lassen sich sowohl für die laminare als auch für die turbulente Strömung unter Einführen bestimmter Ansätze für die Wandschubspannung τ_w und für das Grenzschichtdickenverhältnis δ_2/δ_1 Näherungsverfahren zur Berechnung der Impulsverlustdicke $\delta_2(x)$ bei beliebiger Außenströmung $u_a(x)$ herleiten.

Für den Sonderfall der längsangeströmten Platte ist $u_a = u_\infty = \text{const}$ die Anströmgeschwindigkeit. Für diesen Fall folgt aus (6.9) für die Abhängigkeit der Wandschubspannung von der Impulsverlustdicke, d. h. der Schubspannungsbeiwert

$$c_T = \frac{\tau_w}{\varrho u_\infty^2} = \frac{d\delta_2}{dx} \quad (u_\infty = \text{const}). \tag{6.11}$$

Durch Integration der Wandschubspannung über die Platte $0 \leq x \leq l$ mit l als Plattenlänge und b als Plattenbreite erhält man den Reibungswiderstand der einseitig beströmten Platte unter Beachtung von (6.11) zu

$$W = b\int_0^l \tau_w \, dx = \varrho u_\infty^2 b \delta_2(x = l) \,. \tag{6.12a}$$

Hieraus ergibt sich der Plattenwiderstandsbeiwert mit $q_\infty = (\varrho/2)\, u_\infty^2$ als Geschwindigkeitsdruck der Anströmung

$$c_F = \frac{W}{q_\infty bl} = 2\,\frac{\delta_2(x = l)}{l} \quad \text{mit} \quad \delta_2 = \int_0^\delta \frac{u}{u_\infty}\left(1 - \frac{u}{u_\infty}\right) dy \quad (x = l) \,. \tag{6.12b}$$[20]

Alle bisher abgeleiteten Beziehungen gelten sowohl für laminare als auch turbulente Strömung. Im folgenden werden die Besonderheiten der laminaren und turbulenten Strömungsgrenzschicht gesondert besprochen.

6.3 Grenzschichtströmung an festen Wänden

6.3.1 Einführung

Dies Kapitel befaßt sich mit stationären Strömungsgrenzschichten homogener Fluide (Dichte $\varrho = \text{const}$, Viskosität $\eta = \text{const}$), die sich an umströmten festen Wänden ausbilden. Die Beschaffenheit der Körperoberfläche (glatt, rauh) bestimmt die Randbedingungen an der Wand, die jeweils zu erfüllen sind. Als wichtigste ist die Haftbedingung anzusehen. Besondere Bedeutung kommt der Strömung am Außenrand der Grenzschicht zu. Diese Außenströmung kann in Strömungsrichtung beschleunigt, gleichförmig oder verzögert verlaufen. Dadurch können in Strömungsrichtung Bereiche mit Druckabfall, Gleichdruck oder Druckanstieg auftreten, wobei im letzteren Fall die Strömungsgrenzschicht zur Ablösung kommen kann.

Im einzelnen befassen sich Kap. 6.3.2 mit der laminaren und Kap. 6.3.3 mit der turbulenten Grenzschicht an festen Wänden, wobei sich die ausführlicheren Untersuchungen auf den einfachen Fall der längsangeströmten Platte (Strömung mit Gleichdruck) beschränken. Einigen Fragen der Strömungsablösung ist Kap. 6.3.4 gewidmet.

6.3.2 Laminare Grenzschichten an festen Wänden

6.3.2.1 Grenzschichtgleichung der laminaren ebenen Scherströmung

Um die Grenzschichtgleichung (6.6a, b) verwenden zu können, muß für die Schubspannung τ noch eine genauere Angabe gemacht werden. Bei laminarer Strömung kann im Sinn der Grenzschichtvereinfachungen hierfür mit dem einfachen Newtonschen Ansatz (1.9) gerechnet werden. In (6.6b) ist also zu setzen

$$\tau = \eta\frac{\partial u}{\partial y}, \qquad \frac{\partial \tau}{\partial y} = \eta\,\frac{\partial^2 u}{\partial y^2} \quad \text{(Newton)}. \tag{6.13a, b}$$

[20] Auf die Ermittlung des Reibungswiderstands aus dem Impulsverlust hinter einem Körper in Kap. 2.5.2.3 Beispiel c wird besonders hingewiesen, vgl. (2.47).

Dies liefert mit $\nu = \eta/\varrho$ als kinematischer Viskosität das Gleichungssystem zur Berechnung laminarer Strömungsgrenzschichten

$$\text{(I)} \quad \frac{\partial u}{\partial x} + \frac{\partial v}{\partial y} = 0, \tag{6.14a}$$

$$\text{(II)} \quad u\frac{\partial u}{\partial x} + v\frac{\partial u}{\partial y} = u_a\frac{du_a}{dx} + \nu\frac{\partial^2 u}{\partial y^2}. \tag{6.14b}$$

Die Randbedingungen lauten nach (6.7a, b)

$$\text{Wand:} \qquad u = u_w = 0, \qquad v = v_w = 0 \qquad (y = 0), \tag{6.15a}$$

$$\text{Außenströmung:} \qquad u = u_a, \qquad \left(\frac{\partial u}{\partial y}\right)_a = 0 = \left(\frac{\partial^2 u}{\partial y^2}\right)_a \qquad (y = \delta). \tag{6.15b}$$

Bei gegebener Geschwindigkeitsverteilung der Außenströmung (Potentialströmung) $u_a(x)$ stellen die Geschwindigkeitsverteilungen in der Grenzschicht $u(x, y)$ und $v(x, y)$ die beiden Unbekannten des Problems dar.

6.3.2.2 Folgerung aus der Grenzschichtgleichung

Geschwindigkeitsprofil. In Abb. 6.6 sind einige denkbare Geschwindigkeitsverteilungen in der Strömungsgrenzschicht (Geschwindigkeitsprofile) dargestellt. Sie erfüllen jeweils die Haftbedingung bei $y = 0$ und die Übergangsbedingung bei $y = \delta$. Wegen der Übergangsbedingung am Rand der Strömungsgrenzschicht ($y = \delta$, Index a) besitzen alle Geschwindigkeitsprofile für $y \to \delta$ die gleiche konvexe Krümmung (konvex im Sinn der x-Achse, gestrichelt dargestellt), d. h. $(\partial^2 u/\partial y^2)_a < 0$.

Einfluß des Druckgradienten. Für Punkte an der Wand ($y = 0$, Index w) folgt mit $u_w = 0 = v_w$ nach (6.15a, b) und in Verbindung mit (6.5) die Beziehung

$$\eta\left(\frac{\partial^2 u}{\partial y^2}\right)_w = \frac{dp_a}{dx} = -\varrho u_a\frac{du_a}{dx} \lesseqgtr 0 \qquad \text{(Wandbindung).} \tag{6.16a, b}$$

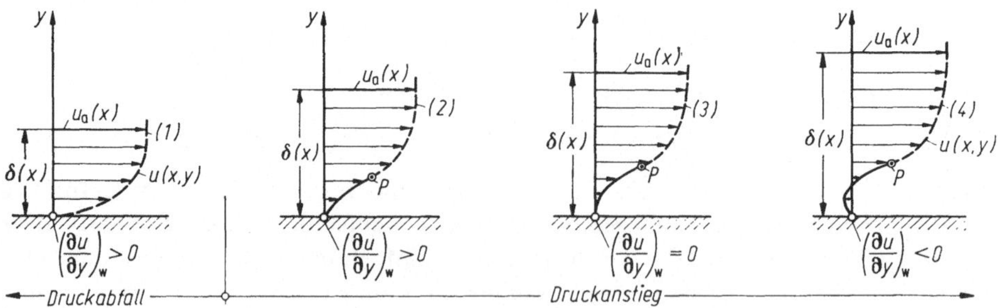

Abb. 6.6. Mögliche Geschwindigkeitsprofile in der Grenzschicht in einem Schnitt $x =$ const. (*1*) Druckabfall $dp_a/dx < 0$ und Gleichdruck $dp_a/dx = 0$ mit $(\partial u/\partial y)_w > 0$, $(\partial^2 u/\partial y^2)_w \leqq 0$. (*2*) schwacher Druckanstieg $dp_a/dx > 0$ mit $(\partial u/\partial y)_w > 0$, $(\partial^2 u/\partial y^2)_w > 0$. (*3*) starker Druckanstieg $dp_a/dx > 0$ mit $(\partial u/\partial y)_w = 0$, $(\partial^2 u/\partial y^2)_w > 0$, beginnende Strömungsablösung (Ablösungspunkt). (*4*) sehr starker Druckanstieg $dp_a/dx \gg 0$ mit $(\partial u/\partial y)_w < 0$, $(\partial^2 u/\partial y^2)_w > 0$, abgelöste Grenzschicht mit Rückströmung in Wandnähe, $u < 0$

Diese als Wandbindung der Strömungsgrenzschicht bekannte Beziehung gibt über die Krümmung des Geschwindigkeitsprofils $(\partial^2 u/\partial y^2)_w$ in Wandnähe ($y \to 0$) Auskunft. Sie gilt gleichermaßen für laminare und turbulente Strömung, da unmittelbar an der Wand die turbulente Schwankungsbewegung erlischt und dort nur die viskose Unterschicht (laminare Strömung) wirksam ist. Je nach Art der von der Wandkrümmung hervorgerufenen Geschwindigkeits- oder Druckverteilung der Außenströmung $u_a(x)$ bzw. $p_a(x)$ kann man drei Fälle unterscheiden:

a) Bei Druckabfall in Strömungsrichtung $dp_a/dx < 0$ bzw. bei beschleunigter Strömung $du_a/dx > 0$ (z. B. auf der Vorderseite eines umströmten Körpers) wird $(\partial^2 u/\partial y^2)_w < 0$, was bedeutet, daß das Geschwindigkeitsprofil der Grenzschicht an der Wand nach Abb. 6.6, Bild 1, konvex im Sinn der x-Achse gekrümmt ist. Das Geschwindigkeitsprofil ist wegen der überall gleichen Krümmung (gestrichelte Kurve) wendepunktfrei.

b) Bei Gleichdruck $dp_a/dx = 0$ bzw. bei gleichförmiger Strömung $du_a/dx = 0$ (z. B. Strömung längs einer ebenen Platte) ist $(\partial^2 u/\partial y^2)_w = 0$. Das zugehörige Geschwindigkeitsprofil ist wie in Bild 1 ebenfalls wendepunktfrei. Der Wendepunkt befindet sich bei $y = 0$.

c) Bei Druckanstieg in Strömungsrichtung $dp_a/dx > 0$ bzw. bei verzögerter Strömung $du_a/dx < 0$ (z. B. auf der Rückseite eines umströmten Körpers) ist $(\partial^2 u/\partial y^2)_w > 0$ und damit das Geschwindigkeitsprofil an der Wand nach Bild 2 bis Bild 4 konkav im Sinn der x-Achse gekrümmt (ausgezogene Kurve). Diese Geschwindigkeitsprofile besitzen wegen der sich von der Wand $y = 0$ bis zur Außenströmung $y = \delta$ ändernden Krümmung in einem bestimmten Abstand von der Wand einen Wendepunkt (P).

Nach Abb. 6.6 ist bei Druckabfall und Gleichdruck der Geschwindigkeitsgradient an der Wand gemäß Bild 1 immer $(\partial u/\partial y)_w > 0$, während bei Druckanstieg nach Bild 4 auch $(\partial u/\partial y)_w < 0$ auftreten kann. Der Fall $(\partial u/\partial y)_w = 0$ nach Bild 3 stellt somit die Grenze zwischen Vor- und Rückströmung in der wandnahen Grenzschicht dar. Rückströmung hat Ablösung der Grenzschicht von der umströmten Körperwand zur Folge. Sie kann sich nur bei Druckanstieg der Außenströmung einstellen. Das Profil nach Bild 3 beschreibt die Geschwindigkeitsverteilung der beginnenden Ablösung und wird durch die Bedingung

$$\tau_w = \eta \left(\frac{\partial u}{\partial y}\right)_w = 0 \qquad \text{(beginnende Ablösung, } dp_a/dx > 0\text{)} \tag{6.17}$$

gekennzeichnet. Die Stelle, bei der sich dies Verhalten einstellt, definiert man als die Lage des Ablösungspunkts der Grenzschicht (A). Zu ihrer genauen Bestimmung ist die Integration der Grenzschicht-Differentialgleichung erforderlich.

Die gefundenen Zusammenhänge sind in Abb. 6.7 schematisch für eine Profilumströmung dargestellt. Aufgetragen ist der Druckverlauf längs der Körperkontur $p_a(x)$, wobei das Geschwindigkeitsmaximum der Außenströmung dem Druckminimum entspricht. Weiterhin sind einige Geschwindigkeitsprofile der Strömungsgrenzschicht eingezeichnet. Das der Bedingung (6.17) gehorchende Profil befindet sich an der Stelle A. Die Linie $\overline{AB}$ stellt die Trennungslinie zwischen Vor- und Rückströmung dar. Wie aus der Darstellung erkennbar ist, hat die bei Druckanstieg in Strömungsrichtung auftretende Ablösung der Außenströmung von der Körperwand ganz erhebliche Folgen auf den weiteren Strömungsverlauf. Insbesondere schließt die Außenströmung am rückwärtigen Körperende wegen des dort vorhandenen Wirbelgebiets nicht wieder zusammen, wie dies bei reibungsloser Strömung der Fall ist. Der bei letzterer vorhandene Druck wird also im rückwärtigen Körperende nicht mehr erreicht, sondern weitgehend abgebaut, was die Ursache für das Auftreten des in Kap. 6.2.1 erwähnten Druckwiderstands infolge Reibung ist. Außerdem ändern sich wegen des Ablösens der Grenzschicht auch die Randbedingungen vollständig. Dies ist insofern von Bedeutung, als jetzt der Druckgradient dp_a/dx für die Berechnung der Grenzschichtströmung nicht mehr aus der äußeren reibungslosen Strömung (Potentialströmung), die hinter der Ablösungsstelle durch den Ablösungsvorgang wesentlich gestört wird, entnommen werden kann.

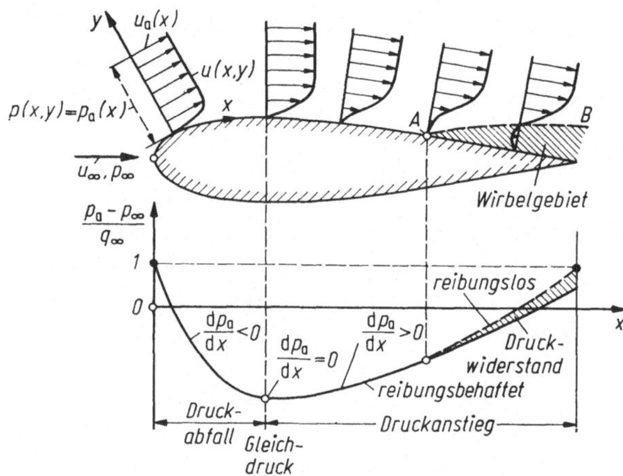

Abb. 6.7. Geschwindigkeitsprofile in der Grenzschicht eines umströmten Körpers (schematisch gezeichnet), Einfluß der Druckverteilung (Druckabfall, Gleichdruck, Druckanstieg) der Außenströmung, $p_a(x) = p(x, y)$ für $0 \leqq y \leqq \delta(x)$, $q_\infty = (\varrho/2)\, u_\infty^2$; ($A$) beginnende Ablösung

6.3.2.3 Laminare Grenzschicht an der längsangeströmten ebenen Platte

Allgemeines. Als einfachstes Beispiel einer Grenzschichtströmung sei die längsangeströmte ebene Platte betrachtet, d. h. die Plattengrenzschicht. Die dabei gewonnenen Erkenntnisse sind für die praktische Anwendung der Grenzschicht-Theorie von grundlegender Bedeutung. Betrachtet wird nach Abb. 6.8a eine dünne

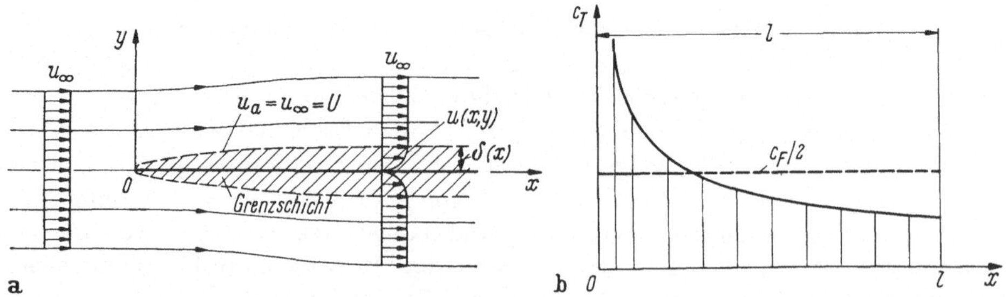

Abb. 6.8. Strömungsgrenzschicht an der längsangeströmten ebenen Platte. **a** Geschwindigkeitsverteilung und Verlauf der Grenzschichtdicke (schematisch). **b** Schubspannungs- und Widerstandsbeiwert bei laminarer Grenzschicht eines homogenen Fluids.

ebene Platte, die mit der Geschwindigkeit $u_a = u_\infty = U = \text{const}$ in Richtung der Plattenebene angeströmt wird. Der Koordinatenursprung sei in die Vorderkante gelegt, die x-Achse falle mit der Plattenebene zusammen, und die y-Achse sei normal dazu. Die Ergebnisse für die längsangeströmte Platte gelten näherungsweise auch für gewölbte Oberflächen mit mäßigen Druckgradienten, solange keine Ablösung der Strömungsgrenzschicht auftritt. Somit bildet die Theorie der Plattengrenzschicht die Grundlage für das Widerstandsproblem aller ablösungsfrei umströmten Körperformen.

a) Exakte Lösung. Für die längsangeströmte Platte bei einem homogenen Fluid (konstante Stoffgrößen) steht das Gleichungssystem (6.14a, b) mit $u_a = U = \text{const}$, d. h. $du_a/dx = 0$, zur Verfügung. Nach Einführen der geometrischen Transformationen von Blasius

$$\tilde{x} = x, \quad \tilde{y} = y\sqrt{U/\nu x} \tag{6.18}$$

kann man für die Geschwindigkeitskomponente in x-Richtung schreiben

$$\frac{u}{U} = f(\tilde{y}) = f\left(y\sqrt{U/\nu x}\right) \quad \text{(Geschwindigkeitsprofil).} \tag{6.19}$$

Dieser Zusammenhang ist in Abb. 6.9 dargestellt. Es liegen also affine wendepunktfreie Geschwindigkeitsprofile vor, die sich an verschiedenen Stellen längs der Platte nur durch einen Längenmaßstab normal zur Platte voneinander unterscheiden. Messungen in der laminaren Reibungsschicht zeigen eine ausgezeichnete Übereinstimmung zwischen Theorie und Versuch. Eine Ablösung der Grenzschicht tritt bei der längsangeströmten ebenen Platte nicht auf, da immer $(\partial u/\partial y)_w > 0$ ist.

Setzt man zur Ermittlung der Grenzschichtdicke die Größe δ ziemlich willkürlich so fest, daß die Viskosität keinen merklichen Einfluß auf die Strömung mehr hat, wenn z. B. $u_a \approx 0{,}99U$ geworden ist, so kann aus Abb. 6.9 als ungefähre

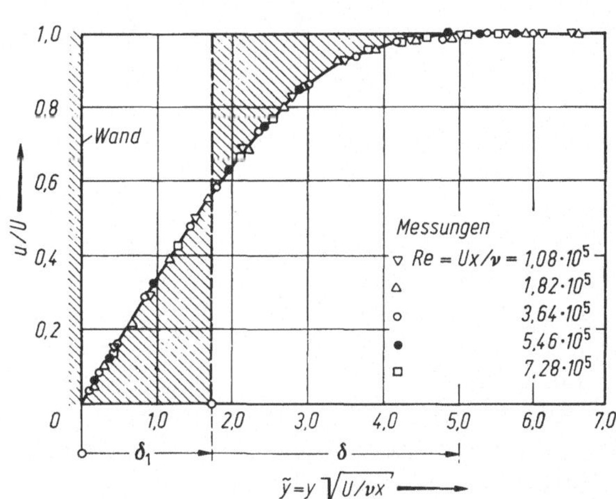

Abb. 6.9. Geschwindigkeitsverteilung u/U in der laminaren Grenzschicht an der längsangeströmten ebenen Platte. Theorie nach Blasius

Dicke der Strömungsgrenzschicht der Wert

$$\delta(x) \approx 5\sqrt{\frac{\nu x}{U}} \sim \sqrt{x} \quad \text{(Grenzschichtdicke)} \tag{6.20}$$

entnommen werden. Die Grenzschichtdicke nimmt also bei laminarer Strömung wie $\sqrt{x}$ zu. Die laminare Grenzschichtdicke für $x = l = 1$ m, $U = 15$ m/s und $\nu = 15 \cdot 10^{-6}$ m²/s (Luft) beträgt $\delta \approx 0{,}005$ m $= 5$ mm. Man erkennt, wie außerordentlich dünn die Grenzschicht ist.

Zur Kennzeichnung der Grenzschichtdicke kann man auch die in Kap. 6.2.2.4 eingeführte Verdrängungsdicke verwenden. Für sie gilt nach (6.10a)

$$\delta_1 = \int\limits_0^\infty \left(1 - \frac{u}{U}\right) dy = 1{,}721\sqrt{\frac{\nu x}{U}} \quad \text{(Verdrängungsdicke).} \tag{6.21}$$

Der angegebene Zahlenwert ergibt sich aus der Blasiusschen Theorie. Er ist in Abb. 6.9 eingezeichnet. Die beiden schraffierten Gebiete sind gleich groß.

Aus der Geschwindigkeitsverteilung in der Grenzschicht kann nun auch der Geschwindigkeitsgradient an der Platte und damit nach (6.13a) die Wandschubspannung $\tau_w = \eta(\partial u/\partial y)_w$ berechnet werden. Für den Beiwert wird

$$c_T(x) = \frac{\tau_w(x)}{\varrho U^2} = 0{,}332\sqrt{\frac{\nu}{Ux}} \sim \frac{1}{\sqrt{x}} \quad \text{(Wandschubspannung).} \tag{6.22}$$

Die Wandschubspannung ändert sich also wie $\tau_w \sim 1/\sqrt{x}$; sie ist in Abb. 6.8b dargestellt und besitzt an der Vorderkante einen unendlich großen Wert.

Der Reibungswiderstand einer einseitig beströmten Platte von der Länge l und der Breite b ergibt sich nach (6.12a) durch Integration über die Wandschubspannungen. Hieraus bildet man entsprechend (6.12b) den Plattenwiderstandsbeiwert $c_F = W/q_\infty S$ mit $q_\infty = (\varrho/2)\, u_\infty^2$ als Geschwindigkeitsdruck der Anströmung ($u_\infty = U$) und $S = bl$ als beströmter Oberfläche

$$c_F = \frac{W}{q_\infty S} = \frac{2}{l}\int\limits_0^l c_T\, dx = \frac{1{,}328}{\sqrt{Re_\infty}} \quad \text{(Plattenwiderstand),} \tag{6.23}$$

wobei $Re_\infty = u_\infty l/\nu$ die auf die Plattentiefe l bezogene Reynolds-Zahl bezeichnet. In Abb. 6.8b ist $c_F/2$ als Mittelwert des Beiwerts der Wandschubspannung dargestellt.

Der Plattenwiderstandsbeiwert nimmt mit wachsender Reynolds-Zahl ab. Er ist in Abb. 6.10 in der Form $c_F = c_F(Re_\infty)$ als Kurve (*1*) wiedergegeben. Dies Gesetz gilt entsprechend seiner Herleitung nur für laminare Reibung, während für turbulente Reibung c_F wesentlich größer wird. Nach den Beobachtungen kommen laminare Strömungen bis zu einer Reynolds-Zahl Re_∞ von etwa $5 \cdot 10^5$ bis 10^6 vor. Der genaue Wert hängt von der Störung der Parallelströmung an der Plattenvorderkante (Stolperkante), vom Turbulenzgrad der Anströmung und von der Oberflächenbeschaffenheit der Platte ab.

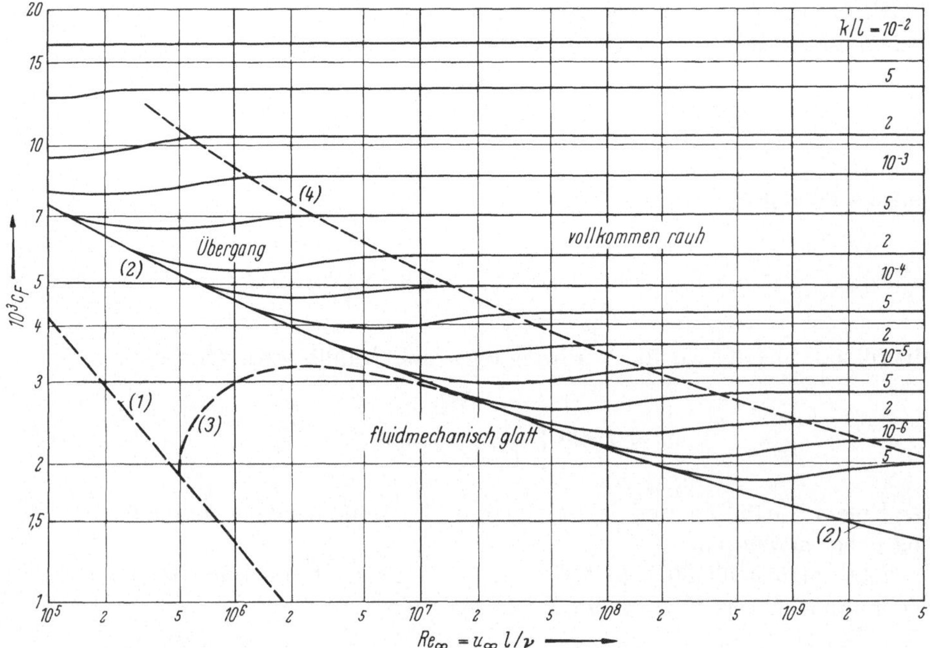

Abb. 6.10. Widerstandsbeiwerte c_F der längsangeströmten ebenen Platte bei glatter und rauher Oberfläche, (*1*) laminar nach (6.23), (*2*) turbulent glatt nach (6.37b), (*3*) laminar-turbulent nach (6.38), (*4*) Grenze des Bereichs der vollausgebildeten Rauheitsströmung

b) Näherungslösung. Die für die Grenzschichtdicke und den Widerstandsbeiwert an der längs angeströmten ebenen Platte bei laminarer Strömung exakt gefundenen Ergebnisse lassen sich mittels des in Kap. 6.2.4.4 beschriebenen Impulsverfahrens sehr gut bestätigen. Mit $u_a = U = \text{const}$ lautet die Impulsgleichung (6.9)

$$\frac{d\delta_2}{dx} = \frac{\tau_w}{\varrho U^2} \quad \text{mit} \quad \delta_2 = \int\limits_0^\delta \frac{u}{U}\left(1 - \frac{u}{U}\right) dy \text{ und } \tau_w = \eta \left(\frac{\partial u}{\partial y}\right)_w. \qquad (6.24\text{a, b, c})$$

Die Anwendung dieses Verfahrens bedarf der Vorgabe einer Geschwindigkeitsverteilung $u(x, y)$ in der Grenzschicht $0 \leqq y \leqq \delta(x)$. Der einfache Ansatz

$$\frac{u}{U} = \left(2 - \frac{y}{\delta}\right)\frac{y}{\delta} \quad \text{(laminar)} \qquad (6.25)$$

erfüllt die Haft- und Übergangsbedingung

$$u_w = 0 \quad \text{bzw.} \quad u_a = U \quad \text{und} \quad (\partial u/\partial y)_a = 0.$$

Nach Einsetzen von (6.25) in die Beziehungen für die Verdrängungs- und die Impulsverlustdicke (6.10a, b) sowie die Wandschubspannung (6.24c) erhält man

$$\frac{\delta_1}{\delta} = \frac{1}{3} = \text{const}, \qquad \frac{\delta_2}{\delta} = \frac{2}{15} = \text{const}; \qquad \frac{\tau_w}{\varrho U^2} = 2\frac{\nu}{U\delta}, \qquad (6.26\text{a, b; c})$$

wobei $\nu = \eta/\varrho$ die kinematische Viskosität bedeutet.

Gl. (6.24a) für die Impulsverlustdicke $\delta_2(x)$ geht mit (6.26b, c) über in eine Gleichung für die Grenzschichtdicke $\delta(x)$. Sie lautet

$$\frac{d\delta}{dx} = 15\,\frac{\nu}{U\delta}, \quad \frac{d(\delta^2)}{dx} = 30\,\frac{\nu}{U} \tag{6.27a}$$

und besitzt mit $\delta = 0$ für $x = 0$ die Lösung

$$\delta(x) = \sqrt{30}\,\sqrt{\frac{\nu x}{U}} = 5{,}48\,\sqrt{\frac{\nu x}{U}}. \tag{6.27b}$$

Mit (6.26a, b) folgt für die Verdrängungs- und Impulsverlustdicke

$$\delta_1 = 1{,}826\,\sqrt{\frac{\nu x}{U}}, \quad \delta_2 = 0{,}730\,\sqrt{\frac{\nu x}{U}}. \tag{6.28 a, b}$$

Die Ergebnisse (6.27b) und (6.28a) entsprechen weitgehend den in (6.20) und (6.21) angegebenen Werten.

Setzt man schließlich (6.28b) mit $x = l$ in die Beziehung für den Plattenwiderstandsbeiwert (6.12b) ein, dann erhält man mit $U = u_\infty$

$$c_F = \frac{W}{q_\infty bl} = \frac{1{,}461}{\sqrt{Re_\infty}} \quad \text{(Näherung)}. \tag{6.29}$$

Das aus dem Impulsverfahren mit dem einfachen Geschwindigkeitsansatz (6.25) gewonnene Ergebnis ist nur um 10% größer als das exakte Ergebnis von (6.23).

6.3.3 Turbulente Grenzschichten an festen Wänden

6.3.3.1 Grenzschichtgleichung der turbulenten ebenen Scherströmung

Allgemeines. Eine exakte Berechnung der Geschwindigkeitsverteilung in der turbulenten Grenzschicht ist noch nicht gelungen. Es ist dies vor allem darauf zurückzuführen, daß der eigentliche Turbulenzmechanismus in seinen Einzelheiten noch nicht vollständig bekannt ist. Darüber hinaus spielen die Umstände eine Rolle, daß bei der turbulenten Strömungsart in unmittelbarer Wandnähe eine sehr schmale Zone als viskose Unterschicht vorhanden ist, in welcher die Strömung laminar verläuft, und daß der Strömungsvorgang in dem Übergangsgebiet zwischen turbulenter Grenzschicht und Außenströmung mehr oder weniger stark von dem Druckgradienten der Außenströmung beeinflußt wird.

Wie bereits in Kap. 6.2.2.1 beschrieben und in Abb. 6.3a gezeigt wurde, besitzt die Grenzschicht bei einem umströmten Körper für $0 \leq x \leq x_u$ zunächst laminaren Strömungscharakter. Bei $x = x_u$ (Lage des laminar-turbulenten Umschlags) geht die Grenzschicht in die turbulente Strömungsart über. Häufig vereinfacht man die Aufgabe dadurch, daß man bereits von $x = 0$ an eine vollturbulente Grenzschicht annimmt. Durch bestimmte Maßnahmen, wie z. B.

durch einen sog. Stolperdraht, läßt sich dies Verhalten fluidmechanisch verwirklichen. Wie bei der turbulenten Rohrströmung in Kap. 3.4.3.4 und 3.4.3.5 hat man auch bei der turbulenten Grenzschichtströmung zu unterscheiden, ob es sich um eine fluidmechanisch glatte oder fluidmechanisch rauhe Oberfläche handelt.

Die folgenden Ausführungen beziehen sich auf eine im Mittel stationäre ebene Strömung eines homogenen Fluids mit den gemittelten Geschwindigkeiten $u(x, y)$, $v(x, y)$.

Grenzschichtgleichung. Nach (6.6a, b) steht für die Berechnung der turbulenten ebenen Strömungsgrenzschicht eines homogenen Fluids ($\varrho = \text{const}$, $\eta = \text{const}$) das Gleichungssystem

$$\text{(I)} \quad \frac{\partial u}{\partial x} + \frac{\partial v}{\partial y} = 0, \tag{6.30a}$$

$$\text{(II)} \quad \varrho\left(u\frac{\partial u}{\partial x} + v\frac{\partial u}{\partial y}\right) - \varrho u_a \frac{du_a}{dx} + \frac{\partial \tau}{\partial y} \tag{6.30b}$$

zur Verfügung. Die Geschwindigkeitskomponenten $u(x, y)$ und $v(x, y)$ stellen gemittelte Werte der turbulenten Hauptbewegung dar. Es sind $u_a(x)$ bzw. $p_a(x)$ nach (6.6b) der reibungslosen Außenströmung zu entnehmen. Das letzte Glied gibt neben der von der Viskosität verursachten Zähigkeitskraft die zusätzlich von den turbulenten Spannungen hervorgerufene Turbulenzkraft an. Für die gesamte von der Viskosität und von der Turbulenz in der Strömungsgrenzschicht hervorgerufene gemittelte Schubspannung gilt nach (1.12)

$$\tau = (\eta + A_\tau)\frac{\partial u}{\partial y}, \qquad \tau_w = \eta\left(\frac{\partial u}{\partial y}\right)_w \quad (y = 0). \tag{6.31a, b}$$

Unter A_τ wird nach (1.12c) die Impulsaustauschgröße der turbulenten Schwankungsbewegung verstanden. An der Wand ($y = 0$) verschwindet der turbulente Impulsaustausch mit $A_\tau = 0$. Dies führt zu der Beziehung für die Wandschubspannung τ_w nach (6.31b). Auch in der viskosen Unterschicht ($0 \leqq y \leqq \delta_0$) spielt A_τ keine Rolle, d. h. hier gilt $A_\tau \approx 0$. Abgesehen von der Übergangsschicht zur vollturbulenten Grenzschichtströmung ($\delta_0 \leqq y \leqq \delta_t$), in der η und A_τ von gleicher Größenordnung sein können, kann man für die vollturbulente Wandschicht ($\delta_t \leqq y \leqq \delta$) die Viskosität gegenüber der Impulsaustauschgröße vernachlässigen.

Die in (6.7) angegebenen Randbedingungen sind sinngemäß auf die gemittelten Geschwindigkeitskomponenten anzuwenden. An einer festen Wand ist $A_\tau = 0$ sowie $u = 0 = v$.

In gleicher Weise wie die laminare Grenzschicht ist die Ausbildung der turbulenten Grenzschicht vom Druckgradienten der Außenströmung betroffen. Es gilt auch hier die Wandbindung (6.16), da an der Wand die turbulente Schwankungsbewegung erlischt und sich die Strömung in der viskosen Unterschicht wie bei einer laminaren Strömung mit der gemittelten Geschwindigkeit u verhält. Eine Ablösung der Strömungsgrenzschicht kann nur bei Druckanstieg in Strömungsrichtung (verzögerte Außenströmung) auftreten, während bei Gleichdruck und Druckabfall (konstante bzw. beschleunigte Außenströmung) eine Rückströmung der Strömungsgrenzschicht nicht vorkommen kann. Im allgemeinen ist bei gleichem Druckverhalten der Außenströmung eine turbulente Grenzschicht in der Lage, größere Druckanstiege ablösungsfreier zu überwinden als eine laminare Grenzschicht.

6.3.3.2 Turbulente Grenzschicht an der längsangeströmten ebenen Platte

Allgemeines. Da die Behandlung der turbulenten Plattengrenzschicht gegenüber der laminaren Plattengrenzschicht in Kap. 6.3.2.3 wesentlich schwieriger ist, soll hier nur über einige einfache Ansätze berichtet werden. Der Betrachtung wird eine Anordnung gemäß Abb. 6.8a mit $u_a = u_\infty = U = \text{const}$ zugrunde gelegt. Zunächst wird angenommen, daß die Strömungsgrenzschicht (Reibungsschicht) bereits von der Plattenvorderkante ($x = 0$) ab turbulent sei. Zur Lösung steht das Gleichungssystem (6.30a, b) mit $du_a/dx = 0$ und τ nach (6.31a) zur Verfügung. Da über die Impulsaustauschgröße A_τ keine allgemein gültigen Ansätze bekannt sind, trägt (6.31a) zur Berechnung der Schubspannung und damit zur Ermittlung der Geschwindigkeitsverteilung in der Strömungsgrenzschicht $u(x, y)$ nicht viel bei. Während bei laminarer Strömung die exakte Beziehung (6.13a) für die Schubspannung gilt, ist bei turbulenter Strömung eine angenäherte Beziehung einzuführen. Am einfachsten gestaltet sich die Rechnung mittels des in Kap. 6.2.2.4 abgeleiteten Impulsverfahrens. Für die längsangeströmte ebene Platte gilt sinngemäß (6.24), nämlich

$$\frac{d\delta_2}{dx} = \frac{\tau_w}{\varrho U^2} \quad \text{mit} \quad \delta_2 = \int_0^\delta \frac{u}{U}\left(1 - \frac{u}{U}\right) dy \qquad (6.32\text{a, b})$$

als Impulsverlustdicke der turbulenten Grenzschicht.

a) Turbulente Plattengrenzschicht bei glatter Wand. Nach Prandtl kann man näherungsweise davon ausgehen, daß sich die turbulente Grenzschichtströmung längs der Platte nicht wesentlich von der turbulenten Strömung in einem Rohr unterscheidet. Im Zustand der vollausgebildeten Turbulenz kann man sich die Rohrströmung als eine Grenzschichtströmung vorstellen, wobei die Dicke der Strömungsgrenzschicht δ der Größe des Rohrhalbmessers R und die maximale Geschwindigkeit in Rohrmitte $v_{\max}$ der Anströmgeschwindigkeit U bei der Platte entspricht (Analogiebetrachtung).

Wie bei der turbulenten Rohrströmung läßt sich auch bei der turbulenten Plattenströmung die Geschwindigkeitsverteilung über einen Querschnitt der Grenzschicht an einer Stelle x durch das 1/7-Potenzgesetz der Geschwindigkeitsverteilung näherungsweise darstellen, vgl. (3.73) mit $n = 1/7$. Mithin gilt nach Auswertung von (6.32b) für das Verhältnis der Impulsverlustdicke δ_2 zur Grenzschichtdicke δ

$$\frac{\delta_2}{\delta} = \frac{7}{72} \quad \text{mit} \quad \frac{u}{U} = \left(\frac{y}{\delta}\right)^{1/7} \quad \text{(turbulent).} \qquad (6.33\text{a, b})$$

Bei fluidmechanisch glatter Oberfläche gelten für die Wandschubspannung τ_w bei der Rohrströmung die Beziehung (3.65b) in Verbindung mit der Blasiusschen Formel für die Rohrreibungszahl λ nach (3.72) sowie für die Plattenschubspannung die Beziehung (6.32a) in Verbindung mit der Impulsverlustdicke δ_2 nach (6.33b), d. h.

$$\text{Rohr:} \quad \frac{\tau_w}{\varrho v_m^2} = \frac{0{,}316}{8} \left(\frac{\nu}{v_m D}\right)^{1/4}, \tag{6.34a}$$

$$\text{Platte:} \quad \frac{\tau_w}{\varrho U^2} = \frac{d\delta_2}{dx} = \frac{7}{72} \frac{d\delta}{dx}. \tag{6.34b}$$

Hieraus folgt die Gegenüberstellung:

$$\text{Rohr} \rightarrow \frac{0{,}316}{8} \varrho v_m^2 \left(\frac{\nu}{v_m D}\right)^{1/4} = \tau_w = \frac{7}{72} \varrho U^2 \frac{d\delta}{dx} \leftarrow \text{Platte.} \tag{6.35}$$

Die Analogie zwischen der Rohr- und der Plattenströmung besteht nun darin, daß $D = 2R = 2\delta$ und $v_{\max} = U$ mit $v_m/v_{\max} = 49/60 = 0{,}817$ nach (3.74a) angenommen wird. Setzt man in (6.35) ein, so wird

$$\frac{d\delta}{dx} = 0{,}240 \left(\frac{\nu}{U\delta}\right)^{1/4}, \quad \frac{d(\delta^{5/4})}{dx} = 0{,}30 \left(\frac{\nu}{U}\right)^{1/4}. \tag{6.36a}$$

Bei turbulenter Grenzschicht von der Plattenvorderkante ($x = 0$) an liefert die Integration über x die Grenzschichtdicke des 1/7-Potenzgesetzes der Geschwindigkeitsverteilung zu

$$\delta(x) = 0{,}381 \left(\frac{Ux}{\nu}\right)^{-1/5} x \sim x^{4/5} \quad \text{(Rohr-Analogie).} \tag{6.36b}$$

Entsprechend dem eingeschränkten Gültigkeitsbereich der Blasiusschen Formel ist (6.36b) nicht für große Reynolds-Zahlen anwendbar.

Nach neueren Erkenntnissen über die turbulente Grenzschicht an der längsangeströmten glatten Platte wird der Verlauf der Grenzschichtdicke $\delta(x)$ ohne Einschränkung des Gültigkeitsbereiches der Reynolds-Zahl genauer durch die Formel

$$\delta(x) = 0{,}14 \left(\frac{Ux}{\nu}\right)^{-1/7} x \sim x^{6/7} \approx x \quad \text{(turbulent, glatt)} \tag{6.36c}$$

wiedergegeben.

Bei turbulenter Strömung nimmt die Grenzschichtdicke nahezu linear mit der Lauflänge x zu, während sie bei laminarer Strömung nach (6.20) proportional $\sqrt{x}$ anwächst. Für $x = 1$ m, $U = 15$ m/s und $\nu = 15 \cdot 10^{-6}$ m²/s (Luft) beträgt die turbulente Grenzschichtdicke $\delta \approx 0{,}02$ m $= 20$ mm, während die laminare Grenzschicht bei gleichen Ausgangswerten nur $\delta \approx 5$ mm dick ist.

Für den Plattenwiderstandsbeiwert erhält man mit $Re_\infty = u_\infty l/\nu$ als Reynolds-Zahl der Anströmung ($u_\infty = U$)

$$c_F = \frac{0{,}0303}{\sqrt[7]{Re_\infty}} \quad \text{(vollturbulent, glatt).} \tag{6.37a}$$

Die von Prandtl und Schlichting vorgeschlagene Formel

$$c_F = 0{,}455\,(\lg Re_\infty)^{-2{,}58} \qquad \text{(Schlichting)} \tag{6.37b}$$

kann ebenfalls als sehr zuverlässig angesehen werden. In Abb. 6.10 ist das Ergebnis der Gleichung (6.37 b) als Kurve (*2*) dargestellt.

Um den Einfluß der laminaren Vorstrecke zu erfassen, schlägt Prandtl vor, diesen durch ein Zusatzglied in der Formel für die vollturbulente Grenzschicht (6.37 a, b) zu berücksichtigen:

$$c_F = (c_F)_{\text{vollturbulent}} - \frac{A}{Re_\infty} \qquad \text{(laminar-turbulent).} \tag{6.38}$$

Für die Reynolds-Zahl des laminar-turbulenten Umschlags $Re_u = 5 \cdot 10^5$ ist $A = 1\,700$ zu setzen. Der durch (6.38) beschriebene Kurvenverlauf ist in Abb. 6.10 als Kurve (*3*) wiedergegeben.

b) Turbulente Plattengrenzschicht bei rauher Wand. Die bisher durchgeführte Untersuchung bezog sich auf die turbulente Grenzschicht an der längsangeströmten ebenen Platte, sofern die Oberfläche als fluidmechanisch (hydraulisch) glatt angesehen werden kann. Bei rauher Wand tritt, ähnlich wie bei dem fluidmechanisch (hydraulisch) rauhen Rohr nach Kap. 3.4.3.5, eine erhebliche Abweichung gegenüber dem Ergebnis der glatten Wand auf. Mit k werde auch hier die Rauheitshöhe bezeichnet. Während für unveränderlich angenommene Werte $k = \text{const}$ bei der Rohrströmung die relative Rauheit k/D über die ganze Rohrlänge konstant ist, ändert sich bei der Plattenströmung die relative Rauheit k/δ wegen $\delta = \delta(x)$ längs der Lauflänge x. Man hat dann im vorderen Plattenteil bei kleiner Grenzschichtdicke δ einen großen und stromabwärts dagegen einen ständig kleiner werdenden Rauheitsparameter k/δ. Zur Berechnung des Widerstandsbeiwerts rauher Platten kann man wieder die bei der Rohrströmung gefundenen Gesetzmäßigkeiten auf die Platte umrechnen, wobei man zunächst zweckmäßig von der Sandkornrauheit (künstliche Rauheit) ausgeht, vgl. Kap. 3.4.3.5.

Für den Bereich der vollausgebildeten Rauheitsströmung läßt sich für den Plattenwiderstandsbeiwert c_F die Interpolationsformel

$$c_F = \left[1{,}89 - 1{,}62\,\lg\left(\frac{k}{l}\right)\right]^{-2{,}5} \qquad \text{(turbulent, rauh,} \quad 10^{-6} < k/l < 10^{-2}) \tag{6.39}$$

angeben. Dabei ist wieder angenommen, daß die turbulente Grenzschicht an der Plattenvorderkante $x = 0$ beginnt. Die angegebene Beziehung gilt zunächst für die Sandkornrauheit im Bereich $10^{-6} < k/l < 10^{-2}$. Das Ergebnis ist in Abb. 6.10 durch die Kurven (*4*) angegeben, wobei $c_F = c_F(k/l)$ über der Reynolds-Zahl Re_∞ mit der relativen Rauheit k/l als Parameter dargestellt ist. Werte für technische Rauheitshöhen sind für die Rohrströmung in Tab. 3.4 zusammengestellt. Sie können auf den vorliegenden Fall der längsangeströmten Platte übertragen werden.

6.3.4. Abgelöste Grenzschicht bei umströmten Körpern

6.3.4.1 Grundsätzliche Erkenntnisse

Anliegende Strömung. Bei der Anwendung der Grenzschicht-Theorie an festen Wänden auf das Umströmungsproblem von Körpern liefern die in Kap. 6.3.2 bis 6.3.3 geschilderten Berechnungsverfahren als Integral der Wandschubspannung über die Oberfläche zunächst nur den Schubspannungswiderstand. Auch in solchen Fällen, wo keine Ablösung vorliegt, enthält der gesamte Reibungswiderstand noch einen Druckwiderstand. Dieser rührt physikalisch daher, daß die Reibungsschicht (Strömungsgrenzschicht) auf die Außenströmung (Potentialströmung) eine Verdrängungswirkung ausübt. Die Stromlinien der Außenströmung werden um einen Betrag, der gleich der Verdrängungsdicke δ_1 ist, von der Körperkontur abgedrängt, vgl. Abb. 6.9 für die laminare Grenzschicht an der längsangeströmten ebenen Platte. Dadurch wird an der Körperkontur auch bei nichtabgelöster Strömung die Druckverteilung etwas geändert. Diese Verteilung hat in Anströmrichtung nicht wie nach dem d'Alembertschen Paradoxon die Resultierende null, sondern ergibt einen reibungsbedingten Druckwiderstand (Verdrängungswiderstand), der zu dem reibungsbedingten Schubspannungswiderstand noch hinzukommt. Beide zusammen ergeben den Reibungswiderstand, auch Form- oder Profilwiderstand genannt. Der reibungsbedingte Druckwiderstand bleibt nur dann klein, wenn eine Ablösung vermieden wird. Dies kann man durch zweckmäßige Formgebung des Körpers erreichen.

Abgelöste Strömung. Die Vorgänge, die zum Entstehen einer abgelösten Grenzschichtströmung führen, können physikalisch als geklärt angesehen werden. Mittels der Grenzschicht-Theorie läßt sich bei ebener und drehsymmetrischer und z. T. auch bei einigen einfachen Fällen räumlicher Strömung die Stelle der Ablösung, d. h. der Zustand, wo nach Abb. 6.6 (Bild 3) Rückströmung in der wandnahen Reibungsschicht erstmalig beginnt, ermitteln. Im allgemeinen tritt Ablösung nur bei Druckanstieg der Außenströmung in Strömungsrichtung auf, man vgl. hierzu die Ausführungen in Kap. 6.2.2.1 und 6.3.2.2.

Ablösungserscheinungen an um- und auch durchströmten Körpern lassen sich mit der in Kap. 6.3.2 und 6.3.3 beschriebenen Grenzschicht-Theorie nicht erfassen. Dies beruht z. T. darauf, daß in dem Ablösungsgebiet nach Abb. 6.7 die Grenzschichtdicke erheblich anwächst, so daß die der Grenzschicht-Theorie zugrunde liegende Voraussetzung kleiner Grenzschichtdicke nur noch sehr angenähert erfüllt ist.

Um die Auswirkung einer Strömungsablösung auf die Druckverteilung eines umströmten Körpers und die dadurch hervorgerufene reibungsbedingte Kraft feststellen zu können, ist man weitgehend auf Versuche im Wind- oder Wasserkanal angewiesen. Mehr noch als bei der anliegenden spielt bei der abgelösten Strömung die Ermittlung des oben definierten Reibungswiderstands eine besondere Rolle. Dies kann entweder mittels einer Kraftmessung oder durch Auswerten der Körpernachlaufströmung erfolgen, vgl. Kap. 2.5.2.3, Abschn. c.

Im allgemeinen führt man einen dimensionslosen Widerstandsbeiwert c_W ein. Dieser hängt außer von der Form des umströmten Körpers ab von der Reynolds- und Mach-Zahl $Re_\infty = u_\infty l/\nu_\infty$ bzw. $Ma_\infty = u_\infty/c_\infty$ mit u_∞ als Anströmgeschwindigkeit, ν_∞ und c_∞ als kinematischer Viskosität bzw. Schallgeschwindigkeit des Anströmzustands sowie l als charakteristischer Länge

$$c_W = \frac{W}{q_\infty A} = fkt\ (\text{Körperform},\ Re_\infty,\ Ma_\infty). \qquad (6.40)$$

Es ist $q_\infty = (\varrho_\infty/2)\, u_\infty^2$ der Geschwindigkeitsdruck der Anströmung in N/m^2 und A die in bestimmter Weise definierte Bezugsfläche (Stirnfläche, Grundrißfläche) in m^2.

Im Gegensatz zu gewölbten Körperformen, wie Zylinder, Profil, Kugel, Ellipsoid u. a., bei denen über die möglicherweise von der Reynolds-Zahl abhängige Lage der Ablösestelle von vornherein nichts Bestimmtes ausgesagt werden kann, fällt bei kantigen Körperformen die Ablösestelle meistens mit eindeutig bevorzugten Kanten zusammen. Der Einfluß der Reynolds-Zahl tritt hierbei in den Hintergrund.

6.3.4.2. Abgelöste Strömung an gewölbten Körpern

a) Elliptischer Zylinder. In Abb. 1.6 werden Widerstandsbeiwerte von elliptischen Zylindern mit verschiedenem Dickenverhältnis, die in Richtung der großen Achse angeströmt werden, wiedergegeben. Maßgebend für den Verlauf $c_W(Re_\infty)$ ist die Lage des Umschlagpunkts von der laminaren in die turbulente Strömungsgrenzschicht. Beim Dickenverhältnis $d/l = 1$, d. h. beim angeströmten Kreiszylinder, ändert sich die Abhängigkeit $c_W(Re_\infty)$ entscheidend gegenüber derjenigen bei verschwindendem Dickenverhältnis $d/l = 0$, d. h. bei der längsangeströmten ebenen Platte. Dies hängt mit der Grenzschichtablösung bei einem endlich dicken hinten stumpfen Körper und der hinter dem Körper sich ausbildenden Nachlaufströmung zusammen.

b) Kreiszylinder und Kugel. Die Umströmung eines Kreiszylinders oder einer Kugel ohne Berücksichtigung des Reibungseinflusses läßt sich für ein dichtebeständiges Fluid nach der Potentialtheorie in Kap. 5.3.3.4 Beispiel e.3 bzw. Kap. 5.3.3.6 Beispiel e.2 berechnen. In Abb. 5.18a und b sind die potentialtheoretisch ermittelten Druckverteilungen wiedergegeben. Sie liefern wegen ihrer Symmetrie von Vorder- und Hinterteil keinen Widerstand (d'Alembertsches Paradoxon).

In Abb. 5.18a, b sind für den Kreiszylinder und die Kugel auch die gemessenen Druckverteilungen für jeweils zwei verschiedene Reynolds-Zahlen dargestellt. Die sehr großen Unterschiede gegenüber der potentialtheoretisch berechneten Druckverteilung werden besonders im hinteren Bereich ($\pi/2 < \varphi_K < \pi$) durch die Strömungsablösung verursacht. Dabei ist von entscheidender Bedeutung, ob es sich wie bei der kleineren Reynolds-Zahl um die Ablösung einer laminaren Strömungsgrenzschicht oder wie bei der größeren Reynolds-Zahl um die Ablösung einer turbulenten Strömungsgrenzschicht handelt.

Für den Kreiszylinder, der normal zu seiner Achse angeströmt wird (ebene Strömung), ist in Abb. 5.19 das Widerstandsverhalten in Abhängigkeit von der Reynolds-Zahl ($10^3 < Re_\infty < 10^6$) als Kurve (*1*) wiedergegeben. Bis $Re_\infty \approx 1{,}8 \times 10^5$ ist der Widerstandsbeiwert $c_W \approx 1{,}2$. Dies laminare Verhalten geht bei

$Re_u \approx 2 \cdot 10^5$ mit einem starken Sprung in das turbulente Verhalten über, wobei der Widerstandsbeiwert vom Wert $c_W \approx 1{,}2$ auf den Wert $c_W \approx 0{,}3$ abfällt. Sowohl im laminaren als auch im turbulenten Reynolds-Zahl-Bereich sind die Widerstände nach (6.40) wegen der nahezu konstanten Widerstandsbeiwerte proportional dem Quadrat der Anströmgeschwindigkeit.

Bei der Kugel (räumliche Strömung) ergibt sich nach Kurve (*2*) in Abb. 5.19 ein ähnliches Bild. In Abb. 6.1 sind Messungen von Widerstandsbeiwerten an einer Kugel wiedergegeben, die den Einfluß der beiden in (6.40) genannten Kennzahlen zeigen. Bei der Strömung eines dichtebeständigen Fluids ($Ma_\infty \ll 1$) entfällt der Einfluß der Mach-Zahl, und es verbleibt nur derjenige der Reynolds-Zahl.

Abschließend sei noch eine kurze Bemerkung über die Stromlinienbilder abgelöster Strömungen gemacht. Hält man einen unendlich langen Kreiszylinder (ebenes Problem) in einem anfangs ruhenden Fluid fest und setzt dies dann in Bewegung, so stellt sich im ersten Augenblick nach Abb. 6.11a ein Stromlinienbild ähnlich dem der Potentialströmung nach Abb. 5.17a ein. Die Geschwindigkeit ist im vorderen Staupunkt null, steigt von dort auf der Vorderseite oben und unten zu ihrem Maximalwert an und fällt auf der Rückseite wieder auf den Wert null im hinteren Staupunkt ab, vgl. Kap. 5.3.3.4 Beispiel e3. Im vorderen Bereich herrscht gemäß der Bernoullischen Druckgleichung nach Abb. 5.18a Druckabfall und im hinteren Bereich Druckanstieg, der im weiteren Verlauf zu einer Ablösung der Grenzschicht vom Zylinder führt. Durch weitere Ansammlung des abgebremsten Grenzschichtmaterials wird die Ablösungsstelle solange stromaufwärts verschoben, bis sich schließlich, wie in Abb. 6.11b schematisch gezeigt, ein quasistationärer Zustand einstellt. Die Fortbewegung der Wirbel im Nachlauf des Körpers erfolgt jedoch nicht paarweise symmetrisch oben und unten, sondern unsymmetrisch, dergestalt, daß abwechselnd oben und unten ein freier Wirbel in den Nachlaufstrom gelangt. Dies in Abb. 6.11c schematisch dargestellte Stromlinienbild läßt sich theoretisch als Kármánsche Wirbelstraße berechnen. Bei weiterer Steigerung der Anströmgeschwindigkeit entstehen nach Abb. 6.11d und e weitgehend durch unregelmäßige Bewegung gekennzeichnete Stromlinienbilder.

In Übereinstimmung mit theoretischen Ergebnissen einer Grenzschichtrechnung stellt man fest, daß die turbulente Grenzschicht länger an der Körperoberfläche anliegt als die laminare. Bei laminarer Ablösung befindet sich die Ablösungsstelle nahe des größten Körperquerschnitts, und es bildet sich hinter dem Körper nach Abb. 6.11d ein normal zur Anströmrichtung breites Wirbelgebiet aus, welches einen großen reibungsbedingten Druckwiderstand und damit einen großen Widerstandsbeiwert c_W zur Folge hat. Dieser Fall tritt jeweils bei der kleineren Reynolds-Zahl ein. Bei größerer Geschwindigkeit und damit bei größerer Reynolds-Zahl schlägt die laminare Grenzschichtströmung, bevor sie sich vom Körper ablöst, in die turbulente Strömungsform um, und zwar mitunter ganz plötzlich, d. h. ohne ein wesentliches Übergangsgebiet. Die Ablösungsstelle verschiebt sich dabei weiter stromabwärts, und das Wirbelgebiet hinter dem Körper wird dadurch nach Abb. 6.11e normal zur Anströmrichtung schmaler. Die Folge davon ist ein fast plötzliches Absinken des Widerstandsbeiwerts. Man spricht daher von einem laminaren oder auch unterkritischen und einem turbulenten oder auch überkritischen Bereich.

In der Unterschrift zu Abb. 6.11a bis e sind für die unterschiedlichen Stromlinienbilder die Bereiche der Reynolds-Zahlen $Re_\infty = u_\infty D/\nu$, bei denen diese auftreten, angegeben.

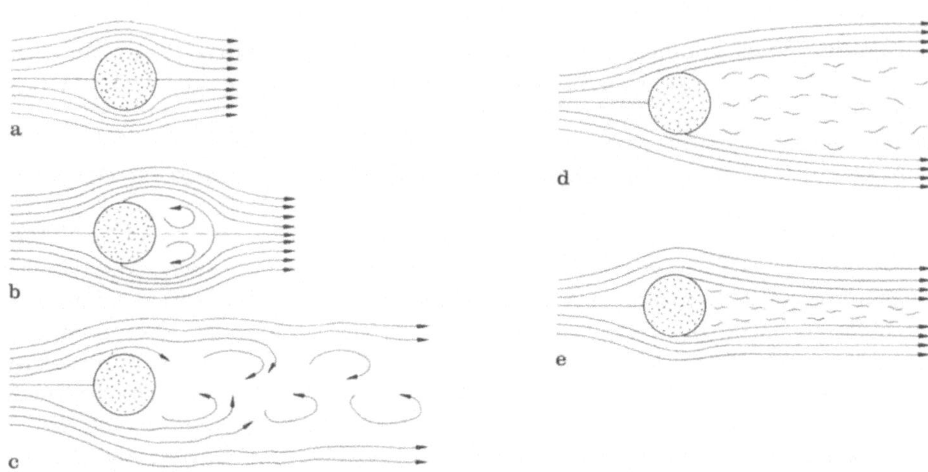

Abb. 6.11. Strömungsablösung hinter einem normal angeströmten Kreiszylinder und Stromlinienbilder in der Nachlaufströmung (schematische Darstellung). **a** Zustand beim Ingangsetzen der Strömung, $0 < Re_\infty < 4$; **b** Ausbildung der Nachlaufströmung, $4 < Re_\infty < 40$; **c** Regelmäßige (periodische) Nachlaufströmung (Kármánsche Wirbelstraße), $40 < Re_\infty < 160$ (< 5000); **d** Unregelmäßige Nachlaufströmung (laminare Grenzschichtablösung), $5 \cdot 10^3 < Re_\infty < 2 \cdot 10^5$; **e** Unregelmäßige Nachlaufströmung (turbulente Grenzschichtablösung), $Re_\infty > 2 \cdot 10^5$

c) Tragflügelprofil. Den Auftrieb um ein Tragflügelprofil (ebenes Problem) bei kleinem oder mittlerem Anstellwinkel kann man unter Vernachlässigung des Reibungseinflusses nach Kap. 5.4.3.2 in sehr guter Übereinstimmung mit Messungen berechnen. Die wandnahe Reibungsschicht (Grenzschicht) hat sich hierbei noch nicht abgelöst. Solange diese Voraussetzung gilt, kann man auch den Profilwiderstand, der hierbei weitgehend aus den Schubspannungskräften an der Oberfläche besteht, mittels der Grenzschicht-Theorie ermitteln. Bei mäßig angestelltem oder schwach gewölbtem Tragflügelprofil mit guter Abrundung an der Profilnase entsteht auf der Oberseite (Saugseite) vom vorderen Staupunkt aus zunächst eine laminare Grenzschicht. Daran schließt sich mit dicker werdender Grenzschicht im allgemeinen ein Übergangsgebiet bis zur vollständigen Ausbildung der turbulenten Grenzschicht an, welche bei anliegender Strömung bis fast zur Profilhinterkante reicht. Bei größerem Anstellwinkel mit auftretendem starken Druckanstieg löst die Strömung von der Flügeloberseite unter starker Wirbelbildung ab.

Der Einfluß eines Wirbelgebiets auf die Druckverteilung am Tragflügel ist in Abb. 6.12 dargestellt und mit dem theoretischen Ergebnis bei reibungsloser Strömung verglichen. Bei einem mittleren Anstellwinkel tritt nach Abb. 6.12a Strömungsablösung zuerst auf der Oberseite des Profils in der Nähe der Hinterkante auf. Von dort aus wandert sie mit zunehmendem Anstellwinkel nach vorn.

Es bildet sich dabei ein Gebiet aus, welches einen in sich geschlossenen Wirbel einschließt. Bei einem dünnen angestellten Profil kann die in Abb. 6.12b dargestellte Druckverteilung mit laminarer Ablösung an der Vorderkante und Wiederanlegen der turbulenten Strömungsgrenzschicht weiter stromabwärts beobachtet werden.

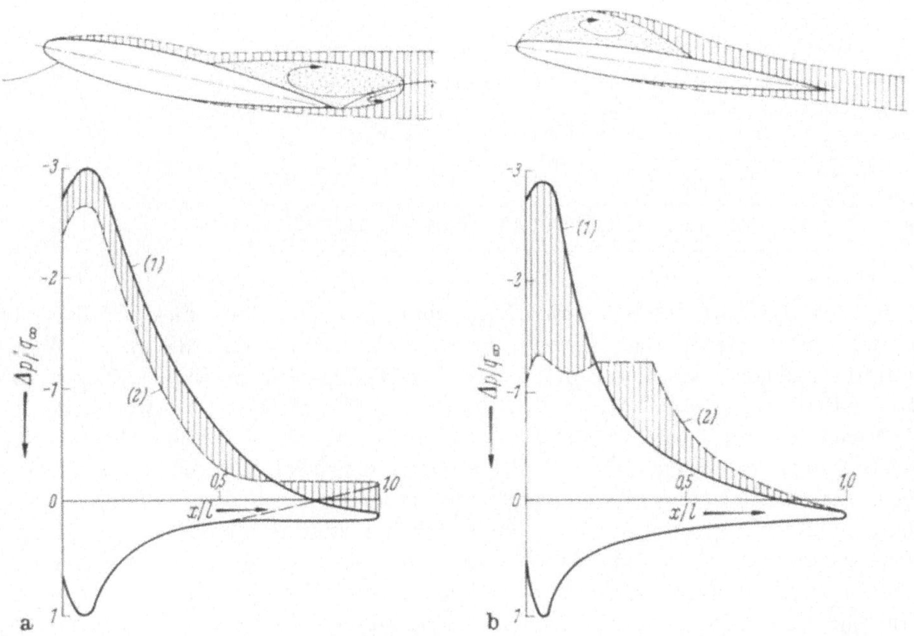

Abb. 6.12. Einfluß der Strömungsablösung auf die Druckverteilung um ein angestelltes Tragflügelprofil (schematisch), $\Delta p/q_\infty$ mit $\Delta p = p - p_\infty$ und $q_\infty = (\varrho/2)\, u_\infty^2$. **a** Ablösung an der Hinterkante, **b** Ablösung an der Vorderkante. (*1*) Theoretisches Ergebnis (reibungslos); (*2*) experimentell beobachtetes Ergebnis

6.3.4.3 Abgelöste Strömung um Körper mit scharfen Kanten

a) Normal angeströmte Einzelkörper. Hat der umströmte Körper vorspringende Ecken oder scharfe Kanten, so findet die Ablösung der Strömungsgrenzschicht an den Ecken oder Kanten statt. Setzt man z. B. eine dünne rechteckige Platte einer Strömung normal zur Plattenebene aus, so stellt sich zunächst eine Potentialströmung ein. An den Kanten oben und unten tritt theoretisch eine unendlich große Geschwindigkeit auf, die am hinteren Staupunkt wieder auf null abfällt. Auf der rückwärtigen Plattenseite herrscht also im Bereich des oberen und des unteren Plattenrands ein sehr starker Druckanstieg, der zur Ablösung der Grenzschicht an den Plattenrändern und zu starker Wirbelbildung hinter der Platte Veranlassung gibt. Durch die auf der Plattenvorder- und rückseite unsymmetrischen Druckverteilungen entsteht eine große Widerstandskraft. In Tab. 6.1 sind Angaben über gemessene Widerstandsbeiwerte gemacht. Bei einer Platte unendlicher Breite ist der auf die Stirnfläche bezogene Widerstandsbeiwert $c_W \approx 2{,}0$, während bei einer Kreisplatte der Wert mit $c_W \approx 1{,}1$ nur etwa halb so groß ist.

Diese Werte sind nahezu unabhängig von der Reynolds-Zahl. Dies ist in erster Linie darauf zurückzuführen, daß die Grenzschichtablösung unabhängig von der Reynolds-Zahl stets an der gleichen Stelle, nämlich an den scharfen Kanten erfolgt. Diese Erscheinung gilt danach nicht nur für Platten, sondern für alle Körper mit quer überströmten scharfen Kanten. Widerstandsbeiwerte für abgeschnittene Kegel und Halbkugeln sind in Tab. 6.2 mitgeteilt.

Tabelle 6.1. Widerstandsbeiwerte normal angeströmter Platten, $c_W = W/q_\infty A$ mit q_∞ als Geschwindigkeitsdruck der Anströmung und A als Stirnfläche

Rechteckige Platte, b Breite, h Höhe							Kreisplatte
b/h	1	2	4	10	18	∞	
c_W	1,10	1,15	1,19	1,29	1,40	2,01	1,11

b) Aerodynamik des Bauwerks. Die genaue Kenntnis der Druckverteilung an Bauwerken (scharfkantige Körper der verschiedensten Art), die unter Windeinfluß stehen, ist besonders im Hinblick auf Festig- und Steifigkeitsfragen von großer Bedeutung. Es hat sich hierfür die Aerodynamik des Bauwerks als ein wichtiges Anwendungsgebiet der Fluidmechanik entwickelt. Da eine theoretische Behandlung sowohl wegen der vielfältigen Geometrie der Bauwerke als auch wegen der in hohem Maß vorliegenden abgelösten Strömung nur bedingt erfolgreich sein kann, ist die Aerodynamik der Bauwerke ein bevorzugtes Gebiet des strömungstechnischen Versuchswesens. Da bei der Umströmung von Körperformen mit scharfen Kanten, ähnlich wie bei der normal angeströmten Platte, die Reynolds-Zahl nur einen sehr geringen Einfluß besitzt, können die Ergebnisse aus Modell-

Tabelle 6.2. Widerstandsbeiwerte einfacher drehsymmetrischer Körper, $c_W = W/q_\infty A$ mit q_∞ als Geschwindigkeitsdruck und A als Stirnfläche. (1) Kreisplatte; (2), (3) Kegel (mit Boden, Spitzenwinkel 30° bzw. 60°); (4), (5) Halbkugel (ohne Boden); (6) Drehkörper geringsten Widerstands

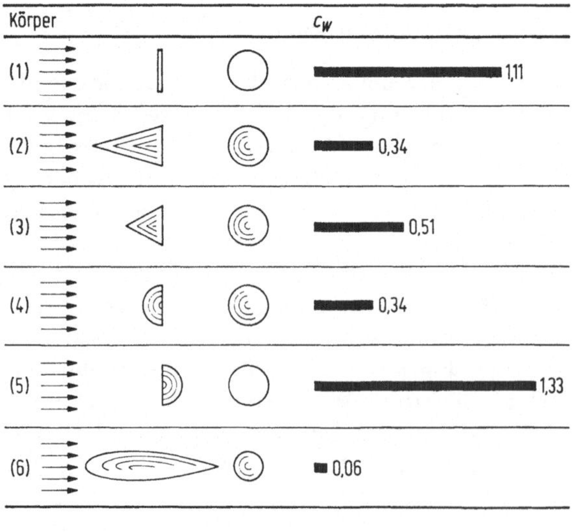

Körper	c_W
(1)	1,11
(2)	0,34
(3)	0,51
(4)	0,34
(5)	1,33
(6)	0,06

versuchen weitgehend auf die Großausführung übertragen werden. Gewisse Fehlerquellen sind bei dieser Übertragung allerdings nicht immer ganz zu vermeiden. Sie rühren einerseits daher, daß es sich bei dem natürlichen Wind nicht um eine stationäre Strömung, sondern um eine sowohl nach Richtung und Stärke als auch der Höhe nach mehr oder weniger veränderliche Bewegung handelt, weshalb man geeignete Mittelwerte für die Anströmgeschwindigkeit anzunehmen hat. Andererseits spielt auch die Bodenbeschaffenheit (Rauheit) in der Umgebung des Bauwerks eine gewisse Rolle, die sich im Modellversuch nur schwer nachahmen läßt. Winddruckverteilungen über die Oberfläche eines geometrisch ähnlichen Bauwerksmodells können in Windkanälen manometrisch gemessen werden. Dies geschieht dadurch, daß an dem Modell gemäß Abb. 3.10a kleine Bohrungen angebracht werden, die den an der betreffenden Stelle herrschenden Druck mittels eines Schlauches an das Manometer weiterleiten.

Neben der Aerodynamik des einzelnen Bauwerks kommt der gegenseitigen aerodynamischen Beeinflussung von Gebäudeteilen oder Gebäudegruppen große Bedeutung zu. In Abb. 6.13a ist die Druckverteilung an den Außenwänden eines einfachen Gebäudes und in Abb. 6.13b diejenige an zwei in Windrichtung (Anströmrichtung) hintereinander angeordneten einfachen Gebäuden dargestellt.

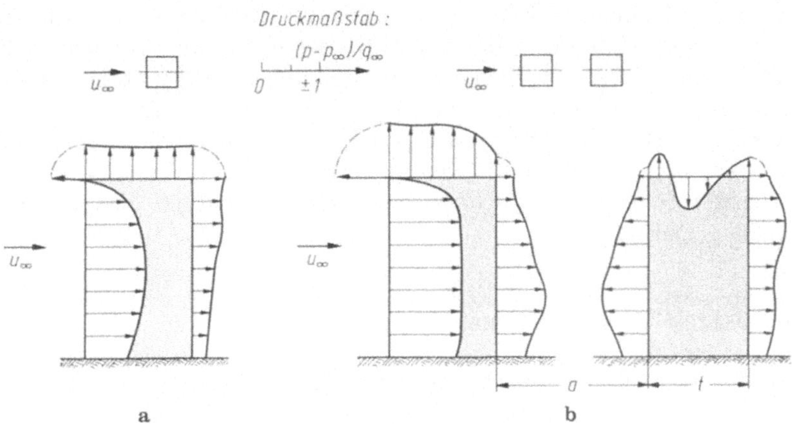

Abb. 6.13. Winddruckverteilung an einfachen Bauwerken, nach Messungen. **a** Allein stehendes Bauwerk, **b** zwei hintereinander stehende Bauwerke, $a/t = 4{,}6$

Während auf der windzugewandten Vorderseite (Luvseite) Überdruck herrscht, bildet sich als Folge der Strömungsablösung an der scharfen Gebäudeoberkante auf der windabgewandten Hinterseite (Leeseite) Unterdruck aus. Da zwischen den beiden sich gegenseitig beeinflussenden Gebäuden ein starkes Wirbelgebiet entsteht, erfährt das im Windschatten liegende zweite Gebäude auf seiner Vorderseite den gleichen Unterdruck wie das erste Gebäude auf seiner Hinterseite.

Auf den Dächern der dem Wind unmittelbar ausgesetzten Gebäude entsteht Unterdruck, während bei dem zweiten Gebäude auf dem Dach ein Gebiet mit Überdruck auftritt.

c) Aerodynamik des Fahrzeugs. Mit Rücksicht auf die ständig wachsende Geschwindigkeit der Landfahrzeuge spielt das Strömungsverhalten auch auf diesem Gebiet der Technik eine große Rolle. Bei Geschwindigkeiten bis 70 km/h ist der Luftwiderstand noch verhältnismäßig gering gegenüber dem Rollwiderstand, steigt dann aber schnell an, da er ungefähr quadratisch mit der Geschwindigkeit wächst. Man ist deshalb bestrebt, den Fahrzeugen Formen (Stromlinienverkleidung) zu geben, die unter weitgehender Vermeidung von Strömungsablösung auf möglichst kleinen Luftwiderstand hinzielen. Während bei älteren verhältnismäßig kantigen Bauformen der auf die Stirnfläche des Fahrzeugs bezogene Widerstandsbeiwert noch bei $0{,}6 > c_W > 0{,}5$ lag (bei offenem Fahrzeug noch höher), ist er inzwischen auf Werte $0{,}3 > c_W > 0{,}25$ reduziert worden.

6.4 Grenzschichtströmung ohne feste Begrenzung

6.4.1 Einführung

Bei der in Kap. 6.3 besprochenen Grenzschicht handelt es sich durchweg um die Strömung längs einer festen Wand (Platte, umströmter Körper). Ist keine feste Wand vorhanden, so läßt sich auch hierauf die Grenzschicht-Theorie anwenden. Zu solchen Strömungen der freien Grenzschicht, im turbulenten Fall als freie Turbulenz bezeichnet, gehören die reibungsbehaftete freie Trennungsschicht (Halbstrahl), der Freistrahl und die Nachlaufströmung. Im folgenden soll ein kurzer Überblick gegeben werden, der die grundlegenden Erkenntnisse und Ergebnisse enthält. Obwohl in den meisten Fällen die Strömung der freien Grenzschicht turbulent verläuft, seien auch einige Aussagen über die laminare Strömung gemacht.

6.4.2 Freie Strömungsgrenzschicht

6.4.2.1 Reibungsbehaftete Trennungsschicht (Halbstrahl)

Als freie Trennungsschicht wird nach Kap. 5.4.2.3 Beispiel a die Berührungsfläche von zwei gleichgerichteten Strömungen eines Fluids gleicher Art mit verschieden großen Geschwindigkeiten bezeichnet. Letztere bildet eine Unstetigkeitsfläche der Geschwindigkeit, die infolge von Reibungswirkung nach Abb. 5.25a, b innerhalb eines bestimmten Ausgleichsgebiets zu einem stetigen Geschwindigkeitsübergang der beiden Strömungen führt.

In Abb. 6.14a ist die Strömung einer Trennungsschicht dargestellt, die dadurch entsteht, daß ein zunächst längs einer festen Wand mit der Geschwindigkeit $u_a = U = \text{const}$ strömendes Fluid sich plötzlich ohne Führung weiterbewegt und mit dem umgebenden ruhenden Fluid in Berührung tritt. Das Ausgleichsgebiet, auch Halbstrahl bezeichnet, ist gegenüber dem ruhenden Fluid durch eine freie Trennungsschicht, oder auch freie Strahlgrenze genannt, abgegrenzt. Die Querausdehnung des freien Halbstrahls nimmt mit wachsendem Abstand x ständig zu, da immer neues Fluid aus der zunächst ruhenden Umgebung mitgerissen wird. Bei hinreichend großer Reynolds-Zahl löst sich die Trennungsfläche in eine turbulente Vermischungszone auf.

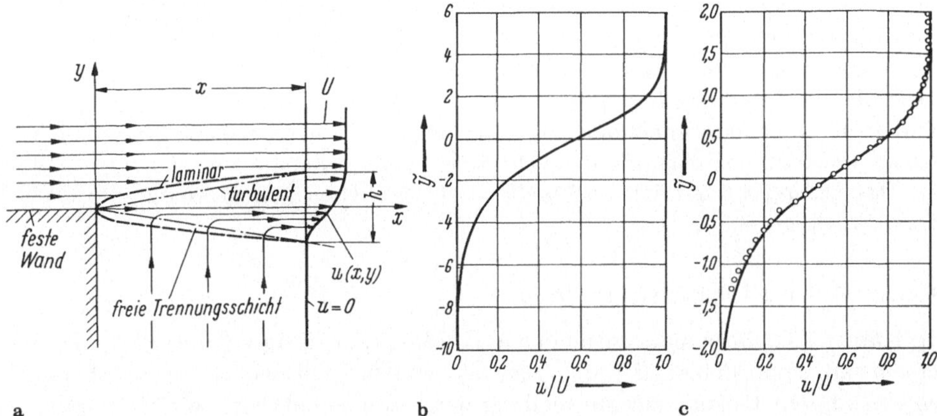

Abb. 6.14. Freie reibungsbehaftete Trennungsschicht (ebener Halbstrahl) bei einem homogenen Fluid. **a** Ausbreitung eines freien Strahlrands (schematisch). **b** Laminares Geschwindigkeitsprofil u/U über $\tilde{y} = y\sqrt{U/\nu x}$. **c** Turbulentes Geschwindigkeitsprofil u/U über $\tilde{y} = 13{,}5(y/x)$, Vergleich von Theorie und Messung

Die sich abspielenden Strömungsvorgänge sind nahe verwandt mit der Strömung in einer Grenzschicht (Reibungsschicht), die sowohl laminar als auch turbulent verlaufen kann. In beiden Fällen ist der Geschwindigkeitsgradient $\partial u/\partial y$ quer zur Strömungsrichtung groß, und die Querausdehnung des reibungsbehafteten Ausgleichsgebiets ist klein gegenüber der Länge, die für den Ausgleichsvorgang benötigt wird. In erster Näherung kann man den Druck als unveränderlich annehmen, $p(x, y) \approx \text{const}$.

Zur theoretischen Untersuchung des Ausgleichsvorgangs kann man die Prandtlsche Grenzschichtgleichung heranziehen. Diese lautet für die stationäre ebene Strömungsgrenzschicht nach (6.30a, b) bei $u_a = \text{const}$

$$(\text{I})\ \frac{\partial u}{\partial x} + \frac{\partial v}{\partial y} = 0, \quad (\text{II})\ \varrho\left(u\,\frac{\partial u}{\partial x} + v\,\frac{\partial u}{\partial y}\right) = \frac{\partial \tau}{\partial y} \qquad (6.41\text{a, b})$$

mit den Randbedingungen

$$y = +\infty\colon u = U, \qquad y = -\infty\colon u = 0. \qquad (6.41\text{c})$$

Bei turbulenter Strömung bedeuten u und v die gemittelten Werte für die Geschwindigkeitskomponenten und τ der zugehörige Wert für die Schubspannung.

Laminare Trennungsschicht. Im laminaren Fall gilt für die Schubspannung $\tau = \eta(\partial u/\partial y)$. Zur Lösung des Gleichungssystems (6.41) führt man wie bei der laminaren Plattengrenzschicht in Kap. 6.3.2.3 Abschn. a die dimensionslose Querkoordinate $\tilde{y} = y\sqrt{U/\nu x}$ ein. Die sich einstellenden affinen Geschwindigkeitsprofile $u/U = f(\tilde{y})$ sind in Abb. 6.14b wiedergegeben. Die Querausdehnung der Ausgleichszone $h(x)$ nimmt in Analogie zur laminaren Plattengrenzschichtdicke nach (6.20) wie $x^{1/2}$ zu.

Turbulente Trennungsschicht. Wie in Kap. 6.4.1 bemerkt wurde, verläuft die Strömung bei nicht zu kleiner Reynolds-Zahl turbulent, weshalb jetzt für die Schubspannung τ ein Ansatz entsprechend (6.31a) eingeführt werden muß. Bei der Integration der Grenzschichtgleichung (6.41) ergibt sich eine wesentliche Vereinfachung, wenn man von vornherein einen Zusammenhang beachtet, der zwischen der Querausdehnung der Vermischungszone und der Abszisse x besteht, und zwar kann man annehmen, daß sich ihre Höhe $h(x)$ in Analogie zur turbulenten Plattengrenzschichtdicke nach (6.36c) proportional x ändert.

Das theoretisch ermittelte Ergebnis ist verglichen mit Messungen in Abb. 6.14c wiedergegeben.

6.4.2.2 Reibungsbehafteter Freistrahl

In Kap. 3.3.2.3 Beispiel c wurde der Ausfluß eines dichtebeständigen Fluids aus einem mit einer kleinen Öffnung versehenen Gefäß untersucht. Hierbei handelt es sich um ein Beispiel zur Anwendung der Stromfadentheorie für ein reibungsloses Fluid. Unterschieden werden die Fälle des Austritts eines dichtebeständigen Fluids in ein weniger dichtebeständiges ruhendes Fluid (Ausfluß ins Freie, Wasser → Luft) und des Austritts eines Fluids in das gleiche ruhende Fluid (Ausfluß unter Wasser, Wasser → Wasser).

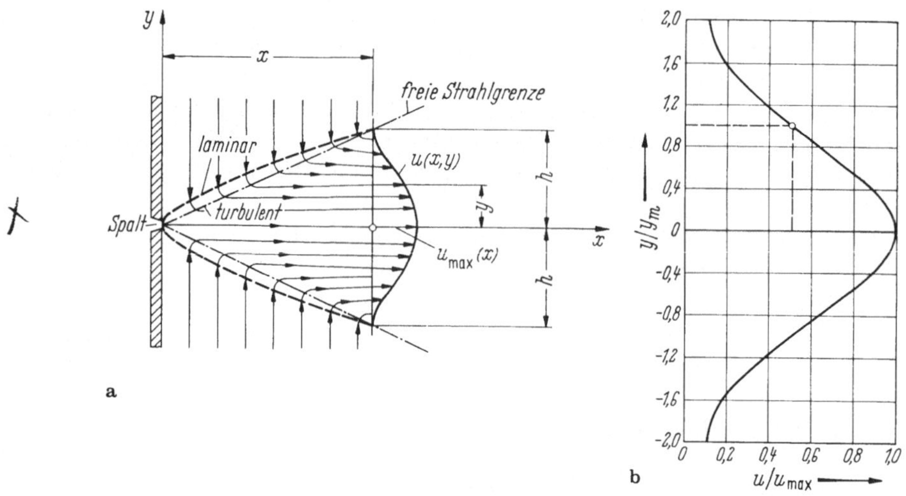

Abb. 6.15. Reibungsbehafteter Freistrahl aus einer kleinen Spaltöffnung (ebene Strömung) bei einem homogenen Fluid. **a** Ausbreitung und Stromlinienbild (schematisch). **b** Geschwindigkeitsprofil bei laminarer und turbulenter Strömung

Der hier zu behandelnde reibungsbehaftete Freistrahl entsteht, ähnlich wie ein Tauchstrahl, beim Ausströmen eines Fluids aus einer kleinen Öffnung (Spalt, Düse) in ein ihn umgebendes ruhendes Fluid gleicher Art. Mit wachsendem Abstand von der Austrittsöffnung stellt sich nach Abb. 6.15a ein Geschwindigkeitsausgleich ein, bei dem wie bei der freien Trennungsschicht nach Kap. 6.4.2.1 teilweise aus der Umgebung Fluidmasse mitgerissen wird. Der im Strahl beförderte Massenstrom nimmt also stromabwärts zu. Der reibungsbehaftete Freistrahl erfährt also eine Strahlausbreitung. Mit wachsender Ausbreitung des Strahls verringert sich die Strahlgeschwindigkeit. Abgesehen von sehr kleinen Strömungsgeschwindigkeiten ist der Freistrahl kurz nach dem Austritt vollturbulent. Es findet also dann eine turbulente Strahlvermischung statt. Ähnlich wie bei der freien Trennungsschicht kann auch bei dem Freistrahl angenommen werden, daß der jeweils über y konstante Druckgradient in x-Richtung vernachlässigt werden kann, $dp/dx \approx 0$. Dem Strahl wird also der konstante Druck des umgebenden ruhenden Fluids aufgeprägt. Es wird auch wieder nur die ebene Strömung, d. h. der ebene Strahl, behandelt.

Auf eine Kontrollfläche, die von zwei die Strahlachse normal schneidenden und zwei außerhalb des Strahls liegenden Parallelebenen zu bilden ist, wird die Impulsgleichung bei stationärer Strömung nach (3.2a) angewendet. Da überall der Druck gleich groß, ist $F_{Ax} = 0$; weiterhin ist wegen des Fehlens eines körpergebundenen Teils der Kontrollfläche $F_{Sx} = 0$. Darüber hinaus soll der Schwereinfluß unberücksichtigt bleiben, d. h. $F_{Bx} = 0$. Damit erhält man mit $v_x = u$ und $d\dot{V} = u\,dA = u\,b\,dy$ den Impulsstrom zu

$$\dot{I}_x = \frac{dI_x}{dt} = \varrho b \int_{-h}^{h} u^2\,dy = \varrho K = \text{const} \qquad (x = \text{beliebig}), \tag{6.42}$$

wobei b die Breite und $2h(x)$ die Höhe der Strahlausbreitung ist. Gl. (6.42) sagt aus, daß der Impulsstrom für jeden Strahlquerschnitt unabhängig vom Abstand der Spalt- oder Schlitzöffnung unverändert ist. Für die Spaltöffnung selbst sei $h \to 0$. Über $h(x)$ läßt sich ähnlich wie für die Grenzschichtdicke keine eindeutig definierte Angabe machen. Die Größe K in (6.42) wird als kinematischer Impulsstrom in m^4/s^2 bezeichnet. Sie ist eine für den Strahl vorgegebene Konstante.

Sowohl für die laminare als auch für die turbulente Strömung kann man wie bei der freien Trennungsschicht nach Abb. 6.14b, c affine Geschwindigkeitsprofile $u/u_{\max} = f(y/h)$ annehmen, wobei $u_{\max} = u_{\max}(x)$ die Maximalgeschwindigkeit in dem betreffenden Schnitt an der Stelle x bezeichnet. Maßgebend für die weitere Behandlung der Aufgabe ist wieder (6.41a, b), und zwar jetzt mit den Randbedingungen

$$y = 0\colon v = 0, \qquad \frac{\partial u}{\partial y} = 0, \qquad y = \mp\infty\colon u = 0. \tag{6.43}$$

Anstelle der oberen Grenze $y = \mp h$ kann auch $y = \mp\infty$ gesetzt werden, da im Sinn der Grenzschicht-Theorie für $y = \mp h$ angenommen wird, daß $u = 0$ ist.

Laminarer Freistrahl. Die exakte Lösung für den ebenen Freistrahl bei laminarer Strömung lautet für die Geschwindigkeitsverteilung

$$\frac{u}{u_{\max}} = 1 - \tanh^2\left(0{,}8814\,\frac{y}{y_m}\right) \tag{6.44}$$

mit $u_{\max}(x)$ als Geschwindigkeit längs der Strahlachse (x, $y = 0$) und $y = y_m$ als Querabstand, bei dem $u/u_{\max} = 1/2$ ist. Das Geschwindigkeitsprofil $u/u_{\max} = f(y/y_m)$ ist in Abb. 6.15b dargestellt.

Turbulenter Freistrahl. Die turbulente Strömung ist für den ebenen Freistrahl in gleicher Weise wie der turbulente Halbstrahl untersucht worden. Wie bei der freien Trennungsschicht der turbulenten Strömung in Kap. 6.4.2.1 kann man die Querausdehnung der Vermischungszone proportional dem Abstand x setzen. Unter den gemachten Annahmen haben die Geschwindigkeitsprofile $u/u_{\max}$ die gleiche Form wie im laminaren Fall nach (6.44). Es gilt also auch die Auftragung in Abb. 6.15b.

Sind b die Spaltbreite, $s = 2h_s$ die Spalthöhe und u_s die Spaltaustrittsgeschwindigkeit, dann gilt für den kinematischen Impulsstrom $K = bsu_s^2$. Es sei die Reynolds-Zahl $Re_s = u_s s/\nu$ und der im Spalt austretende Volumenstrom $\dot{V}_s = bsu_s$ eingeführt. Die Ergebnisse für die Strahlausbreitung y_m/s, die maximale Strahlgeschwindigkeit $u_{\max}/u_s$ sowie den Volumenstrom $\dot{V}/\dot{V}_s$ sind in Tab. 6.3 zusammengestellt.

Tabelle 6.3. Ebener Freistrahl (schmaler Spalt, Spalthöhe s, Austrittsgeschwindigkeit u_s, Reynolds-Zahl $Re_s = u_s s/\nu$): Strahlausbreitung y_m/s, maximale Strahlgeschwindigkeit $u_{\max}/u_s$ und Volumenstrom $\dot{V}/\dot{V}_s$

	laminar	turbulent
Strahlausbreitung y_m/s	$3{,}203\left(\frac{1}{Re_s}\frac{x}{s}\right)^{2/3}$	$0{,}115\,\frac{x}{s}$
maximale Strahlgeschwindigkeit $u_{\max}/u_s$	$0{,}454\left(\frac{1}{Re_s}\frac{x}{s}\right)^{-1/3}$	$2{,}398\left(\frac{x}{s}\right)^{-1/2}$
Volumenstrom $\dot{V}/\dot{V}_s$	$3{,}302\left(\frac{1}{Re_s}\frac{x}{s}\right)^{1/3}$	$0{,}625\left(\frac{x}{s}\right)^{1/2}$

6.4.2.3 Reibungsbehaftete Nachlaufströmung

Über die durch Reibung hinter einem Körper bedingte Nachlaufströmung wurde in Kap. 2.5.2.3 Beispiel c bei der Ermittlung des Widerstands aus dem Impulsverlust sowie in Kap. 6.3.4 bei der Beschreibung abgelöster Grenzschichten an umströmten Körpern bereits berichtet. Die durch den Reibungswiderstand eines umströmten Körpers verursachte Geschwindigkeitsverteilung der Nachlaufströmung läßt sich in Beziehung zum Widerstandsbeiwert des Körpers setzen. Bei einem mit der Geschwindigkeit u_∞ angeströmten Körper stellt sich in großer Entfernung hinter dem Körper ein asymptotisches Geschwindigkeitsprofil $u = u_\infty - \hat{u}$ ein, wobei der von u_∞ abzuziehende Geschwindigkeitsbetrag die eigentliche Nachlaufgeschwindigkeit $\hat{u} = u_\infty - u \leqslant u_\infty$ darstellt. Sie ist bei $y = 0$ am größten. Ausgangspunkt für die theoretische Behandlung des Problems ist (6.41b) in linearisierter Form, d. h.

$$\varrho u_\infty \frac{\partial \hat{u}}{\partial x} = \frac{\partial \tau}{\partial y} \tag{6.45a}$$

mit den Randbedingungen

$$y = 0: \frac{\partial \hat{u}}{\partial y} = 0, \quad y = \mp\infty: \hat{u} = 0. \tag{6.45b}$$

Laminarer Nachlauf. Für die ebene laminare Nachlaufströmung läßt sich eine geschlossene Lösung für $\hat{u}(x, y)$ angeben, wobei wieder die dimensionslose Koordinate $\tilde{y} = y\sqrt{u_\infty/\nu x}$ auftritt. Es ist

$$\frac{\hat{u}}{u_\infty} = C\left(\frac{x}{l}\right)^{-1/2} \exp\left(-\frac{\tilde{y}^2}{4}\right) \quad \text{mit} \quad C = 0{,}141\, c_W \cdot \sqrt{Re_\infty}. \tag{6.46}$$

Hierin bedeutet l eine Bezugslänge, z. B. die Länge eines Körpers. Die Konstante C hängt in einfacher Weise mit dem Widerstandsbeiwert $c_W = W/(\varrho/2)\, u_\infty^2 bl$ und der mit der Anströmgeschwindigkeit u_∞ gebildeten Reynolds-Zahl $Re_\infty = u_\infty l/\nu$ zusammen.

Für die beidseitig umströmte ebene Platte ist

$$c_W = 2c_F \quad \text{(längsangeströmte ebene Platte).} \tag{6.47}$$

mit c_F nach (6.23), was zu $C = 0{,}375$ führt. Die maximale Nachlaufgeschwindigkeit an der Stelle $y = 0$ beträgt $\hat{u}_{max} = 0{,}375 u_\infty \sqrt{l/x} \ll u_\infty$. Es ist festzustellen, daß dieser Wert von der kinematischen Viskosität unabhängig ist. Man kann $\hat{u}/\hat{u}_{max}$ über $\tilde{y}$ auftragen und erhält so das affine asymptotische Geschwindigkeitsprofil der laminaren Nachlaufströmung.

Turbulenter Nachlauf. Auch bei turbulenter Strömung wurde die ebene Nachlaufströmung hinter einem Körper (Kreiszylinder, Durchmesser ($l = d$)) theoretisch untersucht. Eine analoge Lösung zur laminaren Nachlaufströmung findet man, wenn man anstelle der kinematischen Viskosität ν die scheinbare turbulente Viskosität (Wirbelviskosität) $\nu' = \text{const}$ setzt, vgl. die Ausführung im Anschluß an (1.12). Für die Kreiszylinderströmung liefert die Auswertung von Messungen $\nu' = 0{,}0222 u_\infty d c_W$. Mithin ist in (6.46) zu setzen

$$\tilde{y} = 6{,}712\, \frac{y}{d}\left(c_W \frac{x}{d}\right)^{-1/2}, \quad C = 0{,}947 c_W{}^{1/2}. \tag{6.48a, b}$$

Schließlich berechnet sich die maximale Nachlaufgeschwindigkeit zu $\hat{u}_{max} = 0{,}947\, u_\infty \sqrt{(d/x)\, c_W}$, wobei diese im Gegensatz zur laminaren Strömung vom Widerstandsbeiwert abhängt.

Bibliographie

Das Fachwissen auf dem Gebiet der Fluidmechanik wird in Lehr-, Hand- und Jahrbüchern, in Tagungs- und Fortschrittsberichten sowie als Einzelbeiträge in Zeitschriften veröffentlicht, man vergleiche die Literaturangaben zu den einzelnen Kapiteln der „Fluidmechanik" und die Zusammenstellung der Lehrbücher in der Bibliographie am Schluß des zweiten Bandes.

In diesem Buch sind von etwa 200 deutschsprachigen Lehrbüchern 71 in einer Bibliographie zusammengestellt. Bei der Auswahl stand der Gesichtspunkt der Anwendung im Vordergrund. Aufgenommen wurden alle Bücher — auch ältere und z. T. weniger bekannte —, die Übungsaufgaben und deren Lösungen enthalten.

Eine tabellarische Darstellung gibt die Zuordnung der einzelnen Bücher zu den sechs Kapiteln sowie zu den nachstehend genannten Anwendungsgebieten des Lehrbuches, wobei besondere Schwerpunkte durch • gekennzeichnet sind.

Anwendungsgebiete:

A Fadenströmung

eindimensionale reibungslose Strömung, Stromfaden, Venturi-Rohr, Prandtl-Rohr, Laval-Düse, Gefäßausfluß, kommunizierendes Gefäß

B Rohrströmung

quasi-eindimensionale reibungsbehaftete Strömung, Rohrleitung, Rohrverbindung, Pumpe, Turbine, Spaltströmung

C Plattenströmung

längsangeströmte ebene Platte, normalangeströmte Platte

D Gitterströmung

gerades Flügelgitter, kreisförmiges Flügelgitter, Eulersche Turbinengleichung

E Körperumströmung

reibungslose Strömung, reibungsbehaftete Strömung, abgelöste Strömung, beliebiger Körper, Kreiszylinder, Kugel, Bauwerk, Fahrzeug, Flugzeug

F Tragflügelströmung

Flügelprofil, Flügelgrundriß

G Strahlströmung

Freistrahl, Strahlreaktion (Platte, Umlenkkörper), Strahlantrieb (Propeller, Turbo-, Raketenstrahltriebwerk)

H Schmiermittelströmung

Gleitlager, Keillager, Gleitschuh

I Übungsaufgaben

Berechnungsbeispiele, Übungsbeispiele, Zahlenbeispiele

1. Abramowitsch, G. N. (1958): Angewandte Gasdynamik (Übersetzg. 2. russ. Aufl.). Berlin: VEB Verlag Technik
2. Albring, W. (1961/78): Angewandte Strömungslehre. 5. Aufl. Berlin: Akademie-Verlag
3. Allen, J. E. (1970): Aerodynamik; Eine allgemeine moderne Darstellung (Übersetzg.). München: Reich
4. Becker, E. (1968/86): Technische Strömungslehre. 6. Aufl. Stuttgart: Teubner
5. Becker, E.; Piltz, E. (1971/84): Übungen zur Technischen Strömungslehre. 3. Aufl. Stuttgart: Teubner
6. Becker, E. (1965): Gasdynamik. Stuttgart: Teubner
7. Betz, A. (1959): Einführung in die Theorie der Strömungsmaschinen. Karlsruhe: Braun
8. Bohl, W. (1971/84):Technische Strömungslehre. 6. Aufl. Würzburg: Vogel
9. Bohl, W.; Wagner, W. (1978): Technische Strömungslehre. Aufgaben und Lösungen. Würzburg: Vogel
10. Böswirth, W.; Plint, M. A. (1975): Technische Strömungslehre. Ein Laboratoriumslehrgang. Düsseldorf: VDI-Verlag
11. Böswirth, L.; Schüller, O. (1979/85): Beispiele und Aufgaben zur technischen Strömungslehre. 2. Aufl. Braunschweig: Vieweg
12. Brauer, H. (1971): Grundlagen der Einphasen- und Mehrphasenströmungen. Aarau (Schweiz): Sauerländer
13. Dubs, F. (1954/66): Aerodynamik der reinen Unterschallströmung. 2. Aufl. Basel: Birkhäuser
14. Dubs, F. (1961): Hochgeschwindigkeits-Aerodynamik. Basel: Birkhäuser
15. Dubs, R. (1947): Angewandte Hydraulik. Zürich: Rascher
16. Eck, B. (1935/80): Technische Strömungslehre. 8. Aufl. 2 Bde. Berlin, Heidelberg, New York: Springer
17. Eppler, R. (1975): Strömungsmechanik. Wiesbaden. Akad. Verlagsges.
18. Federhofer, K. (1954): Aufgaben der Hydromechanik. Wien: Springer
19. Franke, P.-G. (1974): Hydraulik für Bauingenieure. Berlin: De Gruyter
20. Gersten, K. (1974/84): Einführung in die Strömungsmechanik. 3. Aufl. Düsseldorf: Bertelsmann
21. Giles, R. V. (1962/76): Strömungslehre und Hydraulik. Theorie und Anwendung. (Übersetzung M. Schramm). Düsseldorf: McGraw-Hill
22. Hackeschmidt, M. (1969/70): Grundlagen der Strömungstechnik. 2 Bde. Leipzig: VEB Dtsch. Verlag d. Grundstoffindustrie
23. Hackeschmidt, M. (1972): Strömungstechnik; Ähnlichkeit, Analogie, Modell. Leipzig: VEB Dtsch. Verl. Grundstoffindustrie
24. Herning, F. (1950/66): Stoffströme in Rohrleitungen. 4. Aufl. Düsseldorf: VDI-Verlag
25. Hucho, W.-H. (Hrsg. 1981): Aerodynamik des Automobils. Würzburg: Vogel
26. Hutarew, G. (1965/73): Einführung in die Technische Hydraulik. 2. Aufl. Berlin, Göttingen, Heidelberg, New York: Springer
27. Jogwich, A. (1974): Strömungslehre. Essen: Girardet
28. Kalide, W. (1965/84): Einführung in die technische Strömungslehre. 6. Aufl. München: Hanser
29. Kalide, W. (1967/79): Aufgabensammlung zur technischen Strömungslehre. 3. Aufl. München: Hanser

30. Käppeli, E. (1972/76): Strömungslehre; Blaue TR-Reihe 113, 114, 115. Bern: Hallwag
31. Käppeli, E. (1981): Aufgabensammlung zur Gasdynamik. Essen: Girardet
32. Kaufmann, W. (1954/63): Technische Hydro- und Aeromechanik. 3. Aufl. Berlin, Göttingen, Heidelberg: Springer
33. Kozeny, J. (1953): Hydraulik; ihre Grundlagen und praktische Anwendung. Wien: Springer
34. Krist, T. (1970): Hydraulik-Bauelemente, Bauformen und Arbeitsweise ölhydraulischer Anlagen. Würzburg: Vogel
35. Naue, G. u. a. (1975/83): Technische Strömungsmechanik I. 3. Aufl. Leipzig: VEB-Verlag. Grundstoffindustrie
36. Neunaß, E. (1967): Praktische Strömungslehre. Berlin: VEB-Verlag Technik
37. Oswatitsch, K. (1976): Grundlagen der Gasdynamik. Wien, New York: Springer
38. Oswatitsch, K.; Schwarzenberger, R. (1963): Übungen zur Gasdynamik. Wien: Springer
39. Prandtl, L.; Oswatitsch, K.; Wieghardt, K. (1942/84): Führer durch die Strömungslehre. 8. Aufl. Braunschweig: Vieweg
40. Prandtl, L.; Tietjens, O. (1929/44): Hydro- und Aeromechanik. 2. Aufl. 2 Bde. Berlin: Springer
41. Press, H.; Schröder, R. (1966): Hydromechanik im Wasserbau. Berlin: Ernst
42. Rechten, A. W. (1976): Fluidik; Grundlagen, Bauelemente, Schaltungen. Berlin, Heidelberg, New York: Springer
43. Richter, H. (1933/71): Rohrhydraulik; Ein Handbuch zur praktischen Strömungsberechnung. 5. Aufl. Berlin, Heidelberg, New York: Springer
44. Riegels, F. W. (1958): Aerodynamische Profile; Windkanal-Meßergebnisse, theoretische Unterlagen. München: Oldenbourg
45. Ritter, R.; Tasca, D. J. (1979): Fluidmechanik in Theorie und Praxis. Frankfurt/M.: Deutsch
46. Rödel, H. (1953/78): Hydromechanik. 8. Aufl. München: Hanser
47. Rosemeier, G.-E. (1976): Winddruckprobleme bei Bauwerken. Berlin, Heidelberg, New York: Springer
48. Rössert, R. (1964): Hydraulik im Wasserbau. München: Oldenbourg
49. Rotta, J. C. (1972): Turbulente Strömungen; Eine Einführung in die Theorie und ihre Anwendung. Stuttgart: Teubner
50. Ruscheweyh, H. (1982): Dynamische Windwirkung an Bauwerken. 2 Bde. Wiesbaden: Bauverlag
51. Sauer, R. (1943/60): Einführung in die theoretische Gasdynamik. 3. Aufl. Berlin, Göttingen, Heidelberg: Springer
52. Schade, H.; Kunz, E.; Vagt, J.-D. (1980): Strömungslehre, mit einer Einführung in die Strömungsmeßtechnik. Berlin: De Gruyter
53. Schlichting, H. (1951/82): Grenzschichttheorie. 8. Aufl. Karlsruhe: Braun
54. Schlichting, H.; Truckenbrodt, E. (1959/69): Aerodynauik des Flugzeuges. 2. Aufl. 2 Bde. Berlin, Heidelberg, New York Springer
55. Scholz, N. (1965): Aerodynamik der Schaufelgitter; Grundlagen, zweidimensionale Theorie, Anwendungen. Karlsruhe: Braun
56. Schröder, R. (1968/72): Strömungsberechnungen im Bauwesen, 2 Teile. Heft 121/122. Berlin: Ernst
57. Sigloch, H. (1980): Technische Fluidmechanik. Hannover: Schroedel
58. Sockel, H. (1984): Aerodynamik der Bauwerke. Braunschweig: Vieweg
59. Tietjens, O. (1960/70): Strömungslehre; Physikalische Grundlagen vom technischen Standpunkt. 2 Bde. Berlin, Heidelberg, New York: Springer
60. Truckenbrodt, E. (1968/80): Fluidmechanik (2. Aufl. Strömungsmechanik). 2 Bde. Berlin, Heidelberg, New York: Springer
61. Wagner, W. (1976): Praktische Strömungstechnik. Gräfelfing: Resch
62. Walz, A. (1966): Strömungs- und Temperaturgrenzschichten. Karlsruhe: Braun
63. Wechmann, A. (1955): Hydraulik. Berlin: VEB-Verl. Technik
64. Wieghardt, K. (1965/69): Theoretische Strömungslehre — Eine Einführung. 2. Aufl. Stuttgart: Teubner

65. Windemuth, E. (1984): Strömungstechnik — Grundlagen, Maschinen. Berlin: Springer
66. Wuest, W. (1969): Strömungsmeßtechnik. Braunschweig: Vieweg
67. Zierep, J. (1979/82): Grundzüge der Strömungslehre. 2. Aufl. Karlsruhe: Braun
68. Zierep, J. (1972/82): Ähnlichkeitsgesetze und Modellregeln der Strömungslehre. 2. Aufl. Karlsruhe: Braun
69. Zierep, J. (1963/76): Theoretische Gasdynamik, 3. Aufl. Karlsruhe: Braun
70. Zoebl, H.; Kruschick, J. (1978/82): Strömung durch Rohre und Ventile; Tabellen und Berechnungsverfahren zur Dimensionierung von Rohrleitungssystemen. 2. Aufl. Wien, New York: Springer
71. Zuránski, J. A. (1972/78): Windeinflüsse auf Baukonstruktionen (Übersetzg. poln. Aufl. 1969). 2. Aufl. Köln-Braunsfeld: Müller

Nr.	Verfasser	Kapitel						Anwendungen								
		1	2	3	4	5	6	A	B	C	D	E	F	G	H	I
1	Abramowitsch	○	○		●		○	○	○	○	○			●		○
2	Albring	○	○	○	○	○	○	○	○	○	○	○	○	○	○	○
3	Allen	●														
4	Becker I	○	○	○	○		○	○	○	○	○	○	○	○	○	
5	Becker/Piltz															●
6	Becker II	○	○		●			○								
7	Betz	○	○	○			○		○		●			○		
8	Bohl	○	○	○	○		○	○	○	○	○	○	○	○		
9	Bohl/Wagner															●
10	Böswirth/Plint	○		○	○		○	○	○	○		○	○	○	○	○
11	Böswirth/Schüller															●
12	Brauer	○		○					●			○				
13	Dubs, F. I	○					○	○					○	○		
14	Dubs, F. II	○			●			○					○			
15	Dubs, R.	○		○				○	●							
16	Eck	○	○	○	○	○	○	○	○	○	○	○	○	○	○	
17	Eppler	○	○	○	○	○	○	○		○		○				○
18	Federhofer															●
19	Franke	○	○	○		○		○	●					○		
20	Gersten	○	○	○	○	○	○	○	○	○	○	○	○	○	○	○
21	Giles															●
22	Hackeschmidt I	○	○	○	○	○	○	○	○	○	○	○	○	○		○
23	Hackeschmidt II	○														○
24	Herning	○		○					●							○
25	Hucho	○		○			○					●				
26	Hutarew	○	○	○					●							
27	Jogwich	○		○	○	○		○	○	○		○	○	○		○
28	Kalide I	○		○	○			○	○			○	○	○		○
29	Kalide II															●
30	Käppeli I	○	○	○	○	○	○	○	○	○	○	○	○	○	○	○
31	Käppeli II															●
32	Kaufmann	○	○	○	○	○	○	○	○	○	○	○	○	○	○	
33	Kozeny	○	○	○		○	○	○	●			○		○	○	○
34	Krist	○							●						○	
35	Naue, u. a.	○	○	○	○	○	○	○	○	○		○		○		
36	Neunaß	○		○				○	○			○	○	○		○
37	Oswatitsch	○	○		●			○								○
38	Oswatitsch/ Schwarzenberger															●
39	Prandtl, u. a.	○	○	○	○	○	○	○	○	○	○	○	○	○	○	
40	Prandtl/ Tietjens	○	○	○	○	○	○	○	○	○		○	○	○		
41	Press/Schröder	○	○	○		○	○	○	●					○		
42	Rechten	○		○					●					○		
43	Richter	○		○					●							
44	Riegels												●			
45	Ritter/Tasca	○	○	○	○	○	○	○	○	○	○	○	○	○		○
46	Rödel	○		○				○	○					○		○
47	Rosemeier	○		○						○		●				
48	Rössert			○				○	○							○
49	Rotta	○		○			●		○	○				○		
50	Ruscheweyh	○	○	○			○	○		○		●				
51	Sauer	○	○		●			○								

Nr.	Verfasser	Kapitel						Anwendungen								
		1	2	3	4	5	6	A	B	C	D	E	F	G	H	I
52	Schade/Kunz	○	○	○	○	○	○	○	○	○	○	○	○	○	○	○
53	Schlichting	○	○	○			●		○	○		○	○	○	○	
54	Schlichting/ Truckenbrodt	○	○	○	○	○	○	○	○	○	○	○	●	○		
55	Scholz	○	○	○	○	○	○			○	●					
56	Schröder	○	○	○		○	○		●							
57	Sigloch	○	○	○	○	○	○	○	○	○	○	○	○	○		○
58	Sockel	○	○	○			○	○		○		●				○
59	Tietjens	○	○	○	○	○	○	○	○	○		○	○	○		
60	Truckenbrodt	○	○	○	○	○	○	○	○	○	○	○	○	○	○	
61	Wagner	○		○			○	○	●	○		○				○
62	Walz	○		○			●			○		○	○			
63	Wechmann	○	○	○		○		○	○					○		○
64	Wieghardt	○	○	○	○	○	○	○	○	○		○	○	○		
65	Windemuth	○		○	○	○		○	○		○	○	○	○		○
66	Wuest	○		○	○	○	○	○	○	○	○	○	○	○		
67	Zierep I	○	○	○	○	○	○	○	○	○	○	○	○	○	○	○
68	Zierep II	○	○	○	○		○		○			○				
69	Zierep III	○	○		●			○								○
70	Zoebl/Kruschik	○		○	○			○	●							○
71	Zuránski	○					○			○		●				

Sachverzeichnis